高等学校计算机专业“十二五”规划教材

Web 应用开发技术：JSP

(第二版)

崔尚森　张白一　张　辰　编著

西安电子科技大学出版社

内 容 简 介

本书通过丰富的实例，系统地讲解了 Java Server Pages(JSP)动态 Web 应用开发技术。主要内容包括：Web 基础知识，主流动态 Web 技术介绍，JSP 开发运行环境的搭建，MyEclipse 智能助手的使用，HTML 语言，JSP 脚本语言——Java，JSP 内置对象，JSP 标签，JDBC 访问数据库技术，JavaBean 组件技术，服务器端 Servlet 程序开发技术，文件应用程序开发技术和 XML 语言介绍。最后，综合运用软件工程知识和本书主要内容，开发了一个既可用作真实网站的雏形，也可用作实际网站开发参考的综合应用案例——网上书店。

本书的显著特点之一是以 MyEclipse 为开发平台，本着授人以渔的教育理念，详细介绍了该平台的安装和 MyEclipse 智能助手的使用，大大降低了 Java 体系知识学习和应用软件开发的难度。

本书结构清晰，内容充实，案例丰富，深入浅出，易学易懂，可作为大专院校计算机和电子商务等相关专业学生的教材，也可作为对 Web 应用开发技术感兴趣的读者的自学用书。

★ 本书配有电子教案，有需要者可登录出版社网站，免费下载。

图书在版编目(CIP)数据

Web 应用开发技术：JSP/崔尚森，张白一，张辰编著. —2 版. —西安：西安电子科技大学出版社，2014.6(2016.11 重印)

高等学校计算机专业“十二五”规划教材

ISBN 978-7-5606-3383-1

Ⅰ. ①W… Ⅱ. ①崔… ②张… ③张… Ⅲ. ①JAVA 语言—网页制作工具—高等学校—教材

Ⅳ. ①TP312 ②TP393.092

中国版本图书馆 CIP 数据核字(2014)第 108665 号

策　　划　云立实
责任编辑　云立实　刘　贝
出版发行　西安电子科技大学出版社(西安市太白南路 2 号)
电　　话　(029)88242885　88201467　　邮　　编　710071
网　　址　www.xduph.com　　电子邮箱　xdupfxb001@163.com
经　　销　新华书店
印刷单位　陕西利达印务有限责任公司
版　　次　2014 年 6 月第 2 版　2016 年 11 月第 4 次印刷
开　　本　787 毫米×1092 毫米　1/16　　印　　张　24.5
字　　数　578 千字
印　　数　9001～11 000 册
定　　价　42.00 元
ISBN 978 – 7 – 5606 – 3383 – 1/TP

XDUP 3675002-4

第二版前言

我们于2007年编写的《Web应用开发技术：JSP》一书已经出版7个年头了。在此期间，开发Web应用的JSP技术，作为JSP技术基础的Java语言和HTML语言都有了很大的发展和变化，而且与这些技术相关的集成开发环境也不断推陈出新。为了适应这些变化，我们在听取了原书读者的宝贵意见和建议后，对该书进行了较大的修改、调整和补充，希望改版后能给使用者更多更好的帮助。

与第一版相比，第二版更突出了授人以渔的教育理念。这主要体现在新增了对MyEclipse集成开发环境中智能助手的介绍，以及在前面各章中尽量借助于MyEclipse智能助手进行Web应用的开发，以启发读者通过MyEclipse智能助手不断提高自学能力和应用开发能力。

其次，用新编写的综合应用案例——网上书店，替代了原来的第12章JSP标签库——JSTL，该案例既是一个真正网站的雏形，也是读者实际开发网站的参考，且更好地体现了学以致用的思想。我们认为，不一定要面面俱到地学，只要能做到学一点、会一点、用一点就好。更多的知识可以在读者掌握了这些基础知识后再自主学习。

第三，选用了最新的MyEclipse 10集成开发环境作为Web应用的开发平台，并将开发环境的搭建提前到了第2章，相应地将原来的第2章 HTML语言调至第3章。进行这一调整的原因是我们在多年的教学中发现，讲述HTML时学生们总是喜欢使用诸如Dreamware等可视化的开发环境，而MyEclipse 10集成开发环境不仅是可视化的，而且还是具有一定智能的。

第四，对第一版中的所有例程在新平台上进行了重新调试，对其中使用的一些在新版本环境中建议废弃的语句、方法、类等都进行了修改，还新增了一些案例。

此外，在这次改版中，我们邀请到了美国IBM公司高级IT系统架构师张辰先生加盟，他不仅对本书的修改和补充提出了许多宝贵建议，还亲自进行了3章内容的修改和编写，在此向张辰先生表示感谢。

全书仍然保持12章。其中，第4章、第10章和第11章由张白一编写，第6章～第8章由张辰编写，其余各章由崔尚森完成，并由崔尚森进行全书的统稿。

虽然已是第二版，也进行了反复的修改，但由于编者水平有限，书中难免存在不足之处，恳请广大读者批评指正。

编　者

2014年3月

第二版前言

[illegible]

第一版前言

Internet的飞速发展对人类的各种活动产生了深刻的影响。无论是政府、企业，还是个人，要想在现代社会中获取信息、展示自己、推销新产品等等，都离不开Internet。与此同时，IT产业也正面临着一场变革，即由传统应用向基于Internet/Web的服务模式转化；Web应用由早期的基于C/S(Client/Server)模式的应用系统向目前基于B/S(Browser/Server)模式的应用系统转变。

翻开历史，我们可以看到，互联网的形成和发展就是以分布性、开放性和平台无关性为基础的，这是Internet与生俱有的属性。纵观目前Web应用开发的两大主流体系——Microsoft公司的.NET体系和Sun公司的以J2EE为核心的SUN Open Network Environment(SUN-ONE)体系，基于Web的技术正在被逐渐加强。.NET推出了以ASP.NET为代表的Web开发技术，而在Java的J2EE体系中，JSP/Servlet/JavaBean占据了非常重要的位置，不仅成为Web项目开发的利器，而且也是人们接触和使用J2EE的一个基础。

JSP(Java Server Pages)是在Sun公司倡导下建立的一种动态网页技术标准，是基于Java Servlet以及整个Java体系的Web开发技术。1999年，Sun公司利用自己在Java语言上的优势，正式公布了JSP技术标准，一种新的动态网页技术从此诞生。由于Sun Java具备的跨平台性、安全性、强大的网络功能等特性，利用JSP技术可以建立动态的、高性能的、安全的、跨平台的先进动态网站。

本书通过翔实的内容和丰富的案例，引领读者学习JSP/Servlet/JavaBean的开发体系，以及这套技术在Web项目开发中的实际应用。全书共分12章，其中前6章为基础篇，第7章～第10章是核心技术篇，最后两章是扩展篇。第1章介绍Internet基础知识和B/S开发模式下的主流技术。第2章介绍Web基础语言——HTML。第3章介绍在Windows环境下搭建和配置JSP开发运行环境的过程。第4章讲述JSP脚本语言——Java，包括Java的数据类型、类与对象、封装、继承、多态、接口和包，以及异常处理等诸多概念及其在JSP程序设计中的具体应用。第5章介绍JSP的9个内置对象，它们是不需要声明便可使用的对象。第6章讲解JSP指令和JSP动作标签。第7章介绍使用JSP操作数据库的技术。第8章介绍JSP组件技术——JavaBean，利用JavaBean可以实现代码的重复利用。第9章详细地介绍了Servlet的运行原理，以及怎样在JSP页面中调用一个Servlet完成动态数据的处理，并对JSP+JavaBean和JSP+JavaBean+Servlet两种Web应用开发模式进行了比较。第10章是JSP文件操作。第11章和第12章分别介绍近几年正在逐渐兴起的XML语言和JSP标准标签库——JSTL。XML是对HTML的扩展；JSTL是对JSP+JavaBean的扩展。

本书第3章和第7～11章由张白一编写，其余各章由崔尚森完成。研究生李卓文参与了部分章节例题程序的调试和检验。初稿完成后，崔尚森对其进行了统稿。

本书是在作者多年来从事Java和Web应用开发技术的教学和开发工作的基础上编写而成的，书中从人的认知规律入手，由浅入深、全面地介绍了JSP技术。为了兼顾各种知识层面读者的需要，本书首先介绍了Internet基础知识、Java语言基础和HTML语言基础，这样，即使是一个没有这方面知识的读者也可以轻松入门。其次，在应用开发平台的选择上，首先在第 3 章介绍了一种简单易用的开发平台——Eclipse 中文加强版，然后在第 12 章又介绍了功能更强的包括 JSTL 的 Eclipse+MyEclipse 开发平台。第三，书中的案例全部取自教学，全部经过实际教学的检验，而且对我们在教学中发现的学习者容易出现的问题也进行了较为详细的解答。本书有别于目前市面上常见的 JSP 教材的显著特点之一是以 Eclipse+MyEclipse 为开发平台，该平台具有易安装、易学习和易使用等特点，降低了 Java 体系中开发平台搭建的难度。

本书结构清晰，内容充实、深入浅出、易学易懂，可作为大专院校计算机和电子商务等相关专业学生的教材，也可作为对 Web 应用开发技术感兴趣的读者的自学用书。

编 者

2007 年 5 月

目 录

第 1 章

Web 应用开发技术概述

21 世纪是一个以网络为核心的信息时代，其重要特征就是数字化、网络化和信息化。中国互联网络信息中心(CNNIC)发布的第 38 次《中国互联网络发展状况统计报告》显示，截至 2016 年 6 月底，我国网民规模已达到 7.1 亿，互联网普及率为 51.7%，使用网上支付的网民规模达到 4.55 亿。Web 是互联网上信息的主要携带者和传递者。

本章介绍互联网(Internet)的基本概念和 Web 应用开发的一些主要技术，主要包括：Internet 的基础知识，Internet 的组成，Internet 提供的服务，Internet 的工作模式，Web 与网页的基本概念，主要的动态网页开发技术，JSP 页面的执行过程和技术优势等。

1.1 Internet 基础知识

计算机网络就是将分布在不同地理位置、具有独立功能的计算机系统通过通信线路连接起来，在网络协议和网络管理软件的支持下，以相互通信和资源共享为目的的计算机集群系统。20 世纪 90 年代以来，以 Internet 为代表的计算机网络的发展十分迅猛，已从最初的教育科研网络逐步发展成为商业网络。Internet 使全球信息共享成为现实，它正在逐步改变人们的生活和工作方式。电子商务、电子社区、网络政府、网络文化等构筑了异彩纷呈的网络世界。可以毫不夸张地说，因特网是自印刷术以来人类通信方面最大的变革。

目前，人们的生活、工作、学习和交往都已离不开计算机网络。设想在某一天我们的计算机网络突然出故障不能工作了，那时会出现什么结果呢？我们将无法购买机票或火车票，因为售票员无法知道还有多少票可供出售；我们也无法到银行存钱或取钱，无法交纳水电费和煤气费等；股市交易都将停顿；在图书馆也无法检索需要的图书和资料；我们既不能上网查询有关的资料，也无法使用电子邮件和朋友及时交流信息。由此可以看出，人们的生活越来越依赖于计算机网络。

1.1.1 Internet 的起源与发展

Internet 是众多网络间的互联网，是一个由分布在全球的成千上万台计算机相互连接在一起构成的全球性计算机网络的网络，也被称作因特网、万维网或 Web。

1. Internet的起源

Internet 的前身可以追溯到 1969 年美国国防部高级研究计划署(Defense Advanced Research Projects Agency，DARPA)创办的一项计算机工程 ARPAnet(即阿帕网)。当时国际上冷战形势严峻，ARPAnet 的指导思想是要研制一个能经得起故障考验(战争破坏)而且能维持正常工作的计算机网络。该网络将美国许多大学和研究机构中从事国防研究项目的计算机连接到一起，形成一个新的军事指挥系统。ARPAnet 是一个广域网，其目的是想看看什么类型的网络可以正常工作，网络的可靠性如何，这个网络怎样才能将许多厂家生产的不同计算机连接起来，并能方便相互通信。

1972 年 ARPAnet 正式亮相，由 ARPAnet 研究而产生的一项非常重要的成果就是开发了一种新的网络协议，称为 TCP/IP 协议(Transmission Control Protocol/Internet Protocol，传输控制协议/网络互联协议)。因为每个网络都使用不同的方法来进行互联或传输数据，因而需要采用一个通用的协议使这些网络可以互相通信。ARPAnet 建立在 TCP/IP 协议之上，使得连接到网络中的所有计算机能够相互交流信息。

20 世纪 80 年代是网络技术取得巨大进展的年代。这一时期出现了大量的小型和微型计算机，局域网(LAN)技术迅速发展，同时产生了与广域网(WAN)通信的需求。此时，DARPA 开始了一个称为 Internet 的研究计划，研究如何把各种 LAN 和 WAN 互联起来，1981 年建立了以 ARPAnet 为主干网的 Internet 网；1983 年 Internet 已开始由一个实验型网络转变为一个实用型网络。

2. Internet的实用化

在 Internet 的发展过程中，1986 年美国国家科学基金会网络(NSFnet)的建立是一个里程碑。1986 年，美国国家科学基金会(NSF)把建立在 TCP/IP 协议集上的 NSFnet 向全社会开放。它先把全美的五个超级计算机中心连接起来。该网络使用了 TCP/IP 协议，并和 Internet 相连接。随后又把连接大学和学术团体的地区网络与全美学术网络实现连接，成为全国性的学术研究和教学网络。NSFnet 建成后，网络数量、用户人数、网上通信量都得到较大的发展，联邦部门的其它计算机网(如航天技术网 NASAnet、能源科学网 ESnet、商业网 COMnet 等)相继并入 Internet。到 1988 年，NSFnet 已接替原有的 ARPAnet 成为 Internet 主干网。1990 年，NSFnet 取代 ARPAnet 并被称为 Internet，ARPAnet 正式宣布停止运行。

3. Internet的商业化

Internet 历史上第二次大发展应当归功于 Internet 的商业化。20 世纪 90 年代以前，Internet 的使用一直仅限于教育、军事和学术研究领域，商业性机构受到许多限制。到了 90 年代初，NFS 已经意识到单靠美国政府已很难负担整个 Internet 的费用，于是出现了一些私人投资的企业。1992 年，专门为 NSFnet 建立高速通信线路的公司 ANS(Advanced Networks and Services)建立了一个传输速率为 NSFnet 网 30 倍的商业化的 Internet 骨干通道——ANSnet。 可以说 Internet 的主干网由 ANSnet 代替 NSFnet 是 Internet 向商业化过渡的关键一步。一些公司开始利用 Internet 提供商业服务，收集资料与信息，发布商业广告，探索新的经营之道，甚至还出现了许多专为个人或单位接入 Internet 提供产品和服务的公司——ISP(Internet Service Provider)。1995 年 4 月，在 Internet 发展中起过重要作用的 NSFnet 正式宣布关闭。

特别值得一提的是，1989 年提出并于 1991 年在 Internet 上得到确立的 WWW(World Wide Web)技术及其服务，使 Internet 被国际企业界普遍接受。

4. Internet 的公众化

随着 Internet 的不断发展，世界各地无数企业和个人纷纷涌入 Internet。到 2013 年年底，全世界共有 Internet 用户 27 亿，美国等发达国家的 Internet 用户普及率超过 70%。Internet 的业务量在 2001 年已赶上电话网，其应用范围已开始从过去单纯的通信、教育和信息查询向更具效益的商业领域扩张，许多公司和信息服务商在 Internet 网上建立了自己的站点，从网上发布信息、传递信息到在网上建立商务信息中心，从借助于传统贸易手段实现商品交易到能够在网上完成供、产、销全部业务流程的电子商务虚拟市场。1997 年，通过 Internet 实现的交易量为 26 亿美元。

中国互联网络信息中心(CNNIC)发布的第 16 次《中国互联网络发展状况统计报告》显示：截至 2005 年 6 月 30 日，我国上网用户总数突破 1 亿大关，达到 1.03 亿人。我国大陆网站数量也达到创纪录的 67.75 万个，网上内容不断丰富，电子政务、信息服务、网络购物等网络应用十分普及。

CNNIC 第 38 次《统计报告》显示，截至 2016 年 6 月底，我国网民规模达到 7.1 亿，互联网普及率为 51.7%。其中，手机网民在 2012 年 6 月达到 3.88 亿，并且手机上网超越台式电脑成为第一大上网终端后，2016 年 6 月达到 6.56 亿；使用网上支付的网民规模达到 4.55 亿。

1.1.2　Internet 的组成

Internet 和计算机系统类似，都是由硬件系统和软件系统构成的。Internet 的硬件系统可分为各种类型的计算机、网络连接设备(交换机、路由器等)和通信线路三部分，它们提供网络上数据传输的物理基础。Internet 的软件系统包括网络操作系统和网络通信协议，负责数据传输的管理。简单地说，凡是安装了网络操作系统且具有网络通信协议、并能与 Internet 上的任意主机进行通信的计算机，均可看成是 Internet 的一部分。

从应用的角度看，Internet 是基于客户机/服务器模式的，在这种模式下，整个系统是由服务器(Server)、客户机(Client)及网络通信协议三部分组成的。

1. 服务器(Server)

服务器是连接在 Internet 上为网络用户提供各种网络服务和共享资源的计算机。作为服务器的计算机要为多个客户机提供各种网络服务，要求有更快的运算速度、更大的内存容量和更高的可靠性。服务器可以是大、中、小型计算机，高档个人计算机，也可以是专用的网络服务器。

2. 客户机(Client)

客户机是指用户能够在网络环境中工作、访问网络共享资源的计算机，早期也被称为工作站。它的主要作用是为网络用户提供一个用于访问网络服务器、共享网络资源、与网上的其它结点交流信息的操作台和前端窗口，使用户能够在网上工作。

3. 网络通信协议

计算机网络由多个互联的结点组成。结点间要做到有条不紊地交换数据，必须遵守事先约定好的规则。该规则被通信的接收方和发送方认可，接收到的信息和发送的信息均以这种规则加以解释，以这种规则规定双方完成信息在计算机之间的传送过程。接收方与发送方同层的协议必须一致，否则一方将无法识别另一方发出的信息。这些为网络数据交换而制定的关于信息顺序、信息格式和信息内容的规则、约定与标准被统称为网络协议。

在网络的各层中存在着许多协议，目前常见的通信协议有 TCP/IP、SPX/IPX、OSI、X.25、HTTP 等协议。其中 TCP/IP 是为 Internet 互联的各种网络之间能互相通信而专门设计的通信协议；HTTP 是用于访问 WWW 上信息的应用层协议，是基于客户机/服务器模式的。

1.1.3 Internet 提供的服务

随着 Internet 的发展和普及，Internet 的功能也逐渐丰富，每种功能都是 Internet 提供给使用者的一种服务。所谓服务，就是用户通过 Internet 访问具有这种服务的计算机，就能够实现 Internet 的某一项功能，服务与功能是相互对应的。通过这些服务，用户可以获得分布于 Internet 上的各种资源，这些资源包括自然科学、社会科学、农业、气象、医学、军事等各个领域。同时可以通过使用 Internet 提供的服务将自己的信息发布出去，这些信息也就成了网络上的资源。通常，人们将能提供某一种或者多种服务的计算机称为服务器。Internet 的常用功能(服务)主要有：WWW 服务、收发电子邮件、搜索信息、文件传输、网上交流、电子商务等。

1. WWW 服务——漫游信息世界

WWW(World Wide Web)又称万维网或 Web，是一种采用超文本技术进行信息发布和检索的信息服务。WWW 信息在 Internet 上的传播遵循 HTTP 协议的规定。WWW 上的信息按页面进行组织，称为 Web 页或者网页。每个页面由超文本标记语言(HTML)来编写。页面中的标记(Mark)用于说明页面的编排格式、页面构成元素等。页面中还包含指向其它页面(可能位于其它主机上)的链接地址。存放 Web 页面的计算机称为 Web 站点或 Web 服务器。每个 Web 站点都有一个主页，它是该 Web 站点的信息目录表或主菜单。WWW 实际上是一个由千千万万个页面组成的信息网，用户需要使用特定的程序来索取页面和浏览信息，这类程序被称为浏览器(Browser)，如 Netscape 公司的 Navigator、Microsoft 公司的 Internet Explorer 等。

在 WWW 技术的支持下，用户可以方便地利用 Internet 组成的信息海洋。WWW 的每个服务器除了有许多信息供 Internet 用户浏览、查询外，还包括有其它 Web 服务器的链接信息，通过这些信息，用户可以自动转向其它 Web 服务器，因此，用户面对的是一个环球信息网。图 1.1 为新浪网的首页，可以看到其信息内容非常丰富，几乎包罗万象。

图 1.1　新浪网首页

2. 收发电子邮件——E-mail 服务

电子邮件(Electronic Mail，E-mail)是最常用的 Internet 资源之一。E-mail 服务是指服务器能够在 Internet 上发送和接收邮件。它为 Internet 用户之间提供了方便、快捷的通信手段。用户先向 Internet 服务提供商申请一个电子信箱地址，再使用一个合适的电子邮件客户程序，就可以向其它电子信箱发 E-mail，也可接收到来自他人的 E-mail。

3. 搜索信息——检索服务

从互联网出现到今天，信息量可以说是呈幂指数增长的，有人认为目前因特网上的信息比宇宙中所有基本粒子的数量总和还要大。在这浩如烟海的信息中怎么才能找到自己需要的信息呢？搜索引擎(search engine)就像一只神奇的手，能从大量信息中为用户找到所需的信息，并提供给用户。实际上，搜索引擎是根据一定的策略、运用特定的计算机程序从互联网上搜集信息，在对信息进行组织和处理后，为用户提供检索服务，将用户要检索的相关信息展示给用户的系统。

目前，Internet 上的搜索引擎颇多，国际上著名的有 Google、Yahoo、MSN、Netscape 等，国内著名的有百度、雅虎、中国搜索、搜狗等。其中，百度是全球最大的中文网站、最大的中文搜索引擎，也是目前国内人士用得最多的中文搜索引擎，百度的首页如图 1.2 所示。

图 1.2 中文搜索引擎——百度的首页

4. 文件传输——FTP 服务

文件传输协议(File Transfer Protocol，FTP)支持 Internet 的一个主要功能——文件传输。通过 Internet 和 FTP 协议实现的 FTP 服务是建立在 FTP 协议基础之上的文件传输服务，可以支持两个身处世界任何角落的网络用户交换自己计算机上的文件和信息。网络上存在着大量的共享文件，获得这些文件的主要方式是使用 FTP 服务。FTP 服务是基于 TCP 的连接，端口号为 21。获取 FTP 服务器的资源需要拥有该主机的 IP 地址(主机域名)、账号和密码。但许多 FTP 服务器允许用户用 anonymous 用户名登录，口令任意，一般为 E-mail 地址。

利用 FTP 服务可以实现文件传输的两种功能：

(1) 下载(Download)：从远程主机向本地主机复制文件。

(2) 上传(Upload)：从本地主机向远程主机复制文件。

5. 网上交流——BBS 服务

BBS 是英文 Bulletin Board System 的缩写，翻译成中文为“电子布告栏系统”或“电子公告牌系统”。BBS 是一种电子信息服务系统。它向用户提供了一块公共电子白板，每个用户都可以在上面发布信息。早期的 BBS 由教育机构或研究机构管理，现在多数网站上都建立了自己的 BBS 系统，供网民通过网络结交更多的朋友，表达更多的想法。目前国内的 BBS 已经十分普遍，可以说是不计其数，可以大致地将其分为校园 BBS、商业 BBS、专业 BBS、情感 BBS、个人 BBS 站点等 5 类。图 1.3 是西安交通大学的“兵马俑”BBS 首页。

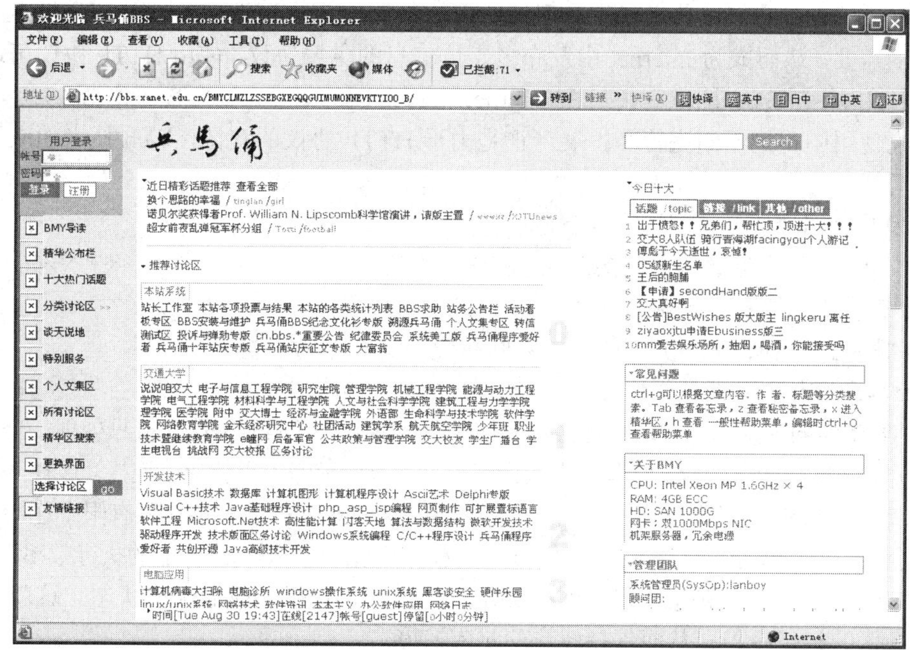

图 1.3 西安交通大学的“兵马俑”BBS 首页

6. 电子商务——E-business

企业可以在 Internet 上设置自己的 Web 页面，通过页面向客户、供应商、开发商和自己的雇员提供有价值的业务信息，从事买卖交易或各种服务，这就是电子商务。

电子商务的概念在 1993 年引入中国。1996 年中国出现了第一笔网上交易。1998 年以推动国民经济信息化为目标的企业间电子商务示范项目开始启动。自 1999 年以来，电子商务在中国开始了由概念向实践的转变。2004 年，中国的上网用户突破 1 亿，电子商务的增长率为 73.7%，营业额达到 4800 亿元人民币，约为全球电子商务营业额的 2%。

中国互联网络信息中心(CNNIC)发布的《第 31 次中国互联网络发展状况统计报告》显示，截至 2012 年 12 月底，我国网络购物用户规模达到 2.42 亿。艾瑞咨询统计数据显示，2012 年中国电子商务市场整体交易规模为 8.1 万亿元。

电子商务具有诱人的发展前景。随着互联网的蓬勃发展，网络应用也快速扩张，特别是网购，近几年表现出极高的增长态势。开发电子商务网站、参与电子商务、应用电子商务，是每一位政府官员、每一位企业家和每一位消费者都必须认真对待的课题。

1.1.4 HTTP 协议

WWW(World Wide Web)是 Internet 中最受欢迎的一种服务，而 WWW 服务是面向客户机/服务器模式的，它的通信协议采用的就是 HTTP(Hyper Text Transfer Protocol，超文本传输协议)。从网络协议的角度看，HTTP 协议是对 TCP/IP 协议集的扩展，处于网络体系结构的应用层，主要面向 WWW 在 Internet 上的应用，是建立在 TCP/IP 协议之上的重要的应用层协议。

HTTP 协议是为分布式超媒体信息系统设计的一种网络协议，主要用于名字服务器和分布式对象管理，它能够传送任意类型的数据对象，以满足Web服务器与客户机之间多媒体通信的需要，从而成为Internet中发布多媒体信息的主要协议。使用HTTP协议可以传输文本、超文本、声音、图像等任何在Internet上可访问的信息。HTTP协议自1990年推出以来，在使用中得到不断完善和扩展。正是由于HTTP协议的支持，Web技术的应用才有今天的辉煌。

典型的HTTP事务处理过程如下：

(1) 客户机与服务器建立连接。

(2) 客户机向服务器提出请求。

(3) 服务器接受请求，并根据请求返回相应的文件作为应答。

(4) 客户机与服务器关闭连接。

HTTP是面向连接的，且这种连接是一种一次性连接。它限制每次连接只处理一个请求，当服务器返回本次请求的应答后便立即关闭连接，下次请求需再重新建立连接。这种一次性连接主要考虑到Web服务器面向的是因特网中成千上万的用户，且只能提供有限个连接，故服务器不会让一个连接处于等待状态，及时地释放连接可以大大提高服务器的执行效率。

HTTP也是一种无状态协议，即服务器不保留与客户交易时的任何状态。这就大大减轻了服务器的记忆负担，从而保持较快的响应速度。

HTTP是一种面向对象的协议，允许传送任意类型的数据对象。它通过数据类型和长度来标识所传送的数据内容和大小，并允许对数据进行压缩传送。

当用户在一个HTML文档中定义了一个超文本链接后，浏览器将通过TCP/IP协议与指定的服务器建立连接。从技术上讲，客户只要在一个特定的TCP端口(端口号一般为80)上打开一个套接字即可。如果该服务器一直在这个周知的端口上侦听连接请求，则该连接便会建立起来。然后客户通过该连接发送一个包含请求方式的请求块。HTTP规范定义了七种请求方法，如GET、HEAD、PUT、POST等。每种请求方法规定了客户和服务器之间不同的信息交换方式。常用的请求方法是GET和POST。服务器将根据客户请求完成相应的操作，并以应答块的形式返回给客户，最后关闭连接。

1.1.5　IP地址与域名

在Internet上做任何事，地址起着至关重要的作用，当用户与Internet上其他用户和计算机进行通信或寻找Internet上的各种资源时，都必须知道地址。中国互联网络信息中心(CNNIC)发布的《第30次中国互联网络发展状况统计报告》显示，截至2012年6月底，我国拥有IPv6地址数量为12499块/32，全球排名第3位，仅次于巴西和美国。

1. IP地址

为了使连接在Internet上的计算机能够相互进行通信，任何接入Internet的计算机都叫做主机，每台主机都必须有一个唯一的“标识号”，这个唯一的标识号便是计算机在Internet中的地址。由于这个地址是由IP协议进行处理的，故这个标识号被称为IP地址。IP地址就像是机器的“身份证”，根据IP地址可以辨别各个不同的主机。

IP地址包含网络地址和主机地址两部分：网络地址用以区分在Internet上互联的各个网络，主机地址用以区分在同一网络上的不同计算机。

2. IP 地址的表示法

IPv4 地址是一个 32 位的二进制编码，其标准写法是 4 个十进制数，即将 32 位的 IP 地址按 8 位一组分成 4 组，每组数值用十进制数表示，每组的范围为 0～255，组与组之间用小数点分隔，称为点分十进制表示法。例如，202.117.64.5。

目前正处于试运行阶段的 IPv6 地址具有 128 位的二进制编码，其表示法是用冒号分隔的十六进制。例如：3FFE:0B00:0000:0000:0000:1234:AB26:0003，也可用压缩表示法表示为：3FFE:0B00:0:0:0:1234:AB26:0003。当前导有若干个连续的 0 时，可用“::”压缩表示，例如，::CA75:4005 是 IPv4 地址 202.117.64.5 的 IPv6 表示。

3. 域名

每台连入 Internet 的计算机都有一个唯一的 IP 地址，通过 Internet 访问远程计算机中的资源，只要将该计算机的 IP 地址输入到浏览器并发送这一请求即可。但是，IP 地址的数字形式难以记忆和使用。为了向一般用户提供一种直观、明了的主机识别符，TCP/IP 协议专门设计了一种字符型的主机命名机制——域名。

域名在 Internet 上也是唯一的，否则此名字就不能把该计算机和其它计算机区分开。这种对主机的命名相对 IP 地址来说是一种更为高级的地址形式。Internet 所实现的层次型名字管理机制被称为域名系统(Domain Name System，DNS)。按域名系统定义的计算机的名字称为域名(Domain Name)。

4. 域名的命名规则

域名的命名规则是Internet引入的符号化的层次结构命名方法。任何一个连接在Internet上的主机都可有一个或多个符号化的名字——域名，如主机 202.117.64.2 的域名为 chd.edu.cn，也可以是 xahu.edu.cn。一个主机的 IP 地址可以对应于多个域名，但一个域名只能对应一个 IP 地址。由于域名中的符号串通常是用户或其单位名称的缩写，具有清晰的逻辑含义，因此域名便于记忆。表 1.1 是几个域名与 IP 地址的映射关系。

表 1.1　域名与 IP 地址的映射关系

机构名称	域名	IP 地址	
		点分十进制	二进制(计算机内部)
中国教育科研网	edu.cn cernet.edu.cn	202.112.0.36	11001010　01110000 00000000　00100100
清华大学	tsinghua.edu.cn	166.111.250.2	01110100　01101111 111111010　00000010
北京大学	pku.edu.cn	162.105.129.30	10100010　01101001 100000001　00011110
西安交通大学	xjtu.edu.cn	202.117.1.13	11001010　01110101 00000001　00001101
长安大学	chd.edu.cn	202.117.64.2	11001010　01110101 01000000　00000010

域名的层次结构为：主机名.组织机构名.网络名(机构的类别).最高层。

5. IP 地址与域名的转换

域名的使用方便了网络的浏览，但是 IP 协议软件只能使用 IP 地址而不能直接使用域名。当用户用域名来访问远程计算机时，必须由 Internet 的域名服务器(Domain Name Servers，DNS)将域名翻译成对应的 IP 地址，然后才能完成对远程计算机的访问。当域名服务器由于某种原因不能正常工作时，用户仍然可以使用通信对方的 IP 地址来进行正常的通信。

1.1.6 统一资源定位器(URL)

Internet 的信息资源可能是用户磁盘中的一个文件，也可能是地球的另一边某个连接在 Internet 上的计算机的文件。前面已经提到，想要实现 Internet 上的某种功能，就必须访问具有这种服务的服务器。然而，连接在 Internet 上的服务器数以亿计，并且同一个服务器上可能还具有多种服务，如何定位 Internet 上的服务器以及它的某种服务呢？解决这个问题的办法是使用 URL(Uniform Resource Locator，统一资源定位符)。

1. URL 的组成及格式

URL 是 Internet 发展过程中人们使用的一种命令机制，是全球 WWW 服务器资源的标准寻址定位编码，是 Internet 上某个资源位置的完整描述。URL 由以下三部分组成：

(1) 协议：客户机与服务器之间所使用的通信协议。

(2) 主机标识：存放信息的服务器地址(IP 地址或域名)。

(3) 文件名：存放信息的路径和文件名。

URL 的格式：协议://主机标识[:端口]/[路径/文件名]。

2. URL 使用的通信协议

URL 的第 1 部分是指定检索文件时服务器所使用的协议。常用的协议有以下五种类型：

(1) HTTP：HTTP 协议。通常用来访问 WWW 服务提供的网页。

(2) File：本地文件服务。用来访问本机的文件。

(3) FTP：文件传输协议。用来访问具有 FTP 服务的服务器。

(4) Telnet：远程登录协议。启动 Telnet 窗口，用字符方式登录有 Telnet 的服务器。

(5) Mailto：电子邮件服务。启动 E-mail 客户端进行邮件的发送。

3. URL 中的主机标识

URL 的第 2 部分是主机标识。主机标识指示服务器地址，可由域名或 IP 地址表示。端口表明请求数据的服务对应的端口号。通常每种服务都有自己默认的端口号，但如果在同一台服务器上存在多个同类型的服务，它们必须使用不同的端口号进行区分。WWW 服务的默认端口号是 80。对于使用默认端口号的服务器，在 URL 中可以省略端口号。

4. URL 中的路径和文件名

URL 的第 3 部分是主机资源的全路径和文件名，用“/”作为分隔符。路径和文件名指出所需资源(文件)的名称及其在计算机(服务器)中的地址。服务器经常将主页设置为默认路径下的默认文件。当申请默认的文件时，文件的路径和名称可以省略。例如：在 http://www.pku.edu.cn 这个 URL 中就省略了对文件的相关指定信息。

http://www.pku.edu.cn/index.htm 就是一个典型的 URL。其中：http://指明要使用 HTTP

协议对服务器进行访问；WWW 为万维网的 WWW 服务；pku.edu.cn 为域名；index.htm 为要访问的文件名。

URL 可以帮助用户在 Internet 的信息海洋中定位到所需要的资源。在 Internet 上的每一个文件都可以用一个 URL 来标识，WWW 利用 URL 有效地将这些资源加以整理、统一。用户只要知道资源的位置，通过浏览器发出一个 URL 命令，就可以顺利地获得该资源。例如，通过一个 URL 命令 http://www.chd.edu.cn，即可连接到长安大学的主页。

1.2　Internet 的 WWW 服务

随着电子技术的发展，在 20 世纪 80 年代末，出现了许多帮助人们分类查找信息的工具，最具有突破性的工具是 WWW。WWW(World Wide Web，全球信息网)又被人们称为 3W、万维网、Web 等，是当今 Internet 中最为流行的信息资源发布和浏览方法。

WWW 系统是基于浏览器/服务器模式的。在 Web 服务器/浏览器上，主要以网页的形式来发布/浏览多媒体信息，并使用统一资源定位器(URL)来唯一地标识和定位 Internet 中的资源。

1.2.1　WWW 的起源与发展

1989 年，瑞士日内瓦 CERN(欧洲粒子物理实验室)一位名叫 Tim Berners Lee 的物理学家为了让同行们能快速、实时地进行交流，特别是能让大家随时共享他们的实验进展报告(方便地访问遍布在世界各地的接入 Internet 中的计算机上的信息资源)而萌发了建立文件连接网络的念头。为此，他提出了采用超文本(Hyper Text)技术设计分布式信息系统的概念，于是超文本的概念就诞生了。1990 年 11 月，第一个 WWW 软件在计算机上实现。一年后，CERN 向全世界宣布 WWW 的诞生。到 1994 年，Internet 上传送的 WWW 数据量便超过了 FTP 数据量，成为访问 Internet 资源的最流行的方法。

随着 WWW 的兴起，在 Internet 上大大小小的 Web 站点纷纷建立，势不可挡。WWW 为网络上流动的庞大资料找到了一条可行的统一通道。Internet 中的客户使用 WWW 中的浏览器，只要简单地点击鼠标，即可访问分布在全世界范围内 Web 服务器上的文本文件，以及与之相配套的图像、声音和动画等，进行信息浏览或信息发布。因此，WWW 也就成为了 Internet 上最受欢迎、最为流行的信息浏览工具。

1.2.2　WWW 的特点

WWW 之所以受到人们的欢迎，是由其特点决定的。WWW 的特点在于高度的集成性，它把各种类型的信息(如文本、声音、动画、视频等)和服务(如 News、FTP、Telnet、Gopher、Mail 等)无缝连接，提供了丰富多彩的图形界面。WWW 的特点可归纳为下述 6 个方面。

(1) Web 是一种超文本信息系统。

Web 的一个主要概念就是超文本链接，它使得文本不再像一本书一样是固定的、线性的，而是可以从一个位置跳到另一个位置，从中获取更多的信息。也可以转到别的主题上，想要了解某一个主题的内容只要在这个主题上点击一下鼠标，就可以跳转到包含这一主题的文档上。正是由于它的这种多连接性才把它称为 Web。

(2) Web 是图形化的和易于导航的。

Web 非常流行的一个很重要的原因，就在于它可以在一个页面上同时显示色彩丰富的图形和文本等诸多内容。Web 具有将图形、音频、视频信息集于一体的特性。在 Web 之前，Internet 上的信息只有文本形式。同时，Web 是非常易于导航的，只需要从一个链接跳到另一个链接，就可以在各个页面或各个站点之间进行浏览。

(3) Web 与平台无关。

无论哪种系统平台，都可以通过 Internet 访问 Web 站点。浏览 Web 站点对系统平台没有限制。无论从 Windows 平台、Unix 平台、Machintosh 平台等任何平台，都可以访问 Web 站点。

对 Web 站点的访问是通过叫做浏览器(Browser)的软件实现的。早期的浏览器有 Netscape 的 Navigator、NCSA 的 Mosaic、Microsoft 的 Internet Explorer 等，现在则有更多浏览器可供使用。

(4) Web 是分布式的。

大量的图形、音频和视频信息会占用相当大的磁盘空间，我们甚至无法预知信息的多少。对于 Web，没有必要把所有信息都放在一起，信息可以放在不同的站点上，只需要在浏览器中指明这个站点就可以了，这使得在物理上并不一定在一个站点的信息在逻辑上一体化了，对用户来说这些信息是一体的。

(5) Web 是动态的。

由于各 Web 站点的信息包含站点本身的信息，信息的提供者可以经常对站点上的信息进行更新，如某个协议的发展状况、公司的广告等。一般各信息站点都尽量保证信息的时间性，所以 Web 站点上的信息是动态的，经常更新的。

(6) Web 是交互的。

Web 的交互性首先表现在它的超链接上，用户的浏览顺序和所到站点完全由他自己决定。另外，通过 FORM(表单)的形式可以从服务器方获得动态的信息。用户通过填写 FORM 可以向服务器提交请求，服务器可以根据用户的请求返回相应信息。

正是由于 WWW 所具有的上述突出特点，它在许多领域中得到广泛应用。大学研究机构、政府机关，甚至商家、企业等都纷纷出现在 Internet 上。高等院校通过自己的 Web 站点介绍学校概况、师资队伍、科研和图书资料以及招生、招聘信息等；政府机关通过 Web 站点为公众提供服务，接受社会监督并发布政府信息；生产厂商通过 Web 页面用图文并茂的方式宣传自己的产品，提供优良的售后服务等。

1.2.3　WWW 的结构与工作模式

1. WWW 的结构

目前的 WWW 主要由 Web 客户机、Web 服务器以及二者之间的通信协议三部分组成。

(1) Web 客户机：客户端的浏览器。目前的 WWW 主要是基于浏览器(Browser)/服务器(Server)工作模式的，即 B/S 模式。在 B/S 模式下，只需在客户机上安装 WWW 的浏览软件就可以了。因此，人们就将客户机及其相应的软件简称为浏览器。浏览器是一种访问 WWW 资源的客户端工具软件，它支持多种 Internet 协议，如 HTTP、SMTP、Gopher、FTP 等，可访问多种 Internet 资源。

(2) Web 服务器：提供 WWW 服务的服务器。任何一个联网的计算机，只要提供 WWW 服务就可称作 Web 服务器。Web 服务器是 Internet 上提供各种信息服务的网络站点，主要由高档计算机、服务器软件和各种应用服务程序组成。通常在服务器上安装有复杂的业务处理软件和数据库管理系统等。

(3) 浏览器和服务器之间的通信协议：HTTP 协议。浏览器和服务器之间通过 HTTP 协议相互通信。Web 服务器根据客户提出的需求(HTTP 请求)，为用户提供信息浏览、数据查询、安全验证等方面的服务。客户端的浏览器软件具有 Internet 地址(Web 地址)和文件路径导航能力，按照 Web 服务器返回的 HTML 所提供的地址和路径信息，引导用户访问与当前页相关联的上下文信息。

2. WWW 的工作模式

Web 访问的基本流程是由浏览器向 Web 服务器发出 HTTP 请求，Web 服务器接到请求后进行相应的处理，将处理结果以 HTML 文件的形式返回给浏览器，浏览器对其进行解释并显示给用户。Web 浏览器/服务器系统页面传递过程可分为四个步骤，如图 1.4 所示。

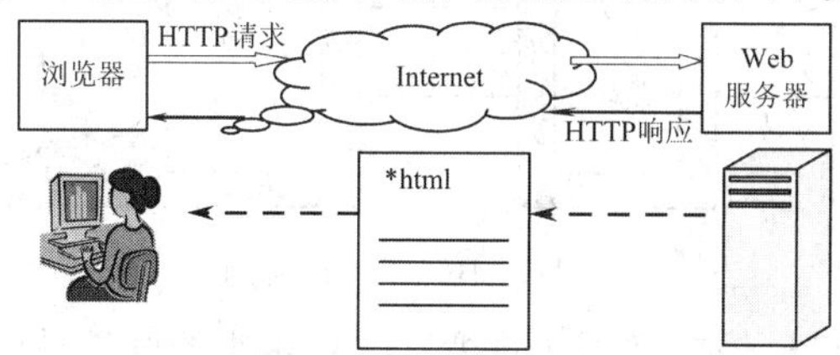

图 1.4　Web 浏览器/服务器系统页面传递过程

(1) 用户在 Web 浏览器上输入一个 URL，发出浏览网页的请求(HTTP 请求)。

(2) 这个请求通过 Internet 从 Web 客户机传输到 Web 服务器。

(3) Web 服务器收到这个请求后，根据这个请求在服务器的文档中找到相关的网页，将其转译成 HTML 格式的文档后发送给客户机浏览器。

(4) 浏览器软件解释 HTML 文档并将其呈现在用户的显示器上。

1.2.4　C/S 模式与 B/S 模式

1. C/S 模式

早期，网络应用软件的开发主要采用客户端(Client)/服务器(Server)模式，即所谓的 C/S 模式。这种模式具有两层结构。比如在 Java 中，可以通过 Socket 实现一个客户端/服务器的架构。C/S 模式的结构如图 1.5 所示。

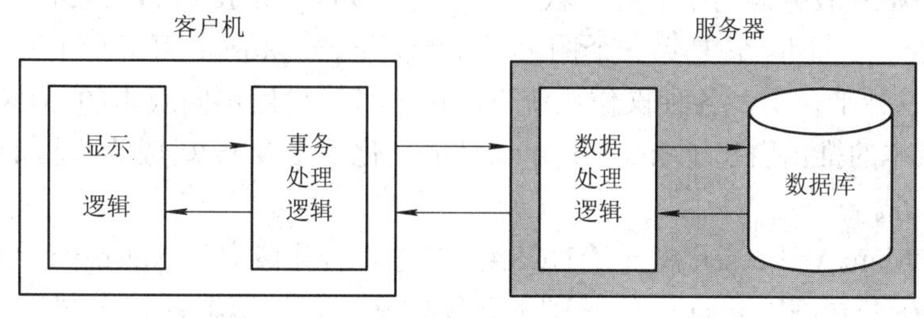

图 1.5　C/S 模式结构图

在这种模式下，主要的业务逻辑都集中在客户端程序中。由于客户端的硬件配置可能存在较大差异，软件环境也可能各不相同，这就导致了以下两大问题：

(1) 系统安装、调试、维护和升级都比较困难。因为在安装时，必须对每一个客户端分别进行配置；同样，在软件升级时也要对每个客户端分别处理。

(2) 在整个系统中，业务逻辑和用户界面都集中在了客户端，必然会增加安全隐患。

2. B/S 模式

正是由于前面提到的客户端程序在部署和维护时面临的问题，人们逐渐接受了基于浏览器(Browser)/服务器(Servsr)结构的系统，也就是 B/S 模式。在 B/S 模式中，最核心的一点就是用通用的浏览器取代了原来的客户端程序，其次是将业务逻辑放在了服务器端，并将应用服务器和数据库服务器分离。B/S 模式的结构如图 1.6 所示。

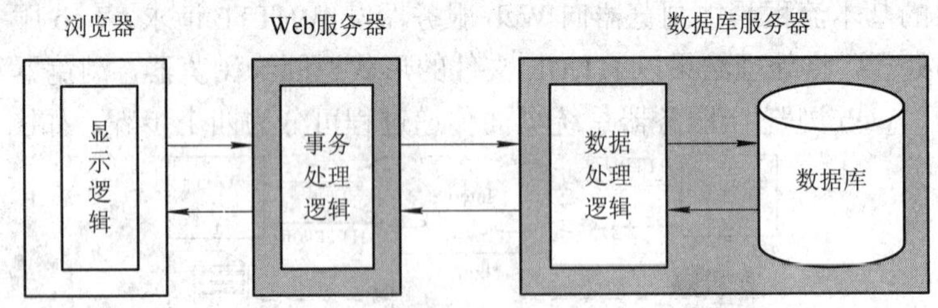

图 1.6 B/S 模式结构图

B/S 模式虽然只对 C/S 模式做了少许变动，但带来的好处是巨大的：首先，由于客户端统一为浏览器，降低了对客户机的要求；其次，应用程序的安装、维护、升级等工作都集中到服务器端，从而降低了维护工作的复杂性，提高了系统的安全性。

1.2.5 Web 浏览器软件的发展

WWW 是通过客户机/服务器方式工作的，因此，要使用 Web，首先就必须有一个客户机端的工具软件——Web 浏览器。事实上，浏览器可看作 Internet 的图形用户界面，它不仅可以用来观察包含被链接的图像、音频、视频组合成的 Web 页面，而且可以用来收发邮件、阅读新闻、从 FTP 服务器下载文件等。

最早的浏览器是 CERN 的原 Web 工作组于 1990 年开发的一种行式浏览器。这种浏览器是在字符模式下工作的，其优点是对上网的计算机配置要求很低。

在 CERN 开发了 WWW 基本协议后不久，美国的 NCSA(美国国家超级计算应用中心)就开始研究如何实现这种服务接口的工作。接口的目标是要向用户提供一种图形化的、易于使用且支持 Web 服务器连接的客户软件。于是 1993 年 Marc Andreesen 等人在 Sun 工作站上开发的 Mosaic 问世，它是第一个图形界面的浏览器。Mosaic 可运行于 Unix、Macintosh 和 Windows 三种平台上，各种操作系统下的用户可以使用不同版本的 Mosaic 浏览器。Mosaic 最初版本的推出引起了 Internet 革命性的变化，使 WWW 成为今日 Internet 上最为流行的服务业务。

1993 年，Marc Andreesen 离开了 NCSA，与他人合作成立了 Netscape 公司。Navigator 就是 Netscape 公司在 Mosaic 的基础上开发的新一代浏览器，该公司于 1994 年推出 Navigator 1.1，于 1995 年 9 月推出了 Navigator 2.0，于 1996 年 6 月又推出了 Navigator 3.0。

在当时的浏览器市场，可以说是 Netscape 一统天下，Netscape 公司免费向教育界和非赢利者提供浏览器的政策，以及增加新的 HTML 特性和数据安全性选项的优势席卷了 Internet 的用户界，使得 Navigator 成为当时最热门的浏览器。Netscape 一度成为浏览器的代名词。

值得注意的是，Sun 公司于 1995 年末推出的浏览器 HotJava 是一种采用 Java 语言编写的全新的动态超文本浏览器软件。它能向用户提供文本、图形与图像、语音、影视及动画等多种模式的信息，其浏览功能已具备相当的智能化程度。Java 语言是由 Sun 公司开发的面向对象的新一代网络编程语言。HotJava 具有面向对象、动态交互操作与控制、动画显示以及不受平台制约等特点，不仅可大大提高 WWW 系统的交互性，而且可使 WWW 发布的信息更加多姿多彩。

由于 Internet 的不断发展蕴涵着无限商机，Microsoft 公司最终看到了互联网的潜力，迅速加入到浏览器市场的竞争中来。Internet Explorer(简称 IE)是 Microsoft 公司为抢占 Internet 市场而开发的 Web 浏览器产品。但是，在微软推出 IE 4.0 之前的各个版本，其功能还不足以与 Netscape 公司的 Navigator 抗衡。为竞争的需要，Microsoft 公司将它的 IE 随其 Windows 操作系统软件一起搭配给用户，从而占领了大部分市场份额，改变了 Netscape 一统天下的格局。IE 4.0 在 1997 年正式推出以后，它的影响可以说是不同凡响。这种新一代网上客户端软件大大提高了用户浏览 WWW 的能力。IE 4.0 驻留在 Windows 操作系统内部，可以紧密结合 Windows 的用户界面，让用户以统一的方式在 Internet 上或在本地硬盘上浏览信息。2011 年 3 月，Microsoft 公司发布了 IE 9.0，目前已发展到 IE 11。

目前市场上使用的浏览器软件可以说是非常之多，几乎所有稍微大一点的公司或门户网站都有自己的浏览器。我们只要上网查阅一些资料，就会有各种浏览器争着抢着提示我们将其设为默认浏览器，由此可见浏览器争夺用户的激烈程度。当然，各种浏览器在用户界面、基本功能上大同小异，而在附加功能、运行及传送速度、邮件及新闻组、多媒体功能、对 HTML 和 Java 语言的支持能力、保密性等方面各有差异。由于国内用户计算机上安装的操作系统主要是 Windows 系列产品，所以 IE 浏览器的使用相对较多。

1.2.6　对 Web 服务器软件的要求

Web 服务器是用于发布多媒体信息的，这些信息按网页来组织。对于一个 Web 服务器来说，除了应具备响应浏览器的请求发送网页的基本功能外，还应具有以下系统性能：

(1) 广泛支持 HTML 版本。能够支持 HTML 的各种版本，同时也意味着 Web 服务器能够广泛支持各种浏览器。

(2) 用户活动的跟踪。对用户活动的跟踪有助于网络信息传输管理及解决用户计费的争议。这些跟踪信息最好以报表方式管理和输出。

(3) SNMP(Simple Network Management Protocol)代理功能。它允许标准的浏览器软件可以对网络进行本地和远程的管理，这对于企业级的 Web 服务器是很重要的。

(4) 远程管理功能。对 Web 服务器的管理除了能够在本地 LAN 上进行外，还应能通过串行口以远程方式来实施，以提高管理的容错能力。

(5) 编辑功能。Web 服务器至少应提供一个创建与编辑网页的编辑器程序和仿真浏览器，允许网络管理员以脱机方式浏览新创建或修改的网页。

(6) GUI 文件管理界面。对于多站点的 Web 服务器而言，管理员经常要增加和修改 Web 服务器上的网页文件，因此，文件管理的 GUI 界面是必不可少的。

(7) 非 HTML 文件的导出和导入。这种功能主要完成非 HTML 文件与 HTML 文件之间的转换。例如，将电子表格文件、字处理格式文件等特定格式文件自动转换成 HTML 格式的文件，而无需管理员干涉。

(8) 安全性能。通常，服务器通过支持某种安全协议(SHTTP 或 SSL)和设置访问权限来提供其安全性。在大多数情况下，安全协议是一个可选项，因为服务器和浏览器必须采用相同的安全协议才能进行连接和会话，这将带来诸多的限制。不过，从 Internet 的发展状况来看，一个被广泛接受的、标准的安全协议还是必要的。

(9) 网络服务的集成性。很多 Web 服务器软件将 WWW、E-mail、FTP、DNS 等服务功能集成在一起，同时提供多种网络服务，以扩展 Web 服务器的用途。

1.3 Internet 上的信息携带者——网页

网页的英文名称是 Web Page，它是 WWW 服务中最主要的文件类型。

1.3.1 网页的概念

网页是一种存储在 Web 服务器(网站服务器)上，通过 Web 进行传输，并被浏览器所解析和显示的文档类型。用户在浏览器上看到的网页都是由 HTML 语言构成的，但存储在服务器上的页面文件则可能包含多种文档类型。

从网站的角度讲，网页是网站的基本信息单位，位于特定计算机的特定目录中，其位置可以根据 URL 确定。一个网站通常由多个网页组成，这些网页之间使用链接地址(Anchor)相互连接在一起，构成一个完整的网站。网站存储在 Web 服务器上。当用户访问一个网站时，该网站中首先被打开的页面称为首页或主页(Home Page)。用户可通过点击页面中的超链接转换到其它的页面。

从组成元素的角度讲，网页是由文本、图片和超链接等多种对象构成的多媒体页面，包含有相关的文本、图像、声音、动画、视频以及脚本命令等。如图 1.1 所示，新浪网主页上除了文本、图片、超链接之外，还有 Flash、GIF 动画、文本框、按钮等多种对象。

按照网页文件在 Web 上交互方式的不同，可以将网页分为静态网页和动态网页。

1.3.2 超文本、超媒体与超链接

网页借助 HTML 语言，利用超媒体信息获取技术，通过超文本的表达方式，使用超链接方式将 WWW 上的相关信息连接在一起。

超文本文件(Hyper Text)是指在文本中包含了与其它文本的链接文件，它的链接对象是纯文本(这是与超媒体的区别)。使用了超链接的文本带有下划线，用鼠标单击文件中已经定义好超链接的关键字，便可以显示与该关键字相关的说明性文字资料。

从组成上看，超文本可描述为：超文本 = 文本 + 超链接。

超媒体(Hyper Media)进一步扩展了超文本所链接的信息类型。它利用集成化的方法将

多种媒体的信息联系在一起。用户不仅可以从一个文本跳转到另一个文本，而且可以激活一段音乐、显示一个图形或播放一段动画。超媒体文件就是一种将文字、影像、图片、动画、声音综合在一起的文件。

从组成上看，超媒体可描述为：超媒体 = 多媒体 + 超链接。

超链接(Hyper Link)是 WWW 上使用最多的一种技术。它是超文本、超媒体以及与其它媒体之间的链接，也是一种从源端点到目标端点的链接。事先选好关键文字或图形等对象并定义好链接的目标，然后只要用鼠标单击该段文字或图形等对象，就可以自动链接到相应的目标文件上。通过这种方式，就可以实现不同网页间的跳转。

1.3.3　网页的组成方式

网页是怎样将声音、图像、视频、动画等各种资源组合起来显示在客户机浏览器中呢?

当用户在客户端使用浏览器对网页进行访问的时候，服务器首先返回的是HTML页面，在这个页面中包含了超文本和超媒体内容的 HTML 语言描述。浏览器得到这个 HTML 页面之后，将其中的 HTML 语言描述的超文本和超媒体转换成相应的文字和各种媒体，设定它们的超链接，并将它们显示在适当的位置上。

需要注意的是，各种媒体的内容并不保存在 HTML 文件中，而是使用给出媒体文件的 URL 的方式。浏览器在将 HTML 转换为各种媒体的时候，首先将媒体所对应的 URL 取出，通过 URL 从服务器获取到媒体文件，然后才将其显示在网页上。经过转换的网页中的超文本和超媒体能够通过点击的方式跳转到其它的超文本或超媒体之上。通过这种方式，WWW 将各种信息组成一个信息的海洋。

1.3.4　静态网页与动态网页

根据网页内容对交互的响应方式之不同，可将网页分为静态网页和动态网页两大类。

静态网页的内容在用户的浏览过程中是一成不变的，它不会因为用户的操作而改变页面显示的内容和格式。反之，动态网页可在用户对网页访问的过程中根据用户的操作做出响应，改变页面所显示的内容或者执行某些特定的操作。根据实现方式的不同，动态网页还可分为客户端动态网页和服务器端动态网页。

1. 静态网页

静态网页就是标准的 HTML 文件，其文件扩展名是 .htm 或 .html，它可以包含 HTML 标记、文本、声音、图像、动画、电影等，但这种网页不包含任何脚本，其内容在开发人员编辑好之后不会自行改动，所以称之为静态网页。静态网页也可能包含翻转图像、GIF 动画或 Flash 影片等，从而具有很强的动感效果。此处所说的静态网页是指在发送到浏览器时不再进行修改的 Web 页，其最终内容不会因为用户的操作而改变。

静态网页的处理流程如下：

(1) 当用户通过浏览器地址栏发出一个 URL 请求或单击 Web 页上的某个链接时，浏览器就向 Web 服务器发送一个页面请求。

(2) Web 服务器收到该请求，通过文件扩展名 .htm 或 .html 判断出是 HTML 文件请求，并从磁盘或存储器中获取适当的 HTML 文件后，将其发送到浏览器。

(3) 浏览器对接收到的 HTML 文件进行解释，并将结果显示在用户的浏览器窗口中。

2. 动态网页

动态网页中除了含有静态网页的各种成分外，最主要的是包含了一些可执行的脚本程序，这些脚本程序能够对用户的不同操作做出不同的响应，因人、因地、因时地改变网页的内容，从而达到动态的效果。这是因为当动态网页被访问的时候，其中的脚本程序在服务器端被解释执行，然后用执行的结果替换脚本程序，生成一个新的 HTML 网页返回给客户端。这种机制使 WWW 服务能够和数据库管理系统等传统的信息系统联合起来，提供给用户的信息完全是动态生成的。相对于静态网页的访问过程，动态网页在访问过程中，服务器端需要执行一系列的操作才能够生成 HTML 页面。

动态网页通常与静态网页的文件扩展名是不同的。对于动态网页来说，其文件扩展名不再是 .htm 或 .html，而是与其所使用的动态网页开发技术有关。例如，使用 ASP.NET 技术开发时，网页文件的扩展名是 .aspx；使用 JSP 技术开发时，网页文件的扩展名是 .jsp 等。当前流行的动态网页开发技术主要有 JSP、ASP、PHP 等。

总之，所谓“动态网页”，并不是指在页面上放置了几个 GIF 动态图片或链接了视频，而是指具有下述特点的网页：

(1) 交互性：即网页会根据用户的要求和选择而动态地改变响应内容。

(2) 因时因人而异：即当不同的时间、不同的人访问同一网址时会产生不同的页面。

(3) 自动更新：即无需手动更新 HTML 文档，系统便会自动生成新的页面。

目前的网站(服务器)基本上都有数据库支持，对于同一个查询语句来说，在不同的时间由于数据库内容的变化，其查询结果显然是不一样的，在此基础上生成的网页当然就是动态变化的。

1.3.5　网页的浏览与下载

用户在浏览器上看到的网页是以 HTML 为基本格式的文档。当用户通过浏览器浏览网页时，实际上就是从该网页所在的 Web 服务器下载相应的 HTML 文档，然后在本地由浏览器进行语法解释并显示在用户屏幕上。

前已述及，目前流行的浏览器有很多，下面以 Microsoft 公司的 IE(Internet Explorer)浏览器为例，简要地介绍网页的浏览、下载，以及查阅源代码的方法。

1. 使用 IE 浏览器保存 Web 页面

(1) 单击“文件”菜单，选择下拉菜单中的“另存为”命令。

(2) 在弹出的“保存网页”窗口中输入文件名，单击“保存”按钮。

注意： 选择“另存为”命令只保存 HTML 文档，有些图像没有下载。要下载完整的页面，还要单独进行图片下载。

2. 使用 IE 浏览器保存页面图片

(1) 将鼠标移到一幅图片上。

(2) 右击鼠标，选择“图片另存为”命令。

(3) 在弹出的“保存图片”对话框中选择存储路径，并输入文件名称，单击“保存”按钮，把图片永久存储在本地计算机的一个文件夹中。

3. 查阅 Web 页面的源代码

使用 IE 浏览 Web 页面时，可以查看页面的 HTML 源代码，这样可以帮助用户学习 HTML 语言。只要在 IE 浏览器的菜单栏中选择“查看”菜单下的“源文件”命令，即可查阅 HTML 源代码。图 1.7 是 Google(谷歌)的主页和在浏览器中看到的部分源代码。

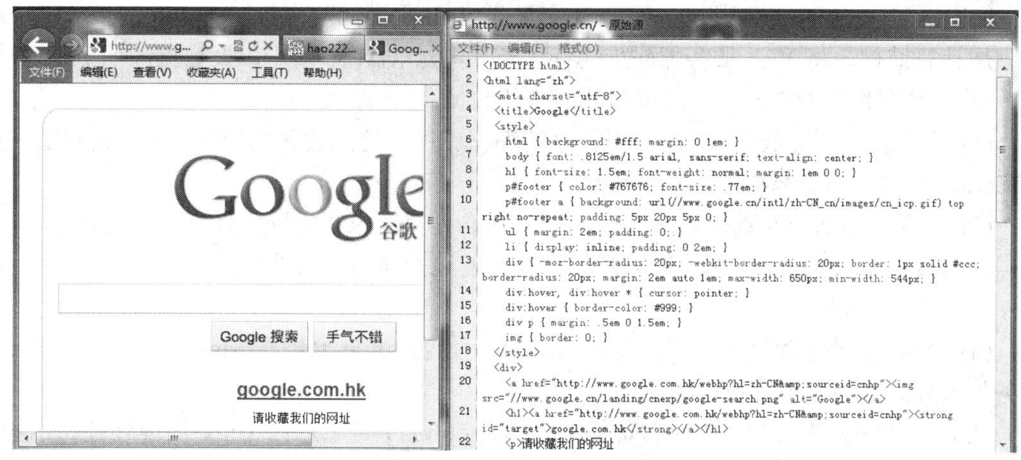

图 1.7　Google(谷歌)的主页和通过浏览器查看到的部分源代码

1.4　动态网页技术简介

动态网页技术的产生已经有一段时间了，从早期的 CGI 技术到目前流行的 JSP、ASP 技术等，大致可将其分为五种：CGI 技术、ASP 技术、PHP 技术、Servlet 技术和 JSP 技术。目前最为流行的是 ASP 和 JSP 技术。

1.4.1　CGI 技术

CGI(Comman Gateway Interface，通用网关接口)技术是早期用来建立动态网页的技术。当客户端向 Web 服务器上指定的 CGI 程序发出请求时，Web 服务器会自动启动一个进程执行此 CGI 程序，程序执行后将结果以网页的形式发送给客户端。

CGI 的优点是在语言的选择上有很大的灵活性，它可以用很多种语言来编写程序，比如 C、C++、Visual Basic、Java、Perl 语言等。目前大多使用 Perl 编写 CGI。

CGI 的主要缺点是运行效率低下，维护复杂，主要表现在以下三个方面：

(1) CGI 程序是以独立的进程方式运行的，当用户访问数量增大时，会严重地损耗系统资源，大幅度地降低系统性能。

(2) CGI 程序不是常驻内存的，因此，当用户频繁访问 CGI 程序时，会导致大量的磁盘操作，造成系统性能的下降。

(3) 访问数据库的程序不易编写。

由于 CGI 程序存在上述缺点，因此，随后又出现了 FastCGI 技术。它在 CGI 的基础上进行了一些改进，将 CGI 程序常驻在内存中，使系统性能有所改善，但是，在大量用户访问时，它仍然会消耗过多的内存资源。

1.4.2 ASP 技术

ASP 是 Active Server Pages 的缩写。ASP 技术既是 Windows 平台上的动态网页技术，也是一个 Web 服务器端的开发技术，用其可以开发出动态的、高性能的 Web 服务应用程序。Microsoft 提出的 ASP 概念，使设计交互式 Web 页面的技术有了长足的进步。它采用了三层计算结构，将 Web 服务器(逻辑层)、客户端浏览器(表示层)以及数据库服务器(数据层)分开，具有良好的扩充性。ASP 技术有以下优点：

(1) 简单易学，降低了 Web 应用程序的编写难度。这主要是因为 ASP 的编程语言是 VBScript 和 JScript(微软版本的 JavaScript)。

(2) 实现了动态访问数据库的技术。ASP 包含内置对象、内置组件、外置组件和 ADO 数据访问接口。通过 ADO 数据访问接口可以方便地操作各种数据库。

(3) 安全性较好。

(4) ASP 通过外置组件来扩充复杂的功能，使得如文件上传、E-mail 发送以及复杂的业务处理分离成为可重复使用的模块。

然而，ASP 是平台相关的，只能运行在 Windows 平台上。而 Unix 的健壮性和 Linux 的源码开放性使它们广泛地应用在网站服务器中，相比之下，ASP 的平台相关性大大制约了它的应用。

ASP 1.0 作为 IIS(Internet Information Server，Internet 信息服务器)的附属产品免费发送，并且不久就在 Windows 平台上广泛使用。ASP 与 ADO 的结合使开发者很容易地在一个数据库中建立和打开一个记录集。这就是它如此快就被大众接受的原因。

1998 年，微软公司又发布了 ASP 2.0。ASP 1.0 和 ASP 2.0 的主要区别是外部组件。有了 ASP 2.0 和 IIS 4.0，就可以建立 ASP 应用了。

微软公司接着开发了 Windows 2000 操作系统。这个 Windows 版本附带上了 IIS 5.0 及 ASP 3.0。Windows 2000 包括三个不同的版本：Professional、Server 和 Advanced Server。虽然目前 Windows 已经发展到比较高的版本，但是在开发领域中依然主要采用 Windows 2000 Server。

ASP 包含内置对象、内置组件、外置组件和 ADO 数据访问接口。最常用的是五大对象、一个集合和一个文件。五大对象分别是：Response、Request、Session、Application 和 Server，一个集合是 Cookie，一个文件是 Global.asa。ASP 最常用的内置组件是操作文件的组件和操作广告条的组件。ASP 最强大的功能还是使用外置组件，比如使用外置组件实现文件上传，发送 E-mail 等。通过 ADO 数据访问接口可以方便地操作各种数据库。

1.4.3 PHP 技术

PHP(Personal Home Pages)是一种服务器端的嵌入 HTML 的脚本语言，可以运行于多种平台。它借鉴了 C 语言、Java 语言和 Perl 语言的语法，并具有自己独特的语法。

由于 PHP 采用开放源代码(Open Source)方式，其源代码完全公开，使得可以不断有新的东西加入其中，形成庞大的函数库，以至实现更多的功能。PHP 在数据库支持方面也做得非常好，它能支持现在几乎所有的数据库。在 1999 年的下半年至 2000 年间，由 Linux、PHP 和 MySQL 构成的全免费高稳定的应用平台使 PHP 的应用非常广泛。

PHP 的缺点就是没有像 JSP 和 ASP 那样对组件的支持，扩展性较差。Personal Home Pages，顾名思义，只能适应中小流量的网站。由于 PHP 更新的速度比较慢，而且没有很好的技术支持，在此后的几年中 PHP 逐渐淡出开发领域。

1.4.4　Servlet 技术

Servlet 是建立在 Java 基础上的一种技术标准。Servlet 程序其实就是 Java 程序，只不过它是用 Java Servlet API 开发的、用于服务器端的程序。

Servlet 具有 Java 的所有优点：跨平台，安全性高，易开发等。它使用 ServletTag 技术，能够生成嵌于静态 HTML 页面中的动态内容。

Servlet 的缺点在于它的页面显示逻辑和业务处理逻辑没有完全分离，致使程序编写难度较大。为了克服这一缺点，Sun 公司又开发了 JSP 技术。

1.4.5　JSP 技术

JSP 是 Java Server Pages 的缩写，是在 Sun 公司倡导及众多公司参与下，于 1999 年推出的一种动态网页技术标准，JSP 目前已成为 J2EE(Java 2 Enterprise Edition，Java2 企业版)13 种核心技术中最重要的一种。在传统的静态页面文件(*.html，*.htm)中加入 Java 程序片段和 JSP 标签，就构成了 JSP 页面。自从有了 JSP 后，在 Java 服务器端编程中普遍采用的就是 JSP，而不再是 Servlet。

JSP 是基于 Java Servlet 以及整个 Java 体系的 Web 开发技术，利用这一技术可以建立安全的、跨平台的动态网站。这项技术还在不断地被更新和优化。与 ASP 相比，JSP 以 Java 技术为基础，又在许多方面做了改进，具有动态页面与静态页面分离，能够脱离硬件平台的束缚，以及编译后运行等优点，完全克服了 ASP 的脚本级执行的缺点，因而逐渐成为 Internet 上的主流开发工具。

1.5　JSP 页面执行过程和技术优势

JSP 和其它动态网页技术的主要不同点在于它的运行方式和执行速度。

1.5.1　JSP 页面的执行过程

服务器在接收到客户端发来的一个 JSP 页面请求时，首先由 JSP 引擎把 JSP 代码转换成 Servlet 代码(可以暂时将它理解为一种中间代码，其实它是一种 Java 代码，在 Tomcat 的 work 目录下可以看到)，然后由 JSP 引擎调用服务器端的 Java 编译器对 Servlet 代码进行编译，把它编译成字节码文件(.class 文件)，再由 JVM(Java 虚拟机)执行此字节码文件，最后将执行结果以 HTML 格式返回给客户端。整个 JSP 页面执行过程如图 1.8 所示。

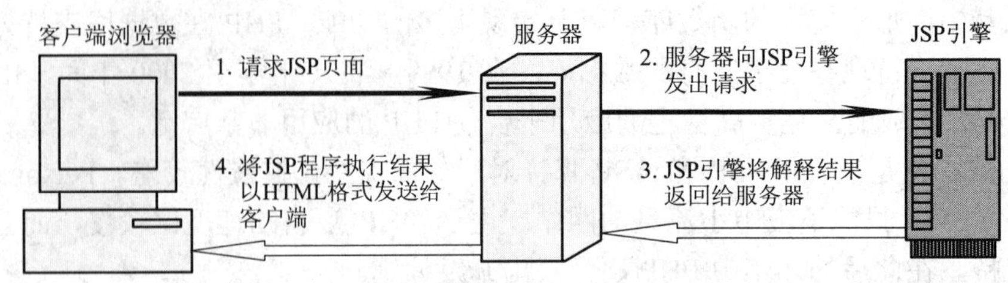

图 1.8　JSP 页面执行过程

细心的读者会发现，JSP 的执行过程似乎有些复杂，先编译一遍岂不速度更慢。的确，第一次运行 JSP 的速度比较慢，但是以后运行的速度却非常快。这是什么原因呢？其实很多时候，JSP 的执行步骤并不像图 1.8 中所示那么多，图中只是可能的步骤中最多的一种情况，实际情况中常常只有最后一步。这是由于服务器端有一种机制，它使得如果不是第一次对 JSP 进行请求，就直接调用第一次请求时产生并保存在服务器端的 Servlet，而 Servlet 的速度是很快的。

注意：如果在服务器运行当中，开发人员对 JSP 代码做了修改，再遇到此 JSP 页面的请求时，服务器将重新对其转换并编译，再用编译后得到的字节码文件覆盖原来的文件。

1.5.2　JSP 的技术优势

JSP 和其它动态网页技术的主要不同点在于它的运行方式和执行速度。

当服务器上的一个 JSP 页面被第一次请求执行时，服务器上的 JSP 引擎首先将 JSP 页面文件转译成一个 Java 文件，再将这个 Java 文件编译生成字节码文件，然后通过执行字节码文件响应客户的请求，而当这个 JSP 页面再次被请求执行时，JSP 引擎将直接执行这个字节码文件来响应客户，这也是 JSP 比 ASP 运行速度快的一个原因。而 JSP 页面的首次执行往往由服务器管理者来执行。这个字节码文件的主要工作是：

(1) 把 JSP 页面中普通的 HTML 标记符号(页面的静态部分)交给客户的浏览器显示。

(2) 执行“<%”和“%>”之间的 Java 程序片(JSP 页面中的动态部分)，并把执行结果交给客户的浏览器显示。

(3) 当多个客户请求同一个 JSP 页面时，JSP 引擎为每个客户启动一个线程而不是启动一个进程。这些线程由 JSP 引擎服务器来管理，与传统的 CGI 为每个客户启动一个进程相比，其效率要高得多。

JSP 除了速度的优势以外，还具有以下优点：

(1) 将表示层与业务逻辑层分离。使用 JSP 技术，网络开发人员可以使用 HTML 来设计页面的显示部分(如字体、颜色、对齐方式等)，使用 JSP 指令或者 Java 程序片来生成网页上的动态内容。

(2) 能够跨平台。JSP 支持绝大部分平台，包括现在非常流行的 Linux 系统，应用非常广泛的 Apache 服务器也提供了支持 JSP 的服务。

(3) 组件的开发和使用很方便。ASP 的组件是由 C++、VB 等语言开发的，并需要注册才能使用；而 JSP 的组件是用 Java 语言开发的，可以直接使用。JavaBean 的使用也很方便，由于 Java 的跨平台性，使得 JavaBean 的可移植性和可重用性也非常高。

(4) 一次编写，处处运行。作为 Java 开发平台的一部分，JSP 具有 Java 的所有优点，包括 Write once、Run anywhere 等。

所有这些优点都显示了 JSP 强大的功能。但由于它出现得比较晚，在某些方面还不够规范。

需要强调的一点是，要想真正地掌握 JSP 技术，必须有较好的 Java 语言基础，以及 HTML 语言方面的知识。

习　题　1

1.1　简述 Internet 的起源与发展。

1.2　简述 Internet 的组成。

1.3　什么是浏览器？什么是服务器？二者有什么区别和联系？

1.4　网络通信协议在 Internet 中有什么重要作用？

1.5　Internet 提供哪些主要的服务？它是以什么样的方式来表现这些服务的？

1.6　什么是 IP 地址？什么是 URL？它们在 Internet 上有什么作用？

1.7　什么是 C/S 模式？什么是 B/S 模式？二者有何联系与区别？

1.8　什么是静态网页？什么是动态网页？二者有何联系与区别？

1.9　ASP 和 JSP 各有什么特点？

1.10　为什么说 JSP 的一大特点是执行速度快？

第 2 章

JSP 语法与开发环境的搭建

本章讲述 JSP 语法和开发运行环境的搭建。首先通过一个简单的 JSP 页面文件和一个典型的 JSP 页面文件讲述了 JSP 页面的构成，进而论述了 JSP 语法。其次，讲述了运行于 Windows 环境的 MyEclipse 的安装、调试过程。需要说明的是，本书出于教学和自学的目的，最终将搭建 Windows+MyEclipse+MySQL 的开发运行环境，但考虑到控制各章篇幅和由浅入深的原则，我们将在第 7 章讲解 MySQL 数据库系统的安装。

2.1　JSP 页面构成

一个典型的 JSP 页面文件是由 HTML 标记、JSP 脚本和 JSP 标签等三部分组成的。本节通过两个例子说明 JSP 页面的构成。

2.1.1　一个简单的 JSP 页面

在了解 JSP 语法和工作原理之前，为了使读者对 JSP 技术有一个感性的认识，下面通过一个简单的实例来阐述 JSP 技术。需要注意的是，运行这个 JSP 页面需要安装 JSP 服务器，笔者使用的是 Tomcat 6.0，读者可以参考本章第 2 节的内容安装相关软件后，测试本实例。

【示例程序 C2-1.jsp】

```
<%@ page language="java" contentType="text/html; charset=gb2312"%>
<%@ page info="一个简单的JSP文件"%>
<HTML>
  <HEAD>
   <TITLE>Hello World</TITLE>
  </HEAD>
  <BODY BGCOLOR="#FFFFFF">
  <P ALIGN="center">
    <FONT SIZE=5 COLOR=RED> 文字由大到小逐级显示</FONT>
  </P>
  <HR>
```

```
    <BR>
    <DIV ALIGN="CENTER">
    <%
      for(int i=1;i<=6;i++)
        out.println("<h"+i+">Hello World!</h"+i+">");
    %>
    </DIV>
    </BODY>
</HTML>
```

这个 JSP 程序的运行效果见图 2.1。

图 2.1　程序 C2-1.jsp 的运行效果

JSP 页面文件的扩展名是 .jsp，文件的名字必须符合标识符规定。在这个文件中，放置在“<%”和“%>”之间的代码是 JSP 代码；所有位于“<”和“>”内的大写字符是 HTML 标记。需要注意的是：JSP 代码和 Java 一样，对大小写是敏感的，不可以有一点错误。例如，如果把 out.println 写成 Out.PrintLn，服务器在执行时就会返回出错信息。由于 HTML 代码不区分大小写，为了明显地区分普通的 HTML 标记和 Java 程序片段以及 JSP 标签，本书中用大写字母书写普通的 HTML 标记符号。

2.1.2　一个典型的 JSP 页面文件

为了全面地了解 JSP 文件的构成，下面将分析一个典型的 JSP 文件。为了方便说明，在这个文件(C2-2.jsp)的每行都加上了标号，读者在调试该程序时应该去掉这些行号。

【示例程序 C2-2.jsp】

```
1 <%@ page language="java" contentType="text/html;charset=GBK"%>
2 <%@ page info="一个典型的 JSP 文件"%>
3 <%! String getDate()
```

```
  { return new java.util.Date().toString(); }
%>
<HTML>
<HEAD>
  <TITLE>一个典型的 JSP</TITLE>
<HEAD>
<BODY>
<DIV ALIGN="CENTER">
<!--这是一个典型的 JSP 文件，它包含了 JSP 中常用的元素 -->
  <TABLE>
    <TR> <TD>----一个典型的 JSP 页面-----</TD> </TR>
    <%
        int count=4;
        int i;
        //color 表示颜色，通过它来动态控制颜色
        String color1="99ccff";
        String color2="66cc33";
        for(i=1;i<=count;i++)
        {
          String color="";
          if(i%2==0) color=color1;
          else color=color2;
          out.println("<TR BGCOLOR="+color+">
        <TD>----通过 color 动态控制颜色-----</TD></TR>");
        }
     %>
  </TABLE>
     <HR>
     当前时间是：<BR>
     <%--下面是使用表达式的例子--%>
     <%=getDate()%>
     <%--下面是使用动作标签的例子--%>
     <jsp:include page="C2-1.html"/>
```

```
36    </DIV>
37  </BODY>
38  </HTML>
```

这个程序的运行效果如图 2.2 所示(左侧为源文件)。

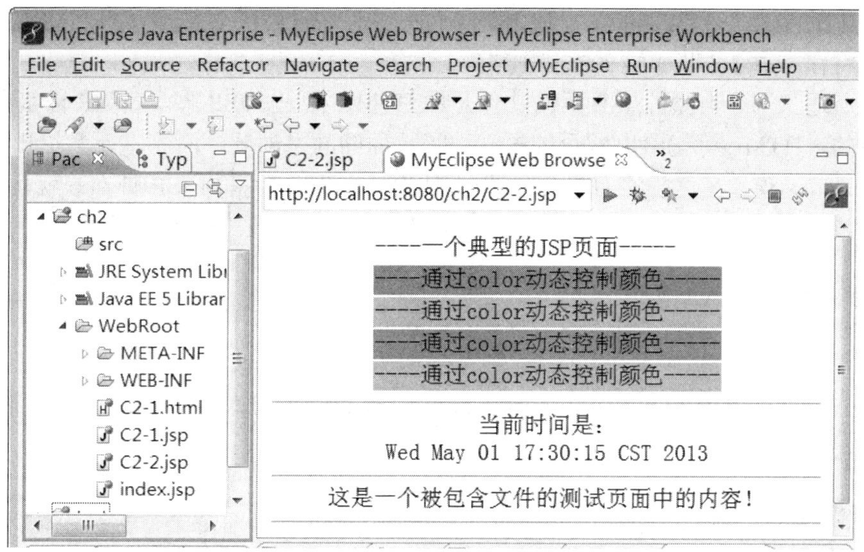

图 2.2　程序 C2-2.jsp 的运行结果

在程序 C2-2.jsp 中，第 35 行包含的 C2-1.html 文件的内容如下：

```
<HTML>
<BODY>
   <BR> <HR>
   这是一个被包含文件的测试页面中的内容!
   <HR>
</BODY>
</HTML>
```

2.1.3　JSP 页面的构成分析

从上述这个典型的 JSP 页面文件(C2-2.jsp)中，可以归纳出下述四类元素。

(1) 模板元素。模板元素也就是 HTML 标记，它们给出网页的框架。上述文件中的第 6～14 行，第 29～31 行，以及最后 3 行都是 HTML 标记。这类元素被放置在导引符“<”和“>”之间。

(2) 脚本元素。脚本元素实际上就是 Java 语言，主要包括 Java 变量、方法和类的声明、Java 表达式、Java 程序片等。上述文件中的第 3～4 行和第 16～27 行是脚本元素。这类元素被放置在导引符“<%”和“%>”之间，其中第 3～4 行声明并定义了一个 getDate()方法，这个方法在第 33 行被引用。

(3) JSP标签。JSP标签又可细分为JSP指令元素和JSP动作元素。本文件的第1、2行就是JSP指令元素；第35行是一个JSP动作元素。JSP指令元素被放置在导引符“<%@”和“%>”之间；JSP动作元素则是以“<jsp:”引导，以“/>”结束。

(4) 注释。JSP中的注释有多种情况，有JSP自带的注释，也有HTML/XML的注释。这个文件的第12、18、32和34行都是JSP注释。其中第12行是HTML注释，第18行是Java程序中的注释，第32和34行是JSP自带的注释。注释的语法服从各自语言的规范，详细内容将在本章2.2节和第3章分别讲解。

综上所述，一个典型的JSP页面文件是由HTML标记、JSP脚本、JSP标签和注释四部分组成的。HTML标记给出网页的框架，是页面的静态部分；而脚本元素给出页面的动态部分。也就是说，在传统的HTML页面文件中加入JSP标签和JSP脚本等就构成了一个JSP页面文件。

2.1.4　编译后的.java文件

示例程序C2-2.jsp经编译后形成的.java文件和.class文件被存放在设定的工作目录E:\JSP\lizi\下的.metadata\.me_tcat\work\Catalina\localhost\ch2\org\apache\jsp文件夹中(见图2.3)。

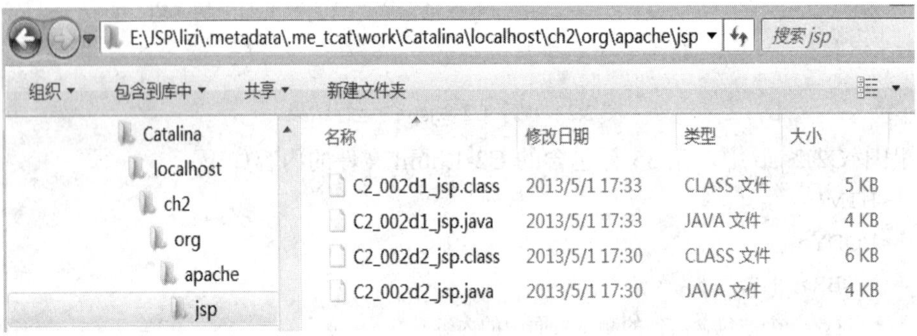

图2.3　JSP文件编译后形成的.java和.class文件及其存放位置

其中由C2-2.jsp编译后形成的C2_002d2_jsp .java文件内容如下：

```
package org.apache.jsp;
import javax.servlet.*;
import javax.servlet.http.*;
import javax.servlet.jsp.*;

public final class C2_002d2_jsp extends org.apache.jasper.runtime.HttpJspBase
    implements org.apache.jasper.runtime.JspSourceDependent {

  public String getServletInfo() {
    return "一个典型的 JSP 文件";
  }

 String getDate()
```

```
  { return new java.util.Date().toString(); }

 private static final JspFactory _jspxFactory = JspFactory.getDefaultFactory();

 private static java.util.List _jspx_dependants;

 private javax.el.ExpressionFactory _el_expressionfactory;
 private org.apache.AnnotationProcessor _jsp_annotationprocessor;

 public Object getDependants() {
   return _jspx_dependants;
 }

 public void _jspInit() {
_el_expressionfactory = _jspxFactory.getJspApplicationContext(getServletConfig().
getServletContext()).getExpressionFactory();
_jsp_annotationprocessor = (org.apache.AnnotationProcessor) getServletConfig().
getServletContext().getAttribute(org.apache.AnnotationProcessor.class.getName());
 }

 public void _jspDestroy() {
 }

 public void _jspService(HttpServletRequest request, HttpServletResponse response)
       throws java.io.IOException, ServletException {

   PageContext pageContext = null;
   HttpSession session = null;
   ServletContext application = null;
   ServletConfig config = null;
   JspWriter out = null;
   Object page = this;
   JspWriter _jspx_out = null;
   PageContext _jspx_page_context = null;

   try {
     response.setContentType("text/html;charset=gb2312");
     pageContext = _jspxFactory.getPageContext(this, request, response,
           null, true, 8192, true);
     _jspx_page_context = pageContext;
     application = pageContext.getServletContext();
     config = pageContext.getServletConfig();
     session = pageContext.getSession();
```

```
out = pageContext.getOut();
_jspx_out = out;

out.write("\r\n");
out.write("\r\n");
out.write("\r\n");
out.write("<HTML>\r\n");
out.write("   <HEAD>\r\n");
out.write("      <TITLE>一个典型的 JSP</TITLE>\r\n");
out.write("   <HEAD>\r\n");
out.write(" <BODY>\r\n");
out.write(" <DIV ALIGN=\"center\">\r\n");
out.write(" <!--这是一个典型的 JSP 文件，它包含了 JSP 中常用的元素 -->\r\n");
out.write("   <TABLE>\r\n");
out.write("      <TR> <TD>----一个典型的 JSP 页面-----</TD> </TR>\r\n");
out.write("         ");

  int count=4;
  int i;
  //color 表示颜色，通过它来动态控制颜色
  String color1="99ccff";
  String color2="66cc33";
  for(i=1;i<=count;i++)
  {
    String color="";
    if(i%2==0) color=color1;
    else color=color2;
    out.println("<TR BGCOLOR="+color+">
        <TD>----通过 color 动态控制颜色-----</TD></TR>");
  }

out.write("\r\n");
out.write("    </TABLE>\r\n");
out.write("       <HR>\r\n");
out.write("       当前时间是：<BR>\r\n");
out.write("       ");
out.write("\r\n");
out.write("       ");
out.print(getDate());
out.write("\r\n");
```

```
            out.write("        ");
            out.write("\r\n");
            out.write("        ");
            org.apache.jasper.runtime.JspRuntimeLibrary.include(request, response, "C2-1.html", out,
                false);
            out.write("\r\n");
            out.write("    </DIV>\r\n");
            out.write("  </BODY>\r\n");
            out.write("</HTML>\r\n");
        } catch (Throwable t) {
            if (!(t instanceof SkipPageException)){
                out = _jspx_out;
                if (out != null && out.getBufferSize() != 0)
                    try { out.clearBuffer(); } catch (java.io.IOException e) {}
                if (_jspx_page_context != null) _jspx_page_context.handlePageException(t);
            }
        } finally {     _jspxFactory.releasePageContext(_jspx_page_context);      }
    }
}
```

2.2　JSP 语法

通过上一节的分析我们已经知道，一个典型的 JSP 页面文件是由 HTML 标记、JSP 脚本、JSP 标签和注释四部分组成的。简单地说，JSP 只不过是 Java 语言在互联网上的一种延伸，JSP 语法的主体部分就是 Java 语法。为了使 JSP 编译器能正确区分页面中的各种成分，JSP 语法还有一些专门的规定。本节主要讲解 JSP 中各种语法成分的书写规范。

2.2.1　JSP 语法成分导引符

虽然 JSP 语法与 Java 语法类似，但是，如果要把 Java 语言与 HTML 语言结合在一起，就需要使用特定的标识把 JSP 文件中的不同成分区分开来，这些特定的标识就是 JSP 语法成分导引符。又由于不同的 JSP 语法成分是由不同的编译器进行编译处理的，所以，也有人将不同的导引符称为不同的编译器。

除了 HTML 标记外，JSP 脚本又可细分为变量、方法和类的声明、Java 表达式和 Java 程序片；JSP 标签又可细分为 JSP 指令和 JSP 动作等。因此，JSP 语法成分导引符可分为六种，它们分别是：JSP 指令导引符，声明导引符，表达式导引符，程序代码导引符，隐藏注释导引符和 JSP 动作引导符。这些导引符及其作用见表 2.1。

需要特别强调的是，导引符中的所有符号必须连续书写，中间不能有空格。

表 2.1　JSP 语法成分导引符

分类	起始符	结束符	可书写的语法成分	示　例
HTML 标记	<	>	HTML 标记	<FONT SIZE=5 COLOR=blue>
	<!--	-->	HTML 注释	<!--本表下面 6 行是 JSP 语法成分导引符-->
脚本元素	<%!	%>	变量、方法的声明	<%! String YourName; int a=60; %>
	<%=	%>	表达式	<%=(new java.util.Date()).toLocaleString() %>
	<%	%>	Java 程序代码	<% int a,b,c; a=8; b=5; c=a*b; %>
JSP 专有	<%--	--%>	JSP 注释	<%--这是 JSP 的注释--%>
	<%@	%>	JSP 指令元素	<%@ page language="java" %>
	<jsp:	/>	JSP 动作元素	<jsp:include page="xyz.jsp" flush="true"/>

2.2.2　JSP 标识符命名规范

在计算机中运行或存在的任何一个成分(变量、方法和类等)，都要有一个名字以标识它的存在和唯一性，这个名字就是标识符。用户必须为程序中的每一个成分取一个唯一的名字(标识符)。JSP 标识符命名规范也就是 Java 标识符命名规范。在 Java 语言中对标识符的定义有如下规定：

(1) 标识符的长度不限，但在实际命名时不宜过长，过长会增加输入的工作量。

(2) 标识符可以由字母、数字和下划线“_”组成，但必须以字母或下划线开头。

(3) 标识符中同一个字母的大写与小写被认为是不同的标识符，即标识符区分字母的大小写。例如，C1_1 和 c1_1 代表不同的标识符。

通常情况下，为提高程序的可读性和可理解性，在对程序中的任何一个成分命名时，应该取一个能反映该对象含义的名称作标识符。此外，作为一种习惯，标识符的开头或标识符中出现的每个单词的首字母通常大写，其余字母小写，例如：TestPoint，GetArea。

在 JSP 中，除了 HTML 标记不区分大小写外，Java 程序片和 JSP 标签都遵循 Java 标识符命名规范，它们对字母的大小写是敏感的。藉于此，本书特意用大写字母书写普通的 HTML 标记，以示 HTML 标记和其它 JSP 成分的区别。

2.2.3　模板元素

模板元素是指 JSP 文件中的静态 HTML 或 XML 内容，这方面的知识将在第 3 章和第 11 章进行介绍。在 JSP 中，模板元素直接按 HTML 或 XML 格式书写即可。这里需要说明的是：模板元素是 JSP 页面的框架，它影响页面的结构和美观程度，对 JSP 的显示是非常必要的。在 JSP 编译时，将这些模板元素原样封装到 Servlet 里。当客户请求此页面时，它会把这些模板元素一字不变地发送到客户端。

2.2.4　JSP 中的注释

JSP 中的注释有多种情况，有 JSP 自带的注释，也有 HTML/XML 的注释。归纳起来，JSP 中的注释大致可分为下面三种。

1. HTML/XML 的注释

在 JSP 页面中书写 HTML/XML 注释的 JSP 语法如下：

<!-- 注释内容 [<%=表达式%>] -->

例如：

<!--这是一个典型的 JSP 文件，它包含了 JSP 中常用的元素-->

<!--当前时间为：<%=(new java.util.Date()).toLocaleString()%> -->

这种注释将由 JSP 编译器处理后发送给客户端浏览器。例如，上面的两条注释在客户端浏览器上看到的 HTML 源代码内容分别如下：

<!--这是一个典型的 JSP 文件，它包含了 JSP 中常用的元素-->

<!--当前时间为：2006-11-5 21:19:35 -->

可以看出，第一条注释被原样发给了客户浏览器，但第二条注释中的表达式“<%=(new java.util.Date()).toLocaleString()%>”已经变成了服务器当时的时间。

2. 隐藏注释

隐藏注释是指 JSP 编译器不进行编译，也不会发送给客户的注释。这种注释写在 JSP 程序中的导引符“<%--”和“--%>”之间，其语法如下：

<%-- 注释内容 --%>

例如：

<%-- 下面是使用表达式的例子 --%>

由于 JSP 编译器不对隐藏注释进行编译，也不把它发送给客户，因此在客户浏览器上看不到这类注释的内容。

3. 脚本语言中的注释

由于 JSP 的脚本语言是 Java，所以 Java 中的注释规则在 JSP 脚本中也能使用。在 Java 语言中使用如下三种方式给程序加注释。

(1) //注释内容。表示从“//”开头直到此行末尾均作为注释。例如：

```
//comment    line
```

(2) /*注释内容*/。表示从“/*”开头，直到“*/”结束均作为注释，可占多行。例如：

```
/* comment on one
or more line */
```

(3) /**注释内容*/。表示从“/**”开头，直到“*/”结束均作为注释，可占多行。例如：

```
/** documenting comment
    having  many line */
```

在编程时，如果只注释一行，则选择第一种；若注释内容较多，一行写不完时，既可选择第一种方式，在每行注释前加“//”，也可选择第二种方式，在注释段首尾分别加“/*”和“*/”；第三种方式主要用于创建 Web 页面的 HTML 文件，Java 的文档生成器能从这类注释中提取信息，并将其规范化后用于建立 Web 页。因此，在 JSP 中主要使用第三种方式的多行注释。

JSP 编译器对这种注释不编译，也不会把这种注释发送给客户。

2.2.5　脚本元素

在 JSP 中，脚本元素就是 Java 程序代码，它是 JSP 中使用最频繁的元素。按照其使用的导引符之不同，可进一步细分为：变量和方法的声明、Java 表达式和 Java 程序片。这些内容将在第 4 章专门介绍，下面先对它们作简要介绍，以说明其在 JSP 中的用法。

1. 声明

在 JSP 中，声明实际上也是一段 Java 代码，只不过声明的主要作用是为变量或方法命名一个标识符。JSP 中的声明被放置在导引符“<%！”和“%>”之间，用来定义所产生的类文件中的类的属性(也称为变量或数据成员)和方法。可以声明变量，也可以声明方法。声明后的变量和方法可以在 JSP 的任意地方使用，也就是说它是全局有效的。

例如：

```
<%! String getDate()
    { return new java.util.Date().toString(); }
%>
```

声明了一个名为 getDate()的方法，并给出了这个方法的执行语句。

2. 表达式

JSP 中的表达式也就是 Java 表达式，只不过在 JSP 中表达式被放置在导引符“<%=”和“%>”之间。

放置在导引符“<%=”和“%>”之间的表达式在 JSP 请求处理阶段计算它的值，并将计算结果转换成字符串与模板元素组合在一起发送到客户端。表达式在页面的位置也就是该表达式计算结果所在的位置。必须强调的是，这种表达式必须在它出现的位置处能够确切地计算其值。

例如：<%=getDate()%>　就是一个要求执行前面所定义 getDate()方法的表达式。

3. Java 程序片

Java 程序片也称为 Scriptlet，是在请求处理时执行的 Java 代码，它们可以是任何符合 Java 规范的语法成分，如声明语句、流程控制语句、执行语句等。在 JSP 中，Java 程序片被放置在导引符“<%”和“%>”之间。一个 JSP 页面中可以有多个 Java 程序片，这些程序片将被 JSP 引擎按先后顺序执行。在编译后，Java 程序片被插入到所生成的目标 Servlet 的 Service ( )方法中。

例如，示例程序 C2-2.jsp 中的第 15～28 行就是 Java 程序片的典型例子。

2.2.6　JSP 标签

JSP 标签又可细分为 JSP 指令和 JSP 动作。

JSP 指令为翻译阶段提供全局信息。例如，设置全局变量的值和输出内容的类型、声明要引用的类、指明页面中包含的文件等。指令元素从 JSP 发送这些信息到容器上，但它们并不向客户机产生任何输出。JSP 中有三个指令元素，分别是 page 指令、include 指令和 taglib 指令。例如：

<%@ page language="java" contentType ="text/html;charset=GB2312" %>

就是一条 page 指令，指出当前页面使用的脚本语言是 Java，页面的内容类型是 text/html，使用的字符集是 GB2312。

JSP 动作与 JSP 指令不同的是：动作元素在执行阶段起作用；其次，JSP 动作采用类似 HTML/XML 语法书写。JSP 规范定义了一系列的标准动作，它们以 jsp 作为前缀，这些动作元素中使用比较频繁的有：<jsp:param>、<jsp:include>、<jsp:forword>、<jsp:plugin>、<jsp:fallback>、<jsp:useBean>、<jsp:setProperty>、<jsp:getProperty>、<jsp:attribute>、<jsp:invoke>等。例如：

<jsp:include page="C2_3.html"/>

这一动作通知 JSP 执行到这条语句时将 C2_3.html 文件动态地插入到 JSP 页面中，即将文件的内容发送到客户端，由客户端负责显示其内容。

2.3　JSP 开发运行环境的搭建

要使用 JSP，在服务器端和客户端都必须有对应的运行环境。服务器端主要是与 Servlet 兼容的 Web 服务器，客户端主要是浏览器。JSP 开发环境可以有多种配置，本书出于教学和自学的目的，将搭建 Windows+MyEclipse+MySQL 的开发运行环境。

2.3.1　需要下载和安装的软件

(1) 操作系统。JSP 可以运行在多种操作系统平台上，包括 Windows、Unix、Linux 等。考虑到国内读者和教学环境中较多使用 Windows 操作系统，且 Windows 自带有 Internet Explorer 浏览器，故本书以 Windows 为 JSP 开发环境的操作系统平台。

(2) MyEclipse。MyEclipse 企业级工作平台(MyEclipse Enterprise Workbench)，简称 MyEclipse，是一个优秀的用于开发 Java, J2EE 的 Eclipse 插件集，是对 EclipseIDE 的扩展，是功能丰富的 JavaEE 集成开发环境，它包括了完备的编码、调试、测试和发布功能。MyEclipse 还支持各种开源产品，极大地简化了软件的开发过程，深受开发者喜爱。利用 MyEclipse，可以在数据库和 JavaEE 的开发、发布，以及应用程序服务器的整合方面极大地提高工作效率。

进入官方网站 http://www.myeclipseide.com/寻找并下载运行于 Windows 环境的 MyEclipse 的相关文件。本书下载的文件包括：MyEclipse10cr.rar 压缩文件，myeclipse-10.0-offline-installer-windows.exe 安装程序等(见图 2.4)。

(3) 数据库管理系统。在 Internet 的各种应用中，数据库管理系统发挥着十分重要的作用，它为管理大量的各类数据提供了方便。目前，绝大多数网站的数据，甚至于网页都是通过数据库管理系统来进行管理的。作为 Internet 应用开发工具的 JSP，当然也能充分利用数据库管理系统的这些卓越性能。本书以免费的 MySQL 数据库系统为主，并兼顾 Microsoft Access、SQL Server 和 Oracle 等。

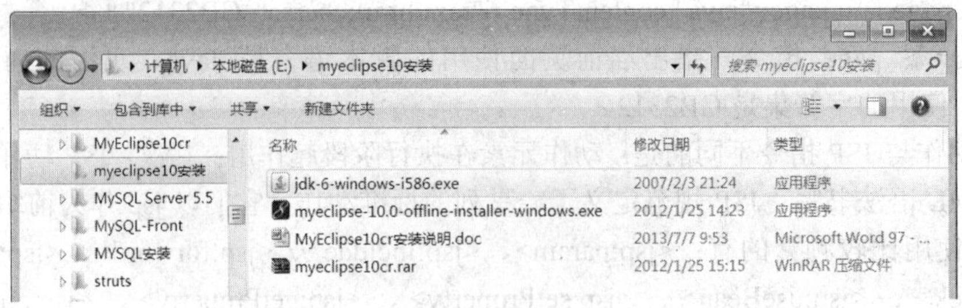

图 2.4　下载的 MyEclipse 等相关文件

2.3.2　JDK 和 MyEclipse 的安装

安装和配置 MyEclipse，首先需要确定 MyEclipse 的安装路径。本书设定将 MyEclipse 安装在 E:\ MyEclipse10 目录中。读者可根据自己所使用机器的情况来选择安装路径。

安装 JDK 和 MyEclipse 的过程及各方面的部署如下：

(1) 双击图 2.4 中的 jdk-6-windows-i586.exe 文件，按向导的指引完成 JDK 的安装。

(2) 解压图 2.4 中的 MyEclipse10cr.rar 文件，解压后的内容如图 2.5 所示。

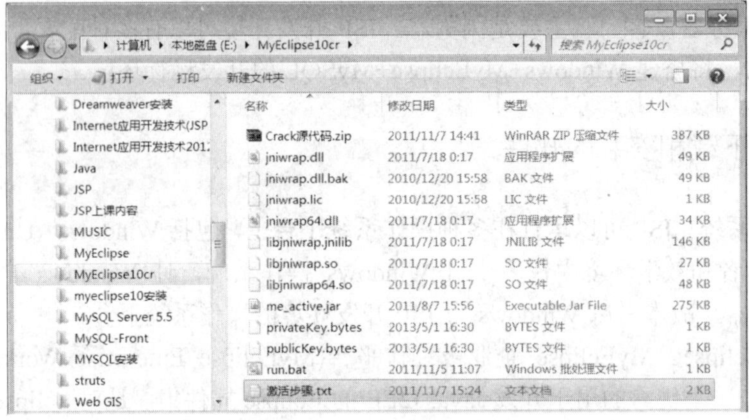

图 2.5　MyEclipse10cr 解压后的文件

(3) 安装 MyEclipse 10.0。在图 2.4 中双击 myeclipse-10.0-offline-installer-windows.exe 进行安装，出现 MyEclipse 10.0 安装向导对话框，如图 2.6 所示。

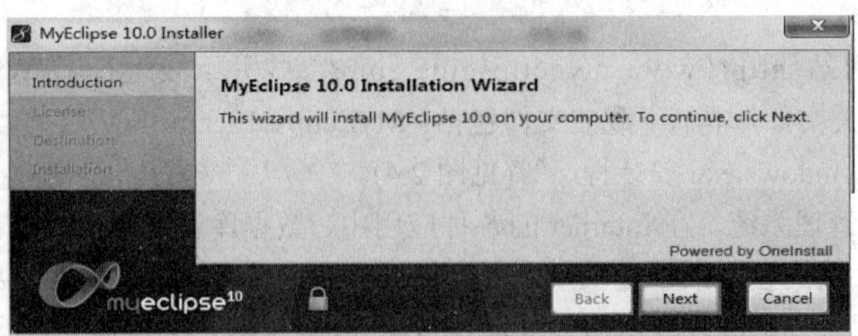

图 2.6　MyEclipse 10.0 安装向导对话框

(4) 在图 2.6 所示的 MyEclipse 10.0 Installer 对话框中，点击“Next”按钮，出现设置

安装路径对话框，如图 2.7 所示。在此对话框中可设置或更改安装路径。本书的安装路径为 E:\MyEclipse。

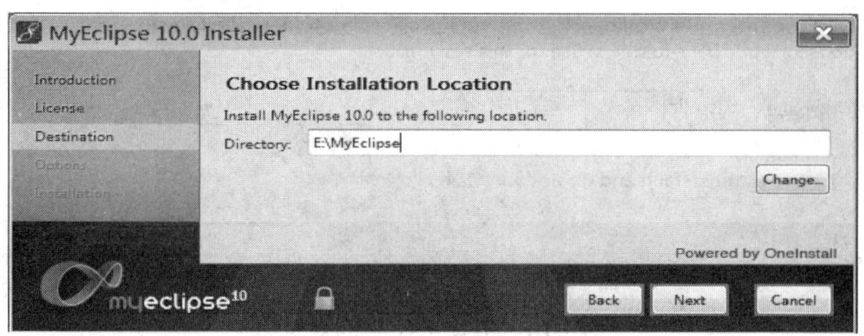

图 2.7　设置安装路径对话框

(5) 设置好安装路径后，在图 2.7 中点击“Next”按钮，出现选择需要安装的软件对话框，如图 2.8 所示。此对话框中默认为“All”，通常取默认值即可，点击“Next”按钮，出现安装完成对话框，如图 2.9 所示。

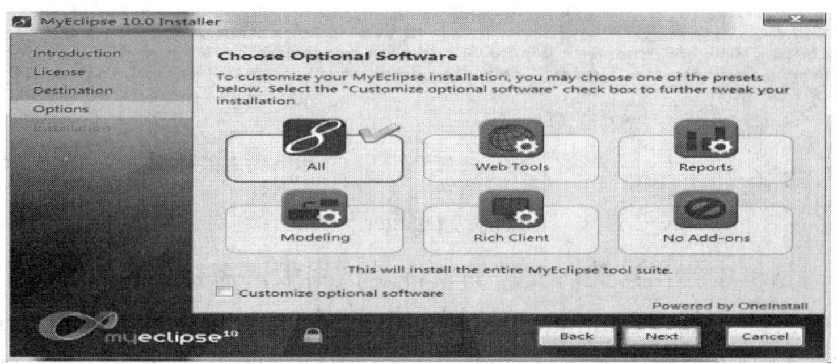

图 2.8　选择需要安装的软件对话框

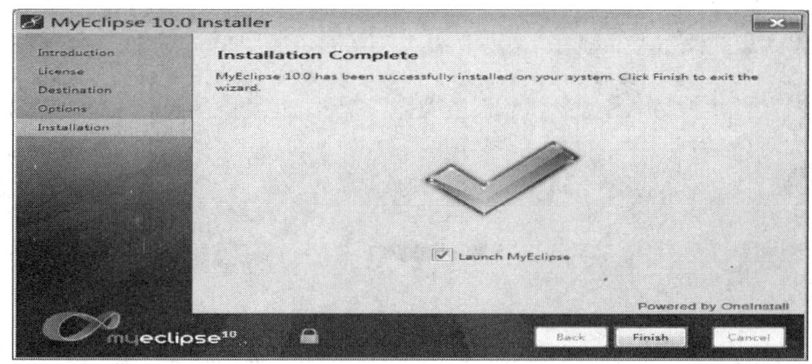

图 2.9　安装完成对话框

2.3.3　工作空间的设置

在图 2.9 中点击“Finish”按钮，出现如图 2.10 所示的选择工作空间对话框。在此对话框的“Workspace”后的文本框中输入工作空间名字，或单击“Browse”按钮选择工作空间。本文设定的工作目录是 E:\jsp\lizi。完成后点击“OK”按钮，出现“License Manager”执照管理对话框，如图 2.11 所示。

Workspace Launcher

Select a workspace

MyEclipse Enterprise Workbench stores your projects in a folder called a workspace.
Choose a workspace folder to use for this session.

Workspace: E:\jsp\lizi　Browse...

Use this as the default and do not ask again

OK　Cancel

图 2.10　选择工作空间对话框

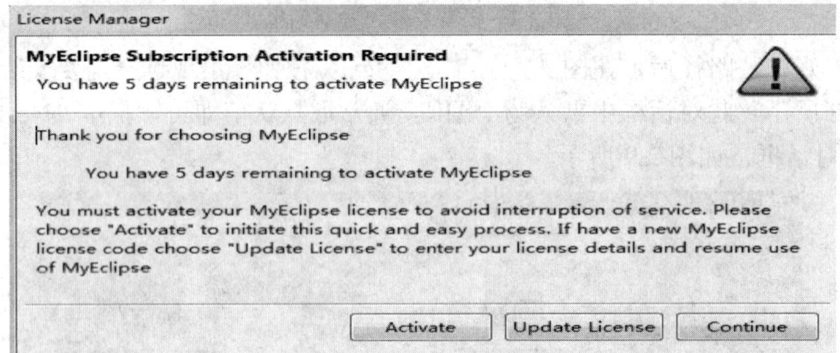

图 2.11　“License Manager”执照管理对话框

图 2.11 的对话框中指出：此时安装的软件是试用版，需要在 5 天的试用期内激活。此时，如果点击图 2.11 中的“Continue”按钮，将出现 MyEclipse Java Enterprise 操作平台，如图 2.12 所示。按照图 2.4 中的“MyEclipse10cr 安装说明”或图 2.5 中的“激活步骤”进行激活。如果点击图 2.11 中的“Activate”按钮，可使用购买的执照直接激活。

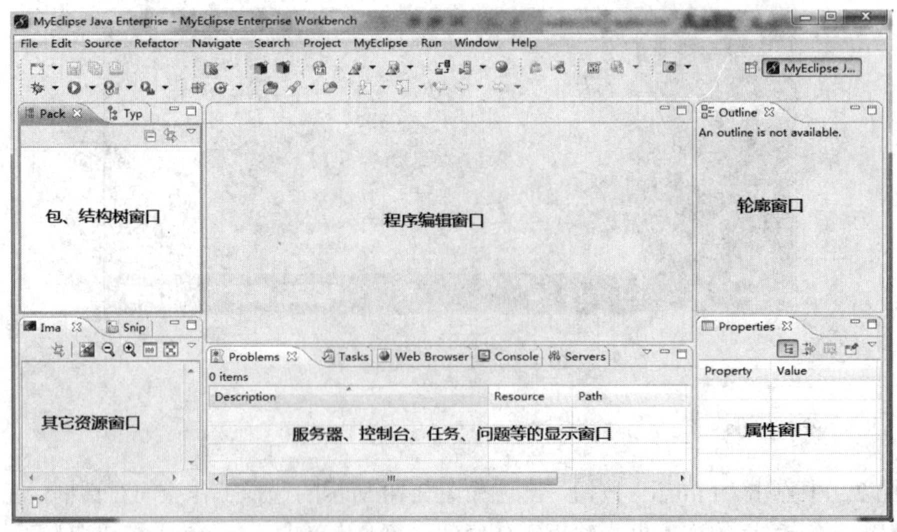

图 2.12　MyEclipse Java Enterprise 操作平台

图 2.12 是注解后 MyEclipse 集成开发环境的工作界面，该界面同常见的 Windows 界面一样，从上到下包括标题栏、菜单栏、工具栏和工作台 6 个子窗口(区域)。在这 6 个子窗

口中，每个子窗口又根据需要放置数量不等的选项卡片。如果有多个选项卡片时，可通过点击卡片上的标签进行切换，显示该卡片上的内容。各个子窗口的大小可通过拖动边框进行调整，也可以使用右上角的放大缩小按钮进行放大或缩小，还可使用 Window 菜单中的对应项实现开启和关闭。

2.4　JSP 程序、测试运行环境的创建

2.4.1　MyEclipse 的启动

启动 MyEclipse 的方法有下述两种：

一是从 Windows 开始菜单中依次单击选择：开始→程序→MyEclipse，最后双击 MyEclipse 10 菜单项启动 MyEclipse(见图 2.13)。

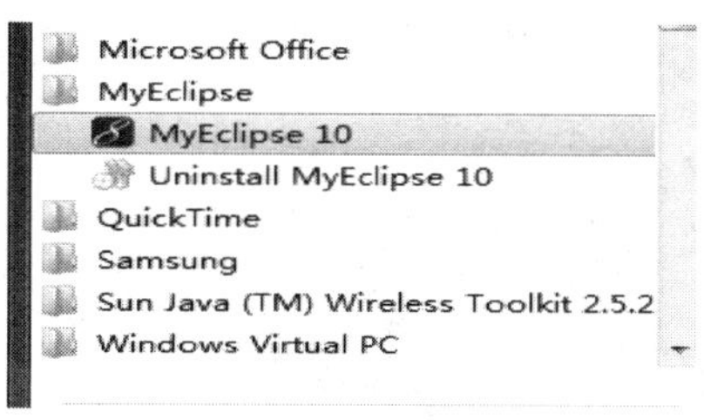

图 2.13　MyEclipse 启动项的位置

另一种方法是在图 2.14 所示的 Windows 资源管理器中双击 MyEclipse.exe 文件，会出现图 2.10 所示的 Workspace 对话框，在图 2.10 所示对话框中点击“OK”按钮，就会启动 MyEclipse 的工作界面。

图 2.14　MyEclipse 10　的文件内容及启动文件 myeclipse.exe

2.4.2　Web 工程的建立

下面以建立名为 test 的工程为例来说明建立 Java Web 工程的过程。在 MyEclipse 工作

界面(见图 2.12)的菜单栏中点击“File”菜单项，在出现的下拉菜单中依次点击 New→Web Project；或者在“包窗口”的空白处单击右键，出现快捷菜单，依次点击 New->Web Project，最终出现如图 2.16 所示的“New Web Project” 对话框。图 2.15 是在“包窗口”的空白处单击右键进行选择的情况，而且图中把“New”菜单下可建的各类文件全部列出来了，读者可先了解一下。

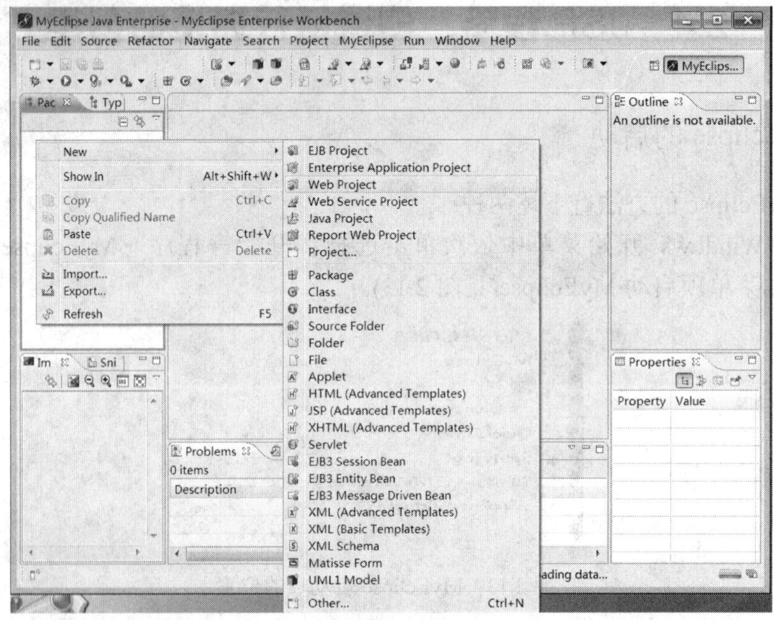

图 2.15　MyEclipse 操作界面上“Web Project”菜单的位置

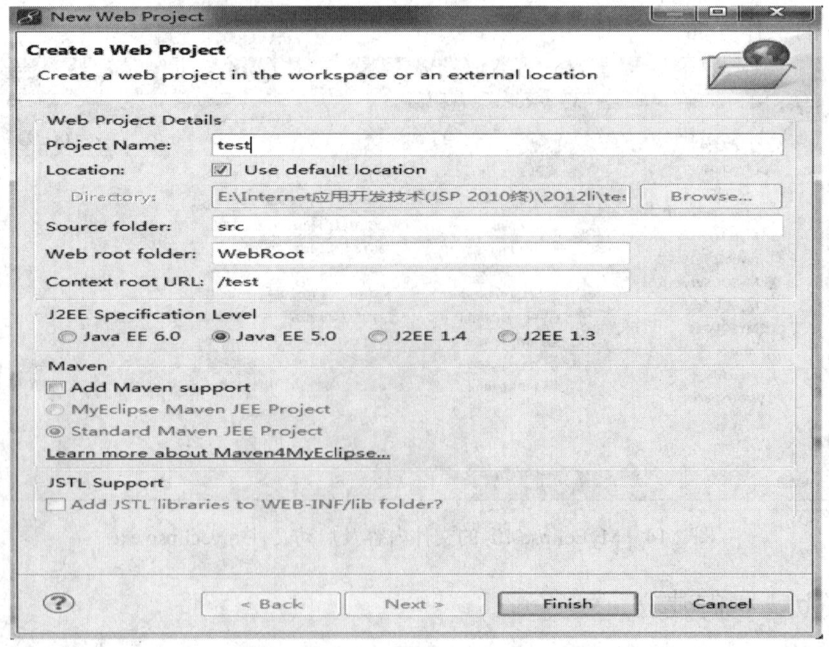

图 2.16　New Web Project 对话框

在图 2.16 所示对话框的“Project Name”标签后的文本框中输入工程名：test，然后点击“Finish”按钮，就出现编程工作界面，并且系统会自动生成一个名为：imdex.jsp 的文件，如图 2.17 所示。这时从工作界面的“包窗口”中展开 test→WebRoot，双击 imdex.jsp 后，该文件的源代码就会出现在编辑区(图 2.17 右主窗口)。图 2.17 右上小窗口是该文件的浏览器输出。

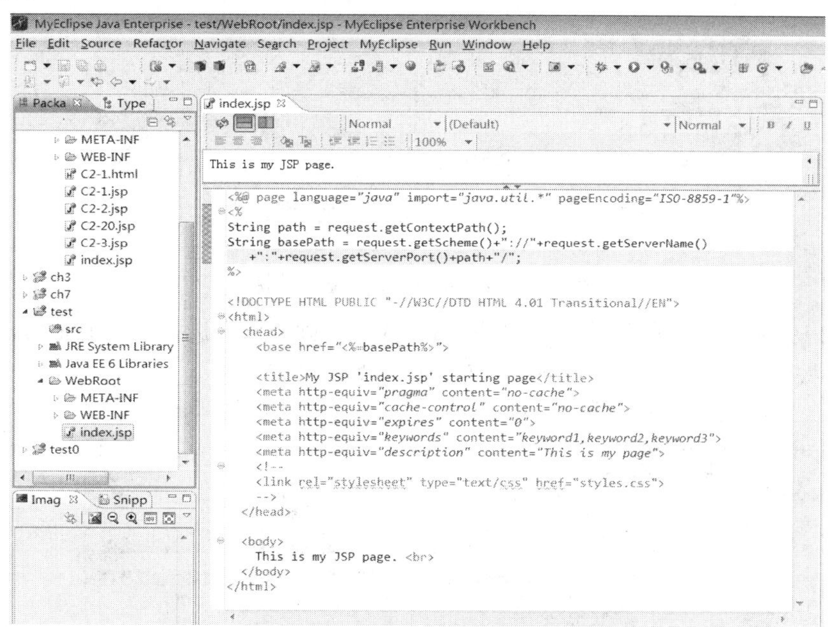

图 2.17　test 工程编辑工作界面及自动生成的 index.jsp 文件

2.4.3　Tomcat、测试运行环境的启动

出现图 2.17 所示的编程工作界面后，可进行程序的编写，也可以先启动 Tomcat，再编写和运行程序。启动 Tomcat、测试运行环境的过程可分为下面 3 个步骤：

(1) 为工程添加 Tomcat。在图 2.18 中点击图标工具(项目部署服务器，书中加了圆圈)，出现 Project Deployments 对话框，如图 2.19 所示。

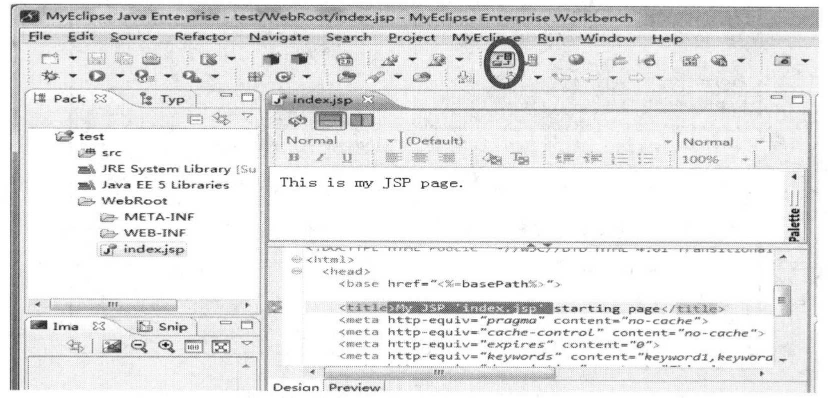

图 2.18　选择圆圈标注的工具(项目部署服务器)

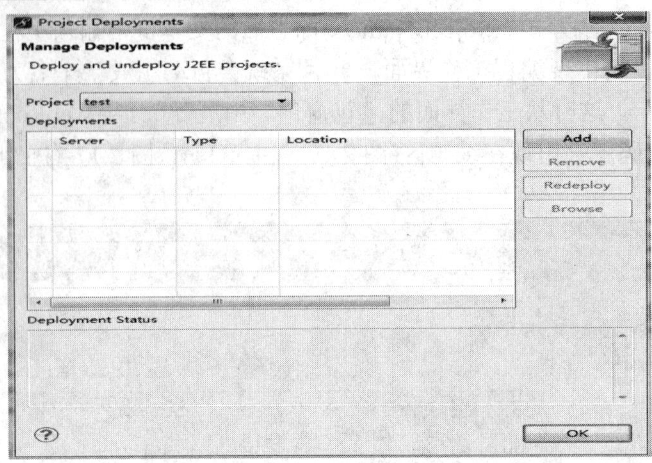

图 2.19　Project Deployment 对话框

在图 2.19 所示对话框的“Project”标签后的下拉列表框中选择工程 test 后，点击右边的“Add”按钮，出现 New Deployment 对话框，如图 2.20 所示。

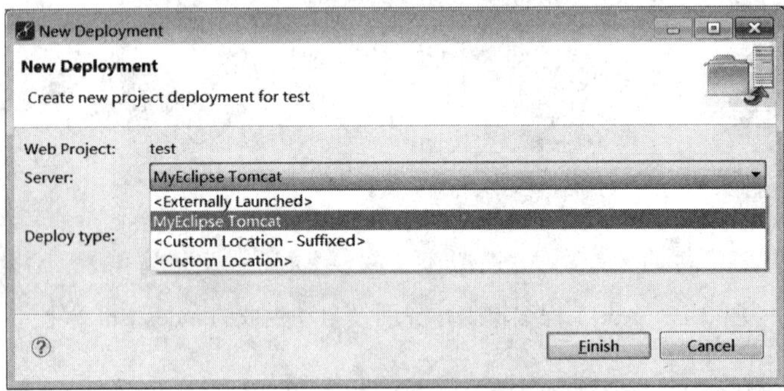

图 2.20　New Deployment 对话框

在图 2.20 所示对话框的“Server”标签后的下拉列表框中选择“MyEclipse Tomcat”服务器后，点击“Finish”按钮，出现 Project Deployments 对话框，如图 2.21 所示。在图 2.21 所示界面中点击“OK”按钮，返回图 2.22 所示的操作界面。

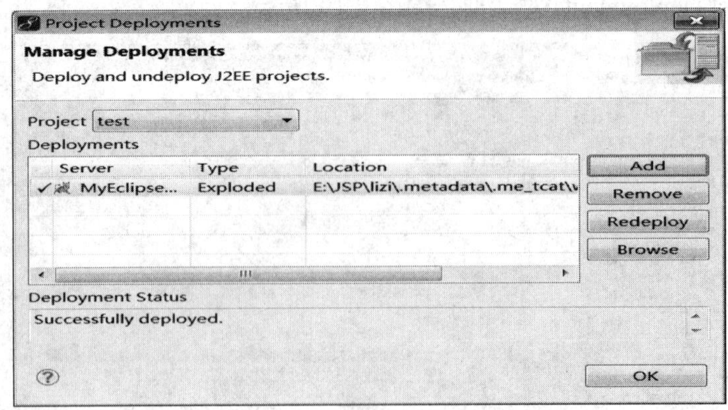

图 2.21　Project Deployments 对话框

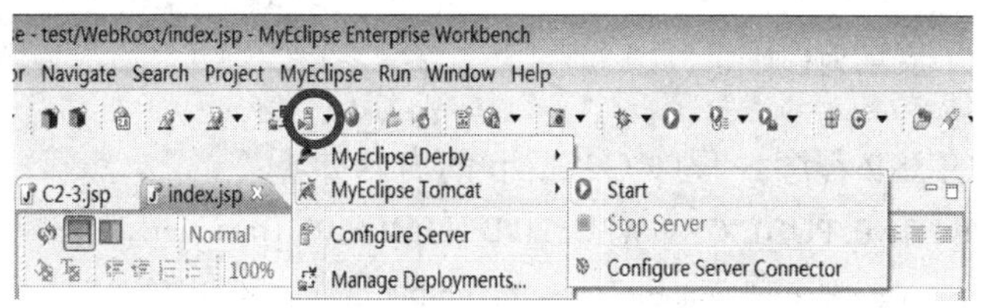

图 2.22　启动 Tomcat 服务器的工具菜单选项

(2) 启动 Tomcat 服务器。在图 2.22 中点击图标工具 ▼启动 Tomcat 服务器；或点击图标后的三角符号，在出现的菜单中选择“MyEclipse Tomcat”服务器后，单击其后的“Start”选项便会启动 Tomcat 服务器，其结果是在控制台信息窗口中出现启动信息，并有一个红色方块出现，见图 2.23 中下部。在图 2.23 中，圆圈标注的方块表示服务器已经启动，单击此方块可关闭服务器。

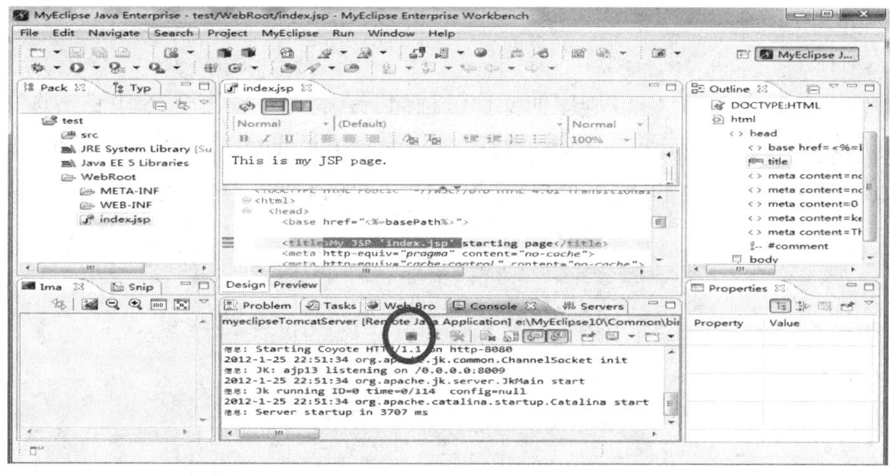

图 2.23　Tomcat 服务器被启动

(3) 运行 test 工程中的系统自动生成的“index.jsp”文件。在图 2.24 所示的界面上点击图标工具 (地球)，便会启动 MyEclipse 自带的浏览器。在浏览器地址栏中输入 http://localhost:8080/test/index.jsp 或 http:/127.0.0.1:8080//test/index..jsp 后回车，图 2.24 的编辑区就切换成浏览器窗口，可以看到如图 2.24 所示的运行效果。

在不关闭 Tomcat 服务器的情况下，也可以直接利用 IE 浏览器来运行这个 JSP 程序。

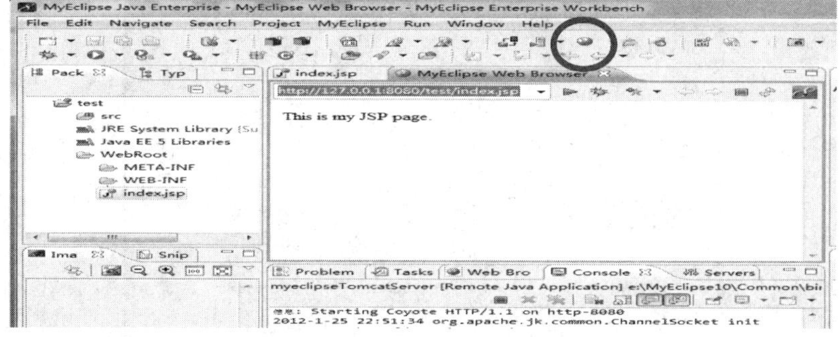

图 2.24　运行 test 工程的“index.jsp”文件

2.4.4　JSP 程序的编写和测试

编写一个简单的 JSP 程序。程序 C2-3.jsp 的内容如下：

```
<!DOCTYPE HTML PUBLIC "-//W3C//DTD HTML 4.01 Transitional//EN">
<%@ page language="java" contentType="text/html; charset=GBK"%>
<HTML>
<HEAD>
    <TITLE>测试</TITLE>
</HEAD>
<BODY>
      第一个 JSP 程序
</BODY>
</HTML>
```

在操作平台上建立 c3_1.jsp 程序的操作过程如下：首先，在图 2.25 中点击选中“test”工程，再从菜单栏依次点击 File->new->JSP(Advanced Templetes)，或者在“test”上单击右键，再选择 new->JSP(Advanced Templetes)，出现 Creat a new JSP page 对话框，如图 2.26 所示。

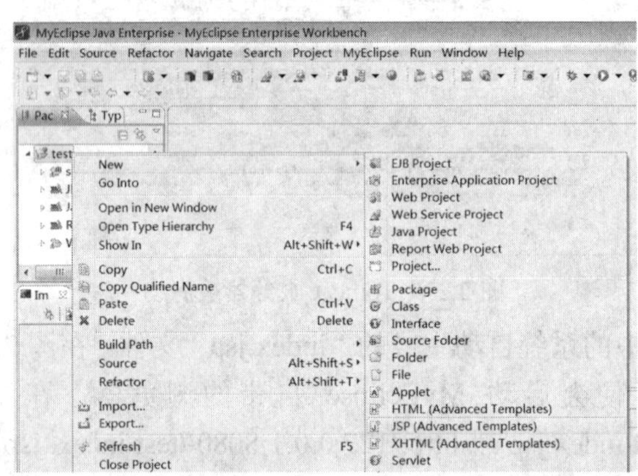

图 2.25　建立 JSP 文件的快捷菜单

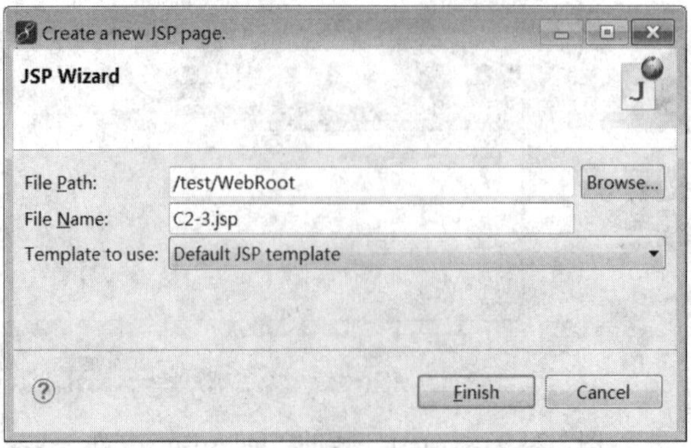

图 2.26　Creat a new JSP page 对话框

在图 2.26 的"File Name"标签后的文本框中输入文件名：c3_1.jsp。然后，点击"Finsh"按钮返回操作界面，在操作界面中输入程序后的情况如图 2.27 所示。

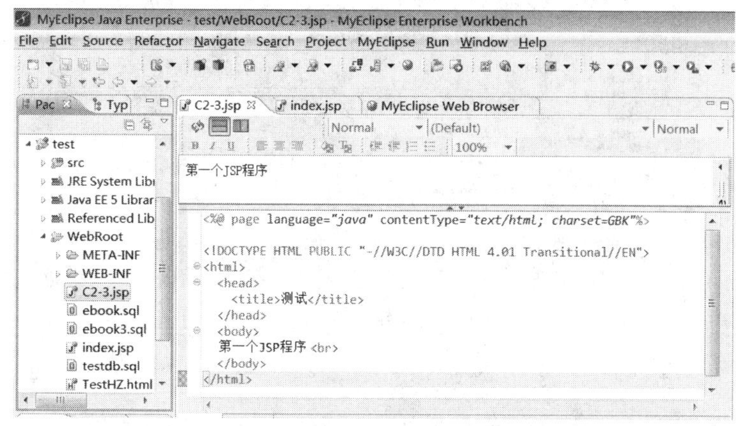

图 2.27　输入程序后的工作界面

在图 2.27 的编程工作区，初始时系统会自动创建一些与 index.jsp 基本相同的内容，因此，这时的编写程序只需要对已有内容进行一些简单的增、删、改即可。程序编写完成后的运行过程与 2.4.3 节所述相同，不再重复。其运行结果见图 2.28。

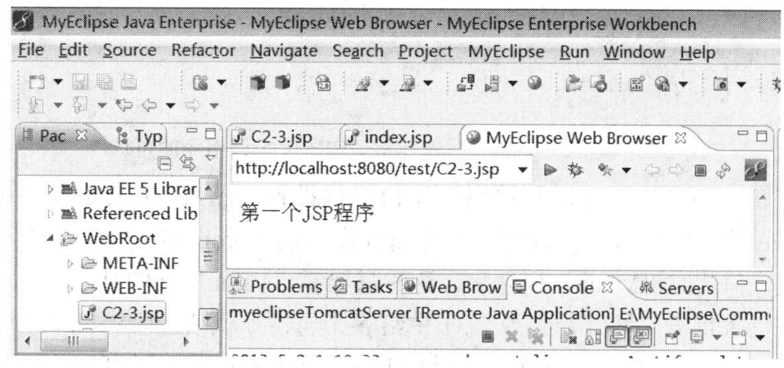

图 2.28　程序 C2-3.jsp 的运行效果

2.5　MyEclipse 智能助手的使用

MyEclipse 10 集成开发环境是具有智能的，很好地利用它的智能助手可以提高编程开发效率，避免程序中的输入错误。本节通过编辑本章例程 C2-2.jsp 的过程来说明如何很好地利用 MyEclipse 的智能助手。

为了便于说明，我们从一个空白文档的编辑开始。因此，进入编辑工作界面后先将系统自动生成的内容全部删除。这样，当在编程工作区的空白处键入第一个"<"符号后稍停几秒，就会出现帮助选项窗口，如图 2.29 所示。这时可以用鼠标在出现的帮助窗口中进行选择；如果帮助的内容较多，会有滚动条出现，拖动滚动条选择所需要的内容。当用鼠标点击其中的某项内容时，还会出现相应的说明信息等。如果直接双击选中的某项，就可将相应内容输入到当前编辑的程序中。

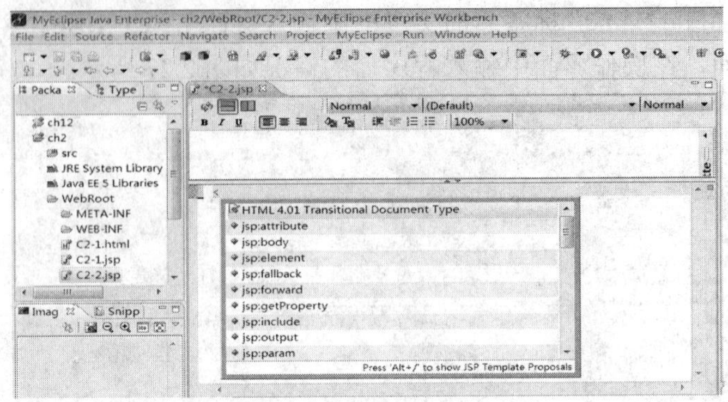

图 2.29　帮助选项窗口

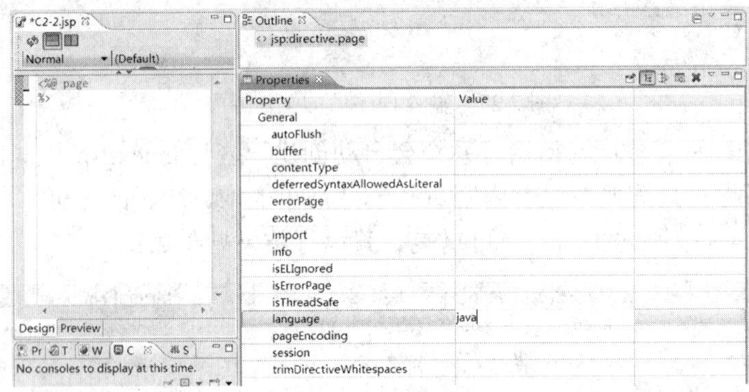

图 2.30　键入“page”后属性窗口中出现了该指令的可选项

对于具有属性的项目，可以利用属性窗口进行设置。图 2.30 右侧是在编辑窗口输入“<%@ page”时的属性窗口。可以看见，在属性窗口的“properties”列中已列出了 page 指令的全部属性，但此时“Value”列为空。这时只要在“Value”列的某项中输入值后，在编辑窗口或其它位置点击，就可看到图 2.31 中给各个属性默认值的“Value”列。当然，有些项目的默认值并不符合要求，例如：图 2.31 中 contentType 属性的默认值是"text/html; charset=ISO-8859-1",pageEncoding 属性的默认值是“ISO-8859-1”,这两项中的 ISO-8859-1 是系统的默认字符集，但不是我们所要的。在这种情况下，可直接在属性窗口中进行修改，也可先双击“…”，令其输入后再在编辑窗口中进行修改。

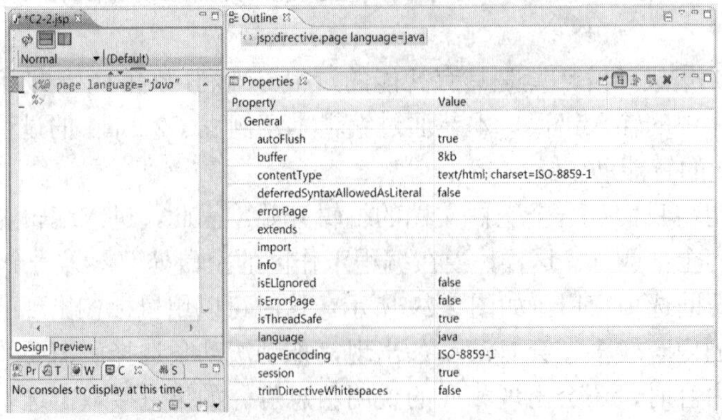

图 2.31　键入“java”后的属性窗口

此后的编辑过程基本与前面所述方法类似，主要是应很好地利用 MyEclipse 的助手和属性窗口。而且由于这一过程是可视化的，从屏幕截图上便可一目了然，下面仅作简单说明，不再赘述。

图 2.32 所示为输入“java.”后的包选项窗口。

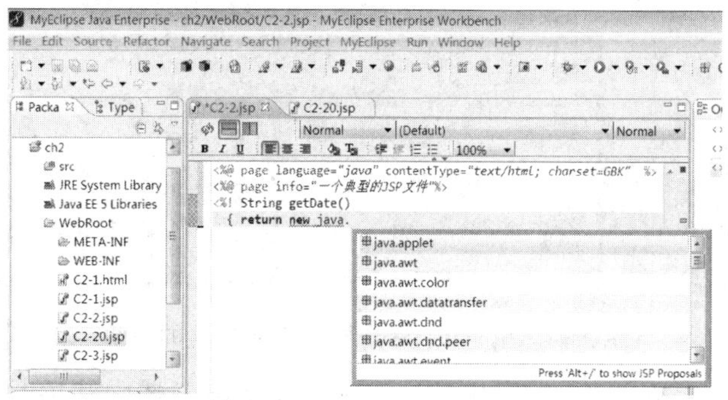

图 2.32　输入“java.”后的包选项窗口

在 util 后输入“.”后出现了类/接口选项窗口，如图 2.33 所示。

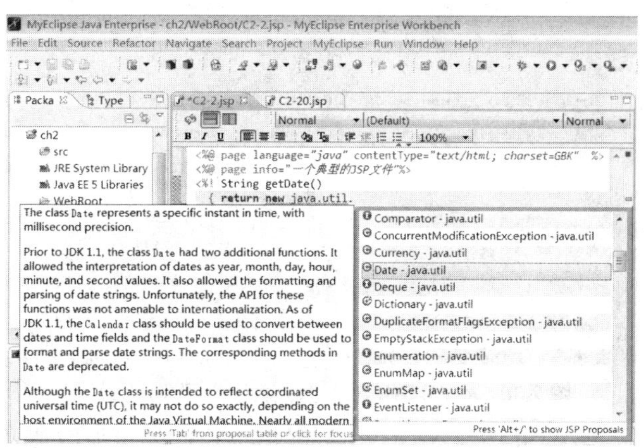

图 2.33　在 util 后输入“.”后出现的类/接口选项窗口

双击选中的 Date 类后，助手优化了程序(增加第 1 行，简化 new 后的内容)，如图 2.34 所示。

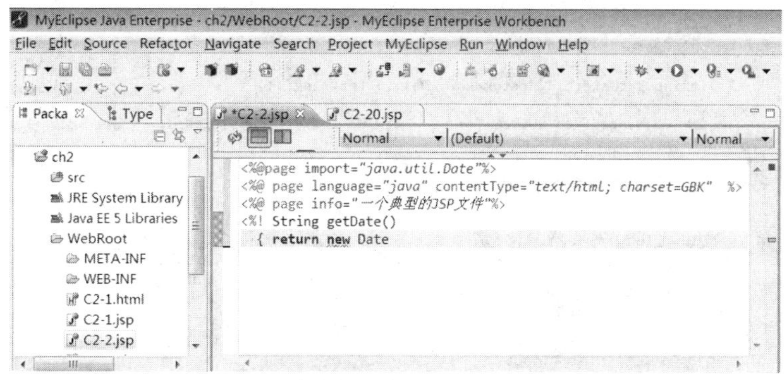

图 2.34　双击选中的 Date 类后的程序

在 Date()后输入“.”时出现该类的方法及其选中项的说明，如图 2.35 所示。

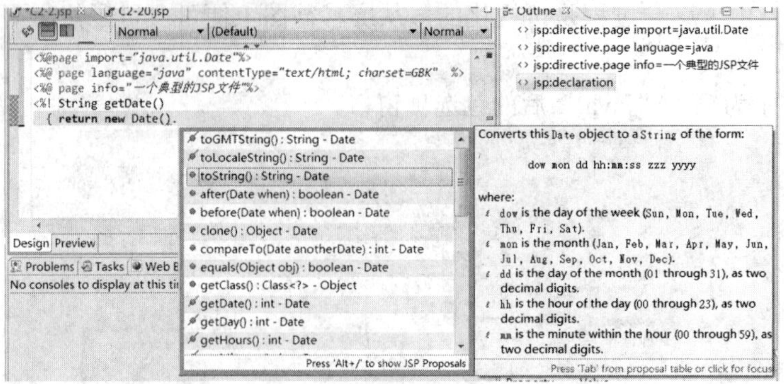

图 2.35　在 Date()后输入“.”时出现的说明

在<HTML>标记后输入“<”时出现 HTML 标记以及选中某项时的说明，如图 2.36 所示。

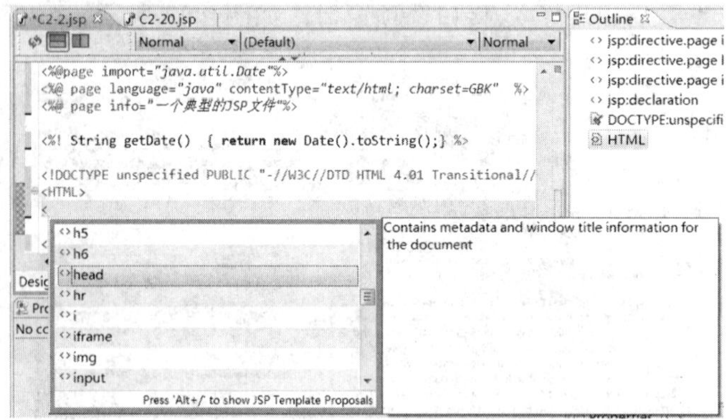

图 2.36　在<HTML>标记后输入“<”时的说明

在 DIV 标记的属性 ALIGN 后输入“=”时出现属性的可能取值及其说明，如图 2.37 所示。

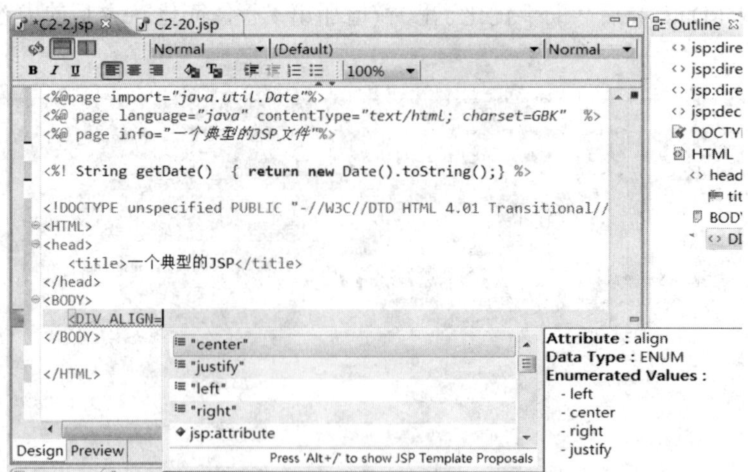

图 2.37　在 DIV 标记的属性 ALIGN 后输入“=”时出现属性的可能取值及其说明

习　题　2

2.1　一个典型的 JSP 页面是由哪几部分组成的？

2.2　何谓标识符？JSP 语法对标识符的命名有什么要求？

2.3　JSP 语法成分导引符有哪几种？它们分别引导哪种语法成分？

2.4　参照本章内容，下载和安装相关软件，搭建 JSP 平台。

2.5　参照本章内容，创建一个简单的 JSP 程序并运行之。在编辑程序的过程中，学习 MyEclipse 助手的使用。

第 3 章

Web 编程基础——HTML 语言

通过 Internet 浏览世界各地的网络资源，或者要把信息通过 Internet 以 Web 方式发布到全球，就必须使用网页。网页就是用户在浏览器上看到的一个个画面。通过网页，即便是一个不懂计算机的人，也能借助于浏览器在网络上浏览和查询自己所需要的信息，可在家中上网购物、办理银行转账等，甚至一些无法想象的事情也能在 Web 的世界中实现。而 Web 应用开发的基础语言就是 HTML 语言。

3.1 HTML 概述

WWW 的出现，使得 Internet 风行全球。这其中的一个主要原因在于 WWW 上的信息资源主要是以一个个网页(Web Page)来呈现的。网页实际上是存放在世界上某台接入 Internet 的计算机中的一个文件，这个文件是用浏览器能够识别和解释的语言编写的。当在浏览器地址栏输入网址(URL)后，经过网络复杂而快速的解析，网页文件会被传送到本地计算机，再通过浏览器解释网页的内容，最后将内容展示到用户的面前。

3.1.1 网页与 HTML

最早的网页设计语言就是 HTML(Hyper Text Markup Language)，它的中文译名是超文本标记语言。虽然随着技术的进步而产生了各种网页设计语言，例如 Dynamic HTML、XML、JavaScript、VBScript 等，但它们依然是建筑在 HTML 之上，并没有舍弃已有的 HTML。可以说，HTML 是构成网页的最“基础”的要素。

从信息资源提供者或商家的角度看，如果要把信息通过 Internet 以 Web 方式发布到全球，就必须开发网页。开发网页的方法主要有两种：一种是书写 HTML 源代码，另一种就是使用网页制作软件(如 FrontPage、DreamWare 等)来制作网页。不论哪种方法，它们所使用的基础语言都是 HTML。HTML 是 WWW 中用于描述其超文本文件的标记语言。

使用网页制作软件来制作网页，因为它是“所见即所得”的，即在编辑画面上看到什么，在浏览器中就是什么样子，非常方便，而且不用记忆 HTML 的标记命令，所以大部分的网页制作者都是使用这种方法来制作网页。由于网页制作软件的源代码仍然以 HTML 为基础。如果要对网页进行一定的修改，或是要在网页中进行必要的运算，或是要加入 WWW 的其它组件(如 Java 及脚本语言)等，都要求网页开发者必须懂得 HTML 源代码。通常情况下，网页制作者通过交互的使用这两种方法来开发网站。因此，要成为一个真正的网页开发者，首先必须学会 HTML 语言。

3.1.2 HTML 的产生和发展

HTML 语言最早是由 Tim Berners Lee 等人于 1989 年与 WWW 的概念同时提出的，是一种在 WWW 上描述页面内容和结构的标准语言。当时推出的 HTML 1.0 只是一个非常简单的语言。也正是由于它的简单性，一经推出便受到国际上网络编程者的青睐。随后推出的 HTML 2.0 便被推荐为 Internet 的标准之一。从这时开始，HTML 空前繁荣，很快被发展成许多各具特色的不同版本。1995 年 11 月，IETF(Internet Engineering Task Force)为了解决这种混乱局面，整理了以前的各种版本，倡导并主持开发了 HTML 2.0 规范，同年推出 HTML 3.0 技术规范。1996 年，W3C(World Wide Web Consortium，万维网协会)的 HTML Working Group 开始编写新的规范，于 1997 年 1 月推出了 HTML 3.2，并加入了许多多媒体的功能，如图文混合、表格以及更精细的文字排版控制等。1999 年推出的 HTML 4.0 在原有 HTML 的基础上增加了新的编程技术，如可以在 HTML 中嵌入 JavaScript、VBScript、CGI 和 ASP 等，使传统的静态网页很快地进入绚丽多彩、充满互动性的动态网页。

2008 年 1 月公布了 HTML 5 的第一份正式草案，新增了<canvas>、<audio>、<video>等标签，不仅提供了 flash 的相关功能，也能将音频以及视频完美的嵌入到网页中，而不影响网站的加载速度。2012 年 3 月 22 日在北京召开的第一届 HTML 5 标准与产业发展论坛上专家一致认为：HTML 5 在多媒体呈现、交互、云端服务集成和本地处理等方面展现出了优良的适应性，降低了移动互联应用的开发门槛，同时能够大幅提升用户体验。目前广泛使用的就是 HTML 5。

3.1.3 HTML 语法

HTML 语言是一种文本型标记语言，每个标记都有其特定的含义。把 HTML 文档中的每个标记理解为一个特定指令，一个完整的 HTML 文档就是这样一个指令序列。当浏览器接收到一个 HTML 文档后，将按照 HTML 语法对这些标记进行解释和执行。

HTML 语言中的所有标记都是用小于号“<”和大于号“>”括起来的英文字母，即以小于号“<”做为开始标志，并以大于号“>”做为结束标志。标记中的英文字母可以大写，也可以小写，甚至可以大小写混合使用，即 HTML 语言对标记中字母的大小写不加区分。本书为醒目起见，对标记中的字母一律使用大写。例如：<HTML>、<TITLE>、<BODY>、<H2>、</HTML>等。

从 HTML 标记的表现形式上看，可将 HTML 标记分为双边标记和单边标记两类。

(1) 双边标记是成对出现的标记，它往往表示一个复杂结构的开始和结束。例如：<HTML>…</HTML>，<HEAD>…</HEAD>，<BODY>…</BODY>等都属于这类。

(2) 单边标记是指可以单独出现的标记。这类标记通常出现在双边标记内部，起一些辅助性的作用，如换行标记
、列表中的行标记<LI>、输入元素标记<INPUT>等。

此外，HTML 的大多数标记是带有属性的，可将此类标记称为带属性的标记。例如，<BODY>标记就具有 BACKGROUND、BGCOLOR、TEXT、LINK、VLINK、ALINK 等许多属性。如果将标记理解为指令的话，则可以将标记的属性理解为指令的一些可调参数，网页设计者可通过这些参数值的变化来实现绚丽多彩的页面效果。

在书写带属性的标记时，标记名与属性之间，以及属性与属性之间均用空格分隔，属性名与属性值间用赋值号“=”连接。带属性的标记的一般格式为：

<标记名　属性 1 = 属性值 1　属性 2 = 属性值 2　… >

例如：通常浏览器窗口的背景颜色为白色，文本为黑色，超链接文本呈现蓝色等。如果希望使浏览器窗口背景呈黑色，而文字为白色，则可以使用如下带属性的<BODY>标记：

<BODY　BGCOLOR=black　TEXT= white　LINK="#000066"　TOPMARGIN=0>

3.1.4　HTML 文档结构

一个完整的 HTML 文档是由包含于 HTML 起始标记<HTML>和结束标记</HTML>内的头部(Head)和正文(Body Text)两部分构成的，这两个部分共同构成一个 Web 页面。HTML 文档的基本结构如图 3.1 所示。

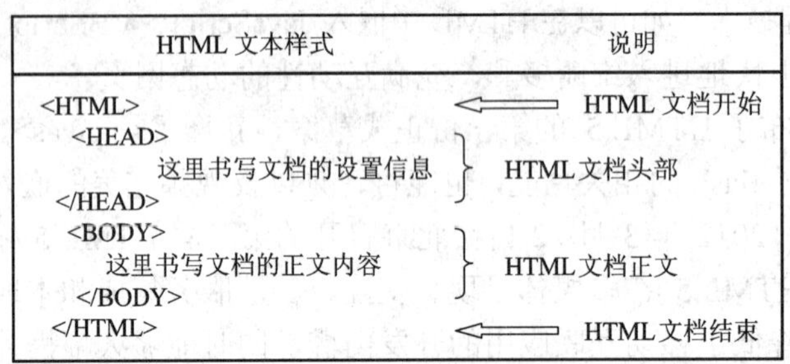

图 3.1　HTML 文档的基本结构

头部的内容用于对页面中元素的样式、窗口的标题、使用的脚本语言等进行说明和设置。这些设置是通过在头部嵌入下述一些标记引导的内容来实现的：<TITLE>，<BASE>，<ISINDEX>，<SCRIPT>，<STYLE>，<META>，<LINK>，<OBJECT>。头部的内容一般在网页上是不显示的，但位于<TITLE>和</TITLE>间的内容是窗口的标题，显示在窗口标题栏的左上角。头部也可以省略，当省略头部时，浏览器仍会将页面内容正常显示出来，但窗口的标题等内容就不存在了。

正文部分含有实际构成段落、列表、图像和其它元素的文本，这些元素都用一些标准的 HTML 标记来说明，它们是网页要让用户浏览的主要内容。在正文部分除了可以书写正文文字外，还可以嵌入许多由专用标记引导的内容。这些内容将在后续章节中陆续介绍。

为了使读者有一个感性的认识，下面编写一个简单的 HTML 文档。

在 MyEclipse 的工作界面的菜单中依次点击“File→New→Web Project”为本章创建一个名为“ch3”的 Web 工程，再从工作界面的菜单中依次点击 “File→New→HTML”，建立一个名为“C3-1.html”的文件。

【示例程序 C3-1.html】 一个基本的网页文件示例，文件名 C3-1.html。

```
<HTML>
  <HEAD>
    <TITLE>我的第一个 Web 页面</TITLE>
  </HEAD>
  <BODY>
```

```
        <P>这是一个说明网页基本构成的 HTML 文档。</P>一个 HTML 文档是由头部和正文两
    部分构成的。
        头部主要用于对页面中元素的样式、窗口的标题、使用的脚本语言等进行说明和设置，这
    些内容在网页上是不显示的。<BR>正文部分书写需要用户浏览的内容，可以包括文字、表格、
    图形、动画和超链接等。
    </BODY>
</HTML>
```

图 3.2 是该文件的输入编辑情况。编辑完成并保存后，为 ch3 工程布置服务器并启动 Tomcat 服务器后，在 MyEclipse 浏览器地址栏输入“http://localhost:8080/ch3/C3-1.html”后回车，便会得到图 3.3 所示的输出。如果观察我们设定的工作空间“E:\JSP\lizi\”下的 ch3\WebRoot 文件夹，会看到一个图标为 (IE 浏览器网页)、名为 C3-1 的文件，这时只要双击该文件图标，便可在 IE 浏览器中看到如图 3.4 所示的页面。

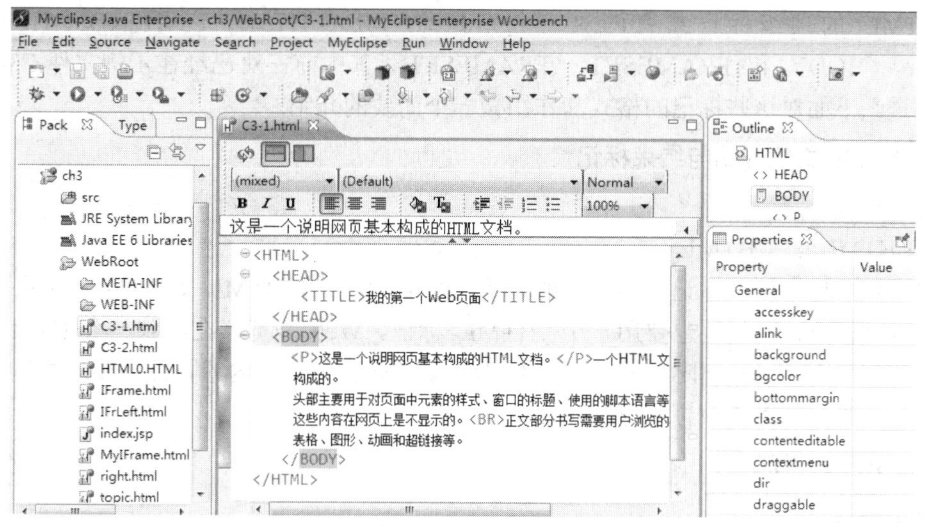

图 3.2 文件的输入编辑情况

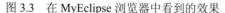

图 3.3 在 MyEclipse 浏览器中看到的效果

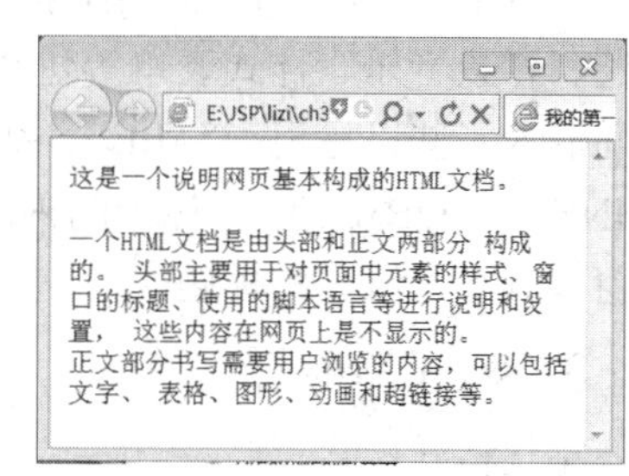

图 3.4 在 IE 浏览器中看到的效果

这个例子虽然简单，但其结构还是比较完整的。可以说，不论一个 HTML 文件有多么复杂，其基本结构都与此类似。

通过这个例子可以看到，在 HTML 文件中大部分标记都是成对出现的。例如：<HTML>和</HTML>，<HEAD>和</HEAD>，<BODY>和</BODY>，<P>和</P>，这便是双边标记。

也有一部分标记是不成对的，如这个文档中的
，这类标记被称为单边标记。另一方面，一些标记可以嵌套在另一些双边标记之间。例如：<HEAD></HEAD>和<BODY></BODY>就嵌套在<HTML>与</HTML>之间，<TITLE>和</TITLE>就嵌套在<HEAD>与</HEAD>之间，<P>和</P>就嵌套在<BODY>与</BODY>之间。此外，在页面上的换行及空格等也需要用 HTML 标记来控制，与文档在编辑器中的书写格式无关。例如：书写这个文件时在</P>之后并没有换行，而在浏览器中却换行了；尽管在“两部分构成的。”之后换了行，但在浏览器中却没有换行等等。有关这方面的内容将在后面各节中陆续讲解。

另外需要注意的是，HTML 文件是一种文本文件，可以使用任意一种文字编辑软件，如 Windows 自带的记事本或写字板等来编辑，只要记住将文件的扩展名指定为 .HTM 或 .HTML 就好。

3.1.5 HTML 文档的四对顶级标记

HTML 的顶级标记共有四对，分别是<HTML></HTML>、<HEAD></HEAD>、<BODY></BODY>和<FRAMESET></FRAMESET>。其中前三对已经在示例文件 C3-1.html 中出现过。下面对这些标记的格式和作用做一个简要的介绍。

1. HTML 文档开始与结束标记

标记格式：

<HTML>…</HTML>

<HTML>标记用于标记一个页面的开始和结束。每一个 HTML 文档的开始处必须用一个<HTML>标记，而结尾也要用一个</HTML>标记。Web 浏览器在收到一个 HTML 文件后，当遇到<HTML>标记时，就开始按 HTML 语法解释其后的内容，并按要求将这些内容显示出来，直到遇到结束标记</HTML>为止。

2. <HEAD>标记

标记格式：

<HEAD>…</HEAD>

<HEAD>标记称为头部标记，主要用于对页面中使用的字符集、脚本语言、页面的标题、背景音乐、样式表单等进行说明和设置。具体的设置方法是在<HEAD>与</HEAD>之间嵌入一些以标记<TITLE>、<BASE>、<ISINDEX>、<SCRIPT>、<STYLE>、<META>、<LINK>、<OBJECT>等标识的内容来实现的。在例 3.1 中就嵌入了<TITLE>标记，使浏览器窗口具有了给出的标题。

3. <BODY>标记

标记格式：

<BODY>…</BODY>

<BODY>标记用于标记一个页面输出显示的开始和结束。夹于<BODY>之间的是 Web 页面的具体内容，这些内容包括文字、图形、图像、超链接等各种 HTML 对象。每一个 Web 页面通常都必须有<BODY>标记。前已述及该标记是一个带属性的标记，其属性主

要用于对浏览器窗口背景色、前景色以及超链接对象的颜色等进行设置。属性的用法将在学习了有关字体颜色的设置方法之后再做详细的讲解。

4. <FRAMESET>标记

标记格式：

<FRAMESET>…</FRAMESET>

<FRAMESET>标记被称为框架标记，其作用是将浏览器窗口划分成几个小窗口，在这些小窗口中可以同时显示相同或不同的 HTML 页面。该标记可以替代<BODY>标记，也可以在<FRAMESET>标记内部嵌入<BODY>、<TABLE>、<FORM>等。<FRAMESET>这个双边标记的用法相对比较复杂，将在 3.7 节再行讲解。

3.1.6　HTML 文档的注释

标记格式：

<!-- 注释内容 -->

功能：注释标记的作用是供网页制作者对 HTML 文件中的某些内容进行注释。

例如：

<!--下面一段代码是有关本页面样式的定义-->

注意：① 注释标记对浏览 HTML 源代码的任何人都是可见的。② 注释标记应放在<BODY>区中，而不能放在<HEAD>区中。③ 在 JSP 中，还有<!-- 注释内容 [<%=表达式%>]-->格式的注释，这种注释将由 JSP 服务器编译处理后，把处理结果发送给客户端浏览器。关于这种注释的更详细说明请看 5.1.4 节。

3.2　文字风格设置

3.2.1　字体标记

字体标记<FONT>是一个带有属性的标记，通过其属性可以设置文本的字体、字号和颜色等。

标记格式：

<FONT　FACE=字体 SIZE=字号　COLOR=颜色值>……</FONT>

其中：

字体可以是浏览器支持的各种字体，例如宋体、华文楷体、楷体_GB2312、隶书等中文字体或 Times New Roman、Arial Unicode MS 等西文字体。系统默认的字体为宋体。

字号可以取 1 到 7 之间的值，1 号字最小，7 号字最大。系统默认字号为 3 号字。因此，在给字号赋值时既可以直接写出字号值，也可以在 3 号字的基础上进行加或减运算，例如：SIZE = 5 和 SIZE = +2 具有相同的效果。

颜色值可以是以#号开头的 6 位十六进制值，也可以用 HTML 预定义的色彩名，如表 3.1 所示，系统默认的字符颜色为 Black(黑色)。

表 3.1　HTML 预定义的 16 种标准色彩名及其 RGB 值

色彩名	十六进制 RGB 值	色彩名	十六进制 RGB 值
Aqua(水蓝色)	#00ffff	Navy(藏青色)	#000080
Black(黑色)	#000000	Oliver(橄榄色)	#808000
Blue(蓝色)	#0000ff	Purple(紫色)	#800080
Fuchsia(樱桃色)	#ff00ff	Red(红色)	#ff0000
Gray(灰色)	#808080	Silver(银色)	#c0c0c0
Green(绿色)	#00ff00	Teal(茶色)	#008080
Lime(石灰色)	#008000	White(白色)	#ffffff
Maroon(褐红色)	#800000	Yellow(黄色)	#ffff00

下面通过一个具体的例题来说明其设置方法。

【示例程序 C3-2.html】 <FONT>标记示例，文件名 C3-2.html。

```
<HTML>
  <HEAD><TITLE>FONT 标记示例</TITLE></HEAD>
  <BODY>
    <FONT>系统默认(3 号黑色宋体,缺省 FACE、SIZE 和 COLOR 属性时)
        </FONT><BR>
    <FONT SIZE=1 COLOR=red>1 号红色宋体字</FONT>
    <FONT FACE=隶书 SIZE=2 COLOR=#00ff00>2 号绿色隶书字</FONT>
          <FONT FACE=楷体_GB2312 SIZE=3 COLOR=#0000ff>3 号蓝色楷体字</FONT>
    <FONT FACE=黑体 SIZE=+1 COLOR=#ffff00>4 号黄色黑体字</FONT>
    <FONT FACE=华文行楷 SIZE=+2>5 号黑色行楷</FONT>
    <FONT FACE=华文彩云 SIZE=6 COLOR=#808000>6 号橄榄色彩云字</FONT>
    <FONT FACE=幼圆 SIZE=7 COLOR=gray>7 号灰色幼圆字</FONT>
  </BODY>
</HTML>
```

这个 HTML 文件在 IE 浏览器中看到的页面效果见图 3.5。

图 3.5　C3-2.html 的执行效果

3.2.2　标题字标记

标记格式：

<Hi ALIGN=对齐方式>…</Hi>

其中：i=1，2，…，6。即标题字共分 6 级，分别用 H1 至 H6 表示，H1 标记的字最大，H6 标记的字最小。ALIGN 属性的对齐方式可以是 left(左对齐)、center(居中对齐)、right(右对齐)、justify(两端对齐)四种中的某一种。省略 ALIGN 属性时取系统默认的左对齐。标题字的样例如下：

H1 号字 H2 号字 H3 号字 H4 号字 H5 号字 H6 号字

注意：① 标题字标记的结束标记含有换行功能，本样例为了节省篇幅而排在了一行中。② 该标记与<FONT>标记的 SIZE 属性所标示的字号相反。③ 该标记中的文字都是加粗的。

3.2.3　文字辅助变化标记

为了进一步强化文字效果，HTML 语言还提供了<B></B>、<I></I>等双边标记，用于设置字体的外观。HTML 提供的常用文字辅助变化标记如表 3.2 所示。

表 3.2　文字辅助变化标记

标记符号	<B>	<I>	<U>	<STRIKE>	<SUB>	<SUP>
含义	文字加粗	文字倾斜	字下加线	加删除线	下错半行	上错半行

3.2.4　划线标记

标记格式：

<HR SIZE=线条粗细　WIDTH=线条长度　COLOR=线条颜色>

该标记的作用是画一条水平线，线的粗细和长度通过 SIZE 和 WIDTH 的值来设置。SIZE 和 WIDTH 的取值是一个整数，单位可以是 px(像素)、pt(磅)、cm(厘米)等。整数的后面如果省略单位，浏览器通常按像素解释。COLOR 的取值方法与<FONT>标记相同。

例如：如果在某 HTML 文件中有如下一句：

<HR SIZE=2　WIDTH=140　COLOR="Blue">

在浏览器页面的相应行会出现一条粗细为 2 px、长度为 140 px 的蓝色水平线。

【示例程序 C3-3.html】 文字样式的变化标记示例，文件名 C3-3.html。

```
<HTML>  <HEAD><TITLE>文字变化标记示例</TITLE></HEAD>
  <BODY>
    <H2 ALIGN=center> 文字的变化
      <HR SIZE=2   WIDTH=140   COLOR="Blue">
    </H2>
    <FONT SIZE=4>
    <B>B 标记使字加粗</B>
```

```
        <I>I 标记使字倾斜</I>
        <U>U 标记在字下加线</U>
        <STRIKE>STRIKE 标记给字加删除线</STRIKE>
        <SUB>SUB 标记使字下错半行</SUB>
        <SUP>SUP 标记使字上错半行</SUP></FONT>
    </BODY>
</HTML>
```

这个 HTML 文件在 IE 浏览器中看到的页面效果如图 3.6 所示。在这个例子中我们使用了文字变化标记和划线标记。

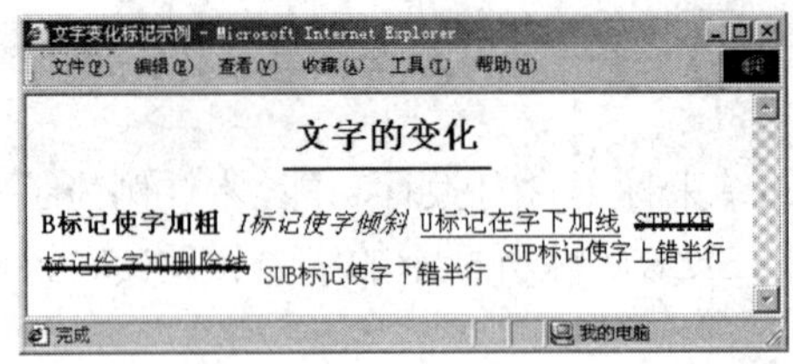

图 3.6　在 IE 浏览器中执行 C3-3.html 文件后的页面效果

3.2.5　转义字符与特殊字符

在 HTML 语言中，由于一些符号已被标记或标记的属性所占用，例如“<”和“>”等。因此，当使用这些符号时就必须使用 HTML 提供的特殊符号来表示。

HTML 对这些特殊符号的表示由三部分构成：开始处用一个转义字符“&”引导，中间是说明该特殊字符的描述(通常是该字符的英文缩写)，最后用一个分号“；”结束。表 3.3 给出了几个常用特殊字符在 HTML 文档中的表示方法。

表 3.3　常用特殊字符与 HTML 表示法对照表

特殊字符	HTML 文档中的表示法
<	<
>	>
&	&
"	"
空格符	

3.2.6　文字移动标记

标记格式 1：

<MARQUEE　DIRECTION=移动方向　BGCOLOR=背景色>…</MARQUEE>

标记格式 2：

<MARQUEE　BEHAVIOR=移动方式　BGCOLOR=背景色>…</MARQUEE>

标记的功能：<MARQUEE>标记的作用是让文字在页面上指定的区域内来回移动，从而出现动态的效果。其中，移动方向的取值可为 left(从右向左移动)、right(从左向右移动)、up(自下向上)、down(从上向下)；移动方式的取值除了前 4 种外，还可以取 scroll(从右向左

不停地绕圈移动)、slide(从右边移动到左边后即停止不动)、alternate(先从右移动到左，再从左移动到右，如此反复地来回移动)。BGCOLOR 用于设置文字移动区域的背景颜色。此外，该标记中也可以加入 HEIGHT 和 WIDTH 属性，用来指定文字移动区域的上下和左右边界。当移动方式使用 up 或 down 时，必须给出 HEIGHT 属性的值大于 1 行。

【示例程序 C3-4.html】 文字移动标记示例，文件名 C3-4.html。

```
<HTML>
  <HEAD><TITLE>MARQUEE 标记示例</TITLE></HEAD>
 <BODY>
    <MARQUEE DIRECTION=left BGCOLOR=green>认真学习，天天进步
    </MARQUEE>
    <MARQUEE DIRECTION=right WIDTH=200   BGCOLOR=red>逆水行舟，不进则退
    </MARQUEE>
    <MARQUEE BEHAVIOR=alternate WIDTH=400 BGCOLOR=yellow>忧郁徘徊，
          飘忽不定</MARQUEE>
  <MARQUEE DIRECTION=up onMouseOver="this.stop()" onMouseOut="this.start()"
  ScrollDelay=60   HEIGHT=100>◆ 最新消息 1<BR> ◆ 最新消息 2<BR></MARQUEE>
 </BODY>
</HTML>
```

这个文件在浏览器中执行时，“认真学习，天天进步”八个字在一行绿色背景的衬托下，自右向左不断移动；“逆水行舟，不进则退”八个字在第二行中 200 个像素的红色区域内自左向右移动；而“忧郁徘徊，飘忽不定”八个字则在 400 PX 的黄色区域内来回移动。“◆ 最新消息 1”和“◆ 最新消息 2”两行在左侧高度为 100 PX 的区域内自下而上移动；当鼠标到达该区域时停止移动(由 onMouseOver="this.stop()"事件响应)；当鼠标离开该区域时又开始移动(由 onMouseOut="this.start()"事件响应)；ScrollDelay=60 是指移动的延时为 60 ms，开发者可根据移动快慢之需要调整该值。

3.3　段落控制标记

一个页面有很多元素，每一个元素都有自己的格式和风格，需要用不同的标记来进行说明。本节将介绍一些常用的页面控制标记。

3.3.1　分行和禁行标记

1. 换行标记

标记格式：

标记是一个单边标记，其作用是强迫该标记之后的文字在浏览器中换到下一行中显示出来。

HTML 中有一些标记隐含带有换行的作用，如上节讲述的标题字标记<H>、划线标记<HR>和后面将要讲到的段落标记<P>等，但用这些标记换行往往会在新行前插入一个空行，实际上等于换了两行。而
标记仅仅完成换行，行与行之间是没有空行的。

2. 禁行标记<NOBR>

标记格式：

<NOBR>…</NOBR>

这个双边标记的作用是禁止自动换行和结束禁止自动换行。一个 HTML 页面中的内容在默认情况下会随浏览器窗口的宽度自动调整内容的宽度而换行。如果使用禁行标记<NOBR>…</NOBR>，则在该标记中的内容将不会随浏览器窗口宽度自动换行。如果在 HTML 文档中书写的某段内容的长度大于浏览窗口的宽度，而且使用了禁行标记<NOBR>，则在浏览器窗口上下边会出现水平滚动条，浏览者可通过滚动条来移动浏览内容。

3.3.2　段落标记

标记格式：

<P ALIGN=对齐方式>…</P>

段落标记<P>的作用是另起一段，它不仅具有换行的作用，而且还要在新行前面插入一个空行。在例 3.1 中分别使用了段落标记<P>和换行标记
，仔细观察图 3.2 和图 3.5 的显示效果，不难看出二者的差异。该标记的一个常用属性 ALIGN 用来设置该段文字的对齐方式。对齐方式可以是 left(左对齐)、center(居中对齐)、right(右对齐)、justify(两端对齐)四种中的某一种。省略该属性时取系统默认的左对齐。

该标记常被嵌套在表格标记<TABLE>中，可使表格更加整齐、美观。

【示例程序 C3-5.html】 段落标记及其对齐属性示例，文件名 C3-5.html。

```
<HTML>
  <HEAD>
  <TITLE>段落标记与属性</TITLE>
</HEAD>
<BODY>
  <P ALIGN=center>床前明月光</P>
  <P ALIGN =center>疑是地上霜</P>
  <P ALIGN =center>举头望明月</P>
  <P ALIGN =center>低头思故乡</P>
  </BODY>
</HTML>
```

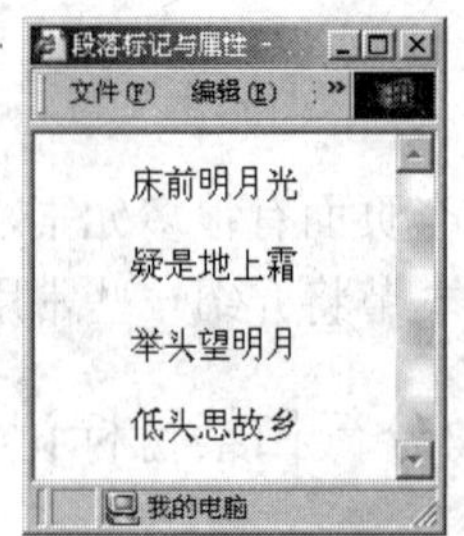

图 3.7　C3-5.html 的执行效果

这个文件在浏览器中的显示效果如图 3.7 所示。

3.3.3　预排版标记

标记格式：

<PRE>…</PRE>

预排版标记的作用是让浏览器对该标记内的内容按原始输入格式不做修改地输出。

通常在编辑文本文件时习惯上按段换行，且每个新的段落开头处缩进两字。但是，浏览器在处理 HTML 文件时，却不能理解这种习惯。为此，HTML 中设置了预排版标记<PRE>来照顾我们的这种习惯。如果网页是一篇论文，而且希望浏览者看到的格式与输入格式完全一致，则可以在这篇文章的开头处加上<PRE>，并在结尾处加上</PRE>就可以了。

【示例程序 C3-6.html】 预排版标记示例，文件名 C3-6.html。

```
<HTML>
<HEAD><TITLE>预排版标记</TITLE></HEAD>
<BODY>
<PRE>
      白日依山尽
        黄河入海流
          欲穷千里目
            更上一层楼
  </PRE>
</BODY>
</HTML>
```

图 3.8　C3-6.html 的执行效果

这个文件在浏览器中的显示效果如图 3.8 所示。

3.3.4　列表标记

列表是一种条理化地排列信息的方法，它把信息内容一条一条地水平排列显示，具有直观、清晰的效果。

1. 无序号列表

无序号列表是在每一行文字的左侧放置一个圆点或方块，以达到醒目、条理化的效果。HTML 提供了三种无序号列表标记：<UL>…</UL>、<DIR>…</DIR>、<MENU>…</MENU>，且在这三种标记中每一行文字的最前面都要加一个单边标记<LI>，以表示新的一行开始。

<UL>标记可以带有属性 TYPE。TYPE 可以取 disc(实心圆点)、circle(空心圆点)、square(实心方块)三种值之一；<DIR>和<MENU>两个标记的符号是实心圆点。由于<UL>标记的符号比较灵活，所以目前在网页制作中主要使用<UL>标记。

例如：

<UL>	<UL TYPE=SQUARE>	<UL TYPE=CIRCLE>
<LI>网页设计	<LI>网页设计	<LI>网页设计
<LI>版面控制	<LI>版面控制	<LI>版面控制
</UL>	</UL>	</UL>

显示结果如下：	显示结果如下：	显示结果如下：
● 网页设计	■ 网页设计	○ 网页设计
● 版面控制	■ 版面控制	○ 版面控制

也可以在标记<LI>中写入TYPE属性，以达到设置该列的符号的目的。

例如：

```
<UL>
<LI TYPE=square>网页设计
<LI TYPE=circle>页控制标记
<LI TYPE=disc>列表标记
</UL>
```

显示结果如下：

■ 网页设计
○ 页控制标记
● 列表标记

2. 有序号列表

标记格式1：

<OL>…</OL>

标记格式2：

<OL TYPE=非数字编号>…</OL>

标记格式3：

<OL START=起始编号数字>…</OL>

有序号列表是在各行的左侧加上数字编号或其它(如a，b，c，…；Ⅰ，Ⅱ，Ⅲ，…；等)有序的标号，并且可以设定从何处开始计数编号。同理，在有序号列表标记的中间要嵌入单边标记<LI>。

注意：TYPE属性用于非数字符号的有序标号，并且只能从头开始；START属性用于设置数字标号并可以设置开始计数的编号。

例如：

<OL>	<OL TYPE=a>	<OL START=5>
<LI>网页设计	<LI>网页设计	<LI>网页设计
<LI>版面控制	<LI>版面控制	<LI>版面控制
</OL>	</OL>	</OL>
显示结果如下：	显示结果如下：	显示结果如下：
1. 网页设计	a. 网页设计	5. 网页设计
2. 版面控制	b. 版面控制	6. 版面控制

3. 说明列表

说明列表是指在每一行的前面不出现符号或编号，而是通过缩进格式来表现层次的一种列表。说明列表的标记格式如下：

```
<DL>
<DT>…<DD>…
<DT>…<DD>…
</DL>
```

例如：

```
<DL>
<DT>页面控制标记<DD>段落标记
<DT>列表标记<DD>符号列表<DD>标号列表
</DL>
```

显示结果如下：

页面控制标记

　　段落标记

列表标记

　　符号列表

　　标号列表

4. 列表标记的嵌套

上面介绍的几种列表标记是可以嵌套使用的，即在一种列表标记之中可以包含另一种列表标记。但应注意是一个完整的标记包含另一个标记，不能出现交叉的情况。

【示例程序 C3-7.html】 列表标记及其嵌套示例，文件名 C3-7.html。

```
<HTML>
  <HEAD><TITLE>列表标记示例</TITLE></HEAD>
  <BODY>
    <UL> <LI TYPE=square >Web 与 HTML
      <OL>
        <LI>什么是 HTML
        <LI>HTML 文档的结构
      </OL>
    </UL>
    <DIR> <LI>HTML 标记
      <OL TYPE=A>
        <LI>页面控制标记
        <LI>版面风格控制
      </OL>
    </DIR>
  </BODY>
</HTML>
```

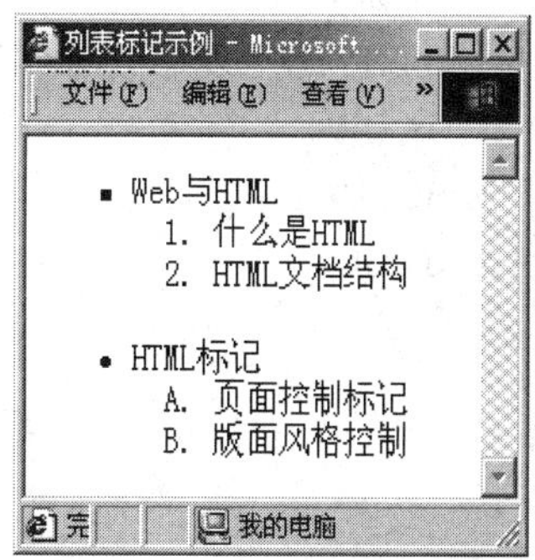

图 3.9 C3-7.html 的执行效果

这个 HTML 文件在浏览器中的显示效果如图 3.9 所示。

3.3.5　块标记

1. <DIV>标记

标记格式：

<DIV ALIGN=对齐方式 STYLE=CSS 样式>…</DIV>

功能：将位于该标记间的文本作为一节，从而使本节的文本使用一致的格式。这里的格式是指字形、字体、字符颜色、背景色等，往往通过设置 CSS 样式来实现。

该标记中的 ALIGN 属性是个可选属性，用于确定<DIV>标记块中的文字对齐方式，其取值可以是：left(左对齐)，center(居中对齐)，right(右对齐)，justify(两端对齐)。省略该属性时取系统默认的左对齐。

2. <SPAN>标记

标记格式：

<SPAN　STYLE=CSS 样式>…</SPAN>

功能：为文本中的字或词定义特殊的格式。

<SPAN>与<DIV>的区别主要在于：<SPAN>中的样式只作用到有文字的部分(见图 3.10 的第一行)；而<DIV>中的样式的作用范围是文字所在行(见图 3.10 的第二行)。此外，<SPAN>标记没有 ALIGN 属性。

【示例程序 C3-8.html】 <DIV>和<SPAN>标记示例，文件名 C3-8.html。

```
<HTML>
<HEAD>
    <TITLE>SPAN 和 DIV 标记</TITLE>
</HEAD>
<BODY>
   <span style="BACKGROUND:#f0f000">学有所成
   </span>
   <DIV style="BACKGROUND:red">学有所成
   </DIV>
</BODY>
</HTML>
```

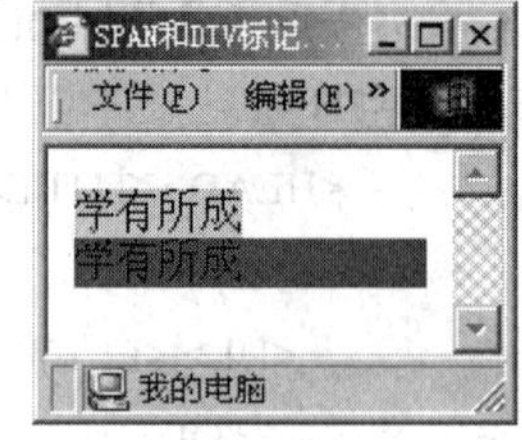

图 3.10　C3-8.html 的执行效果

3.4　超链接标记

在网页中插入图像、视频或音乐等，可使网页图文声并茂、绚丽多彩。为了达到这一目的，HTML 专门提供了<A>、<IMG>、<EMBED>和<BGSOUND>等四个标记来实现超级链接。这四个标记既有相似之处，又有一定的区别，下面将分别介绍之。

3.4.1 <A>标记

标记格式：

<A HREF="文件名或 URL" TARGET=目标窗口>链接文本</A>

其中：HREF 属性用来指明所要链接文件的路径、名称或网络地址；TARGET 属性用来指出打开被链接网页的窗口；链接文本也称为热字或热区，是供浏览者点击的提示性文字，它在浏览器中通常为有下划线的蓝色高亮度显示的文字，当浏览者将鼠标悬停在热字或热区的上面时，鼠标形状变为一个小手状，此时如果用户单击鼠标，就会将其链接的对象打开，显示所链接网页的内容。

1. <A>标记的 HREF 属性

在<A>标记中，由于用 HREF 属性来指明所要链接文件的路径、名称或网络地址，因此它是最重要的，也是不可缺省的。对于 HREF 属性来说：① 当这个链接是一个本地链接时(即被链接的文件在当前的机器上)，HREF 属性的值是所链接文件的路径和名称；② 当这个链接是一个网络链接时，HREF 属性的值是域名地址或 IP 地址(可以包含文件名)；③ 被链接的资源文件可以是网页、图片、音乐等各种类型，通过文件的扩展名来区分。例如：

<A HREF="C3-6.html" >下一页</A>链接的是当前目录下的另一个网页。

<A HREF="..\clock.avi">看影像</A>链接的是上级目录中的一个影像文件。

<A HREF="..\picture\鹳雀楼.jpg">看图片</A>链接的是与当前目录同级的 picture 目录下的一幅 JPG 图片。

<A HREF="music\望江南.mid">听音乐</A>链接的是下级目录 music 中的一个 MID 音乐文件。

<A HREF="HTTP://WWW.EDU.CN">教育网</A>链接的是中国教育科研网，它是一个网络链接。

2. <A>标记的 TARGET 属性

TARGET 属性是一个可以缺省的属性。如果在<A>标记中省略了 TARGET 属性，则浏览器打开链接页面时，始终将页面显示在同一个窗口中；如果要在另一个(浏览器)窗口中显示链接的页面，则可以使用该属性来实现。例如，在 HTML 文档中有如下一句代码：

<A HREF="C3-6.html">跳到</A>

当用户在浏览中用鼠标单击热字“跳到”时，就会在当前窗口中打开 C3-6.html 页面。如果将上述代码改为：

<A HREF="C3-6.html" TARGET="_blank" >浏览器窗口</A>

则当用户在浏览时用鼠标单击热字“浏览器窗口”时，就会打开一个新的浏览器窗口，显示 C3-6.html 页面，而不是在原来的浏览器窗口中显示。

3. 用<A>标记的 NAME 属性设置锚点

当一个页面内有多个链接，而这些链接是链接到同一页面的另一个位置或链接到另一页面的某个地方时，为了能够清楚地表达这种链接，则可以在被链接的页面的链接点设置一个锚，这样<A>标记就能通过锚链接到该页面的正确位置。需要特别提醒的是，设置锚点的方法是链接到一个页面内部的某处，而不是链接到另一个页面。

1) 同一个页面内的链接

如果一个页面较长，为了能够迅速地到达需要浏览的地方，可以在同一页面内嵌入多个链接，形成类似于目录与正文之间关系的链接效果。但是，如何正确地区分这些同一页面内的不同链接呢？显然，为每一个链接起一个唯一的名字是最基本的解决方案，而这个名字便被称为锚。

标记格式：

```
<A HREF="#锚名">…</A>
<A NAME="锚名">…</A>
```

在这一解决方案中，首先是通过 HREF 属性来定义锚名，为了和前述 HREF 属性中的文件名有所区分，在锚名前面必须加上#。另外，还需要注意下述两点：

(1) 锚名可以由网页编写者自由定义，但必须保证一个页面内的每个锚名都是唯一的。

(2) HREF 属性中的锚名和 NAME 属性中的锚名必须一致。

2) 不同页面内的链接

如果被链接的文件不在本机上，而是在网络某地机器上时，则在<A>标记的 HREF 属性中定义锚名时必须用 URL 引导。其格式为

```
<A HREF="URL#锚名">…</A>
<A NAME="锚名">…</A>
```

【示例程序 C3-9.html】 超链接标记<A>的用法示例，文件名 C3-9.html。

```
<HTML>
<HEAD><TITLE>超级链接示例</TITLE></HEAD>
<BODY>
  <!-- 这里首先设置一个锚  -->
  <P><A HREF="#产品" > 点击这里浏览本网站的产品 </A></P>
   <!-- 以下是用<A>标记链接网页、网站、图片、视频、音乐的语句 -->
  <P> <A HREF="C3-5.html">点击这里在当前窗口打开新页面</A><BR>
  <A HREF="HTTP://WWW.EDU.CN">点击这里转到中国教育科研网</A></P>
  <P><A HREF="..\picture\约塞米蒂山谷.jpg" >点击这里在当前窗口显示图片</A><BR>
      <A HREF="..\picture\mickey.gif" TARGET=_blank>点击这里在另一窗口显示图片</A>
</P>
  <P><A HREF="..\music\csc40gz.avi" > 点击这里看视频 </A></P>
  <P><A HREF="..\music\美人鱼.mp3">点击这里在当前窗口听 MP3 音乐</A><BR>
      <A HREF="..\music\天使心.mp3" target=_blank>点击这里在另一窗口听 MP3 音乐</A>
</P>
  <!-- 以下是锚链接的内容-->
  <A NAME="产品"><H2>本网站提供的产品</H2>
  <DIV ALIGN=center>电视机<BR>电冰箱<BR>手  机<BR>计算机<BR>
 软  件<BR>汽  车<BR>还有许多</DIV> </A>
</BODY></HTML>
```

在这个 HTML 文件中，首先用<A>标记设置了一个锚，然后又用<A>标记链接了网页、网站、图片、AVI 视频、MP3 音乐等，最后用<A>标记的 NAME 属性给出了锚链接的内容。此外，为了使锚链接的内容整齐美观，还使用了块标记<DIV>等，C3-9html 的执行效果如图 3.11 所示。图 3.11(a)给出了开始执行这个文件时的情况，图 3.11(b)给出了点击页面第一行文字(热字)后的情况。

需要注意的是，锚标记只有对页面内容较多较长，或者窗口较小时效果明显。如果像我们这里只有十几行文字，一屏即可显示全部内容，如果您的浏览窗口设置为全屏显示的话，执行这个文件时，锚链接的内容就已经显示在屏幕的下方，此时点击热字并没有什么效果。

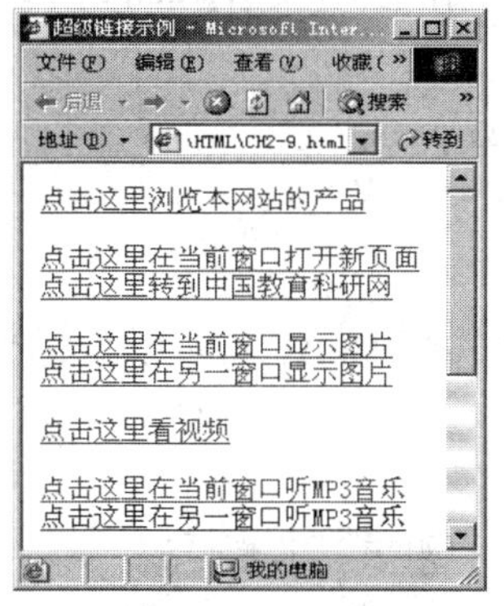

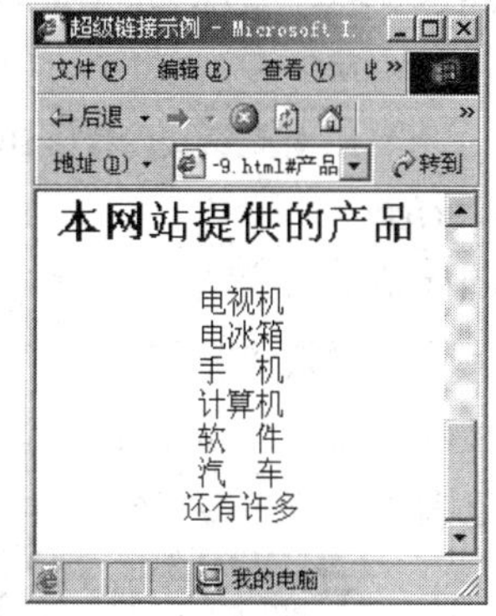

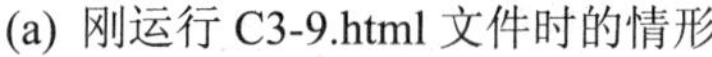
(a) 刚运行 C3-9.html 文件时的情形　　(b) 点击页面第一行文字后的情形

图 3.11　C3-9.html 的执行效果

3.4.2　嵌入图像或视频标记

<A>标记可以链接网页、网站、影像、音乐等各种文件。但是，用这种方法链接的音乐或影像文件，只有当访问者用鼠标点击热字后，浏览器才会下载相应的文件，并且会询问将该文件在当前位置打开还是保存到本地硬盘。若选择在当前位置打开，则浏览器将其保存为临时文件，并且自动调用相应的播放程序播放之。若选择保存到本地硬盘，则要求访问者选择文件的保存路径，然后将文件下载到本地硬盘，但不会自动播放。而使用<IMG>标记嵌入图像或视频剪辑，则在打开网页的同时，该图像会随网页同时下载和播放。

标记格式 1：

```
<IMG SRC="URL" ALIGN=对齐方式  WIDTH=x HEIGHT=y ALT= "信息">
```

标记格式 2：

```
<IMG DYNSRC="URL"ALIGN=对齐方式 START=播放时机  WIDTH=x HEIGHT=y>
```

其中：SRC 属性或格式 2 中的 DYNSRC 属性指明资源文件的路径和名称或 URL，它们的含义和用法与<A>标记的 HREF 属性相同；ALIGN 属性用来指明紧接在图像后面的文字的排列方式，它可以取 top、middle、bottom 三个值中的一个，分别表示文字与图像呈顶部对齐、中部对齐或底部对齐，它只适用于单行文本；WIDTH、HEIGHT 属性指定图像的宽度和高度，用于控制显示图像的大小；格式 1 中的 ALT 属性指出当鼠标在图片上停留时显示的文字信息；格式 2 中的 START 属性指出图片的显示时机，其值可以是 fileopen 或 mouseover，表示图片与页面同时显示或当鼠标指向图片区域时再显示。如果给 START 属性赋予 fileopen 的值，则其效果与格式 1 相同。

【示例程序 C3-10.html】 图片链接标记<IMG>的用法示例，文件名 C3-10.html。

```
<HTML>
<HEAD><TITLE>IMG 标记示例</TITLE></HEAD>
<BODY>
  <IMG SRC="..\Picture\鹳雀楼.jpg" ALIGN=middle WIDTH=120 HEIGHT=140 ALT="鹳雀楼">
      </IMG>
    用 IMG 标记链接图片! <BR>注意 ALIGN 属性和 ALT 属性
</BODY>
</HTML>
```

该文件的执行效果见图 3.12 所示。注意，<IMG>标记中的 ALIGN 属性只作用于一行文字，而且，当窗口的宽度不足以显示这行文字时，文字自动换到了图片下方，而不论图片的高度范围内还有多少空行。

(a) 窗口宽度足够显示一行文字

(b) 窗口不够大，文字换行到图片下方

图 3.12　C3-10.html 的执行效果

3.4.3　嵌入背景音乐标记

在网页中嵌入背景音乐，使浏览者在浏览网页的同时欣赏音乐，也是一种享受。前已述及，<A>标记也可以链接音乐文件，但需要浏览者点击才能播放。如果用<BGSOUND>标记嵌入音乐，则可以在打开网页的同时自动播放音乐。

标记格式：

```
<BGSOUND   SRC="文件名或 URL"   LOOP=循环播放次数>
```

如果在页面中写入如下代码：

```
< BGSOUND   SRC="bg.mid"   LOOP=3>
```

则当浏览者打开网页时会自动播放 bg.mid 音乐三遍。

3.4.4　嵌入声音或图像标记

标记格式：

<EMBED SRC="URL"　AUTOSTART= *　WIDTH=x　HEIGHT=y></EMBED>

其中：URL 为声音文件的 URL；*为 true 或 false，分别表示自动播放和单击播放；x 和 y 为播放器在页面中的宽和高，单位为像素。

显然，使用<EMBED>标记既可以通过 AUTOSTART 属性来控制播放的时机，也可以通过 WIDTH 和 HEIGHT 来控制播放区域的大小。

注意：使用<A>标记，访问者需要单击热字才可听音乐，即只有单击以后，浏览器才下载该歌曲；而用<BGSOUND>和<EMBED>标记，音乐文件是随网页的下载同时下载的，此外，这两个标记不能省略结束标记，且开始和结束标记之间不放任何元素。

3.4.5　地图分区域链接

地图分区域链接也叫图像地图，它是将网页中的一副图片分成多个热区，每个热区设置一个超链接，当浏览者的鼠标进入某个热区时，鼠标指针变成一小手状，此时浏览者单击该热区，就将该热区所链接的对象打开。它是通过<IMG>、<MAP>和<AREA>三个标记的配合使用来实现的。标记的使用格式如下：

```
<IMG   SRC="图像的 URL"   USEMAP="#图像地图名">
<MAP   NAME= "图像地图名">
<AREA   SHAPE= "热区块形状 1"    COORDS=坐标 1    HREF= "URL1">
< AREA   SHAPE= "热区块形状 2"   COORDS=坐标 2    HREF= "URL2">
⋮
</MAP>
```

其中：<IMG>标记用于指定图像地图的资源文件 SRC 和引用名称 USEMAP；<MAP>为图像地图的标记，标记中的 NAME 属性是用于给这个图像地图起名字，以便利用这个名字寻找其中各个区域及对应的 URL；<AREA>标记用于定义热区及超链接，SHAPE 属性用于指定热区的形状，可以是 rect(矩形)、circle(圆形)和 poly(多边形)，而 COORDS 属性用于定义热区的坐标，表示方式随 SHAPE 的值而定，不同的 SHAPE 用不同的坐标方法(见表 3.4)；<AREA>标记中的 HREF="URL"属性是指超链接目标文件的 URL。

表 3.4　形状与坐标定义方法

形状及取值	坐标格式	说　明
SHAPE=rect	COORDS="x1,y1,x2,y2"	x1，y1 代表矩形的左上角坐标；x2，y2 代表矩形的右下角坐标
SHAPE=circle	COORDS="x, y, r"	x, y 代表圆心坐标；r 代表圆的半径
SHAPE=poly	COORDS="x1,y1,x2,y2,…"	每一对(x,y)代表多边形的一个顶点坐标

通过上面的标记格式可以看出，设置图像地图的一般过程是：首先通过<IMG>标记的 SRC 属性指出图片的来源，并通过该标记的 USEMAP 属性指出这个图片的引用名称，再通过<MAP>标记的 NAME 属性把 USEMAP 与 NAME 联系起来，然后通过<AREA>标记在这个图像地图内部定义一些区域，并通过 HREF 属性为每个区域指定超链接的资源对象。

需要注意的是：① USEMAP 属性的图像地图名必须由#号引导。② USEMAP 属性的图像地图名和 NAME 属性的图像地图名必须一致。

【示例程序 C3-11.html】 图像地图标记使用示例，文件名 C3-11.html。

```
<HTML>
<HEAD><TITLE>图片分区域链接——清水旅游</TITLE>
    <meta http-equiv="keywords" content="清水县旅游景点,休闲度假，自然生态">
    <meta http-equiv="description" content="甘肃省清水县旅游景点分布">
    <meta http-equiv="content-type" content="text/html; charset=UTF-8">
</HEAD>
<BODY>
<P align="center"><FONT face="华文彩云" color="BLUE" size=4><B>您可在下图中移动鼠
标，当出现提示文字时，点击该区域即可预览该景点。</B></FONT></P>
<IMG SRC="qsly1.jpg" HEIGHT=680 WIDTH=800 BORDER=0 USEMAP=#MyMap></IMG>
<MAP NAME=MyMap>
<AREA shape="rect" coords="240,225,312,272" HREF="小华山秋色.jpg" target="_parent" alt="庞
公仙境（小华山）">
<AREA shape="rect" coords="296,133,370,186" HREF="http://www.tsqs.gov.cn/html/qshly/2010-5/7/
17_25_54_386.html" ALT="赵充国陵园是 1962 年公布的省级重点文物保护单位，位于县城西北 1
公里的牛头河畔">
<AREA shape="circle" coords="375,214,30" HREF="qsxyjq.html" ALT="县城中心：轩辕广场--轩
辕湖景区，是清水县人民治河扩建县城的硕果">
<AREA shape="rect" coords="407,190,516,228" HREF="qswq01.jpg" ALT=温泉休闲度假生态旅
游景区>
<AREA shape="rect" coords="560,321,681,391" HREF="http://www.tianshui.com.cn/news/qs/20121
00616005356586.htm" alt="山门石洞山天然林景区">
</map>
</BODY></HTML>
```

该示例的运行情况见图 3.13 和图 3.14 所示。

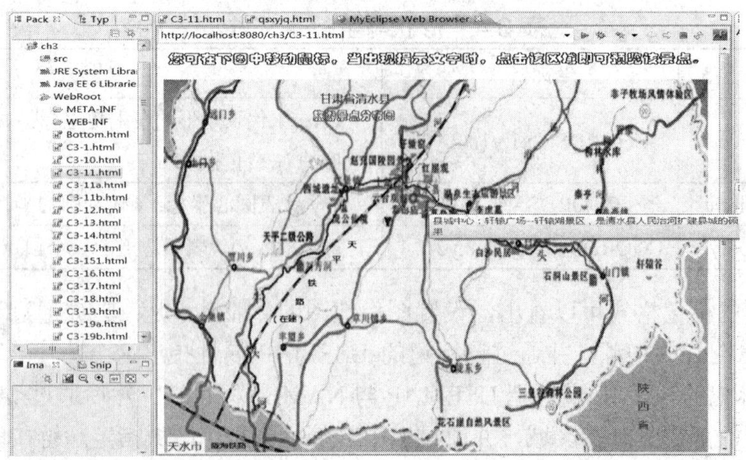

图 3.13　图像地图设置的 C3-11.html 文件被访问时以及鼠标到达县城中心区域时的情况

图 3.14 用户点击图 3.13 中的县城中心区域时，打开 qsxyjq.html 网页

在这个例子中，我们以甘肃省清水县的旅游景点分布图(qsly1.jpg)为底图，在图中的 5 个区域(县城中心，庞公仙境，赵充国陵园，温泉生态旅游景区，石洞山天然林景区)设置了简单的 circle 或 rect 形区域，分别链接了作者编写的 qsxyjq.html 网页文件，小华山秋色.jpg 图片，清水县官方网站的赵充国陵园网页，qswq01.jpg 图片，以及天水在线的石洞山景区网页。当用户访问 C3-11.html 网页时，呈现在用户面前的是图 3.13，当用户点击图 3.13 中的热区时，就打开相应的网页、网站或图片。例如，当用户移动鼠标至县城中心区域后，出现提示文字，此时用户点击该区域就会出现一个小圆圈(见图 3.13 中部)并打开图 3.14 所示页面。图 3.14 页面文件(qsxyjq.html)中使用了 3.4.6 节将要讲述的表格标记。

另外需要指出的是，必须保证所有被访问的资源都存在且存放在文件中指出的目录路径中。本文为简单起见，将所有的图片和 HTML 文档都存放在 ch3 的 WebRoot 目录下，见图 3.13 和图 3.14 左侧目录树。

3.4.6 <BODY>标记的属性与窗口色彩搭配

页面(浏览器窗口)的背景、色彩、图案，以及不同文档内容之间的色彩搭配，对于方便浏览者来说是相当重要的。一个页面的背景就相当于一个房间里的墙壁或地板一样，它是一个页面、一个站点风格的一种体现，好的背景不但能影响访问者对网页内容的接受程度，还能影响访问者对整个网站的印象。如果经常注意别人的网站，应该会发现在不同的网站上，甚至在同一个网站的不同页面上，都会有各式各样的背景设计。

在 HTML 文档中既可以通过<BODY>标记的 BGCOLOR 属性为浏览器窗口设置背景颜色，也可通过<BODY>标记的 BACKGROUND 属性将一副图片设置为窗口的背景，还可以同时使用上述两个属性来形成复合背景。在图片背景中，如果图片比较小，浏览器会将图片在水平和竖直方向上反复排列，铺满整个页面。在复合背景中，图片背景会在颜色背景的上面显示，因而，当所选的图片背景格式不是透明的，则颜色背景将会被图片完全遮盖。使用复合背景的好处是当所设置的图片背景因某种不可知的因素(如图片不存在)而不能正常显示时，浏览器仍能用所设置的颜色背景修饰页面的背景。

在设置了背景图案或颜色后，常常需要调整页面上文本和超链接的颜色，以便与背景相适应。例如：在默认情况下，浏览器将文本颜色设置为黑色，此时若将背景颜色设置为深色图案或颜色，则文字可能就看不清楚，甚至看不见，如果将文本颜色设置为浅色就可以很好地显示出来。

浏览器窗口的背景、各部分内容的色彩设置虽然比较简单，但也有不少地方需要注意。例如：要根据不同的页面内容设计背景颜色的冷暖状态，要根据页面的编排设计背景颜色与页面内容的最佳视觉搭配等。

使用下面的<BODY>标记可将一个页面的背景设置为 black(黑色)，正文文字设置为 white(白色)，未被访问的超链接设置为 yellow(黄色)，已被访问的超链接设置为 green (绿色)，活动的超链接设置为 fuchsia (樱桃色)。

```
<BODY   BGCOLOR=black TEXT=white
LINK=fuchsia VLINK=yellow ALINK=green>
```

读者可以将 C3-9.html 文件中的无属性<BODY>标记改成上面这句带属性的<BODY>标记，然后在浏览器中看一看显示的效果。

<BODY>标记的常用属性及含义见表 3.5。

表 3.5　<BODY>标记的常用属性

属性名	含　义
BACKGROUND	页面的背景图像
BGCOLOR	页面的背景颜色
TEXT	页面中正文的颜色
LINK	页面中未被访问的超链接文本的颜色
ALINK	页面中活动的(正被选中)超链接文本的颜色
VLINK	页面中已经访问过的超链接文本的颜色

3.5　表格标记

在一个页面中经常会用到一些表格来显示数据，或定位网页中的元素。目前，相当多的网站利用无线表格来对主页中的众多内容进行分隔布局。

3.5.1　表格的基本语法

表格是由行和列交叉形成的单元格构成的，因此，要在页面上绘制一个表格，需要使用下面的标记组合。

(1) 表格定义标记：<TABLE>…</TABLE>。

(2) 表行定义标记：<TR>…</TR>。

(3) 表头单元格定义标记：<TH>…</TH>。

(4) 单元格定义标记：<TD>…</TD>。

表格必须用<TABLE>标记开始，用</TABLE>标记结束。表格中的每一行由<TR>标记开始，由</TR>标记结束。如果有一个 5 行的表格，则要用 5 对<TR>标记。每行中的每个单元格都由单元格标记<TD>或表头单元格标记<TH>定义。如果表格的一行中有 6 个单元格，就需要使用 6 对<TD>或<TH>。<TH>与<TD>的作用基本相同，只不过<TH>单元格中的文字居中加粗显示。

注意：这种嵌套格式必须是完整的嵌套，绝对不能交叉。

【示例程序 C3-12.html】 表格设计示例，文件名 C3-12.html。

```
<HTML><HEAD><TITLE>表格示例</TITLE></HEAD>
<BODY>
<TABLE>
  <TR><TH>序号</TH> <TH>产品名称</TH><TH>生产厂</TH><TH>单价
</TH></TR>
  <TR><TD>1</TD><TD>电视机</TD><TD>TCL</TD><TD>2800 元
</TD></TR>
   <TR><TD>2</TD><TD>电冰箱</TD><TD>美的</TD><TD>3600 元
</TD></TR>
</TABLE>
</BODY>
</HTML>
```

图 3.15　不带属性的<TABLE>生成的表格

显示结果见图 3.15。可以看出，该表格是一个无表线的表格。如果要设计成有表线的表格，就需要使用<TABLE>的属性。

3.5.2　表格的属性

表格标记是一个具有许多属性的标记，这些属性用来对表格的边框线、颜色等进行设置。表格的常用属性见表 3.6。

表 3.6　表格的常用属性

属 性 名	含　义	取 值 法
BORDER	表格的边框线	取数字值，省略及默认值为 0(无边框)
WIDTH	表格的宽度	取数字值或百分比，默认值为自动匹配
HEIGHT	表格的高度	取数字值或百分比，默认值为自动匹配
BGCOLOR	表格的背景色	取值与<FONT>标记相同，默认为白色
BORDERCOLOR	表线颜色	取值与<FONT>标记相同，默认为黑色
CELLSPACING	单元格之间的距离	取数字值，默认值为 1
CELLPADDING	数据与表线的距离	取数字值，默认值为 1
ALIGN	表格在页面中的布局	可取 left、center、right 三者之一

如果将例 3.12 中不带属性的<TABLE>一句改为：

<TABLE BORDER=1 BORDERCOLOR="Red" CELLSPACING=2>

则显示结果如图 3.16 所示。

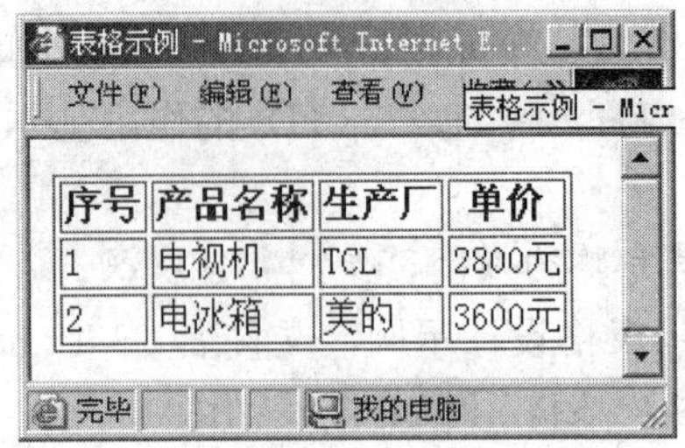

图 3.16　带属性的<TABLE>生成的表格

3.5.3　单元格的属性

<TR>、<TH>和<TD>标记也是有属性的，它们的属性用来对单元格的宽度和高度、颜色、单元格中数据的对齐方式等进行设置。单元格的常用属性见表 3.7。在这些属性中，ROWSPAN 属性和 COLSPAN 属性也被称为合并单元格属性，其中 ROWSPAN 属性用于横向合并单元格，COLSPAN 属性用于纵向合并单元格，使用这两个属性可以设计复杂的表格。

表 3.7　单元格的属性

属 性 名	含　义	取　值　法
ALIGN	单元格中数据的水平对齐方式	取 Left、center、right 之一
VALIGN	单元格中数据的垂直对齐方式	取 top、middle、bottom、baseline 之一
NOWARP	单元格中的内容不自动换行	—
WIDTH	单元格的宽度	取数字值或百分比，默认值为自动匹配
HEIGHT	单元格的高度	取数字值或百分比，默认值为自动匹配
BGCOLOR	单元格的背景色	取值与<FONT>标记相同，默认为白色
ROWSPAN	向下延伸占据 n 个垂直单元格(跨行)	n 的最大取值是表格中行的最大数目
COLSPAN	向右延伸占据 n 个水平单元格(跨列)	n 的最大取值是表格中列的最大数目

3.5.4　表格标题设置

标记格式：

<CAPTION ALIGN=对齐方式>…</CAPTION>

其中，对齐方式可为 top、bottom、left、center 和 right。默认对齐方式是在表格上方居中显示标题。此外，该标记必须放在<TABLE>标记中才有效。

3.5.5　复杂表格设计示例

目前，表格被广泛地应用于网站的主页设计中，对主页上众多的内容按自己设置的格式来排列。用表格来进行页面布局的最大好处是表格可随浏览器分辨率自动调整表格的大小。为了使读者对复杂表格设计技巧有一个更深入的体会，下面给出两个相对较复杂的表格的 HTML 设计代码及其在浏览器中的显示效果。

【示例程序 C3-13.html】 复杂的跨行跨列表格设计示例，文件名 C3-13.html。

```
<HTML>
<HEAD><TITLE>复杂表格</TITLE></HEAD>
<BODY>
<TABLE Border=1 WIDTH=100% ><CAPTION>跨行和跨列表格设计</CAPTION>
  <TR>
     <TD COLSPAN=3 ALIGN=center>各类产品</TD>
  </TR>
  <TR><TD ROWSPAN=2>家用电气类</TD>
      <TD>电视机</TD><TD>洗衣机</TD>
  </TR>
  <TR><TD COLSPAN=2 ALIGN=center>蒸汽喷雾电熨斗</TD>
  </TR>
  <TR>
  <TD ROWSPAN=2>学习用具类
  </TD>
  <TD COLSPAN=2>
  计算机图书和光盘</TD>
  </TR>
  <TR><TD>课本教材</TD>
       <TD>字典手册</TD>
  </TR>
</TABLE>
</BODY>
</HTML>
```

这个文件在浏览器中看到的显示效果如图 3.17 所示。

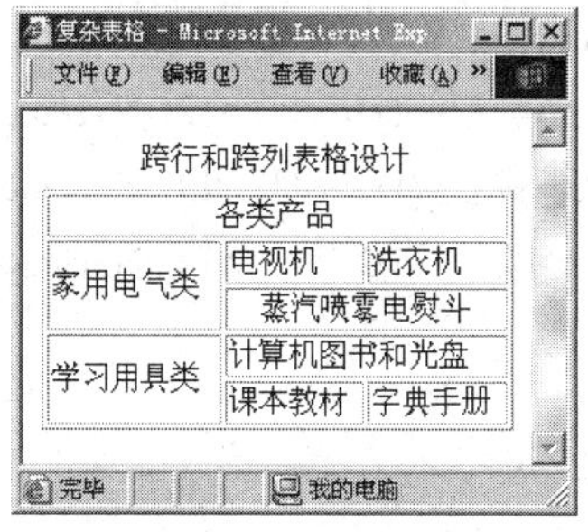

图 3.17　跨行跨列表格

【示例程序 C3-14.html】 在表格中嵌入图片示例，文件名 C3-14.html。

```
<HTML>
<HEAD><TITLE>复杂表格</TITLE></HEAD>
```

```
<BODY>
<H2><P ALIGN=center>艺术欣赏<HR SIZE=3px WIDTH=260pt COLOR=#80f000>
</P></H2>
<!--下面的这个表格只有一个表行-->
<TABLE BORDER=1 BORDERCOLOR=#ff00ff WIDTH=100% >
<!--下面的一个表行只有两个单元格，但每一个单元格中又是一个表格-->
<TR>
<!--以下是第一个表格的第一个单元格-->
<TD COLSPAN=3 ROWSPAN=5>
<!--下面是在第一个单元格中放置的一个表格(第二个表格) -->
<TABLE BORDER=1>
    <TR><TD ALIGN=center>姓名</TD><TD ALIGN=center>蒙娜丽莎</TD>
     <TD ROWSPAN=5>
       <IMG SRC="monalisa.jpg " WIDTH=76px HEIGHT=110px START=fileopen>
       </IMG>
     </TD></TR>
    <TR><TD ALIGN=center>性别</TD><TD ALIGN=center>女</TD></TR>
    <TR><TD ALIGN=center>类型</TD><TD ALIGN=center>画像</TD></TR>
    <TR><TD ALIGN=center>作者</TD><TD ALIGN=center>达芬奇</TD></TR>
    <TR><TD ALIGN=center>收藏</TD><TD ALIGN=center>博物馆</TD></TR>
</TABLE></TD>
<!--第一个表格的第一个单元格到这里结束，以下是第一个表格的第二个单元格-->
<TD COLSPAN=3 ROWSPAN=5>
<!--下面是在第二个单元格中放置的一个表格(第三个表格)为了区分，将其表线设为 0-->
<TABLE BORDER=0></TD>
   <TR><TD ALIGN=center>姓名</TD><TD ALIGN=center>米老鼠</TD>
   <TD ROWSPAN=5><IMG SRC="mickey.gif " START=mouseover></IMG></TD>
   </TR>
   <TR><TD ALIGN=center>性别</TD><TD ALIGN=center>保密</TD></TR>
   <TR><TD ALIGN=center>类型</TD><TD ALIGN=center>卡通</TD></TR>
   <TR><TD ALIGN=center>作者</TD><TD ALIGN=center>不详</TD></TR>
   <TR><TD ALIGN=center>收藏</TD><TD ALIGN=center>迪妮斯乐园
</TD></TR>
</TABLE>
</TR>
</TABLE>
<!-- 以上三行分别是第三个表格结束，第一个表格的表行结束和第一个表格结束 -->
</BODY>
</HTML>
```

这个 HTML 文件在浏览器中的显示效果见图 3.18。有关这个设计的解释请参阅代码中的注释语句。

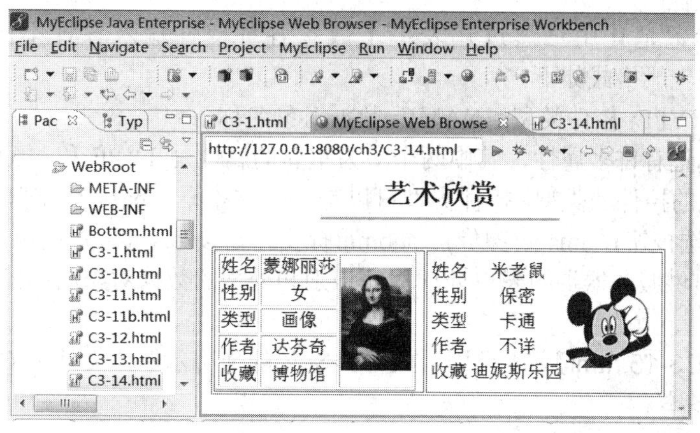

图 3.18　在复杂表格中嵌入图片

3.6　表 单 标 记

在编写各种交互式网页时，常常要处理用户提交的各种信息。表单(Form)可提供一种表格式的输入界面供用户填写数据，通过其中的文本框、下拉列表和命令按钮等从用户那里获得信息，然后送到指定的地方进行处理。

表单是通过网页在浏览器与服务器之间传递信息的途径，Web 站点通过表单网页来收集浏览者的意见和建议，以实现浏览者与站点之间的互动。

3.6.1　表单标记的一般格式

表单是一个复合元素，它是由许多基本元素组成的。表单标记的一般格式为：

```
<FORM ACTION="数据送往的地址" METHOD=数据传送方式>
                    表单输入元素
</FORM>
```

表单标记<FORM>有两个重要的属性：一个是 ACTION 属性，它用来指定服务器端处理用户输入表单数据的 CGI 程序(或 ASP、JSP 文件)；另一个是 METHOD 属性，它决定用户输入数据传送到服务器端的方式。METHOD 属性的取值有两个：一个是 GET，另一个是 POST。GET 适合于传送少量数据，POST 适合于传送较大量的数据。

表单输入元素主要有下述四类：

(1) <INPUT>标记：产生文本框、复选框、选择按钮、提交按钮等。

(2) <SELECT>标记：产生列表框、下拉列表框、多选列表框等。

(3) <OPTION>标记：在列表框中产生一个选择项目，必须放在<SELECT>和</SELECT>之间。

(4) <TEXTAREA>标记：产生一个多行的文本输入区域。

下面分别介绍这些表单输入元素的使用方法。

3.6.2　<INPUT>标记

<INPUT>标记是让用户通过在表单上放置各种控件输入各种不同信息的标记。<INPUT>标记的一般格式如下：

<INPUT TYPE=控件类型　NAME=数据对象名称…>

<INPUT>标记有许多属性，其中两个最为重要的属性是 TYPE 和 NAME。TYPE 属性指出表单上出现的控件的类型，控件类型可以是 text(文本框)、password(口令)、checkbox(复选框)、radio(单选按钮)、image(图像)、submit(提交按钮)、reset(重置按钮)或 hidden(隐藏)。NAME 属性指出供服务器端的表单处理程序识别和处理的数据对象名称，这个名称是由用户自行定义的。

【示例程序 C3-15.html】 表单中<INPUT>标记的使用示例，文件名 C3-15.html。

```
<HTML>
<HEAD><TITLE> 表单设计示例 1</TITLE></HEAD>
<BODY>
  <DIV ALIGN="center">
  为了让我们更好地为您服务，请填写下面的表单<BR>
  <FORM ACTION="serverx2.jsp" METHOD=POST>
  请输入您的姓名：<INPUT TYPE=text   NAME="姓名"><BR>
  请输入您的密码：<INPUT TYPE=password   NAME="密码">
  <P>您的性别：
      <INPUT TYPE=radio   NAME="性别">男  
      <INPUT TYPE=radio   NAME="性别" checked>女  
      <INPUT TYPE=radio   NAME="性别">保密
    </P>
    <P>您喜欢的水果有：<BR><BR>
      <INPUT TYPE=checkbox   NAME="水果" >苹果  
      <INPUT TYPE=checkbox   NAME="水果" checked>橘子  
      <INPUT TYPE=checkbox   NAME="水果">香蕉<BR>
      <INPUT TYPE=checkbox   NAME="水果"   checked >桃子  
      <INPUT TYPE=checkbox   NAME="水果">李子  
      <INPUT TYPE=checkbox   NAME="水果">杏子
   </P>
    <P ALIGN=center>
      <INPUT TYPE=submit VALUE=提交>
      <INPUT TYPE=reset VALUE=重填>
    </P>
    </FORM>
   </DIV>
  </BODY>
</HTML>
```

这个 HTML 文件在浏览器中的执行效果见图 3.19 所示。

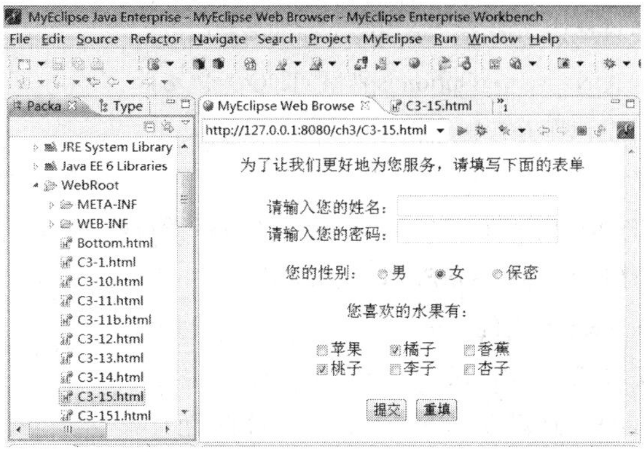

图 3.19 <INPUT>标记的应用(C3-15.html 的执行效果)

3.6.3 列表框和下拉列表框

在表单 FORM 中通过<SELECT >…</SELECT>和<OPTION>标记产生列表框或下拉列表框。

标记格式：

```
<SELECT NAME="名称"  SIZE=数值  MULTIPLE>
    <OPTION>
    <OPTION>
    ⋮
    </SELECT>
```

其中：<SELECT>是列表框的开始标记，<OPTION>在列表框中产生一个选择项目。

设置列表框、下拉列表框或复选列表框的方法是：首先通过<SELECT>标记的 SIZE 属性来设置列表框中可视的表项数目，当省略 SIZE 属性或其值为 1 时则为下拉列表框；当 SIZE 属性的值大于 1 时就是列表框；如果再给出 MULTIPLE 属性时就成为了多选列表框。然后通过<OPTION>标记给出具体表项，且一个<OPTION>标记只能给出一个表项。

3.6.4 文本区域

文本区域是给浏览者一个较大的区域，用户可通过此区域输入多行或多段文本内容。在表单 FORM 中通过<TEXTAREA >…</TEXTAREA>标记产生文本区域。

标记格式：

```
<TEXTAREA NAME=数据对象名  ROWS=行数  COLS=列数></TEXTAREA>
```

其中：NAME 属性为文本区域的名称，ROWS 属性指出文本区域的可视行数，COLS 属性指出文本区域显示的列。ROWS 和 COLS 的单位都是字符数。

【示例程序 C3-16.html】 列表框和文本区域的使用示例，文件名 C3-16.html。

```
<HTML>
<HEAD><TITLE>表单设计示例 2</TITLE></HEAD>
<BODY>
```

```
<DIV ALIGN="center">
 为了让我们更好地为您服务，请填写下面的表单<BR>
  <FORM ACTION="serverOption.jsp" METHOD=POST>
    <P>您喜爱的汽车是：
    <SELECT>
        <OPTION>宝马<OPTION>奥迪<OPTION>桑塔那
        <OPTION>雪铁龙</SELECT></P>
    <P ALIGN=center>您经常使用的电气产品有：<BR>
    <SELECT SIZE=3   NAME="家电产品" MULTIPLE>
        <OPTION>计算机<OPTION SELECTED>随身听
        <OPTION >电视机
       <OPTION>数码相机<OPTION>MP4
       <OPTION>摄像机</SELECT></P>
    <P ALIGN=center>请留下您的宝贵意见或建议：<BR>
    <TEXTAREA NAME="留言板" ROWS=5 COLS=46></TEXTAREA></P>
    <P ALIGN=center>
    <INPUT TYPE=submit VALUE=提交>
    <INPUT TYPE=reset VALUE=重填></P>
  </FORM>
 </DIV>
</BODY>
</HTML>
```

这个 HTML 文件在浏览器中看到的效果如图 3.20 所示。

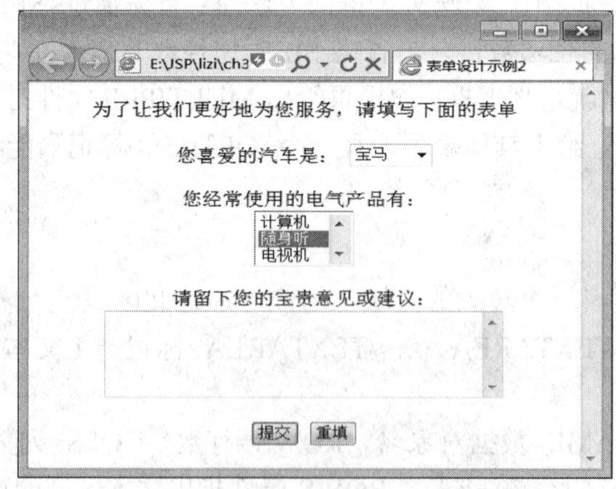

图 3.20　列表框和文本区域标记的应用(C3-16.html 的执行效果)

3.7　框架结构标记

以上学习的 HTML 都是在单一窗口显示的，当打开一个新文件或链接到一个新文件时，原来的窗口和文件将被自动关闭，这往往给浏览者带来不便。框架标记用来将一个浏览器窗口分为多个小窗口，每个小窗口内显示特定的内容，各页面之间可以互相操作。使用框架，可以将网页变得更加丰富多彩。

框架的精髓在于每个框架都可以显示不同的文件内容。在一个页面中可以用框架的方式显示多个页面文件，因此就可以将一些不同类别的内容放到同一个页面中。这样，一个网页就可以将不同的信息有机地组织在一起提供给浏览者。这就是为什么许多网站的主页使用框架进行布局的原因。

在 HTML5 中，使用<IFRAME>替代了<FRAMESET>和<FRAME>。关于<IFRAME>的用法，将在 3.7.5 预以简单介绍，并在第 12 章作为综合应用的主框架使用。

3.7.1　框架的基本结构

在一般的 HTML 文件中，页面内容的主体部分放在<BODY>和</BODY>中间，而在分框页面中，却没有<BODY>标记，其主体部分写在<FRAMESET>与</FRAMESET>中间。

框架集定义的内容包括浏览器窗口中将要显示的框架数目、框架的大小、每一个框架中将要放的页面等。一个页面文件中框架的结构由框架集<FRAMESET>和</FRAMESET>定义。<FRAMESET>标记有两个重要的属性——ROWS 属性和 COLS 属性，通过这两个属性可以确定页面各分框的位置和大小。在分框页面中，另一个重要的标记就是<FRAME>，它的基本格式为<FRAME SRC=URL>，用来指定每个分框中显示的内容。

框架标记的基本结构如下：

```
<HTML>
<HEAD><TITLE>基本框架</TITLE></HEAD>
<FRAMESET ROWS 或 COLS="值">
  <FRAME SRC=URL>
  <FRAME SRC=URL>
  </FRAMESET>
</HTML>
```

提示：框架标记在 HTML 文档中应独立出现，绝对不能被包含在正文标记<BODY>之中，否则浏览器会将其忽略。

3.7.2　<FRAMESET>的常用属性

框架由<FRAMESET>标记指定，并且可以嵌套，分区中各部分显示的内容用<FRAME>指定。可以将窗口横向(ROWS="值")分成几个部分，也可以纵向(COLS="值")分成几个部分，还可以横向、纵向嵌套混合分框。每一个框架要显示的页面由<FRAME SRC=URL>标记中的 URL 指定。

1. ROWS 属性

ROWS 属性用来说明在浏览器中分框纵向排列的分布情况(即框架行的宽度)，它的取值是用引号括起来的几组数字(点数、百分比或相对比例)，数字之间用逗号分开。各分框的大小由对应部分的值来确定。ROWS 属性的使用格式如下：

<FRAMESET ROWS="X1，X2，…">

其中第几个 X 值对应第几个纵向分框，每一个 X 的取值可以是百分比值或像素值，最后一个 X 值也可以用"*"表示剩余值。

2. COLS 属性

COLS 属性用来说明在浏览器中分框横向排列的分布情况(即框架栏目的宽度)，它的取值是用引号括起来的几组数字(点数、百分比或相对比例)，数字之间用逗号分开。各分框的大小由对应部分的值来确定。COLS 属性的使用格式如下：

<FRAMESET COLS="Y1，Y2，…">

其中第几个 Y 值对应第几个横向分框，每一个 Y 的取值可以是百分比值或像素值，最后一个 Y 值可以用"*"表示剩余值。

3. BORDER 属性

BORDER 属性用来指定框架的边框，取值可以是 0，1，2，…，单位为像素。如果 BORDER 的取值为 0，则框架没有边框。

【示例程序 C3-17.html】 使用百分比值建立纵向和横向分框的例子，文件名 C3-17.html。

```
<HTML><HEAD>
  <TITLE>建立分框基本框架</TITLE>
  <meta http-equiv="content-type" content="text/html; charset=GBK">
</HEAD>
<FRAMESET ROWS="20%, 80%">
<FRAMESET COLS="50%, 50%">
    <FRAME SRC="File1.html">
    <FRAME SRC="File2.html">
</FRAMESET>
<FRAMESET COLS="25%, 50%, 25%">
    <FRAME SRC="File3.html">
    <FRAME SRC="File4.html">
    <FRAME SRC="File5.html">
</FRAMESET>
</FRAMESET >
</HTML>
```

该文件的执行效果如图 3.21 所示。可以看出，该文件首先用<FRAMESET ROWS="20%, 80%">将浏览器窗口分为上(占 20%)、下(占 80%)两个小窗口，然后又用<FRAMESET COLS="50%, 50%">将上部小窗口进一步分为左、右各占 50%的两个分框，并分别给出这两个分框中显示的页面(File1.html 和 File2.html)；同理，再次使用<FRAMESET COLS="25%, 50%, 25%">将下部小窗口进一步分为左、中、右三个分框，并分别给出这三个分框中显示的页面。

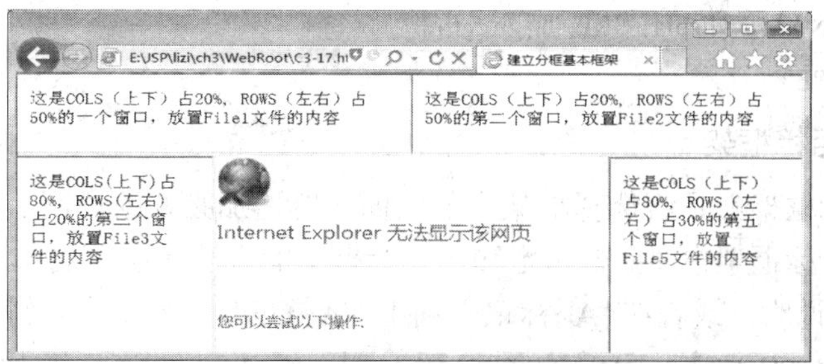

图 3.21　框架设计(C3-17.html 的运行效果)

需要注意的是：在 SRC 后给出的文件名必须是当前存在的文件，如果不存在该文件，则浏览器显示一个如第 4 个分框(小窗口)中的错误信息。此外，如果用 SRC 指出的文件不是保存在当前 HTML 文件所在的目录中，则应在 SRC 中指明文件的查找路径，否则，同样出现出错信息。

3.7.3　<FRAME>的属性

<FRAME>标记的一个最主要属性是 SRC。除了这个属性外，还有几个常用的属性，这些属性的名称和作用见表 3.8。

表 3.8　<FRAME>的常用属性

属 性 名	作　用
MARGINHEIGHT	指定框架边界与文本之间的纵向距离(高度)，取值以像素点为单位
MARGINWIDTH	指定框架边界与文本之间的横向距离(宽度)，取值以像素点为单位
NAME	为<FRAME>命名，以方便从其它文档中进行链接
SCROLLING	确定框架是否具有滚动条，可取 yes、no、auto 三者之一，默认为 auto
NORESIZE	不能改变框架大小

3.7.4　框架结构间的关联

框架之间可以有特定的超链接关系，比如将某一个框架的链接内容输出到另一个框架中，这样就可以把前者作为选择框架，而将后者作为输出框架。输出框架也被称为目标框架。

实现这种超链接的步骤可分两步：

(1) 首先在框架文件中给每一个框架标记起一个名字。

(2) 给选择框架中的页面指定超链接输出的目标框架名称。

1. 标记框架

标记框架是在<FRAME>标记中用 NAME 属性来实现的。下面是一段为框架集(FRAMESET)编写的源代码，其中左面的框架(FRAME)被标记为 select，显示的页面为 left.html；右面的框架被标记为 display，显示的页面为 right.html。

```
<FRAMESET COLS="20%,80%">
<FRAME NAME=select SRC="left.html">
```

```
<FRAME NAME=display SRC="right.html">
</FRAMESET>
```

2. 指定输出目标框架

指定输出目标框架就是给选择框架中的页面内容增加必要的说明，指出其页面中的超链接对象在哪个目标框架中显示。指定输出目标框架的方法是在页面头部的 HEAD 区中用<BASE>标记进行说明，或者在<A>标记中利用 TARGET 属性来指定链接对象的显示目标框架(此时将忽略<BASE>标记中的设置)。用<BASE>标记进行说明的语句格式如下：

```
<BASE TARGET="目标框架名">
```

例如：在上面的代码中选择框架(select)中放的是 left.html，因而，必须在 left.html 页面中指定其输出的目标框架为 display，以及超链接的内容。left.html 文件的内容如下：

```
<HTML><HEAD>
  <meta http-equiv="content-type" content="text/html; charset=GBK">
  <BASE TARGET="display">
</HEAD>
<BODY>
  <P>1. <A HREF="WEB.HTML">Web 简介</A></P>
  <P>2. <A HREF="HTML0.HTML">HTML 概述</A></P>
</BODY></HTML>
```

当浏览者浏览页面时，如果用鼠标点击 left.html 页面中的超链接(例如，“1. Web 简介”)时，其输出就会显示在名为 display 的框架中。

【示例程序 C3-18.html】 框架之间的超链接关系示例，框架集文件名 C3-18.html。与之相关的文件有 topic.html、left.html、right.html、web.html、html0.html 等。下面是 C3-18.html 文件的代码。

```
<HTML><HEAD>
   <TITLE>框架间的超级链接关系</TITLE>
   <meta http-equiv="content-type" content="text/html; charset=GBK">
   </HEAD>
   <FRAMESET ROWS="18%,82%">
      <FRAME   SRC="topic.html">
   <FRAMESET COLS="25%,75%">
      <FRAME NAME=select SRC="left.html">
      <FRAME NAME=display SRC="right.html" MARGINWIDTH=20>
   </FRAMESET>
</HTML>
```

这段代码首先用<FRAMESET ROWS="18%,82%">标记将浏览器窗口分为上、下两部分，并在上部子窗口中放置 topic.html 的内容。然后再用一个<FRAMESET COLS="25%,75%">标记将下部子窗口分为左、右两部分，对这两个子窗口分别用<FRAME NAME=select

SRC="left.html">和<FRAME NAME=display SRC="right.html" MARGINWIDTH=20>两句指定了窗口的名称和要显示的内容等。其中，select 窗口中显示的 left.html 文件的内容如下：

```
<HTML><HEAD>
    <meta http-equiv="content-type" content="text/html; charset=GBK">
    <BASE TARGET="display">   </HEAD>
<BODY BGCOLOR=#A0C0A0>
    <FONT COLOR=WHITE SIZE=4>
    <P>1. <A HREF="web.html">Web 简介</A></P>
    <P>2. <A HREF="html0.html">HTML 概述</A></P>
    <P>3. <A HREF="C3-1.html">HTML 语法</A></P>
    <P>4. <A HREF="C3-2.html">字体标记</A></P></FONT>
</BODY></HTML>
```

可以看出，这段代码的关键一句是<BASE TARGET="display">，它指出了从该窗口中选择的超链接将在右窗口(即 display 窗口)中显示。

在浏览器中点击 C3-18.html 文件后的情况如图 3.22 所示。在这个界面上点击“1. Web 简介”后的情况如图 3.23 所示。

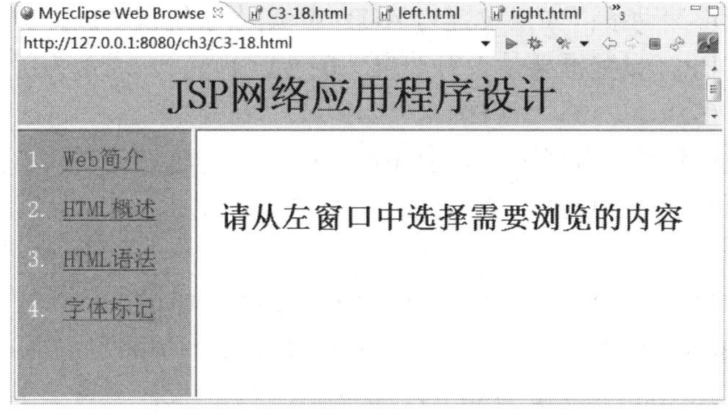

图 3.22　框架间的链接关系(C3-18.html 的运行效果)

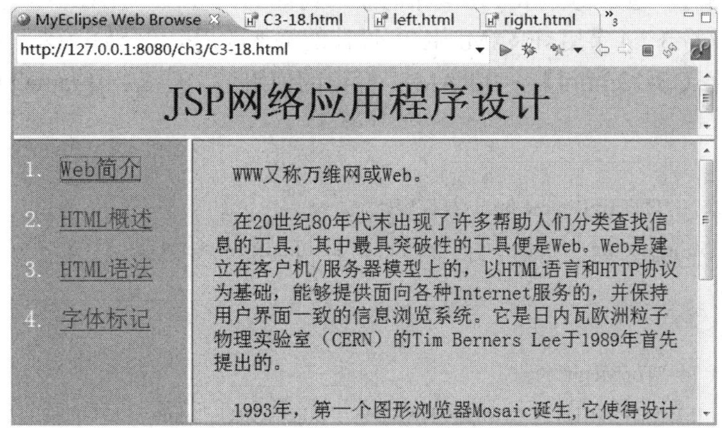

图 3.23　框架间的链接关系(在左窗口中点击“1. Web 简介”后的情况)

3.7.5 <IFRAME>标记

从HTML5开始，推荐用<IFRAME>来替代<FRAMESET>。<IFRAME>和<FRAMESET>一样，可以在网页中创建一个框架，用来对网页结构进行拆分以使网页的某些部分保持公用，并通过指定 SRC 属性来调用另一个网页文档的内容。但相对<FRAMESET>对整个网页进行框架结构的拆分来说，<IFRAME>更加灵活，可以内嵌到网页的任意地方。正是由于<IFRAME>的这个特点，在一些网页中得到了大量运用。<IFRAME>标记的基本格式是：

```
<IFRAME   SRC="URL"   WIDTH="x"   HEIGHT="x"   SCROLLING="option"
 FRAMEBORDER="x"   NAME="main">   </ IFRAME >
```

其中：

SRC：框架内部显示文件的路径及文件名。可以是各种类型的文件，如 HTML、TEXT、JSP、GIF、JPG 等；

WIDETH、HEIGHT：框架的宽和高，单位是像素(px)。

SCROLLING：滚动条选项。当 SRC 指定的文件在指定的区域内显示不完时，是否出现滚动条，其取值有：NO，YES，AUTO 三种。如果设置为 NO，则不出现滚动条；如果设置为 YES，则出现滚动条；如果设置为 AUTO：则由系统自动选择。

FRAMEBORDER：设置框架是否有边框（0=无，1=有）。通常为了让框架与邻近的内容相融合而设置为 0。

NAME：框架的名字，用来进行识别和在不同框架间建立关联。当你想用一个框架控制另一框架时，可以使用：TARGET="框架的名字"来控制。

例如，

```
<IFRAME   WIDTH="780px"   HEIGHT="80px" SRC="topic.html"
    FRAMEBORDER ="0"   SCROLLING="NO"   NAME="TopIFr"></ IFRAME>
```

创建了一个名为"TopIFr"，宽=780px，高=80px，无边框，无滚动条的框架，其中放置的文件是 topic.html。

在具体使用时，通常将<IFRAME>标记嵌入到<DIV>标记、<TABLE>标记中，效果更佳。下面我们就将 3.7.4 节用<FRAMESET>设计的框架改用<IFRAME>来设计。

【示例程序 C3-19.html】 <IFRAME>标记的使用。文件名：IFrame.html，文件内容如下：

```
<HTML>
  <HEAD>  <TITLE>IFrame.html</TITLE>
    <META http-equiv="content-type" content="text/html; charset=UTF-8">
  </HEAD>
  <BODY>
    <DIV id="TopMenu">
       < IFRAME WIDTH="780px" HEIGHT="80px" SRC="topic.html"
           FRAMEBORDER="0" SCROLLING="NO" NAME="TopIFr"></IFRAME>
    </DIV>
```

```
    <TABLE><TR><TD>
     < IFRAME WIDTH="160px" HEIGHT="400px" SRC="IFrLeft.html"
         NAME="LeftIFr"   FRAMEBORDER="1" SCROLLING="auto"></IFRAME></td>
     <td>< IFRAME WIDTH="620px" HEIGHT="400px" SRC="right.html"
         NAME="RightIFr"   FRAMEBORDER="1" SCROLLING="auto"></IFRAME></TD>
    </TR></TABLE>
  </BODY></HTML>
```

为了不致于造成混乱，我们将例 3.18 中所引用的文件 left.html 复制一份，然后将文件名改为 IFrLeft.html，并修改其中的 target 指向。修改后的 IFrLeft.html 文件内容如下：

```
<HTML><HEAD>
   <META http-equiv="content-type" content="text/html; charset=GBK">
</HEAD>
<BODY BGCOLOR=#A0C0A0>
   <FONT COLOR=WHITE SIZE=4>
   <P>1. <A HREF="WEB.HTML" TARGET="RightIFr">Web 简介</A></P>
   <P>2. <A HREF="HTML0.HTML" TARGET="RightIFr">HTML 概述</A></P>
   <P>3. <A HREF="C3-1.html" TARGET="RightIFr">HTML 语法</A></P>
   <P>4. <A HREF="C3-2.html" TARGET="RightIFr">字体标记</A></P></FONT>
</BODY></HTML>
```

图 3.24～图 3.26 分别是 IFrame.html 文件编辑中和运行过程中的截图。

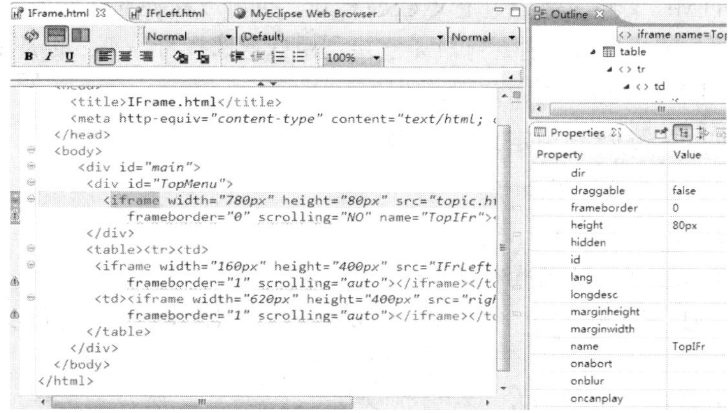

图 3.24　编辑中的 IFrame.html 文件和 IFRAME 标记的部分属性

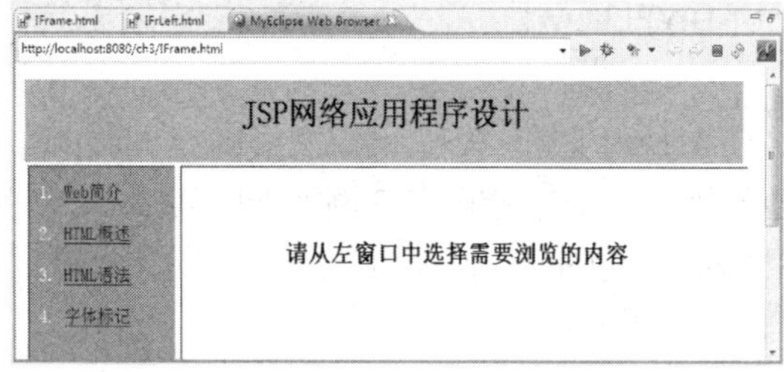

图 3.25　IFRAME 框架设计(IFrame.html 文件初始运行时的情况)

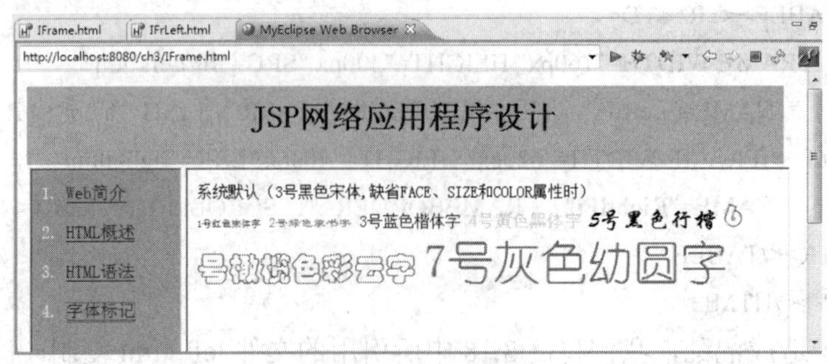

图 3.26　在左框架窗口中点击“4. 字体标记”后的执行效果

3.8　CSS 样式

CSS(Cascading Style Sheets)，中文翻译为层叠样式表单，简称样式单，是近几年才发展起来的新技术，1998 年 CSSlevel2 才成为 W3C 的标准。CSS 是一组用来装饰 HTML 的标记集合的样式，样式中的属性在 HTML 元素中依次出现，并显示在浏览器中。简言之，HTML 是一种标记语言，而 CSS 是这种标记的一种扩展，可以弥补 HTML 对网页格式化功能的不足，进一步美化页面。

3.8.1　定义 CSS 样式的方法

既可以在 HTML 文档的标记中定义 CSS 样式，也可以在外部文件中定义 CSS 样式。定义 CSS 样式的方法主要有 3 种：一种是直接利用标记选择符，第二种是定义类选择符，第三种则是定义 ID 选择符。下面分别说明。

1. 在 HTML 文档的标记中定义 CSS 样式

定义 CSS 样式的一般格式如下：

选择符{属性 1：值 1；属性 2：值 2；…}

1) HTML 标记直接用作选择符

由于 CSS 是 HTML 标记的一种扩展，所以任何一个 HTML 标记都可以成为 CSS 的选择符。例如：

```
<STYLE TYPE="TEXT/CSS">
    H1{COLOR:GREEN; FONT-SIZE:36PX}
    P{BACKGROUND:YELLOW}
</STYLE>
```

这个例子对 HTML 的<H1>标记和<P>标记定义了自己的样式。同理，也可以给<A>标记定义 CSS 样式。前已述及，一个超链接有 3 种不同的状态：未被访问的链接(Link)，已访问的链接(Visited)，鼠标移动过(Hover)。我们可以利用 CSS 样式指定<A>标记对不同状态的链接以不同的方式显示。例如：

```
<STYLE TYPE="TEXT/CSS">
    A:LINK{COLOR:RED; FONT-SIZE:9PT; TEXT-DECORATION:UNDERLINE }
```

```
    A:VISITED{COLOR:BLUE; FONT-SIZE:9PT; TEXT-DECORATION:NONE }
    A:HOVER{COLOR:GREEN; FONT-SIZE:12PT; TEXT-DECORATION:NONE }
</STYLE>
```

一般的超链接都有下划线，这里利用“TEXT-DECORATION:NONE”将访问过的和鼠标划过的超链接的下划线去掉。

2) 定义类选择符

定义类选择符的方法是在<STYLE>标记中定义一个“.类名”。下面的语句定义了两个类选择符 mycssstyle1 和 mycssstyle2：

```
<STYLE TYPE="TEXT/CSS">
    .mycssstyle1{COLOR:GREEN; FONT-SIZE:9PT;}
    .mycssstyle2{COLOR:RED; FONT-SIZE:12PT;}
</STYLE>
```

有了这样的定义，就可在 HTML 标记中使用 CLASS=“类名”来引用这个样式。

3) 定义 ID 选择符

HTML 的所有标记都有一个 ID 属性，我们可以利用这一属性来定义选择符。定义 ID 选择符时，在样式名前加“#名字”，引用的时候使用“ID=名字”。例如：

```
<STYLE TYPE="TEXT/CSS">
    #REDP{COLOR:RED}
</STYLE>
```

有了上述定义，就可以利用 HTML 标记的 ID 属性来引用选择符。例如：<P ID=REDP>要网页上显示的文字</P>一句就是在<P>标记中引用上面定义的 ID 选择符。

2. 在外部文件中定义 CSS 样式

可以将自己定义的 CSS 样式另存成一个扩展名为 .css 的文件。下面就是一个名为 Style1.css 文件的内容：

```
H1{COLOR:GREEN; FONT-SIZE:36PX}
P{BACKGROUND:YELLOW}
```

定义了这个样式文件后，就可以在 HTML 文档中通过超链接的 REL 属性引用这个外部文件，也可以利用@IMPORT 关键字导入这个文件来引用。具体引用方法在下一小节中讲述。

3.8.2　加载 CSS 样式的 3 种方式

加载 CSS 样式共有 3 种方式：可以在<HEAD>标记中定义和引用 CSS 样式，也可以在<BODY>标记中定义和引用 CSS 样式，还可以在外部文件中定义 CSS 样式。下面分别进行介绍。

1. 在<HEAD>内加载

这种方式只要在<HEAD>标记中加上<STYLE>标记，然后就可以在其中定义各种标记的显示样式。例如：

```
<HEAD>
```

```
<STYLE TYPE="TEXT/CSS">
    H1{COLOR:GREEN; FONT-SIZE:36PX}
    P{BACKGROUND:YELLOW}
</STYLE>
</HEAD>
```

这段代码对<H1>标记的字体颜色和字体大小进行了重定义，也对<P>标记的背景色进行了重新定义。此后的代码中凡是以<H1>标记和<P>标记引导的文字将以这种格式显示。

2. 在<BODY>内加载

在<BODY>中实现主要是在标记中直接定义和引用，即只要将定义在<STYLE>标记中的值拿到对应的标记中就可以了。例如：

```
<BODY>
    <H1 STYLE="COLOR:GREEN; FONT-SIZE:36PX">
    <P STYLE="BACKGROUND:YELLOW">
</BODY>
```

3. 通过外部文件来定义及其加载方法

可以将自己定义的 CSS 样式另存为一个扩展名为 .css 的文件，然后就可以通过超链接的 REL 属性来引用这个外部文件；也可以利用@IMPORT 关键字导入这个文件来引用。例如，假设已建立了一个具有下述内容、名为 Style1.css 的文件：

```
H1{COLOR:GREEN; FONT-SIZE:36PX}
P{BACKGROUND:YELLOW}
```

则利用链接引用这个外部文件的方法是：

```
<LINK REL=STYLESHEET HREF="Style1.css" TYPE="TEXT/CSS">
```

而利用@IMPORT 关键字导入这个外部文件的方法是：

```
<STYLE TYPE="TEXT/CSS">
    @IMPORT URL(Style1.css);
</STYLE>
```

这里需要注意的是，@IMPORT 关键字必须写在<STYLE>标记中。

此外，当某个标记被重复定义的时候，按照引用样式的规则，后定义的优先级最高。

3.8.3　CSS 应用示例

【示例程序 C3-20.html】 CSS 样式应用，文件名 C3-19.html。

```
<HTML><HEAD><STYLE TYPE="TEXT/CSS">
    H1{COLOR:GREEN; FONT-SIZE:36PX;}
    P{COLOR:BLUE;BACKGROUND:YELLOW}
    .mycssstyle1{COLOR:GREEN; FONT-SIZE:9PT}
    .mycssstyle2{COLOR:RED; FONT-SIZE:12PT}
   #REDP{COLOR:RED}
```

```
</STYLE></HEAD>
<BODY>
    <P >这是对通过 P 标记直接定义样式的引用(蓝字黄背景)</P>
    <H2 ID=REDP>这是对 ID 选择符定义样式的引用</H2>
    <DIV CLASS="mycssstyle1">这是对通过类选择符定义样式的引用(绿色，9PT)</DIV>
    <DIV CLASS="mycssstyle2">第二个类选择符定义样式的引用(红色，12PT)</DIV>
</BODY></HTML>
```

运行这个 HTML 文件，在浏览器中看到的运行效果如图 3.27 所示。

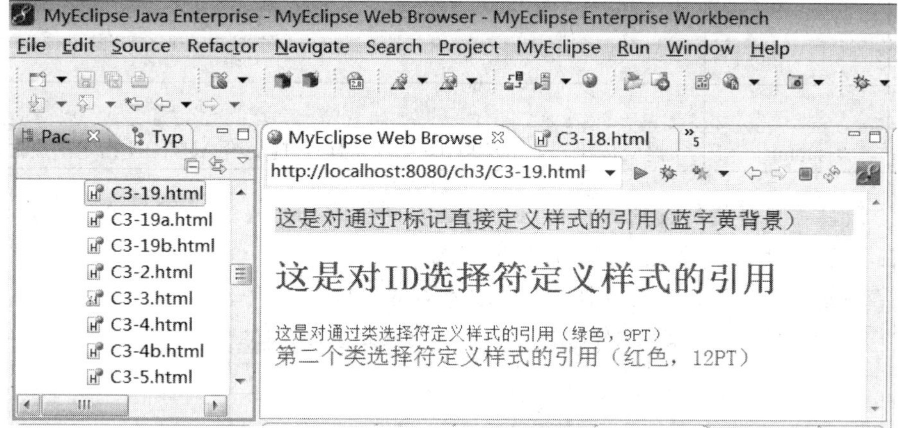

图 3.27　CSS 样式应用(C3-19.html 的运行效果)

习　题　3

3.1　使用表格标记，编写一个能输出如习题表 3.1 所示的 HTML 文件。要求页面要有背景色、字体大小和颜色的设置。

习题表 3.1

<table>
<tr><td colspan="3">数据库表设计窗口</td></tr>
<tr><td>字段名</td><td>数据类型</td><td>说　明</td></tr>
<tr><td>ID</td><td>数字</td><td>码，不能取空值，也不能取重复值</td></tr>
<tr><td>姓名</td><td>文本</td><td>最多 4 个汉字</td></tr>
<tr><td>性别</td><td>文本</td><td>取“男”或“女”二者之一</td></tr>
<tr><td colspan="3">字 段 属 性</td></tr>
<tr><td>字段大小</td><td>长整型</td><td rowspan="4">字段说明是可选的，用于帮助说明该字段，而且当在窗体上选择该字段时，也在状态栏显示该说明</td></tr>
<tr><td>标题</td><td>员工号</td></tr>
<tr><td>默认值</td><td>100000</td></tr>
<tr><td>索引</td><td>有</td></tr>
</table>

3.2　试填充习题表 3.2，列出<INPUT>标记中 TYPE 属性的取值并说明其作用。

习题表 3.2

序号	TYPE 的值	名称及其作用说明
1		
2		
3		
4		
5		
6		
7		
8		
9		
10	submit	提交按钮。点击该按钮将用户的输入提交给 ACTION 指定的页面处理

3.3 假设需要链接的图片保存在与当前目录同级的 picture 目录中，文件名为 p1.jpg。试说明在 HTML 文档中链接此图片的 3 种方式。

3.4 编写一个能输出如习题图 3.1 所示界面的 IITML 文件。

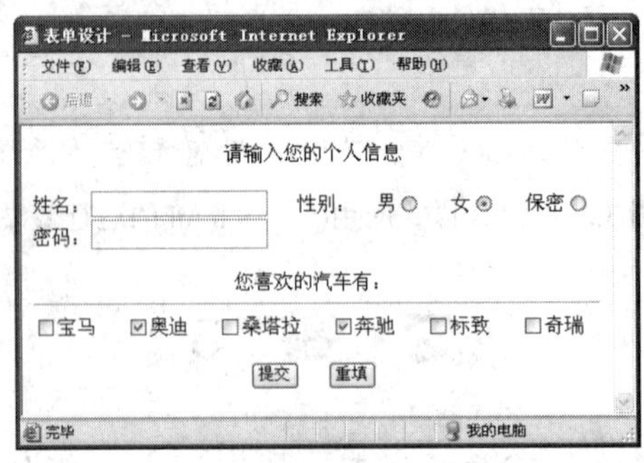

习题图 3.1

3.5 使用框架写出可在浏览器上显示如习题图 3.2 所示页面的 HTML 代码。要求：① 页面要有背景色、字体大小和颜色的设置；② 点击左页面的内容时，在右页面中显示链接页面的内容。

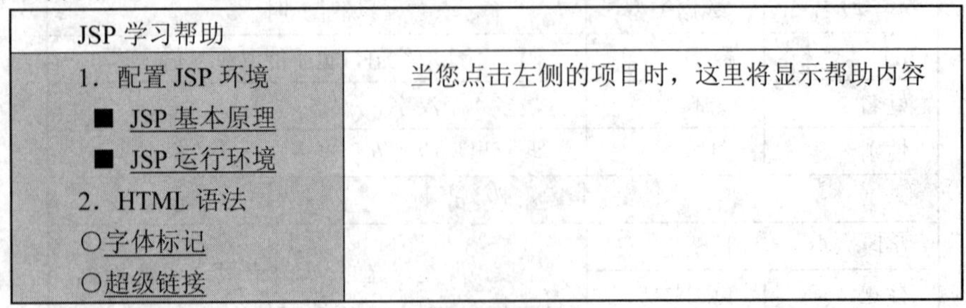

习题图 3.2

3.6 综合运用本章所学内容，设计一个题为“家乡美”的网站。要求：使用若干段文字和若干张图片展示自己的家乡；主页使用表格或框架进行页面布局控制，主页与其余页面间使用超级链接或多图链接方式。

第 4 章

JSP 脚本语言

我们在第 2 章指出，一个典型的 JSP 页面文件是由 HTML 标记、JSP 脚本(Java 程序)和 JSP 标签等几部分组成的。正是有了脚本，才使得网页具有了更好的交互性和动态功能。这里我们还要强调，可以把 JSP 看成是 Java 语言在互联网上的一种延伸，因此，要学好 JSP，首先应学好 Java 语言。

4.1 Java 的数据类型和变量

数据类型、变量、常量、运算符和表达式是各种程序设计语言中的最基本概念。Java 也不例外，这些概念构成了 Java 程序设计的基础。

4.1.1 Java 的标识符命名规范

有关标识符的概念及 Java 中标识符的命名规范已在 1.6.2 节进行了介绍，此处不再重复。

4.1.2 Java 的数据类型

Java 的数据类型可分为基本类型和引用类型两大类。基本类型包括整数型、浮点型、字符型和布尔型；引用类型包括字符串、数组、类和接口。表 4.1 列出了 Java 的数据类型及其在定义时使用的关键字。

表 4.1 Java 的数据类型及其在定义时使用的关键字

名称				使用的关键字	占用字节数
数据类型	基本类型	整数型	字节型	byte	1
			短整型	short	2
			整型	int	4
			长整型	long	8
		浮点型	单精度型	float	4
			双精度型	double	8
		字符型		char	2
		布尔型		boolean	1 bit
	引用类型	字符串		string	—
		数组		[]	—
		类		class	—
		接口		interface	—

4.1.3　常量

在 Java 中，常量有两种形式：一种是以字面形式直接给出值的常量，另一种则是以 Java 关键字 final 定义的标识符常量。不论哪种形式的常量，它们一经建立，在程序的整个运行过程中其值始终不会改变。下面主要介绍以字面形式直接给出值的常量。

Java 中常用的常量，按其数据类型来分，有整数型常量、浮点型常量、布尔型常量、字符型常量和字符串常量等五种。下面将逐一介绍。

1. 整数型常量

整数型常量有三种表示形式：

(1) 十进制整数，如：56，−24，0。

(2) 八进制整数：以零开头的数是八进制整数，如 017，0，0123。

(3) 十六进制整数：以 0x 开头的数是十六进制整数，如 0x17，ox0，0xf，0xD。十六进制整数可以包含数字 0～9、字母 a～f 或 A～F。

整数型常量在计算机内部使用四个字节存储，适合表示的数值范围是 −2 147 483 648～2 147 483 647。若要使用更大的数值，则应在数据末尾加上大写的 L 或小写的 l(即长整型数据)，这样可使整数型常量在机内使用 8 字节存储。

2. 浮点型常量

浮点型常量又称实型常量，用于表示有小数部分的十进制数，它有两种表示形式：

(1) 小数点形式，由数字和小数点组成，如 3.9，−0.23，−23.，.23，0.23。

(2) 指数形式，如 2.3e3，2.3E3 都表示 2.3×10^{3}；.2e−4 表示 0.2×10^{-4}。

浮点型常量在机内的存储方式又分两种：单精度与双精度。在浮点型常量后不加任何字符或加上 d 或 D 表示双精度，如 2.3e3，2.3e3d，2.3e3D，2.4，2.4d，2.4D。在机内用 8 字节存放双精度浮点型常量。在浮点型常量后加上 f 或 F，表示单精度，如 2.3e3F，2.4f，2.4F。在机内用 4 字节存放单精度浮点型常量。

3. 布尔型常量

布尔型常量只有两个：true 和 false。它代表一个逻辑量的两种不同的状态值，用 true 表示真，用 false 表示假。

4. 字符型常量

字符型常量是用单引号括起的单个字符。这个字符可以是 Unicode 字符集中的任何字符，例如'b'，'F'，'4'，'*'。对于那些键盘上没有的字符，可以使用转义字符。例如：'\n'是表示回车换行的转义字符。关于这方面的更多内容，请参阅有关 Java 语言的教材。

注意： 在程序中用到引号的地方(不论单引号或双引号)，应使用英文半角的引号，不能使用中文全角的引号。初学者往往容易忽视这一问题，造成编译时的语法错误。

5. 字符串常量

字符串常量是用双引号括起的 0 个或多个字符串序列。字符串中可以包括转义字符。例如："Hello"，"two\nline"，"\22\u3f07\n A B 1234\n"，" "都表示字符串。

在 Java 中要求一个字符串在一行内写完。若需要一个大于一行的字符串，则可以使用连接操作符“+”把两个或更多的字符串常量串接在一起组成一个长串。例如："How do you do？"+"\n"的结果是"How do you do？"。

4.1.4　变量

Java 中的变量遵从先声明后使用的原则。声明的作用有两点：一是确定该变量的标识符(即名称)，以便系统为它指定存储地址和识别它，这便是“按名访问”原则；二是为该变量指定数据类型，以便系统为它分配足够的存储单元。因此，声明变量包括给出变量的名称和指明变量的数据类型，必要时还可以指定变量的初始值。

变量的声明是通过声明语句来实现的。变量的声明语句格式如下：

数据类型名　变量名 1[，变量名 2][，…]；

或

数据类型名　变量名 1[=初值 1][，变量名 2[=初值 2]，…]；

其中方括号括起来的部分是可选的。

变量经声明以后，便可以对其赋值和使用。变量经声明之后，若在使用前没有赋值，则在编译时会指出语法错误。下面均是一些合法的变量声明语句：

```
char ch1, ch2;  //char 是类型名，ch1,ch2 是变量名(标识符)
int i, j, k=9;  //int 为类型名，i、j、k 为变量名，并且 k 的初值为 9
float x1=0, x2, y1=0, y2;  // float 是类型名，x1、x2、y1、y2 是变量名
```

1. 整数型变量

整数型变量用来表示整数。Java 中的整数类型，按其取值范围之不同，可区分为四种，如表 4.2 所示。

表 4.2　整 数 型 变 量

类型	存储需求	取 值 范 围
byte	1 字节	−128～127
short	2 字节	−32 768～32 767
int	4 字节	−2 147 483 648～2 147 483 647
long	8 字节	−9 223 372 036 854 775 808～9 223 372 036 854 775 807

整数型变量的定义方法是在自己定义的变量名(标识符)前面加上 Java 系统关键字 byte、short、int、long 中的某一个，这个标识符所代表的变量就属于该关键字类型的整数型变量，它的存储需求和取值范围就限定在表 4.2 所示的范围内。此外，Java 允许在定义变量标识符的同时给变量赋初值(初始化)。例如：

```
int i, j, k=9;  //声明标识符分别为 i、j、k 的变量为整数型变量，并且 k 的初值为 9
```

此外，在 Java 程序中，int 型和 long 型的最小值和最大值可用标识符常量表示，如表 4.3 所示。

表 4.3　整数类型的最小值和最大值的符号常量表示

符号常量名	含　义	十 进 制 值
Integer.MIN_VALUE	最小整数	–2 147 483 648
Integer.MAX_VALUE	最大整数	2 147 483 647
Long.MIN_VALUE	最小长整数	–9 223 372 036 854 775 808
Long.MAX_VALUE	最大长整数	9 223 372 036 854 775 807

2. 浮点型变量

浮点型变量用来表示小数。Java 中的浮点型变量按其取值范围之不同，可区分为 float 型(浮点型)和 double 型(双精度型)两种，如表 4.4 所示。

表 4.4　浮 点 型 变 量

类型	存储需求	取 值 范 围
float	4 字节	–3.402 823 47E + 38F～3.402 823 47E + 38F (7 位有效数据)
double	8 字节	–1.797 693 134 862 315 7E + 308 ～ 1.797 693 134 862 315 7E + 308 (15 位有效数据)

浮点型变量的定义方法与整型变量的定义方法类似，只不过是在自己定义的变量名(标识符)前面加上 Java 系统关键字 float、double 中的某一个。例如：

```
double b;
float a1=3.4f, a2=3.4f, a3;
```

第一行声明标识符 b 为双精度(double)型变量，第二行声明标识符分别为 a1、a2、a3 的变量为浮点(float)型变量，并且 a1、a2 的初值为 3.4。

应注意两点：第一，不能写成 float a1=a2=3.4f；第二，常量值后的 f 不可省略。

Java 还提供了代表 float 型和 double 型最小值和最大值的标识符常量，见表 4.5。

表 4.5　浮点类型特定值的符号常量表示

符　号	含　义
Float.MIN_VALUE	1.4e–45
Float.MAX_VALUE	3.402 823 47E + 37
Float.NEGATIVE_INFINITY	小于–3.402 823 47E + 38
Float.POSITIVE_INFINITY	大于 Float.MAX_VALUE 的数
Double.MIN_VALUE	5e–324
Double.MAX_VALUE	1.797 693 134 862 315 7E + 308
Double.NEGATIVE_INFINITY	小于–1.797 693 134 862 315 7E + 308 的数
Double.POSITIVE_INFINITY	大于 Double.MAX_VALUE 的数
NaN	无意义的运算结果

3. 字符型变量

Java 提供的字符型变量如表 4.6 所示。

表 4.6　字符型变量

类　型	存储需求	范　围
char	2 字节	Unicode 字符集

字符型变量的定义方法是在变量标识符前加上系统关键字 char。例如：

```
char c1, c2='A';
```

声明标识符分别为 c1、c2 的变量为字符型变量，并且 c2 的初值为字符 A。

4. 布尔型变量

Java 提供的布尔型变量如表 4.7 所示。

表 4.7　布尔型变量

类　型	取值范围
boolean	true 或 false

布尔型变量的定义方法是在变量标识符前加上系统关键字 boolean。例如：

```
boolean f1=true, f2;
```

声明变量 f1、f2 为布尔型变量，并且为 f1 取初值 true，f2 没有给出初值，系统为它取默认值 false。接下来我们来看一个例子。作为本章的第一个例子，将给出 java 和 jsp 两种方式下的程序。并说明在 Web Project 中建立 java 类的方法。

【示例程序 C4_1.java】声明和使用各种类型的变量。

```
package ch4;
public class C4_1
{
  public static void main(String[] args)
   {
      int a,b,c;
      float d;
      String f;
      a=50;
      b=062;
      c=0x2A;
      d=3E-2f;
      f="hello,java!";
    System.out.println("十进制数 a=50，输出为："+a);
    System.out.println("八进制数 b=062，输出为："+b);
    System.out.println("十六进制数 c=0x2A，输出为："+c);
    System.out.println("浮点型数 d=3E-2f，输出为："+d);
    System.out.println("字符串 f=hello,java!，输出为:"+f);
```

```
        }
    }
```

如 2.4 节所述，先创建一个名为 ch4 的“Web Project”。然后，在包窗口的 ch4 工程上单击右键，在出现的菜单中选 New→Class，就会出现新建 java 类的对话框，如图 4.1 所示。在此对话框中输入包名：ch4、文件名：C4_1，再选中“public static void main(String[] args)”复选框后点击“Finsh”按钮。出现图 4.2 所示界面。

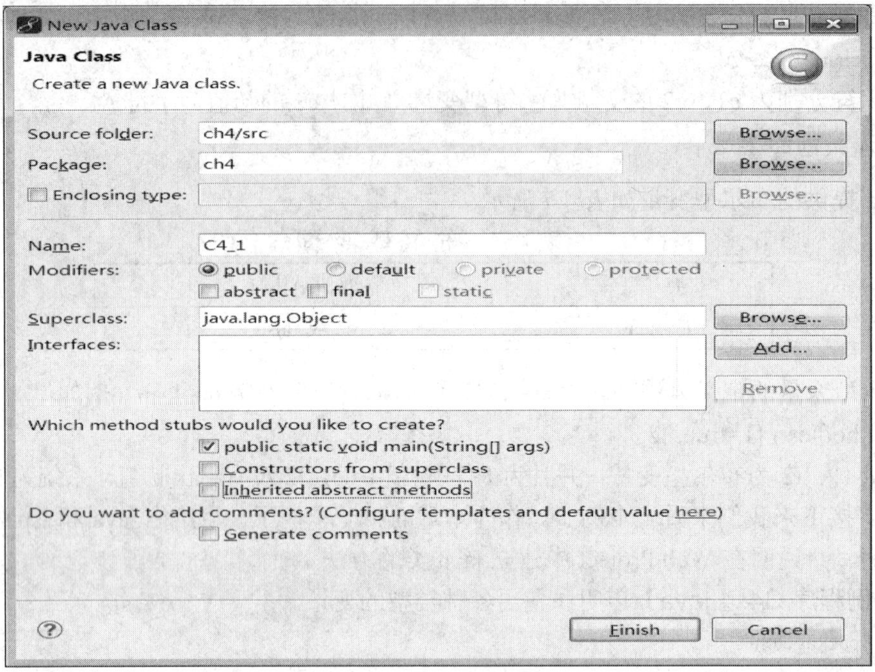

图 4.1　新建 java 类的对话框

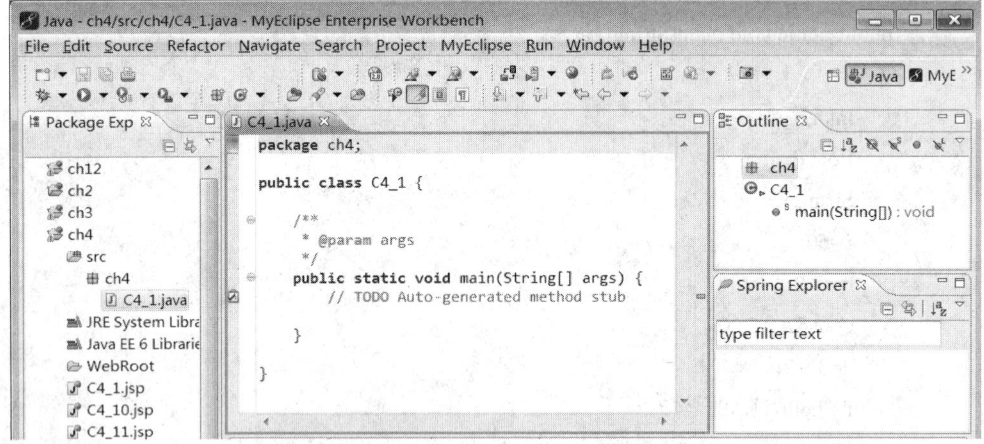

图 4.2　MyEclipse 助手为我们创建的 C4_1.java 类及其相关文件的存放位置等

在图 4.2 所示界面的编辑区，删除注释后，在主方法的“{”后键入程序内容。在输入过程中，MyEclipse 助手会为我们提供相应的帮助。图 4.3 就是当我们输入了“System.”后出现可选属性和方法选项框，以及点击其中的某项时出现的说明。

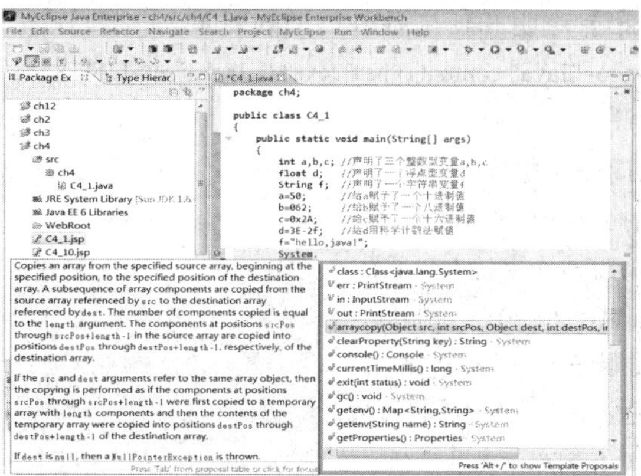

图 4.3　输入“System.”后稍停几秒，出现可选属性和方法选项框的情形

图 4.3 所示 System 类的部分属性和方法中，图标“ ”表明这是一个用 static final 修饰的属性；图标“ ”表明这是用 static 修饰的方法；本行左侧的“ ”符号提示我们当前行中存在错误。当然，这里的错误是因为我们尚未输入完成，但后面有“}”所造成的。

输入完成后，从菜单栏的“Window”菜单中选择“Run”可运行程序并输出结果；也可选择“Run as”，在出现的、如图 4.4 所示的两个选项中选择一个运行程序。

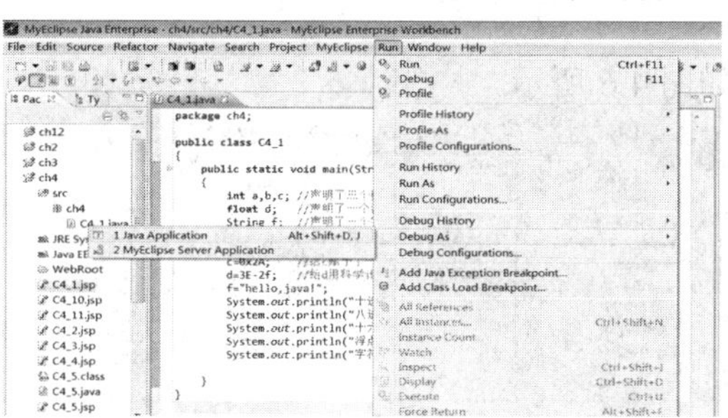

图 4.4　输入完成后，从“Window”菜单中选择“Run as”时出现的选项

程序运行后，就会在“Console”窗口中输出执行结果，见图 4.5。

图 4.5　完整的程序及其执行结果

由于本书是讲述 Web 应用开发技术——JSP 的，所以，下面再建一个执行相同操作的 JSP 程序文件，以观察 Java 程序与 JSP 程序的异同点。

【示例程序 C4_1.jsp】声明和使用各种类型的变量。

```
<%@ page language="Java" contentType="text/html; charset=UTF-8" %>
<%
  int a,b,c; //声明了三个整数型变量 a,b,c
  float d;  //声明了一个浮点型变量 d
  String f;  //声明了一个字符串变量 f
  a=50;    //给 a 赋予了一个十进制值
  b=062;  //给 b 赋予了一个八进制值
  c=0x2A; //给 c 赋予了一个十六进制值
  d=3E−2f; //给 d 用科学计数法赋值
  f="hello,java!";
  out.println("<BR>十进制数 a=50，输出为："+a);
  out.println("<BR>八进制数 b=062，输出为："+b);
  out.println("<BR>十六进制数 c=0x2A，输出为："+c);
  out.println("<BR>浮点型数 d=3E−2f，输出为："+d);
  out.println("<BR>字符串 f=hello,java!，输出为:"+f);
%>
```

该程序的运行结果如图 4.6 所示。

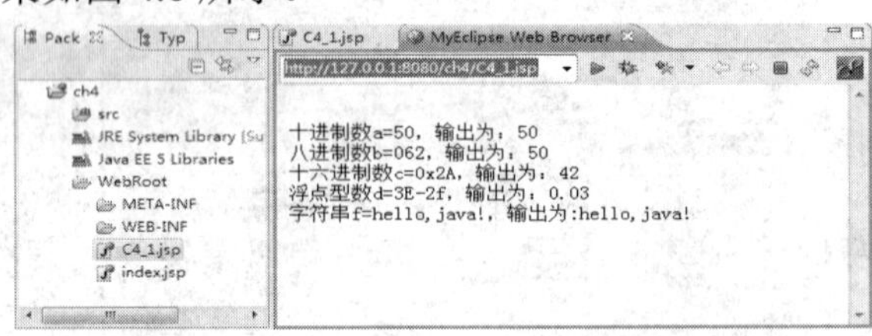

图 4.6　示例程序 C4_1.jsp 的运行效果

对比 C4_1.jsp 与 C4_1.java 两个执行相同操作的程序及其执行结果可以看出，二者的执行结果是完全相同的，但启动执行的方式不同；在程序的书写中最主要的不同是两者具有不同的语法格式，无论哪种程序，都要符合各自的语法。有关其中更多细节，请读者参阅 Java 语法和本书第 2.2 节，此处不再赘述。由于本书是关于 JSP 的，所以此后的例子均使用 JSP 格式。

4.1.5　数组

在 Java 语言中，数组是一组具有相同数据类型的对象的集合，属于引用类型。数组用一个标识符(数组名)和一组下标来代表一组数据元素，这些数据元素通过称之为下标的放在方括号“[]”中的编号加以区分，编号从 0 开始编排。每个数组元素在数组中的位置是固定的，可以通过数组名和下标来访问每一个数组元素。

数组中的每个元素相当于该数组对象的数据成员，数组中的元素可以是任何数据类型，包括基本类型(如 int、float、double、char 等)和引用类型(如 class、interface 等)。但是，一个数组中的每个元素都必须是相同的数据类型。

根据数组中下标的个数(或方括号的对数)可将数组区分为只有一对方括号的一维数组和有两对方括号的二维数组。只有一对方括号的数组称为一维数组，它是数组的基本形式。

在 Java 语言中，数组必须经声明和初始化后方能引用。声明一个一维数组的格式如下：

类型标识符　数组名[ ]；

或

类型标识符[ ]　数组名；

例如：

```
int abc[];                //声明数组名为 abc 的一维整型数组
double[] example2;        //声明数组名为 example2 的一维浮点型双精度数组
```

声明一个数组时，仅仅为这个数组指定了数组名和数组元素的类型，并不为数组元素分配实际的存储空间。要想使一个数组占有所需要的内存空间，必须以对数组进行初始化。Java 数组的初始化可以通过直接指定初值的方式来完成，也可以用 new 操作符来完成，还可以将声明和初始化一次完成。例如：

```
int[ ] a1={23, -9,38,8,65};  //一次完成声明和初始化
```

或

```
int a[ ];  //先声明
a=new int[10];  //再初始化
```

或

```
int[ ] a=new int[10];  //一次完成声明和初始化
```

在 JSP 中，经常使用声明和初始化一次完成的格式。

【示例程序 C4_2.jsp】数组的声明、初始化、赋值和输出。

```
<%@ page language="Java" contentType="text/html; charset=GB2312" %>
<% int i;
    int[] a1; //[ ]放在变量前面声明
    double a2[];//[ ]放在变量后面声明
    a1=new int[5]; //为数组 a1 分配 5 个 int 型元素的存储空间(20 字节)
    a2=new double[5];//为数组 a2 分配 5 个 double 型元素的存储空间(20 字节)
    char a3[]={'A','B','C','D','E'};//在声明中直接指定初值进行初始化
    char a4[]=new char[5];//在声明数组时初始化数组，为数组 a4 分配 10 字节
    byte a5[]=new byte[5]; //为数组 a5 分配 5 字节存储空间
    for(i=0;i<5;i++)//在循环中为 a1,a2 和 a4 的各个元素赋值
    {  a1[i]=i;
       a2[i]=i+18.0;
       a4[i]=(char)(i+97);//将整型转换为字符型
    }
%>
<TABLE border=1>
    <TR align=center><TD>数组名</TD><TD>a1</TD><TD>a2</TD>
```

```
        <TD>a3</TD><TD>a4</TD><TD>a5</TD></TR>
    <TR align=center><TD>数据类型</TD><TD>int</TD><TD>double</TD>
        <TD>char</TD><TD>char</TD><TD>byte</TD></TR>
    <TR align=center><TD>元素个数 </TD><TD><%=a1.length%></TD>
        <TD><%=a2.length%></TD><TD><%=a3.length%></TD>
    <TD><%=a4.length%></TD><TD><%=a5.length%></TD></TR>
   <%
   for(i=0;i<5;i++)
   {
   out.print("<TR align=center><TD>元素值</TD><TD>"+
        a1[i]+"</TD><TD>"+a2[i]+"</TD>");
    out.print("<TD>"+a3[i]+"</TD><TD>"+a4[i]+"</TD><TD>"+a5[i]+"</TD></TR>");
    }
    %>
</TABLE>
```

该程序的运行效果如图 4.7 所示。

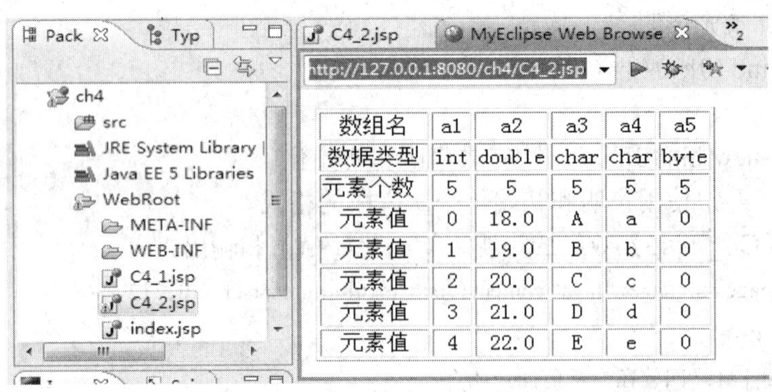

图 4.7　示例程序 C4_2.jsp 的运行效果

4.1.6　注释

Java 中的注释已在 1.6.4 节进行了介绍，此处不再重复。

4.2　运算符和表达式

表达式是用运算符把操作数(变量、常量及方法等)连接起来表达某种运算或含义的式子。表达式通常用于简单的计算或描述一个操作条件，是程序设计中的最小功能块。系统在处理表达式后将根据处理结果返回一个值，该值的类型称为表达式的类型。表达式的类型由操作数和运算符的语义确定。Java 提供的运算符种类很丰富，因此，表达式的种类也很多。根据表达式中所使用的运算符和运算结果的不同，可以将表达式分为算术表达式、关系表达式、逻辑表达式和条件表达式等四类。

4.2.1 算术表达式

算术表达式是由算术运算符和操作数连接组成的表达式，其作用是完成算术运算。在算术表达式中起核心作用的是用于算术运算的符号(即算术运算符)。Java 提供的算术运算符见表 4.8。

表 4.8 算术运算符

运算符	运 算	表达式举例	等效的运算
+	加法	a+b	
–	减法	a–b	
*	乘法	a*b	
/	除法	a/b	
%	取余数	a%b	
++	自增 1	a++或++a	a=a+1
––	自减 1	a––或––a	a=a–1

4.2.2 关系表达式

利用关系运算符连接的式子称为关系表达式。关系运算实际上就是常说的比较运算，它有 6 个关系运算符号，见表 4.9。关系运算容易理解，但需注意两点：

(1) 关系表达式的运算结果是一个逻辑值“真”或“假”。在 Java 中用 true 表示“真”，用 false 表示“假”。

(2) 注意区分等于运算符“==”和赋值运算符“=”。

表 4.9 Java 的关系运算符

运算符	含 义	示例(设 x=6, y=8)	
		表达式举例	结果
==	等于	x==y	flase
!=	不等于	x!=y	true
>	大于	x>y	flase
<	小于	x<y	true
>=	大于等于	x>=y	flase
<=	小于等于	x<=y	true

4.2.3 逻辑运算符

逻辑运算符用于逻辑运算。JavaScript 中提供了三种逻辑运算符：逻辑与、逻辑或和逻辑非。逻辑运算一般表示条件之间的关系，运算结果是一个逻辑值(布尔值)，即运算结果只能是 true(是、真、1)或 false(非、假、0)。在 JavaScript 中用 true 表示“真”，用 false 表示“假”。Java 的逻辑运算符的详细说明见表 4.10。

表 4.10　Java 的逻辑运算符

<table>
<tr><th>运算符</th><th>含义</th><th>表达式</th><th>运 算 规 则</th></tr>
<tr><td>&&</td><td>逻辑与</td><td>x&&y</td><td>x、y 都为 true 时结果为 true，其余情况结果为 false</td></tr>
<tr><td>||</td><td>逻辑或</td><td>x||y</td><td>x、y 都为 false 时结果为 false，其余情况结果为 true</td></tr>
<tr><td>!</td><td>逻辑非</td><td>!x</td><td>x 为 true 时结果为 false；x 为 false 时结果为 true</td></tr>
</table>

需要说明的是：

(1) 在逻辑与运算中，首先计算符号&&左边的值，只有当左边的值为“真”时才开始判断运算符右边的值。若左边的值已经是“假”，其结果一定是“假”，就不再判断符号右边的值了。

(2) 在逻辑或运算中，首先计算符号左边的值，若左边的值已经是“真”，其结果一定是“真”，就不再判断符号右边的值了。

4.2.4　条件运算符

条件运算符的格式如下：

条件？结果 1：结果 2

条件运算符是先判断条件，如果条件的布尔值是“真”，则结果取 1；如果条件的布尔值是“假”，则结果取 2。例如：

(a>b)?“正常！”：“不正常！”

(a<b)? 20：30　//如果 a 小于 b，结果是 20；如果 a 不小于 b，结果是 30

4.2.5　位运算

位运算是对整数的二进制表示的每一位进行操作。位运算的操作数和结果都是整型量。Java 的位运算符如表 4.11 所示。

表 4.11　Java 的位运算符

<table>
<tr><th>运算符</th><th>含义</th><th>示例
表达式</th><th>运算规则
(设 x=11010110，y=01011001，n=2)</th><th>运算结果</th></tr>
<tr><td>～</td><td>位反</td><td>~x</td><td>将 x 按比特位取反，原来的 1 变为 0，原来的 0 变为 1</td><td>00101001</td></tr>
<tr><td>&</td><td>位与</td><td>x&y</td><td>x、y 的对应位均为 1 时结果为 1，其它情况结果为 0</td><td>01010000</td></tr>
<tr><td>|</td><td>位或</td><td>x|y</td><td>x、y 的对应位只要有 1 结果便为 1，均为 0 时结果为 0</td><td>11011111</td></tr>
<tr><td>^</td><td>位异或</td><td>x^y</td><td>x、y 的对应位只有一个 1 时结果为 1，其余结果为 0</td><td>10001111</td></tr>
<tr><td><<</td><td>左移</td><td>x<<n</td><td>x 各比特位左移 n 位，右边空位补 0</td><td>01011000</td></tr>
<tr><td rowspan="2">>></td><td rowspan="2">右移</td><td>x>>n</td><td rowspan="2">x 各比特位右移 n 位，左边空位按符号位补 0 或 1</td><td>11110101</td></tr>
<tr><td>y >>n</td><td>00010110</td></tr>
<tr><td rowspan="2">>>></td><td rowspan="2">无符号
右移</td><td>x>>>n</td><td rowspan="2">x 各比特位右移 n 位，左边的空位一律填 0</td><td>00110101</td></tr>
<tr><td>y >>>n</td><td>00010110</td></tr>
</table>

注：Java 的位运算通常是对 32 位二进制整数的运算，这里为了简单只列出了八位。

【示例程序 C4_3.jsp】　使用关系运算、逻辑运算和位运算。

```
<%@ page language="Java" contentType="text/html; charset=GB2312" %>
<%
    int k=8,m=6,n=2;
    boolean t1,t2,t3;
    t1=k>m;   t2=m<n;   t3=!t2;
%>
<TABLE border=1 align=center>
<TR align=center><TD>变量名</TD><TD>k</TD><TD>m</TD><TD>n</TD></TR>
<TR align=center><TD>取值</TD><TD><%=k%></TD><TD><%=m%></TD>
<TD><%=n%></TD></TR>
<TR><TD colspan=4> </TD></TR>
<TR align=center><TD>逻辑运算<TD>k&gt;m</TD><TD>m&lt;n</TD>
    <TD>!(m&lt;n)</TD></TR>
<TR align=center><TD>运算结果</TD><TD><%=t1%></TD>
    <TD><%=t2%></TD><TD><%=t3%></TD></TR>
<TR><TD colspan=4> </TD></TR>
 <TR align=center><TD>位运算<TD>k&gt;&gt;n(k 右移 2 位)</TD>
    <TD>~m(m 位反)</TD><TD>n&lt;&lt;2(n 左移 2 位)</TD></TR>
<TR align=center><TD>运算结果</TD><TD><%=k>>n%></TD>
    <TD><%=~m%> </TD><TD><%=n<<2%></TD></TR>
</TABLE>
```

这个程序的存放位置及执行效果如图 4.8 所示。

图 4.8　示例程序 C4_3.jsp 的存放位置及执行效果

4.2.6　运算符的优先级

运算符的优先级决定了表达式中不同运算执行的先后次序，优先级高的先进行运算，优先级低的后进行运算。在优先级相同的情况下，由结合性决定运算的顺序。表 4.12 中列出了 Java 运算符的优先级与结合性。

表 4.12　Java 运算符的优先级与结合性

运　算　符	描　　述	优先级		结合性
. [] ()	域运算，数组下标，分组括号	1	最高	自左至右
++ -- - ! ~	单目运算	2	单目	右/左
new (type)	分配空间，强制类型转换	3		自右至左
* / %	算术乘、除、求余运算	4	双目	自左至右(左结合性)
+ -	算术加减运算	5		
<< >> >>>	位运算	6		
< <= > >=	小于，小于等于，大于，大于等于	7		
== !=	相等，不等	8		
&	按位与	9		
^	按位异或	10		
|	按位或	11		
&&	逻辑与	12		
||	逻辑或	13		
?:	条件运算符	14	三目	自右至左(右结合性)
= *= /= %= += -= <<= >>= >>>= &= ^= |=	赋值运算	15	赋值最低	

从表 4.12 中可见：域和分组运算优先级最高，接下来依次是单目运算、双目运算、三目运算，赋值运算的优先级最低。

4.3　程序流程控制语句

流程控制语句是用来控制程序的流程或走向的。使用流程控制语句，使得程序在执行时可以跳过某些语句或反复执行某些语句。编写解决复杂问题的程序时，都会用到流程控制语句。Java 的流程控制语句可分为 3 类：分支语句、循环语句和转移语句。使用分支语句编写的程序称为选择结构程序，使用循环语句编写的程序称为循环结构程序。

4.3.1　if 选择语句

if 语句是构造分支选择结构程序的基本语句。if 语句判断程序执行过程中布尔表达式的值，并做出相应的程序处理。使用 if 语句的基本形式，可构造双分支选择结构程序或单分支选择结构程序；使用嵌套 if 语句可构造多分支选择结构程序。下面分别讲述这两种形式。

1. if 语句的基本形式

if 语句的基本形式如下：

```
if(布尔表达式)
    语句区块 1
[else
    语句区块 2]
```

说明：

(1) 这里的“布尔表达式”为关系表达式或逻辑表达式(下同)。当布尔表达式的值为 true 时，执行语句区块 1 的内容；当布尔表达式的值为 false 时，执行语句区块 2 的内容。

(2) “语句区块”是指一个语句或多个语句，当为多个语句时，一定要用一对花括号“{”和“}”将其括起，使之成为一个复合语句。

(3) 可以没有 else 子句。没有 else 子句时就形成了单分支判断语句。

if 语句的基本形式的流程图表示如图 4.9 所示。

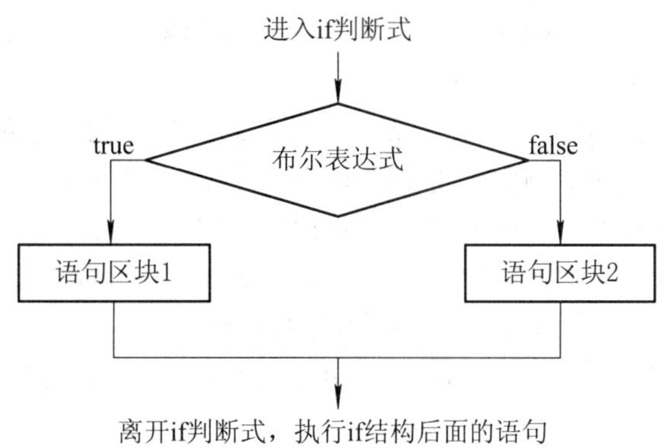

图 4.9　if 语句的基本形式

2. if 语句的嵌套

在实际问题中，往往并不是由一个简单的条件就可以执行某些操作，可能需要由若干个条件来决定执行若干个不同的操作。在 if 语句中嵌套 if 语句就可以实现这种操作。如果 if 语句的“语句体”中仍然是 if 语句，则构成 if 语句的嵌套结构，从而形成多分支选择结构的程序。当然，if 语句既可以嵌套在 if 语句后面，也可以嵌套在 else 语句后面，其形式如下：

```
if(条件表达式 1){语句体 1}
        else if (条件表达式 2 ) {语句体 2}
            else if (条件表达式 3 ) {语句体 3}
                ⋮
                else {语句体 n}
```

需要注意的是，if 语句中嵌套的层次虽然不受限制，但嵌套的层次过多会导致程序运行效率急剧下降。

4.3.2　switch 多分支选择

要从多个分支中选择一个分支去执行，虽然可用 if 嵌套语句来解决，但当嵌套层数较多时，程序的可读性大大降低。Java 提供的 switch 语句是一种多分支选择语句，可清楚地处理多分支选择问题。switch 语句根据表达式的值来执行多个操作中的一个。该语句的基本结构如下：

```
switch(条件表达式)
  { case 值 1：语句区块 1；break；
    case 值 2：语句区块 2；break；
    ⋮
    case 值 n：语句区块 n；break；
    default：缺省时的处理语句区块；
  }
```

说明：

(1) 与 if 类型的条件表达式不一样，switch 语句的条件表达式的值一般是整型或字符型，也可以是一个整型或字符型变量。

(2) case 后面的值 1、值 2、…、值 n 是与表达式类型相同的常量，但它们之间的值应各不相同，否则就会出现相互矛盾的情况。case 后面的语句块可以不用花括号括起。

(3) 当表达式的值与某个 case 后面的常量值相等时，就执行此 case 后面的语句块。

(4) 若去掉 break 语句，则执行完第一个匹配 case 的语句块后，会继续执行其余 case 后的语句块，而不管这些语句块前的 case 值是否匹配。

(5) default 子句给出了在所有 case 值不匹配时执行的语句。如果不存在这种情况，则可以省去 default 子句。

4.3.3　for 循环控制

在实际的编程中，常常需要将一些程序段的代码反复执行多次，每次执行时，其中的一些变量都会发生一些变化。这种反复执行是在一定的限制条件下进行的，称之为循环。循环语句的作用是反复执行一段程序代码，直到满足终止条件为止。当循环的条件不再满足时，循环也就随之结束。Java 提供的循环语句有：while 语句、do-while 语句和 for 语句。这些循环语句各有其持点，用户可根据不同的需要选择使用。

for 语句的一般形式如下：

```
for(初值表达式；布尔表达式；循环过程表达式)
{
    循环体程序语句区块
}
```

其中：初值表达式对循环变量赋初值，布尔表达式用来判断循环是否继续进行，循环过程表达式完成修改循环变量、改变循环条件的任务。

for 语句的执行流程见图 4.10。其执行过程是：

(1) 求解初值表达式。

(2) 求解布尔表达式。若值为真，则执行循环体语句区块，然后再执行第(3)步；若值为假，则跳出循环语句。

(3) 求解循环过程表达式，然后转去执行第(2)步。

这种循环在程序中用得比较多，我们在前面的例子中(如 C4_2.jsp)已经使用过。

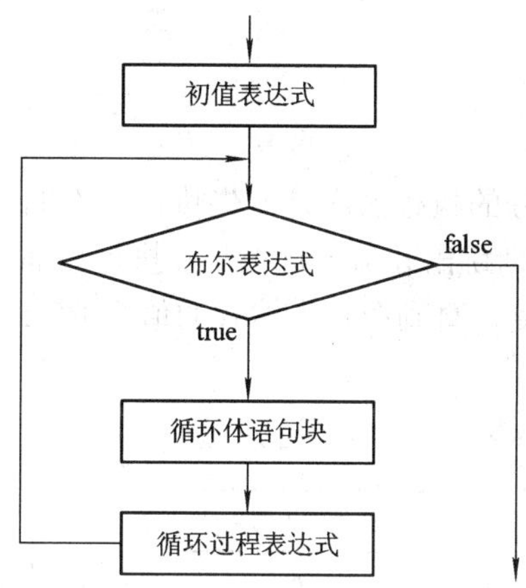

图 4.10　for 循环结构流程图

4.3.4　while 循环控制

while 语句的一般形式如下：

```
while(布尔表达式)
{
    循环体语句区块
}
```

while 语句中各个成分的执行次序是：先判断布尔表达式的值，若值为 false，则跳过循环体，执行循环体后面的语句；若布尔表达式的值为 true，则执行循环体中的语句区块，然后再回去判断布尔表达式的值。如此反复，直至布尔表达式的值为 false，跳出 while 循环体。其结构流程如图 4.11 所示。

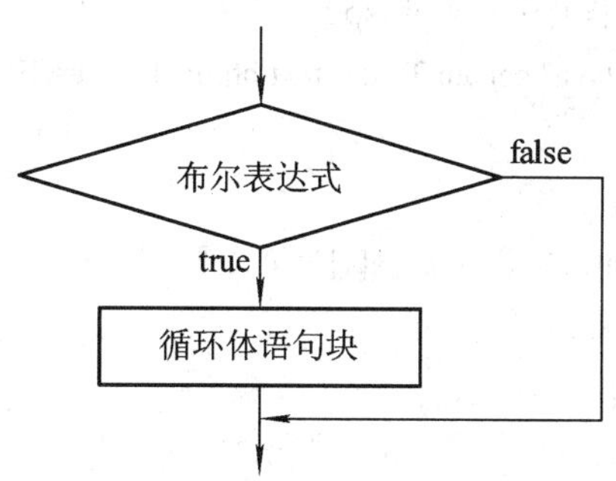

图 4.11　while 循环结构流程图

while 语句在进入循环之前首先进行判断，只有当布尔表达式为真时才执行循环体语句。while 语句同样需要一个循环变量，该循环变量在循环体语句中实现递增或递减。

4.3.5　do-while 循环控制

do-while 语句的一般形式如下：

```
do{
        循环体语句区块
   }while(布尔表达式)
```

do-while 语句中各个成分的执行次序是：先执行一次循环体语句区块，然后再判断布尔表达式的值，若值为 false 则跳出 do-while 循环，执行后面的语句；若值为 true 则再次执行循环体语句区块。如此反复，直到布尔表达式的值为 false，跳出 do-while 循环为止。其结构流程如图 4.12 所示。

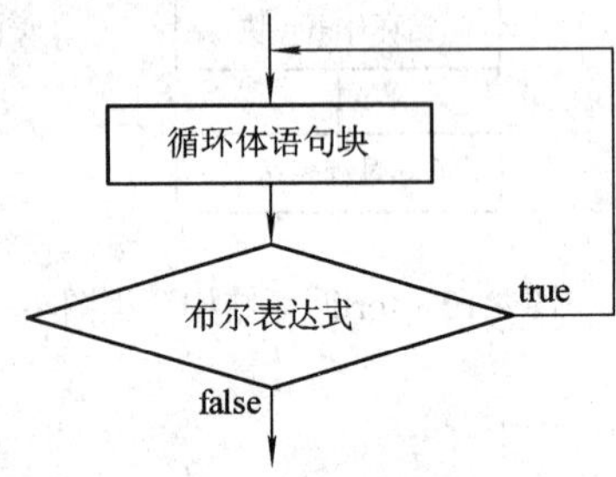

图 4.12　do-while 循环结构流程图

do-while 语句与 while 语句的区别仅在于 do-while 循环中的循环体至少执行一次，而 while 循环中的循环体可能一次也不执行。下面再来看一个例子。

【示例程序 C4_4.jsp】　试问 Fibonacci 数列 1，1，2，3，5，8，…从第几项开始大于 100。

分析 Fibonacci 数列，可以得到构造该数列的递推关系式如下：

$$\begin{cases} F_1=1 & (n=1) \\ F_2=1 & (n=2) \\ F_n=F_{n-1}+F_{n-2} & (n\geqslant 3) \end{cases}$$

可将其写成如下的 JSP 程序：C4_4.jsp。

```
<%@ page language="Java" contentType="text/html; charset=GB2312" %>
<%
    int a[]=new int[50];
    a[0]=1; a[1]=1;   //a[0]为第一项；a[1]为第二项
    int n=1;
    while(a[n]<100)
    {
      n++;
      a[n]=a[n-2]+a[n-1];
```

```
    }
%>
答：Fibonacci 数列从第<%=n+1%>项起值已大于 100。
<BR>具体值见下表：
<TABLE border=1 align=center>
<TR align=center> <TD>项序号</TD>
<%    //在表格中输出项号，每次输出一项
    for( int i=0; i<=n; i++)
      out.print("<TD>"+(i+1)+"</TD>");
%>
</TR>
<TR align=center><TD>值</TD>
<%  //在表格中输出项值，每次输出一项
    int i=0;
do{
        out.print("<TD>"+a[i]+"</TD>");
        i++;
    }while(i<=n);
%>
</TR>
</TABLE>
```

该程序的运行结果见图 4.13。在这个程序中使用 while 循环控制 Fibonacci 数列中的项数 n；使用 for 循环和 while 循环分别控制输出表格中序号和值的单元格的数目。当然，这个程序也可以只用一种循环语句，如，仅使用 for 循环可能会更简单些。本例使用三种循环的目的在于让读者进一步体会这三种循环的用法与差别。

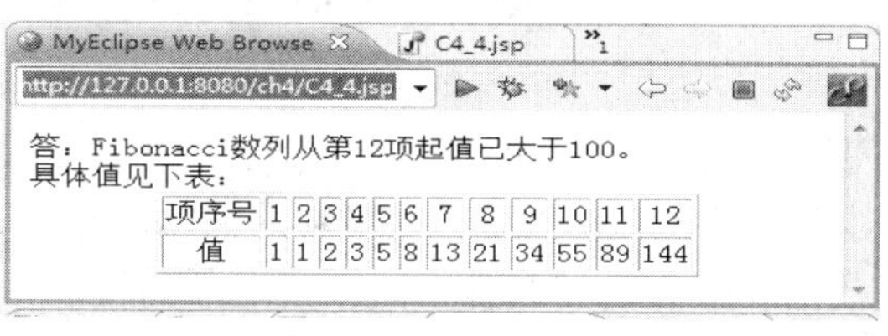

图 4.13　C4_4.jsp 运行结果

4.3.6　break 与 continue

在使用循环语句时，有时需要提前结束循环。这时就要用到跳转语句。Java 提供的跳转语句是十分简单的 break 语句和 continue 语句。

1. break 语句

break 语句的一般形式如下：

```
break;
```

或

break lab；

其中：break 是关键字；lab 是用户定义的标号。

break 语句的应用有下列 3 种情况：

(1) break 语句用在 switch 语句中，其作用是强制退出 switch 结构，执行 switch 结构后的语句。这一功能在 4.3.2 节中已陈述。

(2) break 语句用在单层循环结构的循环体中，其作用是强制退出循环结构。若程序中有内外两重循环，而 break 语句写在内循环中，执行 break 语句只能退出内循环。若想退出外循环，可使用带标号的 break 语句。

(3) 带标号的 break lab 语句用在(多重)循环中，但必须在循环入口语句的前面写上 lab 标号，可以使程序退出标号所指明的那重循环。

2. continue 语句

continue 语句只能用于循环结构中，其作用是使循环短路。它有以下两种形式：

continue；

或

continue lab；

其中：continue 是关键字，lab 是用户定义的标号。

需要说明的是：

(1) continue 语句也称为循环的短路语句。在循环结构中，当程序执行到 continue 语句时就返回到循环的入口处，执行下一次循环，而使循环体中写在 continue 语句后的语句不执行。

(2) 当程序中有嵌套的多层循环时，为从内循环跳到外循环，可使用带标号的 continue 语句。此时应在外循环的入口语句前方加上标号。

4.4 类、对象和包

类是 Java 的核心，是整个 Java 语言的基本单位，Java 程序设计是从类的设计开始的。在面向对象的概念中，对象是对现实世界中客观事物的抽象，是 Java 程序的基本封装单位；类则是对象的抽象，是数据和操作的封装体，是创建对象的模板。对象是类的实例，任何一个对象都是隶属于某个类的。类是 Java 语言的基本单元，而类的继承允许在一个已经存在的类上定义新类(子类)。如果一个类中存在多个同名的方法则称为多态。可以把接口理解为一种特殊的类，在这个类(接口)中的方法都是抽象方法。利用接口可以实现多重继承。包是类的容器或多个类的集合，用于保证类名空间的一致性。

4.4.1 定义类

Java 是面向对象的程序设计语言。在面向对象的程序设计中，把待解问题域中的事物抽象成了对象(Object)，事物的静态特征(属性)用一组数据来描述，事物的动态特征(行为)则用一组方法来刻画。因此，对象具有下述特征：

(1) 对象标识。即对象的名字，是用户和系统识别它的唯一标志。

(2) 属性。即一组数据，用来描述对象的静态特征。在 Java 程序中，把这一组数据称为数据成员。然而，目前更多地使用属性这一名称。

(3) 方法。也称为服务或操作，是对象动态特征(行为)的描述。每一个方法确定对象的一种行为或功能。为避免混淆，本书中把方法称为成员方法。

如前所述，Java 程序设计是从类的设计开始的。进行 Java 程序设计，实际上就是定义类的过程。一个 Java 源程序文件往往是由许多个类组成的。从用户的角度看，Java 源程序中的类分为两种：

(1) 系统定义的类。即 Java 类库中的类，它是系统定义好的类。类库是 Java 语言的重要组成部分。Java 语言由语法规则和类库两部分组成。语法规则确定 Java 程序的书写规范；类库则提供了 Java 程序与运行它的系统软件(Java 虚拟机)之间的接口。Java 类库是一组由它的发明者 Sun 公司以及其它软件开发商编写好的 Java 程序模块，每个模块通常对应一种特定的基本功能和任务，且这些模块都是经过严格测试的，因而也总是正确有效的。当自己编写的 Java 程序需要完成其中某一功能的时候，就可以直接利用这些现成的类库，而不需要一切从头编写。这样不仅可以提高编程效率，也可以保证软件的质量。

(2) 用户自己定义的类。系统定义的类虽然实现了许多常见的功能，但是用户程序仍然需要针对特定问题的特定逻辑来定义自己的类。用户按照 Java 的语法规则，把所研究的问题描述成 Java 程序中的类，以解决特定问题。在 Java 中，用户自己定义类的通用格式如下：

```
[类修饰符] class 类名[extends 父类名] [implements 接口列表]
{
    [数据成员修饰符] 数据成员
    [成员方法修饰符] 成员方法
}
```

可以看出，类的结构是由类说明和类体两部分组成的，其中，放在“[”和“]”中间的是可选项。类的说明部分由关键字 class 及类名组成。类体是类声明中花括号所包括的全部内容，它又由数据成员和成员方法两部分组成。数据成员也称为成员变量或属性，也就是 4.1.4 节所说的变量，用于描述类的属性；成员方法刻画类的行为或动作，每一个成员方法确定一个功能或操作。

此外，类的说明部分还有[类修饰符]、[extends 父类名]和[implements 接口列表]三个可选项。合理地使用这些可选项，就可以充分地展示封装、继承和信息隐藏等面向对象的特性。下面对这些内容做一简要说明。

(1) 修饰符：用于规定类的一些特殊性，主要是说明对该类或类的数据成员或成员方法的访问限制。类修饰符可使用的关键字有：public，final，abstract；数据成员可使用的修饰符有：public，protected，缺省(friendly)，private，static，final；成员方法可使用的修饰符有：public，protected，缺省(friendly)，private，static，final，abstract。

(2) extends 父类名：指明新定义的类是由已存在的父类派生出来的。这样，这个新定义的类就可以继承一个已存在类(父类)的全部或部分特征。

(3) implements 接口列表：Java 本来只支持单继承，为了给多重继承的软件开发提供方便，它提供了接口机制。

4.4.2　创建对象

类给出了属于该类的全部对象的抽象定义，而对象则是符合这种定义的实体。类与对象之间的关系就如同一个模具与用这个模具铸造出来的铸件之间的关系一样。也就是说，我们可以把类与对象之间的关系看成是抽象与具体的关系。在面向对象的程序设计中，对象被称作类的一个实例(instance)，而类是对象的模板(temp1ate)。类是多个实例的综合抽象，而实例又是类的个体实物。

由于对象是类的实例，因此在定义对象之前应先定义类。在定义了类之后，才可以在类的基础上创建对象。

创建对象通常包括声明对象、建立对象和初始化对象三步。声明对象就是确定对象的名称，并指明该对象所属的类。建立对象实际上就是用 Java 提供的 new 关键字为对象分配存储空间。初始化对象是为这个对象确定初始状态，即为它的数据成员赋初始值的过程。对于定义了构造方法的类来说，建立对象和初始化可合并成一步。

声明对象的格式如下：

```
类名　对象名 1，对象名 2，…；
```

使用构造方法建立对象和对象初始化的格式如下：

```
对象名=new 构造方法([实际参数列表])
```

当然，也可以把上述步骤合并，一次性完成对象的声明、创建和初始化。这时可使用如下格式：

```
类名　对象名=new 构造方法([实际参数列表])
```

4.4.3　继承

在面向对象的程序设计中最为强大的工具是类的继承。类的继承允许在一个已经存在的类之上定义新类，这就为类的复用奠定了基础。被继承的类称为父类或超类，继承类称为子类或派生类。在 Java 程序设计中，继承是通过 extends 关键字来实现的。在定义类时使用 extends 关键字指明新定义类的父类，新定义的类称为指定父类的子类，这样就在两个类之间建立了继承关系。这个新定义的子类可以从父类那里继承所有非 private 的属性和方法作为自己的数据成员和成员方法。

4.4.4　多态

多态是指一个程序中同名的不同方法共存的情况。这些方法同名的原因是它们的最终功能和目的都相同，但是由于在完成同一功能时，可能遇到不同的具体情况，所以需要定义含不同的具体内容的方法，来代表多种具体实现形式。

Java 中提供了两种多态机制：重载与覆盖。

在同一类中定义了多个同名而不同内容的成员方法时，就称这些方法是重载(override)的方法。重载的方法主要通过形式参数列表中参数的个数、参数的数据类型和参数的顺序等方面的不同来区分。在编译期间，Java 编译器检查每个方法所用的参数数目和类型，然后调用正确的方法。

由于面向对象系统中的继承机制，因而子类可以继承父类的方法。但是，子类的某些特征可能与从父类中继承来的特征有所不同，为了体现子类的这种个性，Java 允许子类对父类的同名方法重新进行定义。即在子类中定义与父类中已定义的方法具有相同的名字而具有不同内容的方法，这种多态被称为覆盖(overload)。

由于覆盖的同名方法是存在于子类对父类的关系中，所以只需在方法引用时指明引用的是父类的方法还是子类的方法，就可以很容易地把它们区分开来。

【示例程序 C4_5.jsp】　定义类，创建对象，执行对象的多态的方法。

```
<%@ page language="Java" contentType="text/html; charset=GB2312" %>
<%! public class Shapes //定义一个类 Shapes
{
  double length, width, height; //定义类的数据成员
  public Shapes(double length,double width)  //构造方法 1，参数为两个
  {
      this.length=length;
      this.width=width;
  }
  public Shapes(double length,double width,double height)  //构造方法 2，参数为三个
  {
      this.length=length;
      this.width=width;
      this.height=height;
  }
  public double getArea(double length,double width) //计算面积的方法 1, 参数为两个
(长和宽)
  {
     return(length*width);
  }
  public double getArea(double length,double width,double height)
  {  //计算面积的方法 2，参数为三个，梯形的面积
      return((length+width)*height/2);
  }
}
//类 Shapes 定义完成
%>

创建 Shapes 类的对象, 执行对象的 getArea()方法计算面积<BR>
<%
```

```
        double a=2.5,b=3.2,c=5.2,area;
        out.print("<BR>传递两个参数 a=2.5,b=3.2 计算结果是：");
        Shapes x=new Shapes(a,b); //创建 Shapes 类的实例 x，即对象 x
        area=x.getArea(x.length,x.width)//计算面积
        out.print(area);//输出计算结果

        out.print("<BR>传递三个参数 a=2.5,b=3.2,c=5.2 计算结果是：");
        Shapes y=new Shapes(a,b,c); //创建 Shapes 类的实例 y，即对象 y
        area=y.getArea(y.length,y.width,y.height); //计算面积
        out.print(area); //输出计算结果
    %>
```

在这个例子中，首先在导引符“<%!”和“%>”之间定义了一个类 Shapes，并为这个类定义了三个数据成员——length、width、height，两个同名的多态构造方法 Shapes()和两个同名的计算面积的多态方法 getArea()。然后，在导引符“<%”和“%>”之间对前面定义的类 Shapes 进行了实例化，即创建该类的两个对象 x 和 y。接着，调用该对象从类中继承的 getArea()方法来计算面积。该示例程序的执行效果如图 4.14 所示。

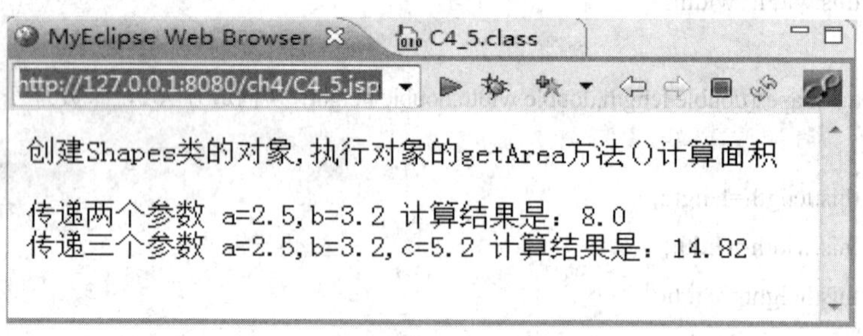

图 4.14　类、对象及多态的应用示例的执行效果

4.4.5　抽象类和接口(interface)

如果一个类是用 abstract 修饰符修饰的，则称这个类为抽象类。抽象类与普通类的一个重要区别是抽象类中必须有抽象方法。抽象方法是在方法名前加上 abstract 修饰符，并且只做声明而不进行功能的具体实现。显然，抽象类不能直接用来生成实例，而要通过定义子类来进行实例化。

接口是在抽象类的基础上演变而来的。一个接口的所有成员方法都是抽象的，并且只能定义 static final 成员变量(也就是我们前面说的标识符常量)。因此，可以把接口(interface)理解为一种特殊的类，只不过这个类(接口)中的方法都是抽象方法。

定义接口仅仅是实现某一特定功能的对外接口和规范，而不能真正地实现这个功能，这个功能的真正实现是在“继承”这个接口的各个子类中完成的，即要由这些子类来具体实现接口中各抽象方法的方法体。所以，在 Java 中，通常把对接口功能的“继承”称为“实现(implements)”。

此外，一个类在一般情况下只能有一个父类，但是它可以同时实现若干个接口。这种情况下，如果把接口理解成特殊的类，那么这个类利用接口实际上就获得了多个父类，即实现了多重继承。

接口的定义格式如下：

```
[public] Interface 接口名 [extends 父接口名列表]
{
    [public] static final 数据成员
    [public] abstract 成员方法
}
```

【示例程序 C4_6.jsp】 定义接口，通过不同的类实现接口。

```
<%@ page language="Java" contentType="text/html; charset=GB2312" %>
<%! interface Shapes //定义一个接口 Shapes
{
    public abstract double getArea();              //接口中只定义了一个抽象方法
}

class Square implements Shapes                     //通过 Square 类实现 Shapes 接口
{
   public double length, width;                    //定义类的数据成员
   public Square(double length,double width)       //定义类的构造方法
   {
       this.length=length;
       this.width=width;
   }
   //实现接口中定义的 getArea()方法
   public double getArea()
   {      return(length*width);    }
}

class Trapezia implements Shapes                   //通过 Trapezia 类实现 Shapes 接口
{
   public double length, width, height;            //定义类的数据成员
   public Trapezia (double length,double width,double height)  //定义类的构造方法
   {
       this.length=length;
       this.width=width;
       this.height=height;
   }
   //实现接口中定义的 getArea()方法
```

```
    public double getArea()
    {      return((length+width)*height/2);   }
}
%>

创建相应类的对象,执行对象的 getArea()方法计算面积<BR>
<%
      double a=5.2,b=4.3,c=2.6,area;
      out.print("<BR>传递两个参数 5.2,4.3 计算矩形的面积是：");
      Square x=new Square(a,b); //创建 Shapes 类的实例 x，即对象 x
      area=x.getArea();//计算矩形的面积
      out.print(area);//输出计算结果

      out.print("<BR>传递三个参数 5.2,4.3,2.6 计算梯形的面积是：");
      Trapezia y=new Trapezia (a,b,c); //创建 Shapes 类的实例 y，即对象 y
      area=y.getArea(); //计算梯形的面积
      out.print(area); //输出计算结果
%>
```

在这个例子中，首先定义了一个接口 Shapes，并为这个类定义了一个抽象的方法 getArea()。接下来又分别定义了 Square 和 Trapezia 两个类，在这两个类中分别实现了 Shapes 接口中定义的 getArea()抽象方法，从而实现了与示例程序 C4_5.jsp 相同的功能。其执行效果如图 4.15 所示。仔细分析比较 C4_5.jsp 和 C4_6.jsp 就可以发现，使用接口则更具有可扩展性。

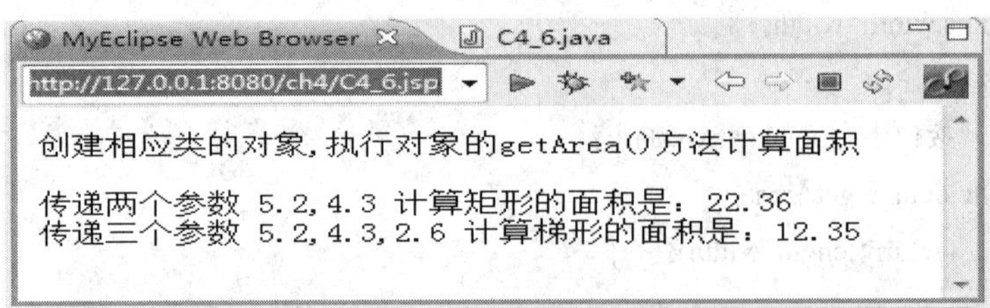

图 4.15　接口应用示例程序 C4_6.jsp 的执行效果

4.4.6　包(package)

包(package)是一组相关类的集合。一旦创建了一个可在许多场合重复使用的类，则把它放在一个包中将是非常有效的。把类放入一个包后，对包的引用可以替代对类的引用。Java 本身提供了许多包，如 java.io、java.lang 等，在这些包中存放了一些基本类，如 system 类、String 类等。正是由于有了这些类和包，才使我们能够用少量的语句来实现复杂的程序功能。细心的读者也许已经发现，本书每章的例题程序都被 JSP 编译器放在了同一个包中。例如：本章例题经编译后的 .java 文件都是以“package org.apache.jsp.ch4;”开头的，这是因为我们把本章的例题都放在 ch4 文件夹中。

4.5 Java 常用类

在 Java 系统中，系统定义好的类根据实现的功能不同，可以划分成不同的集合。每个集合称为一个包，所有包合称为类库。Java 的类库是系统提供的已实现的标准类的集合，是 Java 编程的 API，它可以帮助开发者方便、快捷地开发 Java 程序。Java 类库的主要部分是由它的发明者 Sun 公司提供的，这些类库称为基础类库(JFC)，也有少量则是由其它软件开发商以商品形式提供的。有了类库中的系统类，编写 Java 程序时就不必一切从头做起，不仅避免了代码的重复和可能的错误，也提高了编程的效率。

一个用户程序中系统标准类使用得越多、越全面、越准确，这个程序的质量就越高；相反，离开了系统标准类和类库，Java 程序几乎寸步难行。因此，学习 Java 语言程序设计，一是要学习其语法规则，掌握编写 Java 程序的基本功；二是要学习使用类库，这是提高编程效率和质量的必由之路，甚至从一定程度上来说，能否熟练自如地掌握尽可能多的 Java 类库，决定了一个 Java 程序员编程能力的高低。

本章简要地介绍 Java 类库中的一些常用类，主要包括 String 类、System 类、Date 类和 Math 类等。它们都是 Java.lang 包中的类。

4.5.1 String 类

String 类是 Java.lang 包中的一个类，负责字符串的创建和各种运算。Java 程序中的任何字符串实际上都是 String 类的对象，只不过在没有明确命名时，Java 自动为其创建一个匿名 String 类的对象，所以，它们也被称为匿名 String 类的对象。String 类提供了多种构造方法来创建 String 类的对象，如表 4.13 所示。String 类的常用成员方法见表 4.14。

表 4.13　String 类的构造方法

构造方法	说明
String()	创建一个空字符串对象
String(value)	用串对象 value 创建一个新的字符串对象。value 可以是字符串或 String 类的对象
String(Buffer)	构造一个新的字符串，其值为字符串的当前内容
String(value[])	用字符数组 value[ ]来创建字符串对象
String(ascii[])	用 byte 型字符串数组 ascii，按缺省的字符编码方案创建串对象
String(value[], offset, count)	从字符数组 value 中下标为 offset 的字符开始，创建有 count 个字符的串对象
String(ascii[]，offset count))	从字节型数组 ascii 中下标为 offset 的字符开始，按缺省的字符编码方案创建有 count 个字符的串对象

表 4.14　String 类的常用成员方法

成 员 方 法	功 能 说 明
length( )	返回当前串对象的长度
charAt(index)	返回当前串对象下标 int index 处的字符
indexof(ch)	返回当前串内第一个与指定字符 ch 相同的下标，若找不到，则返回–1
indexOf(str, fromIndex)	从当前下标 fromIndex 处开始搜索，返回第一个与指定字符串 str 相同的第一个字母在当前串中的下标，若找不到，则返回–1
substring(beginIndex)	返回当前串中从下标 beginIndex 开始到串尾的子串
substring(beginIndex, endIndex)	返回当前串中从下标 beginIndex 开始到下标 endIndex–1 的子串
equals(obj)	当且仅当 obj 不为 null 且当前串对象与 obj 有相同的字符串时返回 true，否则返回 flase
equalsIgnoreCase(str)	功能与 equals 类似。equalsIgnoreCase 在比较字符串时忽略大小写
compareTo(str)	比较两字符串的大小。返回一个小于、等于或大于零的整数。返回的值取决于此字符串是否小于、等于或大于 str
concat(str)	将字符串 str 连接在当前串的尾部，返回新的字符串
replace(oldCh, newCh)	将字符串的字符 oldCh 替换为字符串 newCh
toLowerCase()	将字符串中的大写字符转换为小写字符
toUpperCase()	将字符串中的小写字符转换为大写字符
valueOf(variable)	返回变量 variable 值的字符串形式
valueOf(data[], offset, count)	返回字符数组 data 从下标 offset 开始的 count 个字符的字符串
valueOf(obj)	返回对象 obj 的字符串
toString()	返回当前字符串

图 4.16 和图 4.17 是 MyEclipse 助手为我们提示的属性、方法及其说明等。

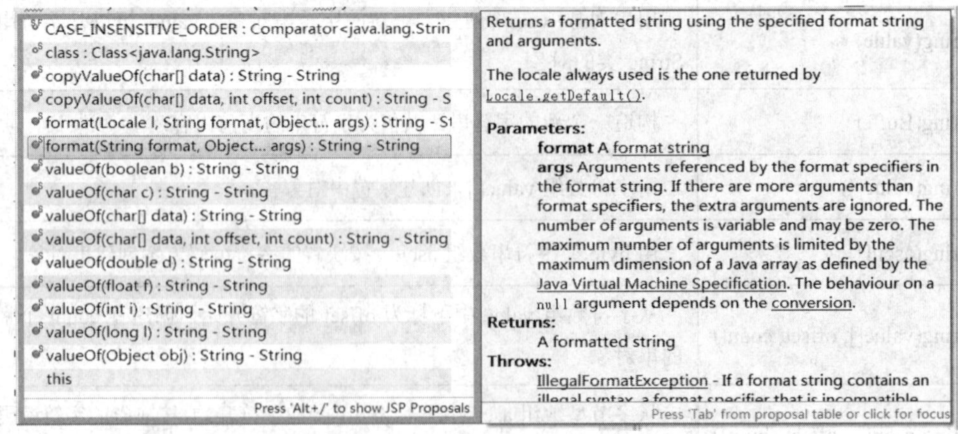

图 4.16　String 类的属性和方法(左)及 format(参数)方法的说明(右)

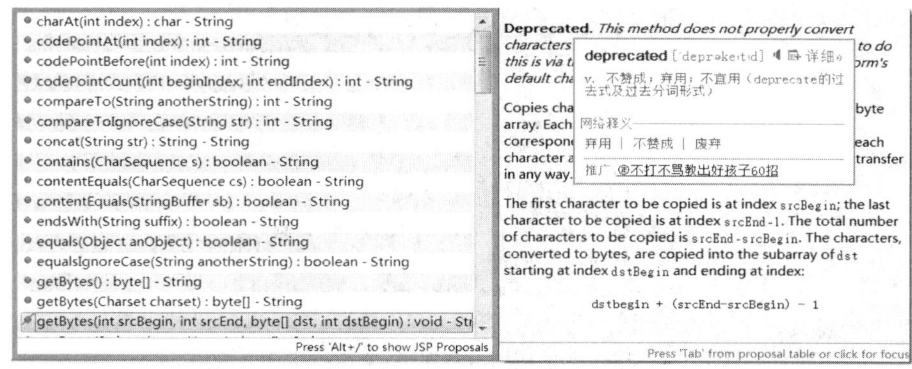

图 4.17　String 类的对象的部分方法(左)及 getBytes(参数)方法的说明(右)

【示例程序 C4_7.jsp】　String 类的应用。

```
<%@ page language="Java" contentType="text/html; charset=GB2312" %>
<%@ page import="java.lang.String" %>
<%
    String s1="Java";      out.println("s1="+s1);
    String s2="java";      out.println("<BR>s2="+s2);
    String s3="Welcome";     out.println("<BR>s3="+s3);
    out.println("<BR>s3.charAt(5)的结果是："+s3.charAt(5));
    out.println("<BR>s3.substring(3)的结果是："+s3.substring(3));
    String s4=s3.concat(s1);     out.println("<BR>s4=s3.concat(s1)="+s4);
    String s5=s1.concat(" abx");   out.println("<BR>s5=s1.+abx="+s5);
    String s6=s3.replace('o','A');//将 s3 中的字符'o'换成'A'
    out.println("<BR>s3.replace('o','A')的结果是："+s6);
    String s7=s3.toLowerCase();//s5 中的大写换小写
    out.println("<BR>s3.toLower()的结果是："+s7);
    String s8=s3.toUpperCase();//s2 中的小写换大写
    out.println("<BR>s3.toUpper()的结果是："+s8);
    double m1=3.456; //定义了一个 double 型数据并赋了值
    String s9=String.valueOf(m1); //将 double 型值转换成字符串
    out.println("<BR>将双精度数 3.456 使用 valueOf()方法转换成字符串："+s9);
    int n2=s1.compareTo(s2);
    out.println("<BR>s1.compareTo(s2)的结果是："+n2);
    boolean b1=s1.equals(s2);
    out.println("<BR>s1.equals(s2)的结果是："+b1);
    boolean b2=s1.equalsIgnoreCase(s2);
    out.println("<BR>s1.equalsIgnoreCase(s2)的结果是："+b2);
%>
```

该示例程序的执行效果见图 4.18。

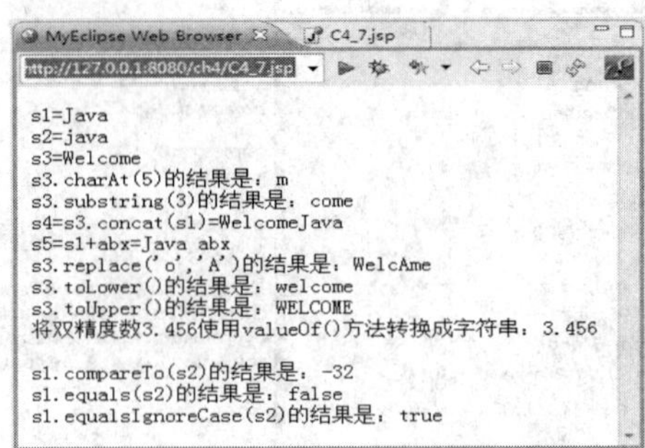

图 4.18　String 类的应用示例程序 C4_7.jsp 的执行效果

4.5.2　System 类

System 类用于获取系统的信息。该类的属性和常用方法见表 4.15。

表 4.15　System 类的属性和常用方法

	属性名或方法名	说　　明
属性	java.version	系统当前运行的 Java 版本号
	java.vendor	Java 提供商的全称
	java.vendor.url	Java 提供商的网址
	java.home	Java 的安装目录
	java.class.version	Java 类的版本号
	java.class.path	Java 类的目录
	os.name	操作系统的目录
	os.version	操作系统的版本号
	user.name	用户在系统的注册名
	user.home	用户的注册目录
	user.dir	用户当前所使用的 tomcat 服务器的工作路径
方法	System.out.print () System.out.println()	输出数据的多态方法，这里仅列出了这两个无参的方法。在 JSP 中则用内置对象 out 的 println()方法
	currentTimeMillis()	获取当前时间与 UTC 1970-1-1 之间的毫秒数
	nanoTime()	获取系统当前的纳秒值
	Exit()	退出当前运行的虚拟机
	gc()	强制内存回收
	getProperty("name")	获取 name 指定属性的值
	getProperties()	获取所有属性的值
	getSecurityManager()	获取系统的安全检查器

【示例程序 C4_8.jsp】　System 类的应用。

```
<%@ page language="Java" contentType="text/html; charset=GB2312" %>
<%@ page import="java.lang.System" %>
<%
    long mi1=System.currentTimeMillis();        //毫秒计时开始
    long na1=System.nanoTime();                 //纳秒计时开始
    out.println("java.version="+System.getProperty("java.version"));
    out.println("<BR>java.vendor="+System.getProperty("java.vendor"));
    out.println("<BR>java.vendor.url="+System.getProperty("java.vendor.url"));
    out.println("<BR>java.home="+System.getProperty("java.home"));
    out.println("<BR>java.class.version="+System.getProperty("java.class.version"));
    out.println("<BR>java.class.path="+System.getProperty("java.class.path"));
    out.println("<BR>os.name="+System.getProperty("os.name"));
    out.println("<BR>os.version="+System.getProperty("os.version"));
    out.println("<BR>java.class.path="+System.getProperty("java.class.path"));
    out.println("<BR>user.name="+System.getProperty("user.name"));
    out.println("<BR>user.home="+System.getProperty("user.home"));
    out.println("<BR>user.dir="+System.getProperty("user.dir"));
    out.println("<BR>user.getSecurityManager="+System.getSecurityManager());
    out.println("<BR>currentTimeMillis="+System.currentTimeMillis());

    out.println("<BR><BR>下面是两种计时方法算出的本程序开始到结束的时间差");
    long mi2=System.currentTimeMillis();     //毫秒计时结束
    long na2=System.nanoTime();              //纳秒计时结束
    long m=mi2-mi1,n=na2-na1;
    out.println("<BR>mi1="+mi1+"毫秒    mi2="+mi2+"毫秒");
    out.println("<BR>毫秒计时法算出的时间差是：  mi2-mi1="+m+"毫秒");
    out.println("<BR>na1="+na1+"纳秒    na2="+na2+"纳秒 ");
    out.println("<BR>纳秒计时法算出的时间差是：  na2-na1="+n+"纳秒");
%>
```

该程序的执行效果见图 4.19。

在这个程序中我们使用了表 4.15 列出的大部分属性和方法。有关属性的具体取值在输出结果中更清楚、更具体。此外，在日常生活中计算时间差通常用 getTime()方法就已很精确了，它可以精确到毫秒(millisecond)。然而，计算一个程序的运行时间却不能用 getTime()方法，而要用最精确的 nanoTime()方法，它可以精确到纳秒(nano second，十亿分之一秒)。在这个程序中分别用 getTime()和 nanoTime()两个方法来计算这个程序的执行时间，结果分别是：getTime()获取的时间差为 0，而 nanoTime()获取的时间差为 60193 ns。

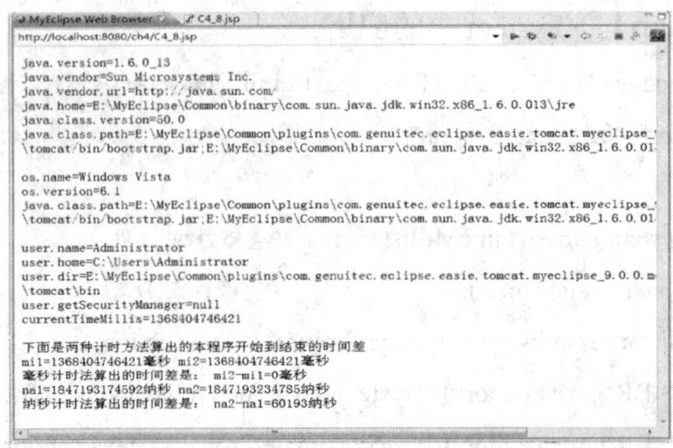

图 4.19　System 类的应用示例程序 C4_8.jsp 的执行效果

4.5.3　Calendar 类

Calendar 类是一个抽象类，它为特定瞬间与一组日历属性(例如：年、月、日、时、分、秒、星期等)之间的转换和操作提供了一系列的方法。在 Calendar 类中，瞬间常用毫秒值来表示，它是距计算机历元(即格林威治标准时间 1970 年 1 月 1 日 00:00:00.000，以下简称历元)的偏移量。Calendar 类还为实现包范围以外的具体日历系统提供了一些属性和方法。Calendar 类的常用属性(数据成员)见表 4.16。由于表示年、月、日、时、分、秒，以及表示几月、星期几的标识符均是全大写的英文单词，如年(YEAR)、秒(SECOND)、元月份(JANUARY)、星期一(MONDAY)等，为节省篇幅此处从略，只给出部分容易混淆的标识符常量。这些标识符常量均可用 get()方法获取，用 set()方法进行设置。表 4.17 是 Calendar 类的常用方法。

表 4.16　Calendar 类的常用属性(数据成员)

类　型	属性名(标识符常量)	说　明
static int	DAY_OF_YEAR	指示当前日是当前年中的第几天
static int	DAY_OF_MONTH	指示当前日是当前月中的第几天
static int	DAY_OF_WEEK	当前日是本周的第几天(周日是第 1 天)
static int	DAY_OF_WEEK_IN_MONTH	当前日是当前月中的第几周(第 1 周为 0)
static int	DST_OFFSET	以毫秒为单位指示夏令时的偏移量
static int	HOUR_OF_DAY	指示一天时钟中的时
Protected boolean[]	isSet	是否设置了该日历某一指定属性的标志
Protected boolean	isTimeSet	如果 time 值是一个有效值，则返回 true
static int	MILLISECOND	指示一秒中的毫秒
Protected long	time	日历的当前设置时间，以毫秒为单位，表示自格林威治标准时间 1970 年 1 月 1 日 0:00:00 后经过的时间
static int	WEEK_OF_MONTH	指示当前日是当前月中的第几周
static int	WEEK_OF_YEAR	指示当前日昌当前年中的第几周
static int	ZONE_OFFSET	以毫秒为单位指示距 GMT 的大致偏移量

表 4.17　Calendar 类的常用方法

类　型	方　法	说　明
protected	Calendar()	构造一个具有默认时区和语言环境的 Calendar
int	get(int field)	返回 field 给定属性的值
static Calendar	getInstance()	获取使用默认时区和语言创建的日历对象实例
static Calendar	getInstance(Locale aLocale)	获取使用默认时区和 aLocale 指定语言创建的日历对象实例
static Calendar	getInstance(TimeZone zone)	获取使用 zone 指定时区和默认语言创建的日历对象实例
static Calendar	getInstance(TimeZone zone, Locale aLocale)	获取使用 zone 指定时区和用 aLocale 指定语言创建的日历对象实例
Date	getTime()	返回一个表示此 Calendar 的时间值(从历元至现在的毫秒偏移量)的 Date 对象
long	getTimeInMillis()	返回此 Calendar 的时间值，以毫秒为单位
TimeZone	getTimeZone()	获得时区
protected int	internalGet(int field)	返回给定日历属性的值
boolean	isSet(int field)	确定给定日历属性是否已经设置了一个值，其中包括因为调用 get 方法触发内部属性计算而导致已经设置该值的情况
void	set(int field, int value)	将给定的日历属性设置为给定值
void	set(int year, int month, int date)	设置日历属性 YEAR、MONTH 和 DAY_OF_MONTH 的值
void	set(int year, int month,int date, int hourOfDay, int minute)	设置日历属性 YEAR、MONTH、DAY_OF_MONTH、HOUR_OF_DAY 和 MINUTE 的值
void	set(int year, int month, int date, int hourOfDay, int minute, int second)	设置属性 YEAR、MONTH、DAY_OF_MONTH、HOUR、MINUTE 和 SECOND 的值
void	setTime(Date date)	使用给定的 Date 设置此 Calendar 的时间
void	setTimeInMillis(long millis)	用给定的 long 值设置此 Calendar 的当前时间值
String	toString()	返回此日历的字符串表示形式

下面通过一个例子来说明以上方法的用法。

【示例程序 C4_9.jsp】　Calendar 类的应用。

```
<%@ page language="Java" contentType="text/html; charset=GB2312" %>
<%@ page import="java.util.*" %>
<%
   Calendar   now;   //声明一个 Calendar 类的对象 now
```

```
    int  year,month,date,hour,minute,second; //记录年,月,日,时,分,秒的变量
    int  DofY,DofM,DofW,DofWinM,WofM,WofY; //记录表中所列不常量值的变量

    now=Calendar.getInstance();      //获取用默认时区和语言创建的日历对象实例
    year=now.get(Calendar.YEAR);              //取年值
    month=now.get(Calendar.MONTH)+1;       //取月值
    date=now.get(Calendar.DATE);                //取日期值
    hour=now.get(Calendar.HOUR_OF_DAY); //取小时值
    minute=now.get(Calendar.MINUTE);         //取分值
    second=now.get(Calendar.SECOND);        //取秒值

    out.println("now.get(Calendar.YEAR)获取年: "+year+"年");
    out.println("<BR>now.get(Calendar.MONTH)+1 获取月: "+month+"月");
    out.println("<BR>now.get(Calendar.DATE)获取的日期是: "+date+"日");
    out.println("<BR>now.get(Calendar.HOUR_OF_DAY)获取小时: "+hour+"时");
    out.println("<BR>now.get(Calendar.MINUTE)获取分: "+minute+"分");
    out.println("<BR>now.get(Calendar.SECOND)获取秒: "+second+"秒");
    out.println("<BR>now.get(Calendar.MILLISECOND)获取毫秒: "
      +now.get(Calendar.MILLISECOND)+"毫秒");
    out.println("<BR>now.getTime()获取当前日期时间是:"+now.getTime());

    DofY=now.get(Calendar.DAY_OF_YEAR);       //获取 DAY_OF_YEAR 值
    DofM=now.get(Calendar.DAY_OF_MONTH);     //获取 DAY_OF_MONTH 值
    DofW=now.get(Calendar.DAY_OF_WEEK);       //获取 DAY_OF_WEEK 值
    DofWinM=now.get(Calendar.DAY_OF_WEEK_IN_MONTH);//获取 DAY_OF_
WEEK_IN_MONTH 值
    WofM=now.get(Calendar.WEEK_OF_MONTH);   //获取 DAY_OF_WEEK_
IN_MONTH 值
    WofY=now.get(Calendar.WEEK_OF_YEAR);     //获取 WEEK_OF_YEAR 值

    out.println("<BR><BR>now.get(Calendar.DAY_OF_YEAR)获取的值是:
"+DofY);
    out.println("<BR>now.get(Calendar.DAY_OF_MONTH)获取的值是: "+DofM);
    out.println("<BR>now.get(Calendar.DAY_OF_WEEK)获取的值是: "+DofW);
   out.println("<BR>now.get(Calendar.DAY_OF_WEEK_IN_MONTH)获取的值是:
"+DofWinM);
    out.println("<BR>now.get(Calendar.WEEK_OF_MONTH)获取的值是: "+WofM);
    out.println("<BR>now.get(Calendar.WEEK_OF_YEAR)获取的值是: "+WofY);
  %>
```

该示例程序的执行效果见图 4.20。

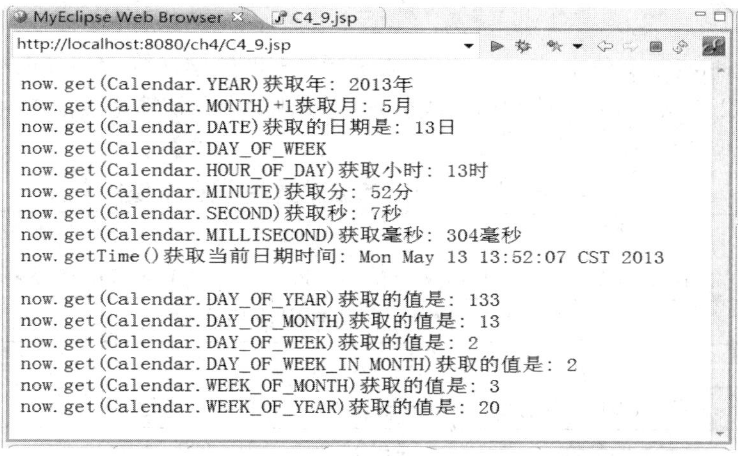

图 4.20　Calendar 类的应用示例程序 C4_9.jsp 的执行效果

图 4.21 和图 4.22 进一步给出了通过 MyEclipse 助手获得的部分属性、方法及其说明。意在提示读者很好地利用 MyEclipse 助手。

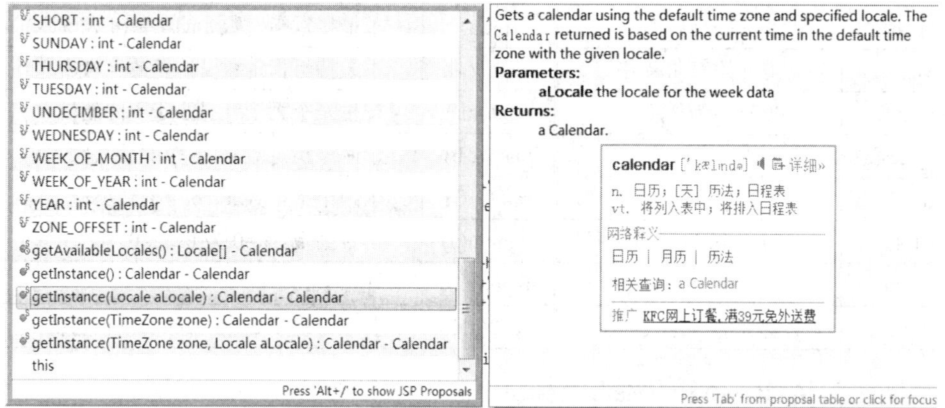

图 4.21　Calendar 类的部分属性和方法(左)及 getInstance(参数)方法的说明(右)

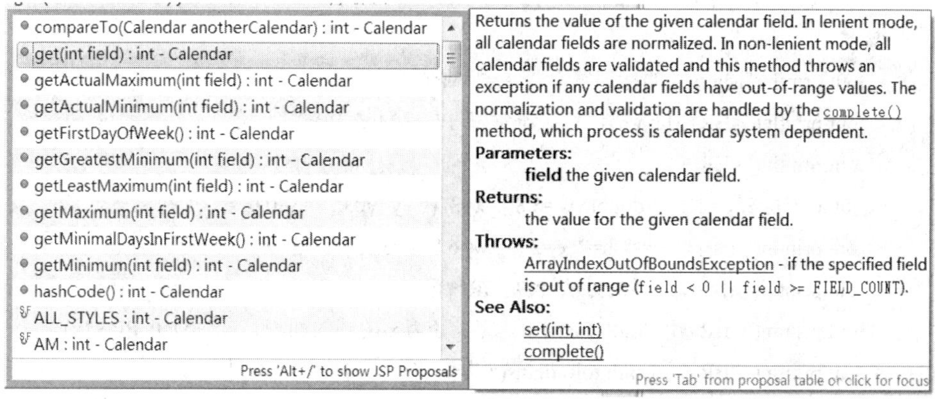

图 4.22　Calendar 类的对象的方法(左)及 get(参数)方法的说明(右)

4.5.4　Math 类

Math 类是 Java.lang 包中的一个类，用来进行所有的数学计算。Java 在该类中定义了两个数据成员(标识符常量)和一些常用的成员方法(即数学中的初等函数)。Math 类的数据成员见表 4.18，常用的成员方法见表 4.19。

表 4.18　Math 类的数据成员(标识符常量)

数据成员	常量值及含义	数据成员	常量值及含义
E	2.718 281 828…，代表自然数 e	PI	3.141 592 653 5…，代表常数 π

表 4.19　Math 类的常用成员方法

方　法	功　　能	方　法	功　　能
sin(a)	计算 a(弧度)的正弦	exp(a)	计算 e 的 a 次方
cos(a)	计算 a 的余弦	pow(a, b)	计算 a 的 b 次方
tan(a)	计算 a 的正切	abs(a)	取 a 的绝对值
asin(a)	计算 a 的反正弦	ceil(a)	求不小于指定数 a 的最小实数(小数进位)
acos(a)	计算 a 的反余弦	floor(a)	求不大于指定数 a 的最小实数(舍去小数)
atan(a)	计算 a 的反正切	rint(a)	求最接近指定数 a 的实数(4 舍 5 入)
cosh(a)	计算 a 的双曲余弦	round(a)	求最接近指定数 a 的整数(4 舍 5 入)
toRadians(a)	将度转换为弧度	random()	产生一个大于 0 且小于 1 的随机数
toDegrees(a)	将弧度转换为度	max(a, b)	求两个指定数 a、b 中的最大值
log(a)	计算以 e 为底 a 的对数	min(a, b)	求两个指定数 a、b 中的最小值
log10(a)	计算以 10 为底 a 的对数	signum(a)	符号函数。a=0 为 0；a<0 为 −1；a>0 为 1
sqrt(a)	计算 a 的平方根	hypot(a,b)	计算 $sqrt(a^2+b^2)$
cbrt(a)	计算 a 的立方根	atan2(a, b)	获取指定数 a、b 相除的反正切值

【示例程序 c4_10.jsp】　Math 类标识符常量和常用成员方法的应用。

```
<%@ page language="Java" contentType="text/html; charset=GB2312" %>
<%@ page import="java.lang.Math" %>
<%
    out.println("Math 类的标识符常量 E="+Math.E);
    out.println("<BR>Math 类的标识符常量 PI="+Math.PI);
    out.println("<HR>");
    int a=4, b=2, c=27;     double w=6.8,    x=3.4,    y=90.0, z=180.0;
    out.println("下面以 a=4, b=2, c=27,    w=6.8, x=3.5, y=90.0, z=180.0 为例");
    out.println("用 Math 类的方法计算<BR>");
    out.println("<BR>用 Math.PI*x*x 计算半径为 x 的圆的面积是："+Math.PI*x*x);
    out.println("<BR>用 Math.toRadians(z)方法将 z 度转换成弧度是：");
    out.println(Math.toRadians(180.0));
    out.println("<BR>用 Math.sin(Math.toRadians(y)计算 y 度的正弦值，结果是：");
```

```
        out.println(Math.sin(Math.toRadians(y)));
        out.println("<BR>也可用 Math.sin(y*Math.PI/180)计算 y 度的正弦值，结果是：");
        out.println(Math.sin(y*Math.PI/180));
        out.println("<BR>用 Math.pow(a,b)计算 a 的 b 次方的结果是："+Math.pow(a,b));
        out.println("<BR>用 Math.log(a)计算以 e 为底 a 的对数的结果是："+Math.log(a));
        out.println("<BR>用 Math.log10(a)计算以 10 为底 a 的对数，结果是："+Math.log10(a));
        out.println("<BR>用 Math.sqrt(a)计算 a 的平方根，计算结果是："+Math.sqrt(a));
        out.println("<BR>用 Math.cbrt(c)计算 c 的立方根，计算结果是："+Math.cbrt(c));
        out.println("<BR>用 Math.hypot(a)计算 a 的平方加 b 的平方后再开方，计算结果是：");
        out.println(Math.hypot(a,b));
        out.println("<BR>对 w 用舍入函数 rint(), round(),ceil(),floor()的计算结果是：");
        out.println(Math.rint(w)+" , "+Math.round(w)+" , "+Math.ceil(w)+" , "+Math.floor(w));
        out.println("<BR>对 x 用舍入函数 rint(), round(),ceil(), floor()的计算结果是：");
        out.println(Math.rint(x)+" , "+Math.round(x)+" , "+Math.ceil(x)+" , "+Math.floor(x));
    %>
```

该示例程序的执行效果如图 4.23 所示。Math 类的方法主要是初等代数中的常用函数，使用相对比较简单，只是需要注意这些方法对参数的要求。例如：求正弦、余弦、正切、余切等的三角函数要求输入参数为弧度，如果输入的数据是度时，可用 Math.toRadians()方法将度转换成弧度或在度的基础上乘以 Math.PI/180 即可。

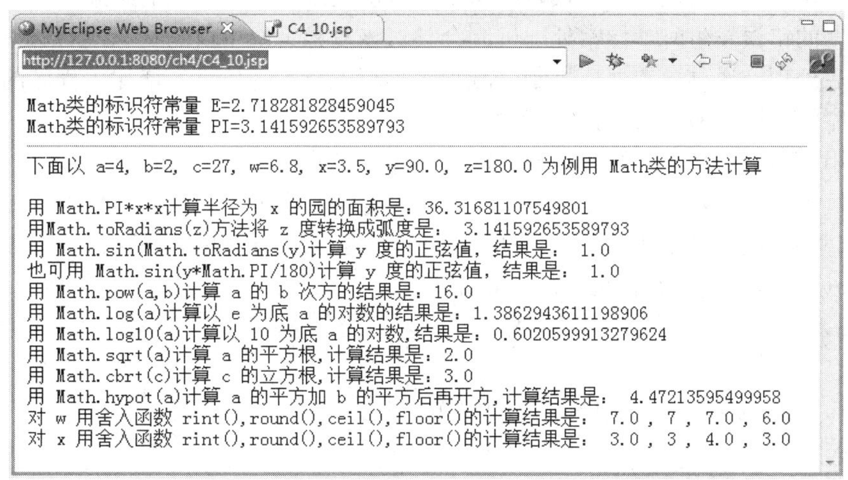

图 4.23　Math 类的应用示例程序 C4_10.jsp 的执行效果

4.5.5　parseInt()和 parseFloat()函数

parseInt()函数是用来将字符串转换成整数的函数，它接受两个参数，第一个参数是要被转换成整数的字符串，第二个参数是要转换的基底。例如：a= parseInt('255',10)是将 255 以十进制的方式转换成数值。

parseFloat()函数是用来将字符串转换成实型的函数。如果遇到了不是符号(+或–)，不是数码(0～9)，不是小数点，也不是指数的字符，就会停止处理，忽略该字符及其以后的所有字符。如果第一个字符就不能转换为数值，parseFloat 将返回“NaN”。如 parseFloat("0.0314E+2")返回的结果是 3.14。

4.6 异常处理

异常是指发生在正常情况以外的事件。为了防止由于异常引起死机、不正常退出等，Java 系统提供了异常处理机制。简单地说，异常处理就是在程序中止前应执行的特定代码段。在 Java 程序中，异常是一个出现在代码中描述异常状态的对象。每当一个异常出现时，系统就创建一个异常对象，并转入到处理异常的方法中。方法根据不同的类型捕捉异常，并做出相应的处理。当然，大多数情况下是指出错误的类型和发生错误的位置。

4.6.1 异常处理

用任何一种程序设计语言编写的程序在运行时都可能出现各种意想不到的事件或异常。例如：用户输入错误、除数为零、需要的文件不存在、文件打不开、数组下标越界、内存不足等。程序在运行过程中发生这样或那样的错误及异常是不可避免的。

Java 语言的特色之一是采用面向对象的异常处理机制(Exception Handling)。通过异常处理机制，可以预防错误的程序代码或系统错误所造成的不可预期的结果发生，并且当这些不可预期的错误发生时，异常处理机制会尝试恢复异常发生前的状态或对这些错误结果做一些善后处理。通过异常处理机制，减少了编程人员的工作量，增加了程序的灵活性，增强了程序的可读性和可靠性。

Java 用 try-catch-finally 组合语句实现抛出异常和捕获异常的功能。也就是在 try 语句后写入一段执行程序，如果这段程序在执行过程中出现“异常”，系统就会抛出(throws)一个“异常”，并通过这个异常的类型来捕捉(catch)它，或最后(finally)由默认处理器来处理。

```
try-catch-finally 组合语句的书写格式如下：
try
{
    statements   //可能发生异常的程序代码
}
catch (ExceptionType1    E1)
{
    Exception Handling   //处理 E1 异常的程序代码
  //当出现 E1 异常时，这里的代码将被执行；否则，这部分代码不执行
}
catch(ExceptionType2        E2)
{
    Exception Handling   //处理 E2 异常的程序代码
```

```
//当出现 E1 异常时，这里的代码将被执行；否则，这部分代码不执行
}
⋮
finally
{
   Finally   Handling
 //无论是否发生异常，这里的程序代码都要执行
}
```

说明：

(1) try：将可能出现错误的程序代码放在 try 块中，对 try 块中的程序代码进行检查，可能会抛出一个或多个异常。因此，try 后面可跟一个或多个 catch。

(2) catch：其功能是捕获异常，参数 E1、E2 是 ExceptionType 类的对象，这是由前面的 try 语句生成的。ExceptionType 是 Throwable 类中的子类，它指出 catch 语句中所处理的异常类型。在 catch 捕获异常的过程中，要将 Throwable 类中的异常类型和 try 语句抛出的异常类型进行比较，若相同，则在 catch 中进行处理。

(3) finally：是这个组合语句的统一出口，一般用来进行一些“善后”操作，如释放资源、关闭文件等。它是可选部分。

4.6.2　异常处理示例程序

【示例程序 c4_11.jsp】　异常处理的应用。

```
<%@ page language="Java" contentType="text/html; charset=GB2312" %>
<%
   int a=8, result=0;
   int x[]=new int[3];
   try
   {
        result=a/result;          //这是一个存在错误的语句
        x[−5]=8;                  //这也是一个存在错误的语句
   }
   catch(ArithmeticException e1)
   {
      out.println("程序错误，除数为 0");
      out.println("<BR>系统抛出的异常是："+e1.getMessage());
   }
   catch(IndexOutOfBoundsException e2)
   {
      out.println("程序错误，数组下标越界");
      out.println("<BR>系统抛出的异常是："+e2.getMessage());
```

```
        }
        finally
        {
            out.println("<BR>总而言之，程序中有错误");
        }
    %>
```

该示例程序的执行效果如图 4.24 所示。其中，图 4.24(a)是开始时我们给变量 result 赋值为 0 时，程序执行 try 块中的 result=a/result 语句时发现了异常，便转入处理异常的 catch 块中；图 4.24(b)是我们将程序中的 result=0 改为 result=2 后，程序执行到 x[−5]=8 这一句时又发现了异常，同样转入处理异常的 catch 块中。

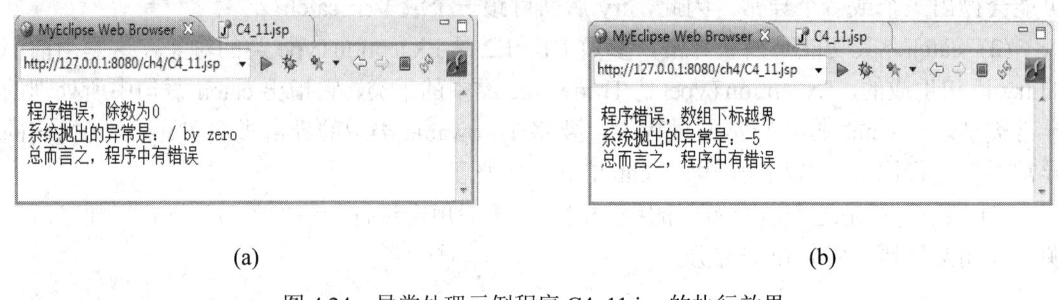

(a)　　　　　　(b)

图 4.24　异常处理示例程序 C4_11.jsp 的执行效果

4.6.3　常用异常类

Java 中定义了很多异常类，每个异常类都代表了一类运行错误，类中包含了该运行错误的信息和处理错误的方法等内容。这些异常类的继承关系如图 4.25 所示。

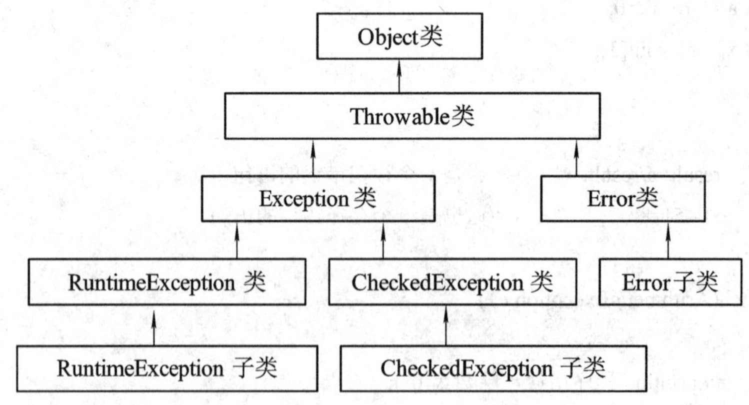

图 4.25　异常类的继承结构

Java 中的所有异常类都继承自 java.lang.Throwable 类。Throwable 类有两个直接子类：一个是 Error 类，它包含 Java 系统或执行环境中发生的异常，这些异常是用户无法捕捉到的；另一个是 Exception 类，它包含了一般性的异常，如 I/O 异常、SQL 异常等，这些异常是用户可以捕捉到的，并可以通过产生它的子类来创建自己的异常处理代码。图 4.26 列出了 Exception 类的常用子类。

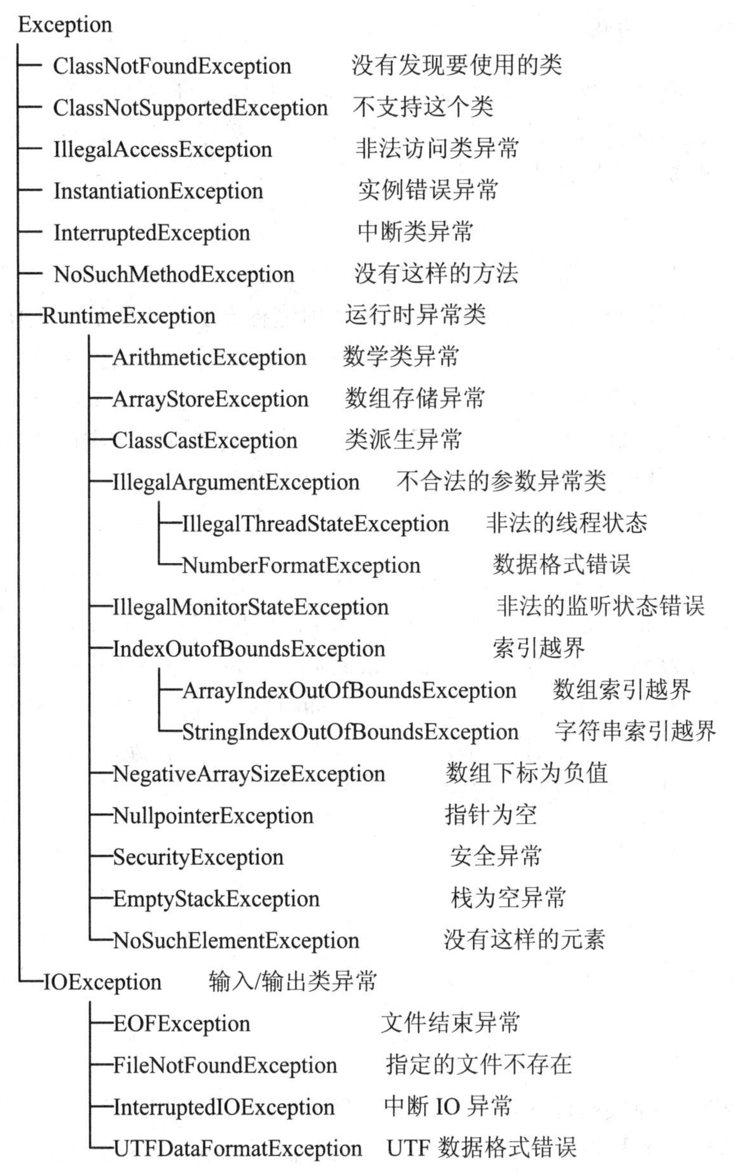

图 4.26　Exception 异常类的继承结构及其说明

4.7　JSP 中变量的作用域与多线程问题

由于 JSP 默认是以多线程模式执行的，了解多线程模式下变量的作用域对开发性能良好的 JSP 应用程序来说是非常重要的。本节在简要地说明这一问题后，给读者指出了一个可进一步参考的网页。

4.7.1　JSP 中的变量作用域问题

细心的读者可能早已注意到，在导引符“<%”、“%>”和导引符“<%！”、“%>”之间都可以声明变量，可能会问以这两种方式定义的变量有什么差别？简单地说，在这两种导引符内声明的变量的性质和作用范围大不相同。下面是对这一回答的详细解释。

1. 实例变量

在导引符“<%！”和“%>”之间声明的变量称为实例变量。实例变量在所有 JSP 页面内都有效。JSP 引擎将 JSP 页面转译成 Java 文件时，将用这种导引符声明的变量作为类的成员变量(也有人称为实例变量)，将用这种导引符声明的方法作为类的成员方法。又由于成员变量占用的内存空间直到服务器关闭后才释放，所以，当多个客户请求同一个 JSP 页面时，尽管 JSP 引擎为每一个客户启动一个线程，但这些线程共享页面的成员变量。因此，任何一个客户对 JSP 成员变量的操作结果都会影响到其它的客户。

2. 程序片局部变量

在导引符“<%”和“%>”之间声明的变量称为 Java 程序片局部变量或 JSP 页面局部变量，局部变量只在一个线程的生命期内有效。JSP 引擎将 JSP 文件转译成 Java 文件时，将各个程序片的这些变量作为类中某个方法的内部变量或局部变量。当程序片被调用时，这些变量被分配内存，所有程序片调用完毕后，这些变量即可释放内存。当多个客户请求同一个 JSP 页面时，JSP 引擎为每一个客户启动一个线程，一个客户的局部变量和另一个客户的局部变量会被分配不同的内存空间。因此，一个客户对 JSP 局部变量的操作结果不会影响到其它客户的这个局部变量。

3. 方法内的局部变量

在某个方法内定义的变量只在该方法内有效，当该方法被调用时，才为该方法内定义的变量分配内存，调用完毕即可释放内存。

4.7.2　多线程问题

由于 JSP 默认是以多线程模式执行的，很多人在编写 JSP 程序时并没有注意到多线程同步的问题。这往往造成编写的程序在少量用户访问时没有任何问题，而在并发用户上升到一定数量时，就会出现一些莫明其妙的问题。而且，这类随机性问题的调试难度也很大。所以，我们在编写 JSP 代码时需要非常细致地考虑多线程的同步问题。为了说明这类问题，下面来看一个例子。

示例程序 declare.jsp 的源代码如下：

```
<%@ page language="java" contentType="text/html; charset=gb2312"%>
<%!
//在这里声明的变量是实例变量，是非线程安全的。所以，下面声明的两个变量被注释掉了。
//int count=5; String source；
    String transfer(String strToch) //声明了一个带参数的 transfer 方法
{   //下面是对 transfer 方法的定义
```

```
String result = null; //方法内的变量
        byte temp [];
        try
        {   temp=strToch.getBytes("GB2312");
            result=new String(temp);
        }
        catch(java.io.UnsupportedEncodingException e)
       {    System.out.println (e.toString());         }
return result;
}//transfer 方法定义完成
%>
<P ALIGN=center>
<%
//在这里声明的变量都是局部变量，其作用范围仅限于这段程序
    int count=5;
    String source="同志们，大家好！ ";
    for(int i=0;i<count;i++)
    /**下面在输出语句中引用 transfer 方法，并将 source 作为该方法的实参，
        使之输出汉字："同志们，大家好！"  */
    out.println("<BR>"+transfer(source));
%>
</P>
```

在这个例子中，首先声明了一个带参数 strToch 的 transfer()方法，在方法体中实现了将参数 strToch 的字符重新编码成 GB2312 字符的目的，以解决 JSP 中显示汉字的问题(关于这一问题将在 5.2.5 节中详细讨论)。此后，又声明了一个与 strToch 同类型的变量 source，并赋了初值："同志们，大家好！"。接下来使用一个 for 循环并引用此前定义的变量 count 作为循环的终止条件来控制执行五次，在循环体中将 transfer()方法作为 out.println()方法的参数，并以 source 作为 transfer()方法的实参，使 println()方法输出汉字："同志们，大家好！"。其运行效果见图 4.27。

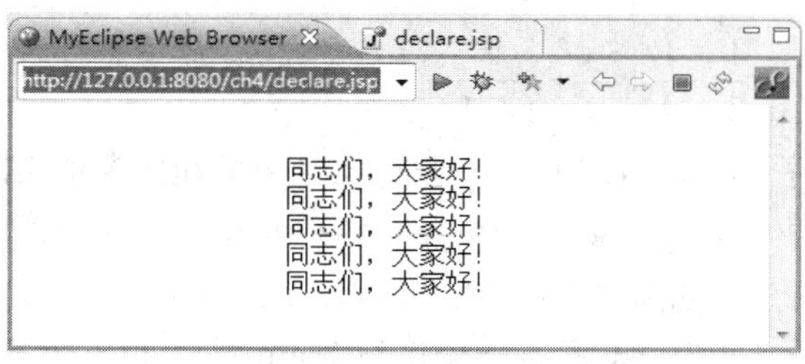

图 4.27　declare.jsp 的运行效果

在这个例子中，我们分别在两处写上了声明变量 count 和 source 的语句，其中，在第 4 行中以注释语句的形式给出。这是因为如果在"<%!"和"%>"之间声明变量 count 和 source

的话，则它是类的成员变量或对象的实例变量。实例变量是实例所有的，在堆中分配存储空间。在 Servlet/JSP 容器中，一般仅实例化一个 Servlet/JSP 实例，启动多个该实例的线程来处理请求。而实例变量为该实例的所有线程所共享，所以，实例变量不是线程安全的。简单地说，当多个客户请求这个 JSP 页面时，多个线程共享这个实例变量，任何一个客户对这个实例变量的操作结果都会影响到其它客户。

而如果在“<%”和“%>”之间声明变量 count 和 source，则这个变量是局部变量。局部变量在栈中分配存储空间。因为每一个线程都有自己的执行栈，所以，局部变量是线程安全的。也就是说，当多个客户请求这个 JSP 页面时，JSP 引擎为每一个客户启动的线程中的这个变量会被分配不同的内存空间。因此，一个客户对这个变量的操作结果不会影响到其它客户的这个变量。

所以，在这个例子中如果使用第四行的声明方式，当并发用户上升到一定数量时，就有可能出问题。关于这方面的更详细讨论，请参考下面给出的网页：

http://java.chinaitlab.com/ServletJsp/33087.html。

习　题　4

4.1　Java 对标识符的命名有什么要求？

4.2　为什么要将数据区分为不同的数据类型？Java 语言中有哪些数据类型？

4.3　假设 x 取值 10，y 取值 20，z 取值 30，求下列布尔表达式的值。

(1)　x<10 || x>10

(2)　x>y && y>x

(3)　(x<y+z) && (x+10<=20)

(4)　z−y==x && (y−z)==x

(5)　x<10 && x>10

(6)　x>y || y>x

(7)　!(x<y+z) || !(x+10<=20)

(8)　(!(x==y)) && (x!=y) && (x<y || y<x)

4.4　使用 if 嵌套和 switch 语句两种方式编写一个将学生成绩由百分制转换成 5 分制的程序。

4.5　已知 $S=1-\frac{1}{2}+\frac{1}{3}-\frac{1}{4}+\cdots+\frac{1}{n-1}-\frac{1}{n}$，试编写程序求解 n=100 时 S 的结果。

4.6　参照示例程序 C4_5.jsp 编写一个含有自定义类和对象的 JSP 程序。

4.7　参照示例程序 C4_6.jsp 编写一个含有接口和包的 JSP 程序。

4.8　参照示例程序 C4_9.jsp 编写一个使用 Date 类的 JSP 程序。

4.9　参照示例程序 C4_10.jsp 编写一个使用 Math 类的 JSP 程序。

4.10 参照示例程序 C4_11.jsp 编写一个含有异常处理语句的 JSP 程序。

4.11　在 JSP 的两种语法成分导引符“<%! … %>”和“<% … %>”之中都可以定义变量，请说明这两种方式定义的变量的区别。

第 5 章

JSP 常用内置对象

为简化页面的开发过程，JSP 提供了一些内置对象，它们由容器实现和管理。在所有的 JSP 页面中，这些内置对象不需要预先声明，也不需要由 JSP 应用程序的编写者进行实例化就可以使用。JSP 主要有 out、request、response、session、application、pageContext、page、config 和 exception 等 9 个内置对象，其中前 5 个最常用。本章将讲解这些内置对象的功能及用法。

5.1　out 对 象

out 对象被封装成 javax.servlet.jsp.JspWriter 接口。它表示为客户打开的输出流，使用它向客户端发送输出流。简单地说，它主要用来向客户端输出数据。

5.1.1　out 对象的数据成员

内置对象的数据成员也就是第 4 章中所提到的标识符常量。out 对象有三个数据成员，它们的名称、取值及作用见表 5.1。

表 5.1　out 对象的数据成员及其取值

数据类型	标识符常量名	常量值	作　用
int	DEFAULT_BUFFER	0	Writer 使用缺省缓冲区大小
int	NO_BUFFER	–1	writer 处于非缓冲输出状态
int	UNBOUNDED_BUFFER	–2	不限制缓冲区大小

5.1.2　out 对象的主要方法

out 对象的主要方法如下：

- print(参数)：该方法的作用是输出数据到客户端。这是一个多态的方法，其多态性主要表现在参数的数据类型之不同。参数的数据类型可以是 boolean、char、String、int、long、float、double、char[]、object 等。
- println(参数)：该方法的用法与 print()方法相同，只不过 println()除了将数据输出到客户端外，还在后面加了一个换行符，有些浏览器忽略这个换行符。
- close()：关闭输出流。
- clear()：清除缓冲区里的数据，但不会把数据输出到客户端。
- flush()：立即将缓冲区里的数据输出到客户端显示。

- getBufferSize()：获取缓冲区的大小。
- getClass()：获取当前对象的运行时类。
- getRemaining()：获取缓冲区剩余空间的大小。
- isAutoFlush()：判断是否自动刷新缓冲区。如果是自动刷新，则返回 true；否则，返回 false。
- newLine()：另起一行，即输出一个换行符，有些浏览器会忽略这个换行符。

5.1.3 out 对象应用举例

out 对象是 JSP 中使用最频繁的对象，尤其是它的 print()和 println()方法用于向浏览器输出各种类型的数据，使用更为常见。下面的例子中使用了 5.1.2 节列出的大部分方法。

【示例程序 out.jsp】 out 对象的主要方法应用举例。

```
<%@ page language="java" contentType="text/html; charset=UTF-8" %>
<%
    out.println("使用 out 对象的例子：<BR><hr>");
    out.println("println(int)参数为整数型:");     out.println(38);
    out.println("<BR>println(long)参数为长整型:");
    out.println(1234567890987654321L);
    out.println("<BR>println(float)参数为浮点型:");
    out.println(23.5f);
    out.println("<BR>println(double)参数为双精度型:");
    out.println(52.3d);
    out.println("<BR>println(char)参数为字符型:");
    out.println('a');
    out.println("<BR>println(boolean)参数为布尔型:");
    out.println(true);
    out.println("<BR>println(char[])参数为字符数组:");
    out.println(new char[]{'a','b','c','d'});
    out.println("<BR>println(object)参数为 Date 对象:");
    out.println(new java.util.Date());

    out.println("<BR><BR>isAutoFlush()测试是否自动刷新缓冲区:");
    out.println(out.isAutoFlush());
    out.println("<BR>getBufferSize()获取缓冲区大小:");
    out.println(out.getBufferSize());
    out.println("<BR>getRemaining()获取缓冲区剩余空间:");
    out.println(out.getRemaining());
    out.flush(); //立即输出缓冲区的数据
    out.println("<BR><BR>调用 flush()后，再测试缓冲区剩余空间：");
```

```
        out.println(out.getRemaining());
        out.flush();//再次输出缓冲区的数据
        out.println("<BR>下面调用 clear()方法测试是否输出");
        out.clear();
        out.println("<BR>下面调用 close()方法测试这里的内容是否输出");
        out.close();
    %>
```

程序编写完成后，如前面各章所述，为本章工程 ch5 添加 tomcat 服务器，启动服务器，再启动浏览器后，在浏览器地址栏输入：http://localhost:8080/ch5/Out.jsp 后回车，会显示示例程序执行效果，如图 5.1 所示。

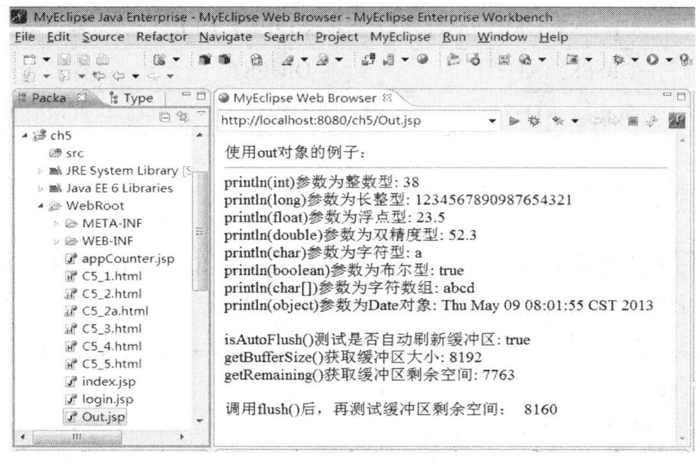

图 5.1　示例程序 out.jsp 的执行效果

从图 5.1 中可以看出，由于缓冲区自动刷新的设置是 true，在调用 flush()方法之前，所有的输出都暂放在缓冲区中而没有输出到浏览器，只有在调用 flush()方法后才将缓冲区中的数据输出到浏览器。首次调用 flush()方法前缓冲区的剩余空间为 7763 字节；第二次调用 flush()方法前缓冲区的剩余空间为 8160 字节。说明调用 flush()方法在输出缓冲区数据后将缓冲区清空了。可能有些读者有疑问：为什么第二次测试缓冲区剩余空间的值不是 8192 字节，而是 8160 字节。这是因为“调用 flush()后，再测试缓冲区剩余空间：”这些内容占用了 32 字节。此外，写在 flush()方法后，clear()方法和 close()方法之前的内容没有输出到浏览器。

5.2　request 对象

HTTP 协议是客户机与服务器之间的一种提交请求(request)信息与对请求作出响应(response)的通信协议。JSP 的内置对象 request 封装了用户提交的信息，使用该对象的相应方法就可以获取请求头的信息和用户提交的信息。对请求作出响应的内置对象 response 将在 5.3 节讲解。

在 JSP 中，request 对象被包装成 javax.servlet.HttpServletRequest 接口。来自客户端的请求经 Servlet 容器处理后，由 request 对象进行封装，它作为 jspService()方法的一个参数由容器传递给 JSP 页面。通过 getXxx 方法可以得到 request 的参数和 HTTP 请求头的信息等。

5.2.1　request 对象的数据成员

request 对象的数据成员及其取值见表 5.2。

表 5.2　request 对象的数据成员及其取值

数据类型	标识符常量名	常　量　值	含　义
string	BASIC_AUTH	BASIC	基本身份验证
string	CLIENT_CERT_AUTH	CLIENT_CERT	客户端身份验证
string	DIGEST_AUTH	DIGEST	摘要式身份验证
string	FORM_AUTH	FORM	FORM 身份验证

5.2.2　request 对象的主要方法

图 5.2 是我们运用第 2 章第 5 节所述方法，借助 MyEclipse 助手查阅 request 对象的方法并获取帮助的截图。从图中已显示方法的数量与滚动条中滑块的比例上可以看出 request 对象的方法大约有 60 多个。下面列出一部分常用的方法，更多更详细的说明请读者通过 MyEclipse 助手查阅。

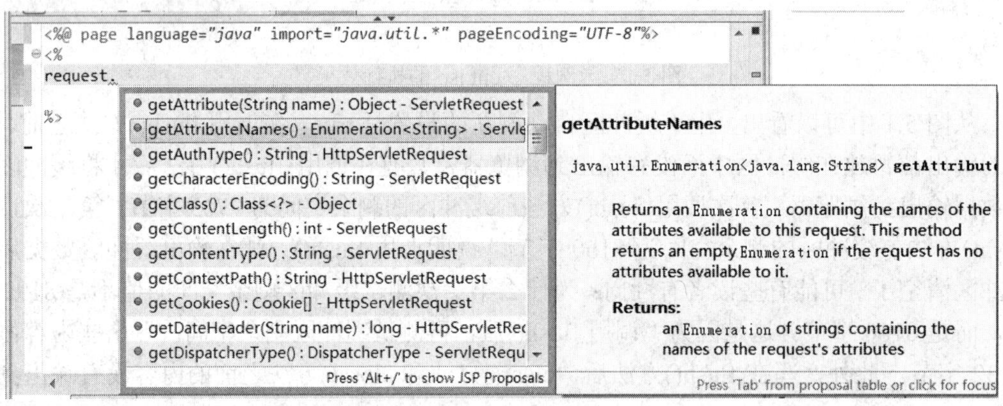

图 5.2　利用 MyEclipse 助手显示的 request 对象的部分方法(左)及一个方法的说明(右)

- getAttribute(String name)：返回由 name 指定的属性值，如果指定的属性值不存在，则会返回一个 null 值。
- getAttributeNames()：返回 request 对象的所有属性的名字集合。
- getCookie()：返回客户端的所有 Cookie 对象，结果是一个 Cookie 数组。
- getCharacterEncoding()：返回请求中的字符编码方式。
- getContentLength()：返回请求中正文内容的长度，如果长度不能确定，则返回-1。
- getHeader(String name)：获得 HTTP 协议定义的文件头信息。

- getHeaders(String name)：返回由 name 指定的请求包含的请求头的枚举值，如果该 name 下的请求不包含任何头信息，则返回 null。
- getHeaderNames()：返回请求头所包含的名字，其结果是一个枚举的实例。
- getInputStream()：返回请求的输入流，用于获得请求中的数据。
- getMethod()：获取客户端向服务器端传送数据的方式，如 get、post、header、trace 等。
- getParameter(String name)：获取客户端传送给服务器端的参数值，该参数是由 name 指定的，通常是表单中的参数。
- getParameterNames()：获取客户端传送给服务器端的所有参数的名字，其结果是一个枚举的实例。该方法是一个枚举类的方法，不推荐使用。
- getParameterValues(String name)：获得由 name 指定参数的值，主要用于像复选框这类有多个值的对象。
- getProtocol()：获取客户端向服务器端传送数据所依据的协议名称。
- getQueryString()：获得查询字符串，该字符串是由客户端以 get 方式向服务器端传送的。
- getRequestURI()：获取发出请求字符串的客户端地址。
- getRemoteAddr()：获取客户端的 IP 地址。
- getRemoteHost()：获取客户端的主机名字。
- getSession([Boolean create])：返回和请求相关的 session。create 参数是可选的。当有参数 create 且这个参数的值为 true 时，如果客户端还没有创建 session，那么将创建一个新的 session。
- getServerName()：获取服务器的名字。
- getServletPath()：获取客户端所请求的脚本文件的存放路径。
- getServerPort()：获取服务器的端口号。
- isUserInRole(String role)：判断认证后的用户是否属于逻辑 role 中的成员。
- removeAttribute(String name)：删除请求中由 name 指定的属性。
- setAttribute(String name，java.lang.Object object)：设置名字为 name 的 request 参数的值，该值是由 Java.lang.Object 类型的 object 指定的。

5.2.3　请求头信息的获取

下面通过一个示例程序来说明这些方法的使用。在这个例子中，客户通过 C5_1.html 表单填写信息并提交，程序 Request1.jsp 中使用 requset 对象的一些常用方法获取请求头的信息并将其输出到浏览器。

【示例程序 Request1.jsp 和 C5_1.html】　request 对象的主要方法应用举例。

(1) C5_1.html 文件源代码如下。

```
<HTML>
<HEAD><TITLE>通过表单提交请求</TITLE></HEAD>
<BODY>
<FONT SIZE=4>
<FORM ACTION="Request1.jsp" METHOD=post NAME=form>
Your NAME:<INPUT TYPE="text"    NAME="text1">
```

```
<INPUT TYPE=submit VALUE="submit" NAME="enter">
</FORM></FONT>
</BODY></HTML>
```

(2) 程序 Request1.jsp 的源代码如下。

```
<%@ page contentType="text/html; charset=GB2312" %>
<HTML>
<HEAD>
<TITLE>request</TITLE>
</HEAD>
<BODY>
Request 对象的信息:
  <HR>
  <%
    out.println("getMethod 方法获得客户提交信息的方式：");
    out.println(request.getMethod());
    out.println("<BR>getAttributeNames 方法获取所有参数的值:");
    java.util.Enumeration e=request.getAttributeNames();
    while(e.hasMoreElements())    out.println(e.nextElement());
    out.println("<BR>getCharacterEncoding 方法获取请求中的字符编码方式:");
    out.println(request.getCharacterEncoding());
    out.println("<BR>getContentLength 方法获取请求内容的长度: ");
    out.println(request.getContentLength());
    out.println("<BR>getContentType 方法获取请求内容的类型:<BR>");
    out.println(request.getContentType());
    out.println("<BR>getLocale 方法获取主机所在地:");
    out.println(request.getLocale());
    out.println("<BR>getProtocol 方法获取协议名:");
    out.println(request.getProtocol());
    out.println("<BR>getRemoteAddr 方法获取浏览器的 IP 地址:");
    out.println(request.getRemoteAddr());
    out.println("<BR>getRemoteHost 方法获取浏览器主机名:");
    out.println(request.getRemoteHost());
    out.println("<BR>getRemoteUser:");
    out.println(request.getRemoteUser());
    out.println("<BR>getServerName 方法给出服务器名:");
    out.println(request.getServerName());
    out.println("<BR>getServerPort 方法给出服务端口号:");
    out.println(request.getServerPort());
    out.println("<BR>getSession 方法返回和请求相关的 Session:<BR>");
    out.println(request.getSession(true));
    out.println("<BR>getHeader('User-Agent')用户代理<BR>");
    out.println( request.getHeader("User-Agent"));
%>
```

```
</BODY>
</HTML>
```

在浏览器地址栏输入请求 C5_1.html 文件的 URL，在文本框中输入文字(如图 5.3 所示)后单击“submit”按钮，就会在浏览器上看到如图 5.4 的显示信息。

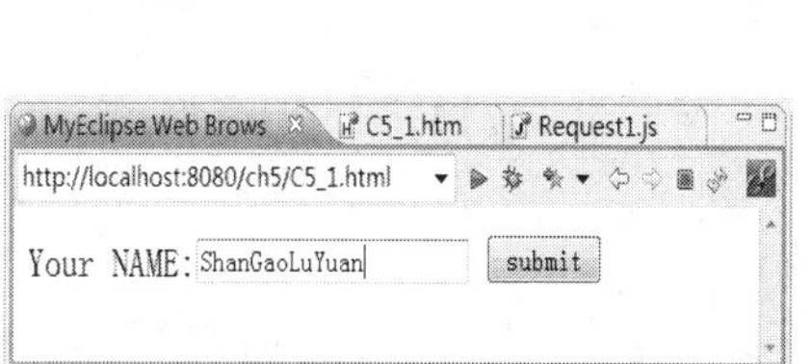

图 5.3　在浏览器运行 C5_1.html 并输入相关信息

MyEclipse Web Browser
C5_1.html
Request1.jsp
http://localhost:8080/ch5/Request1.jsp
Request对象的信息:
getMethod方法获得客户提交信息的方式: POST
getAttributeNames方法获取所有参数的值:
getCharacterEncoding方法获取请求中的字符编码方式: null
getContentLength方法获取请求内容的长度: 32
getContentType方法获取请求内容的类型:
application/x-www-form-urlencoded
getLocale方法获取主机所在地: zh_CN
getProtocol方法获取协议名: HTTP/1.1
getRemoteAddr方法获取浏览器的IP地址: 0:0:0:0:0:0:0:1
getRemoteHost方法获取浏览器主机名: 0:0:0:0:0:0:0:1
getRemoteUser: null
getServerName方法给出服务器名: localhost
getServerPort方法给出服务端口号: 8080
getSession方法返回和请求相关的Session:
org.apache.catalina.session.StandardSessionFacade@3d58b2
getHeader('User-Agent')用户代理
Mozilla/5.0 (compatible; MSIE 9.0; Windows NT 6.1; Trident/5.0)

图 5.4　运行 Request1.jsp 后显示的信息

5.2.4　用户提交信息的获取

下面将给出一个使用 request 对象的 getParameter()方法和 getParameterValues()方法获取用户提交信息的例子。这个例子由 C5_2.html 和 Request2.jsp 组成。

【示例程序 Request2.jsp 和 C5_2.html】　request 对象的主要方法应用举例。

(1) C5_2.html 文件的源代码如下。

```
<HTML>
<HEAD>
    <TITLE>水果销售</TITLE>
</HEAD>
<BODY BGCOLOR="white">
<CENTER>
<FONT SIZE=5 COLOR="#CC0000">
欢迎来到水果店购物！<BR>
下列水果，每件 2 元<BR>
欢迎选择购买:<BR>
</FONT>
<FONT   SIZE=4 COLOR="blue">
<FORM   METHOD=post   ACTION=Request2.jsp>
请输入帐号:<INPUT TYPE="text"   NAME="text1"><BR>
<INPUT TYPE=CHECKBOX NAME="item" VALUE="Banana">Banana
<INPUT TYPE=CHECKBOX NAME="item" VALUE="Apple">Apple
<INPUT TYPE=CHECKBOX NAME="item" VALUE="橘子">橘子
<INPUT TYPE=CHECKBOX NAME="item" VALUE="Pear">Pear<BR>
```

```
<BR>
<INPUT TYPE=submit NAME="Enter" VALUE="确认/OK">  
<INPUT TYPE=reset NAME="ReChoice" VALUE="清除/CL">
</FORM>
</FONT>
</CENTER>
</BODY>
</HTML>
```

(2) Request2.jsp 程序的源代码如下。

```
<%@ page contentType="text/html; charset=GB2312" %>
<% request.setCharacterEncoding("GB2312"); %>
<HTML> <BODY> <DIV ALIGN＝”CENTER”>
<FONT SIZE=5 COLOR="#CC0000">
欢迎您来到结帐台！<BR>
</FONT>
使用 getParameter 方法获取用户在文本框的输入:
<%
   out.println(request.getParameter("text1"));
%>
<FONT SIZE=4 COLOR="#0000FF">
<BR>使用 getParameterValues()方法获取复选框的值如下：
<HR>
<%
     int k,sum;
     String Ncounter[]=request.getParameterValues("item");
     if(Ncounter!=null)
     {
       for(k=0; k<Ncounter.length; k++)
       {
           out.println(Ncounter[k]+"  ");
       }
      sum=k*2;
      out.println("<HR>总计"+k+"件，总价"+sum+"元<BR>");
     }
%>
</FONT>
使用 getParameter 方法获取表单中“确认”按钮的值：
<%
     out.println(request.getParameter("Enter"));
%>
```

```
    </DIV>
  </BODY></HTML>
```

这个例子的运行效果见图 5.5 和图 5.6。需要注意的是，在 Request2.jsp 的输出中，有些汉字是正常的，而有些汉字成了乱码。例如：复选框中的“橘子”二字和按钮上的“确认”二字都成了乱码。关于产生这一问题的原因及其解决办法详见 5.2.5 节。

图 5.5　在 C5_2.html 表单中输入信息

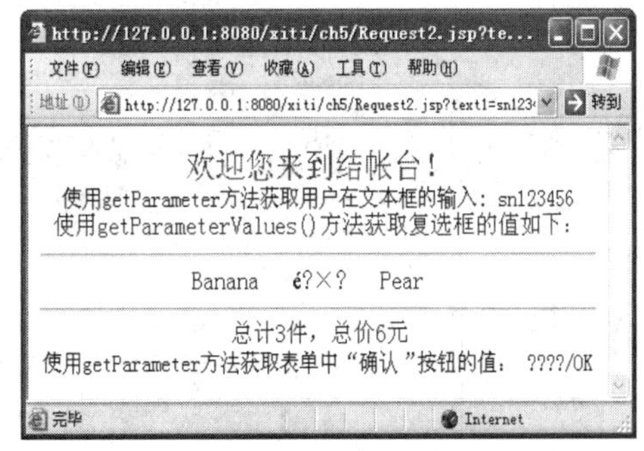

图 5.6　程序 Request2.jsp 处理后的输出

5.2.5　中文乱码的处理

关于 JSP 应用开发中的中文乱码问题，主要与环境相关各方所采用的编码机制有关。Java 内部 web 容器的默认编码是不支持中文的 ISO-8859-1，如果要使用中文，就要用 GBK、GB2312 或 UTF-8 编码中的一种。它们之间的关系如下：

ISO8859-1，又名 Latin-1，是西文编码，仅包括所有西方语言中的字符，每个字符占用 1 字节。GB 2312 是我国于 1980 年颁布的标准中文字符集，一共收录了 7445 个字符，包括 6763 个汉字和 682 个其它符号。但因 GB 2312 支持的汉字太少，国标司于 1994 年在其基础上扩容后发布了过渡性方案 GBK，共收录了 21003 个字符。GB 2312 和 GBK 两者中的每个字符均占用 2 字节。UTF-8 是 UNICODE 的一种变长字符编码，用以解决国际上字符的一种多字节编码，它对英文使用 8 位(1 字节)，中文使用 24 位(3 字节)来编码。

由此可知，由于占用字节数的不同，数据经传递后，就会出现数据位丢失或错位解释的情况，当然就成了乱码。因此，必须使用下述两种方法中的某一种来解决这一问题。

(1) 在 MyEclipse 环境中进行设置。可通过下述三个步骤解决(以使用 UTF-8 为例)：

① 在 MyEclipse 环境中依次选择 window→preferences→general→content types，再点右窗口的“Text”下的“JSP”，在界面下部的“Default encoding”输入框中输入：UTF-8，然后点击“Update”按钮和“OK”按钮，这一过程如图 5.7 所示。使用同样的方法设置 HTML、Java Properities File 等的字符集编码。

② 在 window→preferences→MyEclipse→Files and Editor 下，修改 HTML、JSP 等的编码设置。

③ 在 window→preferences→general→WorkSpace 下，观察“Text File Encoding”是否为 UTF-8(默认为 GBK)。如果不是，可设为 UTF-8。如果要使用 GBK 的话，可直接点选“Default (GBK)”单选按钮。

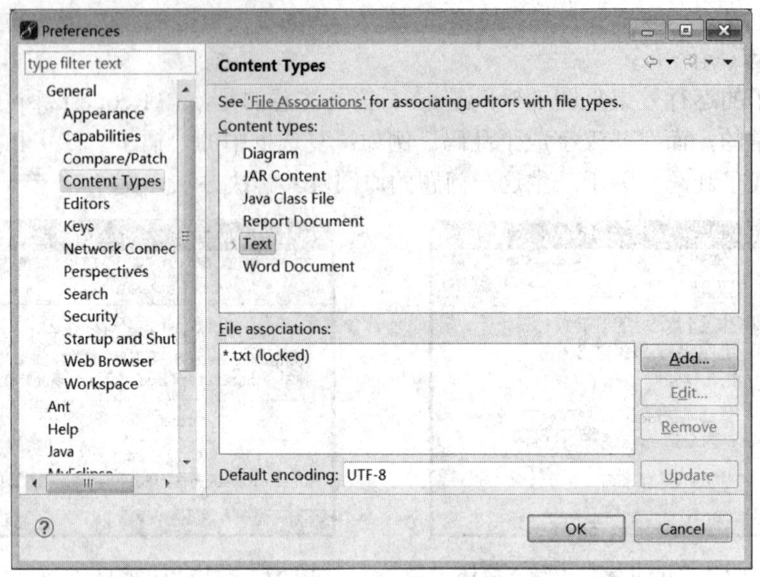

图 5.7　设置 MyEclipse 环境中使用的编码字符集

注意：修改了设置后，原来经过编译的文件中的汉字可能会出现乱码，这种情况下就需要操作者自己处理。为此，建议在修改设置前先将正确的单独保存，待修改后再复制过来。

图 5.8 就是在 MyEclipse 10 环境中进行了上述设置后执行 5.2.4 节程序的情况。

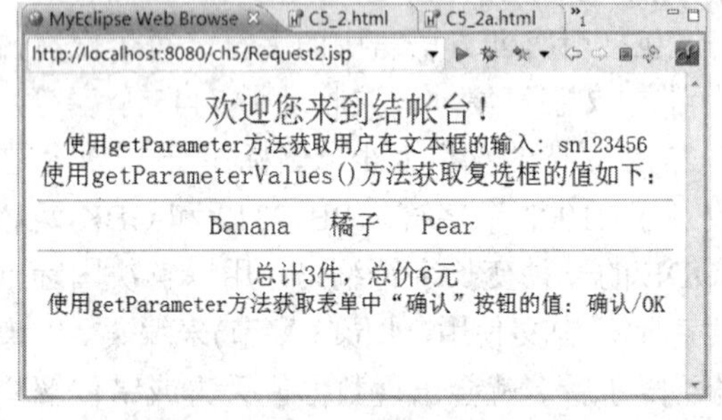

(a) Request 2.jsp 的执行效果

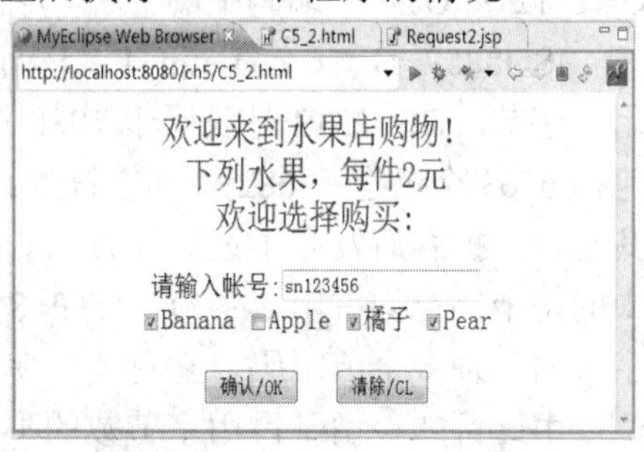

(b) C5_2.htmlt 的执行效果

图 5.8　在 MyEclipse 10 环境中进行了 UTF-8 设置后执行程序的情况

(2) 在程序中修改设置。在 JSP 页面中使用 page 指令指定页面的编码方式为 GBK 或 GB2312。例如：在一个页面的开头写上如下两条指令。

```
<%@ page contentType="text/html; charset=GBK" %>
<% request.setCharacterEncoding("GBK"); %>
```

这样，一般情况下就能正确地显示汉字。

如果写了上述两条语句，仍有汉字乱码的话，可定义一个 byte 型数组，并将请求设为 ISO-8859-1 编码，进行相应的转换。也就是说，如果请求的表单中可能会有中文数据时，首先将获取的字符串用 ISO-8859-1 进行编码，并将编码存放到一个字节数组中，然后再将这个数组转化为字符串对象进行传送。图 5.9 就是对 5.2.4 节示例程序 Request2.jsp 做了这方面修改后的执行效果，这时各种情况下的汉字均能正确输出。

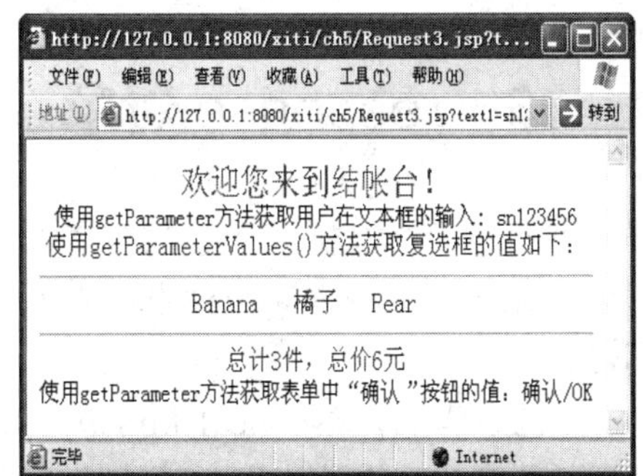

图 5.9　程序 Request3.jsp 的执行效果

下面具体说明对 5.2.4 节示例程序的修改。在 5.2.4 节示例程序的基础上，先将 C5_2.html 文件中的 FORM 语句中的 ACTION 的值改为 ACTION=Request3.jsp 后，再将 Request2.jsp 程序复制一份并改名为 Request3.jsp，然后在其中做下面三处修改：

(1) 将获取用户在文本框的输入的语句“out.println(request.getParameter("text1"));”改为：

```
String str1=request.getParameter("text1");
byte a[]=str1.getBytes("ISO-8859-1");
str1=new String(a);
out.println(str1); //转换后输出
```

(2) 将获取复选框值的语句改为：

```
String
Ncounter[]=request.getParameterValues("item");
if(Ncounter!=null)
    for(k=0; k<Ncounter.length; k++)
    {
        byte
        c[]=Ncounter[k].getBytes("ISO-8859-1");
        String str2=new String(c);
        out.println(str2+"  ");
    }
```

(3) 将获取表单中确认按钮值的语句“out.println(request.getParameter("Enter"));”改为：

```
String buttonName=request.getParameter("Enter");
byte b[]=buttonName.getBytes("ISO-8859-1");
buttonName=new String(b);
out.println(buttonName);
```

显然，这种方法是非常烦琐的，需要对所有涉及汉字的地方都进行这样的处理。还是以上述第 1 种修改 MyEclipse 环境配置的方法可一劳永逸。

5.3　response 对象

当客户访问一个服务器的页面时，会提交一个 HTTP 请求，服务器收到请求后，返回 HTTP 响应。上一节学习了用 request 对象获取客户请求提交的信息，本节学习对客户的请求做出响应的内置对象 response。

在 JSP 中，response 对象被包装成 javax.servlet.HttpServletResponse 接口，该接口封装了 JSP 的响应，这个响应被发送到客户端以响应客户的请求。和 request 对象一样，它由容器生成，作为 jspService()方法的一个参数由容器传递给 JSP 页面。因为输出流是缓冲的，所以可以设置 HTTP 状态码和 response 头。

5.3.1　response 对象的数据成员

response 对象的数据成员主要是 HTTP 状态码，其对应数据成员名和取值见表 5.3。由于它们的数据类型均为 static int 型，故在表中略去了数据类型列。在程序调试过程中，最常见的错误提示信息是以 4 打头的状态码，偶而会出现以 5 打头的状态码。

表 5.3　response 对象的数据成员及其取值

状态码	数据成员名(标识符常量)	说　明
100	SC_CONTINUE	客户可以继续
101	SC_SWITCHING_PROTOCOLS	服务器正在切换、升级协议
200	SC_OK	请求成功
201	SC_CREATED	请求成功，创建了新的资源
202	SC_ACCEPTED	请求已被接受
203	SC_NON_AUTHORITATIVE_INFORMATION	客户给出的元信息不是发自服务器的
300	SC_MULTIPLE_CHOICES	请求的资源有多种选择
301	SC_MOVED_PERMANENTLY	请求的资源已被永久移动/删除了
302	SC_MOVED_TEMPORARILY	请求的资源已被临时移动/删除了
303	SC_SEE_OTHER	应答可以在另一个 URL 中找到
305	SC_USE_PROXY	请求必须通过代理访问
400	SC_BAD_REQUEST	请求有语法错误
401	SC_UNAUTHORIZED	请求未被授权/认证
402	SC_PAYMENT_REQUIRED	请求的资源需要付费
403	SC_FORBIDDEN	请求的资源被禁用
404	SC_NOT_FOUND	找不到请求的资源
405	SC_METHOD_NOT_ALLOWED	请求使用的方法是不允许的
406	SC_NOT_ACCEPTABLE	请求不能接受
407	SC_PROXY_AUTHENTICATION_REQUIRED	资源代理需要认证

续表

状态码	数据成员名(标识符常量)	说　明
408	SC_REQUEST_TIMEOUT	请求超时
409	SC_CONFLICT	发生冲突
410	SC_GONE	请求的资源已经不可用
411	SC_LENGTH_REQUIRED	需要一个定义的长度才能处理
412	SC_PRECONDITION_FAILED	预处理出错
413	SC_REQUEST_ENTITY_TOO_LARGE	请求太大，不能处理
414	SC_REQUEST_URI_TOO_LONG	请求的 URI 太长
415	SC_UNSUPPORTED_MEDIA_TYPE	不支持的媒体类型
500	SC_INTERNAL_SERVER_ERROR	服务器发生内部错误
501	SC_NOT_IMPLEMENTED	请求无法执行
502	SC_BAD_GATEWAY	网关出错
503	SC_SERVICE_UNAVAILABLE	SERVICE 不可用
504	SC_GATEWAY_TIMEOUT	网关超时
505	SC_HTTP_VERSION_NOT_SUPPORTED	不支持的 HTTP 版本

5.3.2　response 对象的主要方法

与 request 类似，response 对象的方法也很多，读者同样可通过 MyEclipse 助手进行查阅并获取帮助。下面列出 response 对象的部分常用方法。

- addCookie(Cookie cook)：添加一个 Cookie 对象，用来保存客户端的用户信息。
- addHeader(String name, String value)：在 HTTP 文件头添加 name 指定名字的信息值为 value。这个信息将传到客户端去，如果已经存在同名的头信息，则将会用新的设置覆盖已有的值。
- containsHeader(String name)：判断指定名字的 HTTP 文件头是否已经存在，然后返回一个布尔值(真或假)。
- encodeURL()：使用 sessionId 来封装 URL，如果没有必要封装 URL，返回原值。
- fiushBuffer()：强制把当前缓冲区的内容发送到客户端。
- getBufferSize()：获知缓冲区的大小。
- getOutputStream()：返回到客户端的输出流对象。
- sendError(int)：向客户端发送错误的信息。
- sendRedirect(String location)：把响应发送到另一个页面进行处理。这个方法通常称为网页重定向功能。
- setContentType(String s)：通过参数 s 设置响应的 MIME 类型。参数 s 可取 text/html、text/plain、application/x-msexcel、application/msword 等。
- setHeader(String name，String value)：设置由 name 指定名字的 HTTP 文件头的值，如果该值已经存在，则新值会覆盖原有的旧值。

5.3.3　response 对象应用举例

在某些情况下，当响应一个客户的请求时，需要将该客户重新引导至另一个页面。例如：如果客户输入的信息不完整，就应将其引导到该表单的输入界面，输入完整的信息。

【示例程序 Response.jsp 和 C5_4.html】　response 对象应用举例。

(1) C5_4.html 文件的源代码如下。

```
<HTML><head>
        <meta http-equiv="content-type" content="text/html; charset=UTF-8">
    </head>
   <BODY> <P>学习response对象</P>
<FORM   ACTION="Response2.jsp"   METHOD="post" NAME="form">
    您的姓名：<INPUT TYPE="text" SIZE=6 NAME="mine">
    <INPUT TYPE="submit"   Value="确认" NAME="button1">
    <INPUT TYPE="reset"   Value="重填" NAME="button2">
</FORM> </BODY> </HTML>
```

(2) Response.jsp 程序文件的源代码如下。

```
<%@ page contentType="text/html; charset=UTF-8" import="java.util.*"%>
<% request.setCharacterEncoding("UTF-8"); %>
<HTML> <BODY><P><FONT SIZE=3>
<% String str=request.getParameter("mine");
    if(str==null)     str="";
    if(str.equals("")) response.sendRedirect("C5_4.html");
    else
    {   out.println(str+": 欢迎您来到本网页！<BR>");
        out.println("当前时间是：<BR>"+new Date());
        response.setHeader("Refresh","10");
        out.println("<BR>注意该网页将每隔  10  秒刷新一次");
    }
%>
</FONT></P></BODY></HTML>
```

在上面的例子中，通过 C5_4.html 文件为用户提供一个信息输入界面(见图 5.10(a))。当用户在该界面的文本框中输入信息后(见图 5.10(b))单击“确认”按钮，经服务器的 Response.jsp 程序处理后显示图 5.10(c)的欢迎信息，并使用 response.setHeader()方法每隔 10 s 将界面刷新一次(见图 5.10(d))；如果用户没有输入任何信息，则经服务器的 Response.jsp 程序处理后，使用 response.sendRedirect()方法重新引导用户至图 5.10(a)的表单界面。

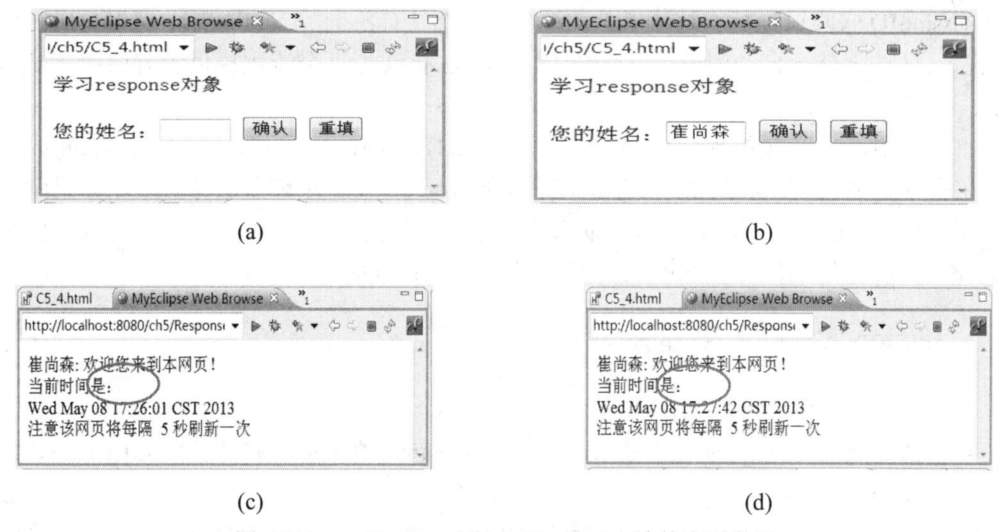

图 5.10　sendRedirect()和 setHeader ()方法的应用举例

需要注意的是：当 C5_4.html 文件中<FORM>标记的 METHOD 属性取值为 get 时，例如，将 Response.jsp 复制一份，并更名为 Response2.jsp，再修改 C5_4.html 中的语句如下：

<FORM　ACTION=*"Response2.jsp"*　METHOD=*"get"* NAME=*"form"*>

会在地址栏的文件名后显示以“？”打头的传送信息。此外，如果输入的是英文，则显示正确，如图 5.11(a)所示；但若输入中文时，在地址栏和指定的显示位置上显示乱码，如图 5.11(b)所示。这一问题留给读者思考解决。

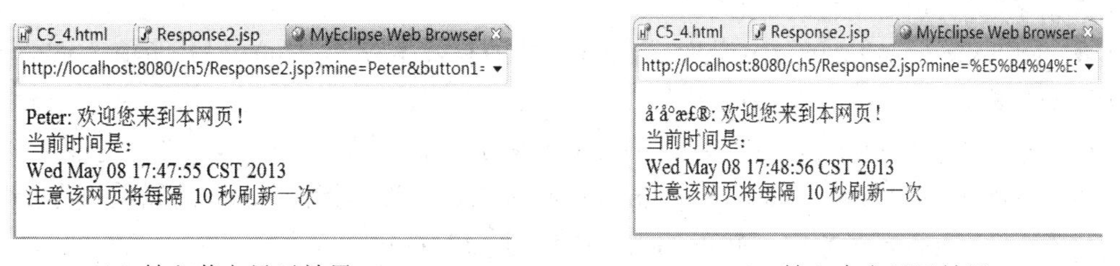

(a) 输入英文显示效果　　　　(b) 输入中文显示效果

图 5.11　FORM 使用 get 方法的显示效果

5.4　session 对象

session 对象用来保存每个用户的信息，以便跟踪每个用户的操作状态。由于 HTTP 协议是一种无状态协议，当一个客户向服务器发出请求(request)，服务器返回响应(response)后，这个连接就被关闭了。在服务器端不保留连接的有关信息，因此，当下一次连接时，服务器无法判断这一次连接与以前的连接是否属于同一客户。解决这一问题的方法就是使用会话(session)来记录有关连接的信息。

一个会话就是从一个客户打开浏览器建立与服务器的连接开始，到这个客户关闭浏览器离开这个服务器结束的时间内所进行的一系列操作。服务器通过向浏览器的 Cookie 写入 sessionID 的方法来标识每个客户。一般情况下，用户首次登录系统时容器会给此用户分配一个 sessionID 来唯一地标识这个客户。每个客户都具有不同的 sessionID，当用户退出系统时，这个 session 就会自动消失。也就是说，session 自动为每个流程提供了方便的存储信息方法。

在 JSP 中，session 被封装成 javax.servlet.http.HttpSession 接口。其中，session 的信息保存在服务器端，session 的 ID 保存在客户端的 Cookie 中。在许多服务器上，如果浏览器支持 Cookie，就直接使用 Cookie；如果浏览器不支持或禁止了 Cookie，就自动转化为 URL-rewriting(重写 URL)，这个 URL 包含了客户端的信息。

5.4.1　session 对象的主要方法

session 对象的主要方法如下所示。

● getAttribute(String name)：获取与指定名字 name 相联系的属性。在 JSP1.0 中，这个方法为 getValue(String name)。

● getAttributeNames()：session 对象调用该方法产生一个枚举对象，该枚举对象使用 nextElements()方法遍历 session 对象中所含有的全部对象，其结果为每一个对象属性的列表。

● getCreationTime()：返回 session 被创建的时间，单位为毫秒(千分之一秒)。它实际上是从 1970 年 1 月 1 日午夜起至该对象创建时刻所走过的毫秒数。

● getId()：此方法返回 session 对象的唯一标识，每个 session 对象的 ID 是不同的。

● getLastAccessedTime()：获取当前 session 对象最近一次被操作的时间(客户端最近一次发送请求的时间)，单位为毫秒。

● getMaxInactiveInterval()：获取 session 对象的有效生存期，单位是秒。负值表示 session 永远不会过时。

● setMaxInactiveInterval()：设置 session 对象的有效期或生存时间，单位是秒。

● setAttribute(String name，java.lang.Object value)：设置指定 name 的属性值为 value，并将之存储在 session 对象中。较早的版本中使用 putValue(…)方法。

● removeAttribute(String name)：从当前 session 对象中删除 name 指定的对象。

● invalidate()：销毁这个 session 对象，使得和它绑定的对象都失效。

● isNew()：判断一个 session 是否由服务器产生，但是客户端并没有使用。

5.4.2　session 对象应用举例

session 对象和客户端的会话紧密联系在一起，它由容器自动创建。下面介绍一个 session 的例子。假如一个用户在页面(login.jsp)中登录成功，可以把他登录的信息(用户名、用户喜欢的水果)保存在 session 中，然后在其它的页面(session.jsp)中就可以使用这些信息来为该用户服务。例如：电子商务中的购物页面到结帐页中信息的传递等。

【示例程序 login.jsp 和 session.jsp】　session 对象应用举例。

(1) login.jsp 文件的内容如下。

```
<%@ page contentType="text/html; charset=UTF-8" %>
<HTML>
```

```
<BODY>
<% String SID=session.getId();%>
<DIV ALIGN="CENTER">
  您在login.jsp页面的SessionID是：<BR>
  <%=SID%>
<FORM METHOD="post" ACTION="session.jsp">
<TABLE>
<TR><TD>请输入您的姓名:</TD>
    <TD><INPUT TYPE=text NAME=MyName></TD>
</TR>
<TR><TD>您喜欢吃的水果:</TD>
    <TD><INPUT TYPE=radio NAME=food Value="苹果">苹果
        <INPUT TYPE=radio NAME=food Value="香蕉" Checked>香蕉
    </TD>
</TR>
</TABLE>
<BR>
   <INPUT TYPE=submit   VALUE=提交>    
   <INPUT TYPE=reset    VALUE=重填 >
</FORM></DIV>
</BODY>
</HTML>
```

(2) session.jsp 文件的内容如下。

```
<%@ page contentType="text/html; charset=UTF-8" %>
<% request.setCharacterEncoding("UTF-8"); %>
<HTML>
<BODY>
<%!String UserName="";%>
<%!String LikeFood="";%>
<%
  UserName=request.getParameter("MyName");
  LikeFood=request.getParameter("food");
  session.setAttribute("sname",UserName); //设置session的sname属性并赋值
  session.setAttribute("sfood",LikeFood); //设置session的sfood属性并赋值
%>
您在session.jsp页面的SessionID是：<BR>
<%=session.getId()%><BR><BR>
您的姓名是：<%out.println(session.getAttribute("sname"));%><BR><BR>
您喜欢吃的水果是：<%out.println(session.getAttribute("sfood"));%><BR><BR>
```

```
创建session对象的时间是：<%=session.getCreationTime()%>
</BODY>
</HTML>
```

login.jsp 和 session.jsp 的运行效果如图 5.12 和图 5.13 所示。

图 5.12　示例程序 login.jsp 的执行效果

图 5.13　点击图 5.12 中的“提交”按钮后的效果

通过这个例子至少可以说明两点：

首先，一个用户在 login.jsp 和 session.jsp 两个页面中，拥有共同的 sessionID。但是需要注意，session 对象能否和客户建立一一对应关系，与客户端浏览器是否支持 Cookies 有关。如果客户端不支持 Cookies 或者将浏览器的 Cookies 设置成禁止，则同一客户在不同页面间的 session 对象可能是不同的，因为服务器无法将 ID 存放在客户端的 Cookies 中。对于不支持 Cookies 的浏览器，需要使用 URL 重写的方法来解决 sessionID 的存储问题。

第二，在 session.jsp 中，通过 request 对象提取 login.jsp 页面中的 MyName 和 food 的值，将它们分别存储在 session 对象的 UserName 和 LikeFood 变量中，然后，服务器可根据这些变量的值进行一系列相关操作。当然，本例只是通过<%out.println(…);%>语句输出到浏览器进行显示。而在其它一些场合，可根据这些变量的值做更复杂的操作。例如：在网上商店中，可根据这些变量的值引导客户到购物界面或结账界面等。

5.4.3　利用 session 对象设计购物车

在网上商店中，常利用 session 对象的特性在不同的页面间传递信息。下面这个例子设计了 sessionBuy1.jsp、sessionBuy2.jsp 和 sessionBuy3.jsp 三个页面。首先在 sessionBuy1.jsp

中使用 session.setAttribute()方法定义了 shop、price、sale 和 HasBuy 四个属性并赋予初始值。然后，在三个页面中使用 session.getAttribute()方法获取此前或前一页面所赋的值，并使用 session.setAttribute()方法将其与当前新值合并后重新赋给相应的属性，从而实现在不同的页面之间传递信息之目的。

【示例程序 sessionBuy1.jsp，sessionBuy2.jsp 和 sessionBuy3.jsp】　session 对象应用。

(1) sessionBuy1.jsp 的源代码如下。

```
<%@ page contentType="text/html;charset=UTF-8" %>
<HTML>
<HEAD>
<TITLE>session 购物车</TITLE>
</HEAD>
<BODY>
<%  // 定义 session 的属性并赋初值
    if(session.getAttribute("flag") == null)
    {
        session.setAttribute("flag","ok");
        session.setAttribute("shop","");
        session.setAttribute("price","");
        session.setAttribute("sale","本页销售:");
        session.setAttribute("HasBuy","您的购物车中已有：<BR>");
    }  //以下修改 session 的属性值并输出到浏览器
    session.setAttribute("shop",session.getAttribute("shop")+"主板,");
    session.setAttribute("price",session.getAttribute("price")+"260, ");
    out.println(session.getAttribute("sale")+"主板<BR>");
    out.println("<HR>");
    out.println(session.getAttribute("HasBuy"));
    out.println(session.getAttribute("shop")+"<BR>");
    out.println(session.getAttribute("price")+"<BR>");
%>
<HR>
<A href="sessionBuy2.jsp">去买内存</A>
   
<A href="sessionBuy3.jsp">去买硬盘</A>
</BODY></HTML>
```

(2) sessionBuy2.jsp 的源代码如下。

```
<%@ page contentType="text/html;charset=UTF-8" %>
<HTML>
<%
```

```
        //修改 session 的属性值并输出到浏览器
        session.setAttribute("shop",session.getAttribute("shop")+"内存,");
        session.setAttribute("price",session.getAttribute("price")+"180, ");
        out.println(session.getAttribute("sale") + "内存<br>");
        out.println("<HR>");
        out.println(session.getAttribute("HasBuy"));
        out.println(session.getAttribute("shop")+"<br>");
        out.println(session.getAttribute("price")+"<br>");
%>
<BODY><HR>
<A href="sessionBuy3.jsp">去买硬盘</A>   
<A href="sessionBuy1.jsp">去买主板</A>
</BODY>
</HTML>
```

(3) sessionBuy3.jsp 的源代码如下。

```
<%@ page contentType="text/html;charset=UTF-8" %>
<HTML>
<BODY>
<%  //修改 session 的属性值并输出到浏览器
        session.setAttribute("shop",session.getAttribute("shop")+"硬盘 ");
        session.setAttribute("price",session.getAttribute("price")+"810 ");
        out.println(session.getAttribute("sale")+"硬盘<br>");
        out.println("<HR>");
        out.println(session.getAttribute("HasBuy"));
        out.println(session.getAttribute("shop")+"<br>");
        out.println(session.getAttribute("price")+"<br>");
%>
<HR>
<A href="sessionBuy1.jsp">去买主板</A>
   
<A href="sessionBuy2.jsp">去买内存</A>
</BODY>
</HTML>
```

示例程序的执行效果见图 5.14。

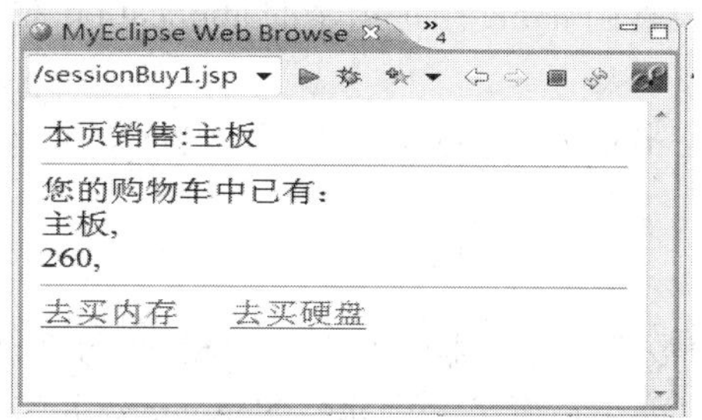

(a) 执行 sessionBuy1.jsp 的效果

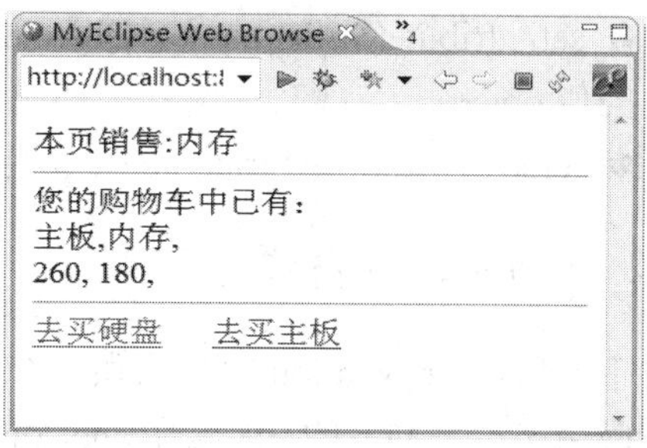

(b) 执行 sessionBuy2.jsp 的效果

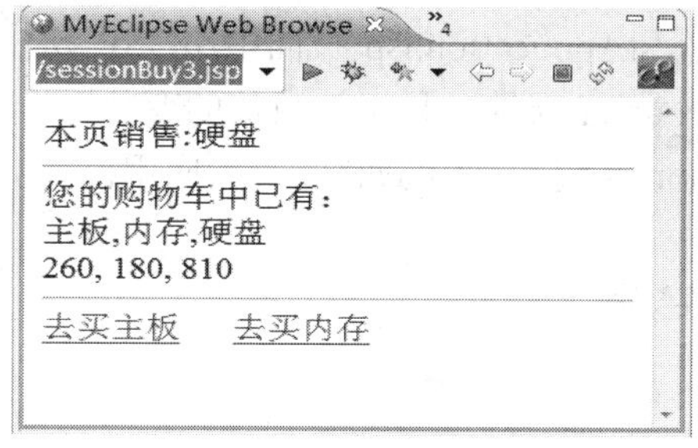

(c) 执行 sessionBuy3.jsp 的效果

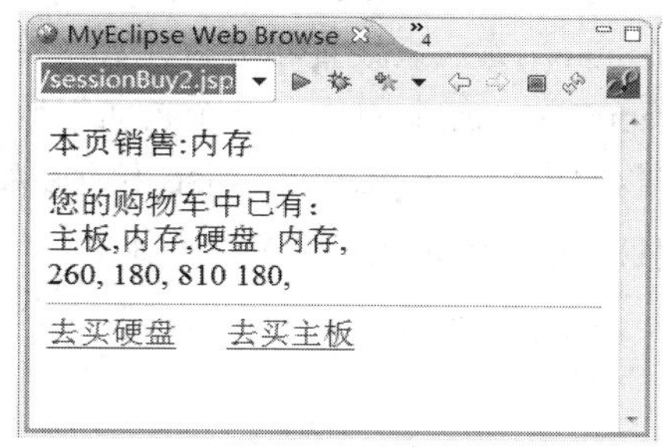

(d) 返回 sessionBuy2.jsp 的效果

图 5.14　使用 session 对象设计购物车的执行效果

5.5　application 对象

application 对象为所有用户保存共享信息。虽然 application 对象和 session 对象都可以为用户保存信息，但 application 对象与 session 对象至少有两点不同：第一，服务器为每一个客户建立一个 session 对象来保存每一个客户的信息，对于不同的客户来说，他们的 session 是不同的；而 application 对象为多个应用程序保存共用信息，对于一个容器而言，所有客户的 application 对象都是相同的一个。第二，session 对象与 application 对象的生命期不同，session 对象的生命期是从一个客户打开浏览器建立与服务器的连接开始，到这个客户关闭浏览器离开这个服务器结束这段时间；而 application 对象的生命期是从服务器启动到关闭服务器的时间。也就是说，服务器启动后，就会自动创建 application 对象，这个对象一直会保持到服务器关闭为止。

5.5.1　application 对象的主要方法

application 对象的主要方法如下。

- getAttribute(String name)：返回由 name 指定名字的 application 对象的属性值。
- getAttributeNames()：返回所有 application 对象的属性的名字，其结果是一个枚举的实例。实际上它是调用 nextElements()方法遍历 application 对象中所含有的全部对象。
- getInitParameter(String name)：返回由 name 指定名字的 application 对象的某个属性的初始值。

● getServletInfo()：返回 Servlet 容器的名字和当前版本信息。

● setAttribute(String name，Object object)：设置由 name 指定名字的 application 对象的属性的值 object。

● removeAttribute(String key)：从当前 application 对象中删除关键字是 key 的对象。

5.5.2　application 对象应用举例

下面通过 application 对象来做一个页面访问数量的计数器。原理是 application 对象对所有应用来说是共享的，因此在 appCounter.jsp 页面中设置了一个属性 Ncounter，并将此属性的值通过 application 对象的 getAttribute( )方法获取后赋给 counter 变量，然后再用 setAttribute( )方法来设置和更新计数器的值。在 testApplication.jsp 页面中用 JSP 动作标签引用 appCounter.jsp 页面和这个页面中设置的 Ncounter 属性，显示计数值的变化。

【示例程序 appCounter.jsp 和 testApplication.jsp】　application 对象应用。

(1) appCounter.jsp 程序代码如下。

```
<%@ page contentType="text/html; charset=UTF-8"%>
<%
   int count=0;
   String Ncounter=request.getParameter("Ncounter");
   try{
     count=Integer.parseInt((application.getAttribute(Ncounter).toString()));
   }
   catch(Exception e) { out.println("error"+"<BR>") ; }
   out.println("该页面设置了一个 Ncounter 属性，用于保存访问此页面的次数<BR>");
   out.println("自从服务器启动后，此页面已经访问了"+count+"次");
   count++;
   application.setAttribute(Ncounter,new Integer(count));
%>
```

(2) testApplication.jsp 程序代码如下。

```
<%@ page language="java" contentType="text/html; charset=UTF-8"%>
<HTML>
<HEAD>
   <META http-equiv="Content-Type" content="text/html; charset=UTF-8">
   <TITLE>使用 application 计数的例子</TITLE>
</HEAD>
<BODY>
   测试 appCounter 的页面。下划线以下的内容是 appCounter 页面的：<BR><HR>
   <jsp:include page="appCounter.jsp">
   <jsp:param name="Ncounter" value="20"/>
```

```
    </jsp:include>
  </BODY>
  </HTML>
```

在浏览器地址栏输入“testApplication.jsp”，其运行效果如图 5.15 所示。注意，首次运行时 count 的位置显示为 error。然后刷新几次，就可以看到计数值的增加。如果将 testApplication.jsp 复制一份，改名为 testApplication2.jsp 后运行，计数值将在原来计数的基础上继续增加。

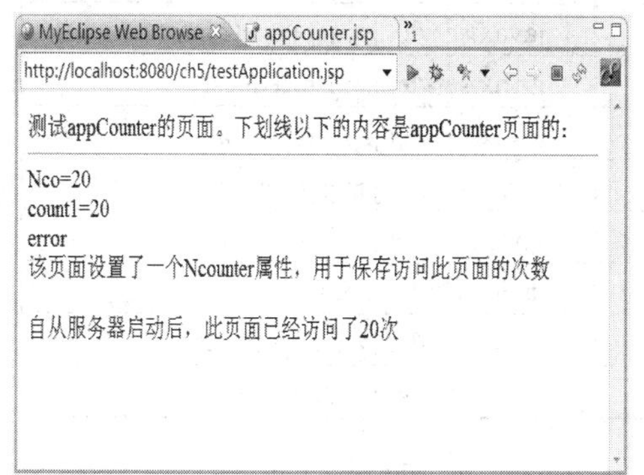

(a) 第一次运行时的情况

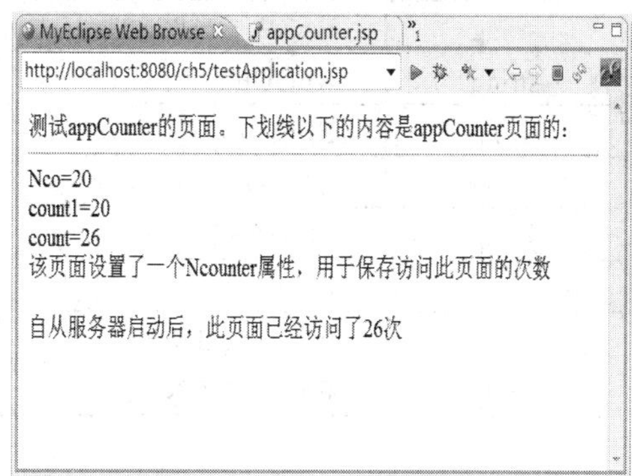

(b) 刷新或再运行 6 次后的情况

图 5.15　使用 application 对象设计网站访问量计数器

5.6　pageContext 对象

pageContext 对象被封装成 javax.servlet.jsp.pageContext 接口，为 JSP 页面包装页面的上下文信息。换言之，pageContext 对象存储与本 JSP 页面相关的信息(如属性、内置对象等)，其主要功能是管理对属于 JSP 中特殊可见部分中已命名对象的访问。

pageContext 对象的创建和初始化都是由容器来完成的，这些工作通常对 JSP 程序员也是透明的。JSP 程序员可以从 JSP 页面中获取用来代表 pageContext 对象的句柄，因此也就可以直接使用 pageContext 对象的各种 API。

pageContext 对象的 getXy()、setXy()和 findXy()方法可以用来根据不同的对象范围实现对这些对象的管理。pageContext.getAttribute()方法可以用来获取缺省的页面范围之中的一个已经命名对象的句柄，或者在指定共享范围内获取一个已经命名对象的句柄。

pageContext.setAttribute()方法可以用来设置默认页面范围或特定对象范围之中的已命名对象。pageContext.findAttribute()方法用来按照页面、请求、会话以及应用程序共享范围搜索某个已经命名的属性。

5.6.1　pageContext 对象的数据成员

pageContext 对象的数据成员及其取值见表 5.4，它们主要用于设置对象的共享范围等。

表 5.4　pageContext 对象的数据成员及其取值

数据类型	标识符常量名	常 量 值	作　用
int	PAGE_SCOPE	1	页面共享范围
int	REQUEST_SCOPE	2	请求共享范围
int	SESSION_SCOPE	3	会话共享范围
int	APPLICATION_SCOPE	4	应用程序共享范围
string	PAGE	javax.servlet.jsp.jspPage	
string	PAGECONTEXT	javax.servlet.jsp.jspPageContext	
string	REQUEST	javax.servlet.jsp.jspRequest	
string	RESPONSE	javax.servlet.jsp.jspResponse	
string	CONFIG	javax.servlet.jsp.jspConfig	
string	SESSION	javax.servlet.jsp.jspSession	
string	OUT	javax.servlet.jsp.jspOut	
string	APPLICATION	javax.servlet.jsp.jspApplication	
string	EXCEPTION	javax.servlet.jsp.jspException	

5.6.2　pageContext 对象的主要方法

pageContext 对象中常用的方法如下所示。

● forward(java.lang.String relativeUrlPath)：把页面重定向到 relativeUrlPath 参数指定的另一个页面或者 Servlet 组件上。

● getAttribute(java.lang.String name)或 getAttribute(java.lang.String name，int scope)：这个多态的方法用来检索共享范围内以参数 name 为名字的属性值。

● getAttributeNamesScope(int scope)：用来检索某个特定范围内所有属性名称的集合。

● getException()：返回当前的 exception 对象。

● getRequest()：返回当前页面的 request 对象。

● getResponse()：返回当前页面的 reponse 对象。

● getServletConfig()：返回当前页面的 servletConfig 对象。

● getServletContext()：返回页面的 ServletContext 对象。这个对象对所有的页面都是共享的。

● getSession()：返回当前页面的 session 对象。

● setAttribute(String name, Object value)或 setAttribute(String name, Object value, int scope)：这个多态的方法用来设置默认页面范围或指定共享范围(scope)内以 name 为名的属性值为 value。

findAttribute(String name)：用来按照页面、请求、会话以及应用程序共享范围的顺序实现对某个已经命名属性的搜索。

removeAttribute(String name)或 removeAttribute(String name, int scope)：这个多态的方法用来删除默认页面范围或特定范围(scope)内以 name 参数指定对象的属性。

5.6.3　pageContext 对象应用举例

pageContext 对象可以访问 session 和 ServletContext 对象。session 和 ServletContext 对象可以设置属性，同时 pageContext 对象也能设置属性。下面通过一个例子来介绍这种设置属性的方法之间的区别。

【示例程序 pagecontext1.jsp、pagecontext2.jsp 和 C5_5.html】 pageContext 对象应用。

和前面的例子一样，首先有一个表单页面(C5_5.html)提交一些参数到测试页面。

(1) 表单页面 C5_5.html 的代码如下：

```
<HTML>
  <head><meta http-equiv="content-type" content="text/html; charset=UTF-8">
  </head>
<BODY>
  <FORM METHOD="post" ACTION="pagecontext1.jsp">
     姓名:<INPUT TYPE=text SIZE=8 NAME=Yourname>
     <INPUT TYPE=submit VALUE="提交">
  </FORM>
</BODY>
</HTML>
```

(2) pagecontext1.jsp 程序代码如下：

```
<%@ page contentType="text/html; charset=UTF-8"%>
<% request.setCharacterEncoding("UTF-8"); %>
 pageContext的测试页面，在pagecontext中设置一些属性：<br>
<%
ServletRequest UserReq=pageContext.getRequest();
String name=UserReq.getParameter("Yourname");
if(name=="") response.sendRedirect("C5_5.html");
else
{
  out.println("在前一页面输入的姓名是：  "+name);
  pageContext.setAttribute("userName",name);
  pageContext.getServletContext().setAttribute("sharevalue","多个页面共享的值");
  pageContext.getSession().setAttribute("sessionValue","仅在session中共享的值");
  out.println("<br>pageContext.getAttribute('userName'):");
  out.println(pageContext.getAttribute("userName"));
}
```

```
%>
<BR><BR>
<a href="pagecontext2.jsp">点这里到pagecontext2.jsp页面</a><hr>
以下是这个页面的代码：<br>
<font color=blue>
HttpServletRequest UserReq=pageContext().getRequest();<br>
String name=UserReq.getParameter("Yourname");<br>
pageContext.setAttribute("userName",name);<br>
getServletContext().setAttribute("sharevalue","多个页面共享的值");<br>
getSession().setAttribute("sessionValue","仅在session中共享的值");<br>
out.println(pageContext.getAttribute("userName"));
</font>
```

(3) pagecontext2.jsp 程序代码如下：

```
<%@ page language="java" contentType="text/html; charset=UTF-8"%>
<% request.setCharacterEncoding("UTF-8"); %>
pageContext的测试页面---获得前一页面设置的值：<br>
<%
out.println("<BR>pageContext.getAttribute('userName')=");
out.println(pageContext.getAttribute("userName"));
out.println("<BR>pageContext.getSession().getAttribute('sessionValue')=");
out.println(pageContext.getSession().getAttribute("sessionValue"));
out.println("<BR>pageContext.getServletContext().
    getAttribute('sharevalue')=");
out.println(pageContext.getServletContext().getAttribute("sharevalue"));
%>
```

(4) pagecontext3.jsp 程序代码如下：

```
<%@ page language="java" contentType="text/html; charset=UTF-8"%>
pageContext的测试页面-另外开启一个浏览器，获得共享的servletContext的值：<br>
<%
out.println("pageContext.getServletContext().getAttribute('sharevalue')=");
out.println(pageContext.getServletContext().getAttribute("sharevalue"));
%>
```

这个例子的运行效果如图 5.16～图 5.19 所示。可以看出，pagecontext2.jsp 能够获得 session 和 ServletContent 中的属性值，但不能获取前一页面通过 pageContext.setAttribute() 方法设置的属性值。

图 5.16　在 C5_5.html 页面输入信息

图 5.17　在 C5_5.html 页面输入信息后点击登录，运行 pagecontext1.jsp 的情况

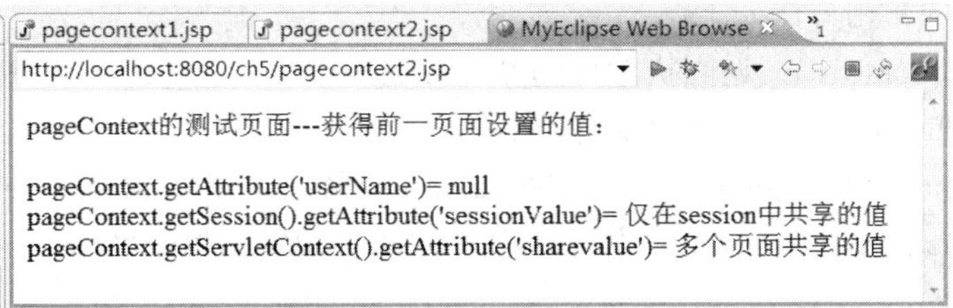

图 5.18　在 pagecontext1.jsp 页面点击超链接，运行 pagecontext2.jsp 时只有 userName 为空

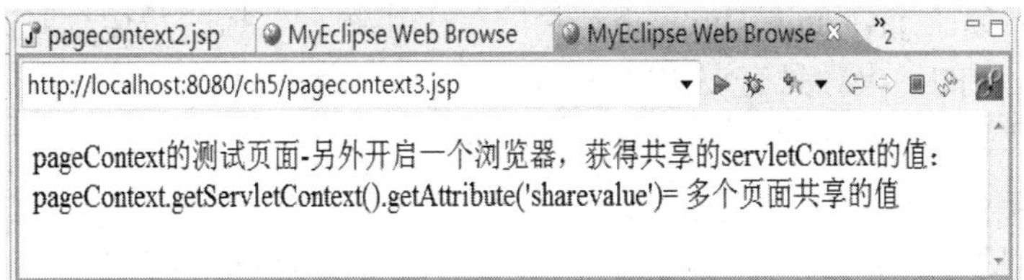

图 5.19　重新开启一个浏览器，运行 pagecontext3.jsp 时只有 shareValue 有值

再做一个试验：重新开启一个浏览器，运行 pagecontext2.jsp 程序，则运行效果如图 5.20 所示。可以看出，由于新开的浏览器的 session 和前面的 session 不同，所以它不能获得 pageContext.getSession().setAttribute()代码中设置的属性值(该值在图 5.20 中显示为 null)，但是可以获得 pageContext.getServletContext().setAttribute()代码中设置的属性值。

以上的试验验证了：pageContext 属性默认在当前页面是共享的，session 中的属性在当前 session 中是共享的，ServletContext 对象中的属性对所有的页面都是共享的。

图 5.20　重新开启一个浏览器，运行 pagecontext2.jsp 时 sessionValue 为空值

5.7　config、page 和 exception 对象

config 对象表示 Servlet 的配置，exception 对象指的是运行时的异常，page 对象代表 JSP 对象本身。这 3 个对象在 JSP 中不常用，下面对它们作一个简略的介绍。

5.7.1　config 对象

config 对象被封装成 javax.servlet.ServletConfig 接口，它表示 Servlet 的配置。当一个 Servlet 初始化时，容器把某些信息通过 config 对象传递给这个 Servlet。config 对象主要用来配置处理 JSP 程序的句柄，而且只有在 JSP 页面范围之内才是合法的。

config 对象的常用方法如下。

- getServletContext()：返回执行者的 Servlet 上下文。
- getServletName()：返回 Servlet 的名字。
- getInitParameter(String name)：返回 name 指定名称的初始参数的值。
- getInitParameterNames()：返回这个 JSP 的所有初始参数的名称集合。

5.7.2　exception 对象

exception 对象是 java.lang.Throwable 类的一个实例。它指的是运行时的异常，也就是被调用的错误页面的结果。只有在 JSP 页面的 page 指令中指定 isErrorPage=true 后，才可以在本页面使用 exception 对象。

exception 对象的主要方法如下。

- fillInStackTrace()：将当前 stack(栈)信息记录到 exception 对象中。
- getLocalizedMessage()：取得本地语系的错误提示信息。
- getMessage()：取得错误提示信息。
- getStackTrace()：返回对象中记录的 call stack trace 信息。
- initCause()：将另一个异常对象嵌套进当前异常对象中。
- getCause()：取出嵌套在当前异常对象中的异常。
- printStackTrace()：打印 Throwable 及其 call stack trace 信息。
- setStackTrace(StackTraceElement[] stackTrace)：设置对象的 call stack trace 信息。

5.7.3　page 对象

page 对象是 java.lang.Object 类的一个实例。它是 JSP 实现类对象的一个句柄，只有在 JSP 页面范围之内才是合法的。page 对象代表 JSP 对象本身，或者说代表编译后的 Servlet 对象，可以用((javax.servlet.jsp.HttpJspPage)page)来取用它的方法和属性。当使用 Java 作为脚本语言时，也可以用 this 来引用 page 对象。

习　题　5

5.1　JSP 设计内置对象的目的是什么？它们在用法上与 Java 类的其它对象有什么不同？

5.2　request 对象有哪些数据成员和成员方法？

5.3　response 对象有哪些数据成员和成员方法？

5.4　session 对象有哪些成员方法？

5.5　application 对象有哪些成员方法？

5.6　session 对象和 application 对象有什么联系与区别？

5.7　pageContext 对象有哪些数据成员和成员方法？

5.8　上机编写和调试一个使用 request 对象、response 对象和 out 对象的 JSP 程序。

5.9　上机编写和调试一个使用 session 对象和 pageContext 对象的 JSP 程序。

5.10　上机编写和调试一个使用 application 对象的 JSP 程序。

5.11　总结从一个页面跳转到另一个页面的方法，包括 HTML 语句和 JSP 内置对象的方法。

JSP 标 签

本章介绍 JSP 标签，主要包括 JSP 指令和 JSP 动作。JSP 指令为翻译阶段提供全局信息或静态引入资源，JSP 动作在执行阶段为页面提供插件或动态引入资源等。

6.1　JSP 指令元素

JSP 指令元素为翻译阶段提供全局信息。例如：设置全局变量的值和输出内容的类型，声明要引用的类，指明页面中包含的文件等。所有的指令元素在整个文件的范围内都有效。指令元素从 JSP 发送这些信息到 JSP/Servlet 容器上，但它们并不向客户机产生任何输出。

目前，JSP 中有 3 个指令元素，分别是 page、include 和 taglib。

6.1.1　page 指令

page 指令用来定义 JSP 文件的全局属性。其语法格式如下：

```
<%@ page 属性 1 ="属性 1 的值"    属性 2 ="属性 2 的值" … %>
```

例如：

```
<%@ page contentType ="text/html;charset=GB2312" %>
```

这条 page 指令就指定了 contentType 属性的值是"text/html;charset=GB2312"，即 JSP 页面的 MIME 类型是 text/html，使用的字符集是 GB 2312，这样可以显示标准的汉字。

page 指令的属性主要包括：language，import，contentType，info，pageEncoding，buffer，autoFlush，session，errorPage，isErrorPage，isThreadSafe 等。表 6.1 列出了 page 指令的属性及其用法说明。

表 6.1　page 指令的属性及其用法说明

属　性	作　　用	默认值	例　　子
language	定义要使用的脚本语言	java	language ="java"
import	为 JSP 页面引入 Java 类和包。各类或包间用逗号分隔	Java.lang.*; javax.servlet.* javax.servlet.jsp.* javax.servlet.http.*	import="java.io.* ", "java.util.Hashtable", "javax.servlet.jsp.* "
buffer	指定 out 使用的缓冲区大小	通常不小于 8 KB	buffer="64 KB"

续表

属　性	作　　用	默认值	例　　子
contentType	定义 JSP 字符编码和页面响应的MIME 类型	contentType="text /html" charset=ISO-8859-1	contentType="text/html; charset=GB 2312"
pageEncoding	JSP 页面的字符编码	pageEncoding="ISO-8859-1"	pageEncoding="GB 2312"
info	提供 JSP 页面的信息	无	info="一个测试页面"
autoflush	指定 out 的缓冲区是否自动刷新	true	autoFlush="true"
session	用于设置是否需要使用内置的session 对象	true	session="false"
errorPage	定义页面出现异常时调用的页面	无	errorPage="error/error.jsp"
isErrorPage	表明当前页是否是其它页的errorPage 目标。如果被设置为 true，则可以使用 exception 对象；为 false 时不能使用 exception 对象	false	isErrorPage="true"
isThreadSafe	用来设置 JSP 文件是否可多线程访问。如果设置为 true，则一个 JSP 文件能够同时处理多个用户请求	true	isThreadSafe="true"

在一个 JSP 页面中，可以用一条 page 指令来指定多个属性的值，也可以用多条 page 指令来指定各个属性的值。需要注意的是，除 import 属性外，其它属性只能使用一次 page 指令给该属性指定一个值。由于 import 属性的取值较多，因此可以在一条 page 指令中为 import 属性指定多个值，各个值间用逗号分隔；也可以使用多个 page 指令给 import 属性指定几个值。例如，下面两种写法都是正确的：

```
<%@ page import="java.io.* ",  "javax.servlet.* ",  "java.util.Date"%>
```

或者

```
<%@ page import="java.io.* " %>
<%@ page import= "javax.servlet.* ",  "java.util.Date"%>
```

注意： page 指令对整个页面有效，可以在 JSP 页面的任何地方写这种代码。但是，好的习惯是把它写在 JSP 程序的最前面，而且因为它是 JSP 页面指令，请记住一定要写在<HTML>标记的前面。

6.1.2　include 指令

include 指令的作用是在 JSP 页面出现该指令的位置处静态插入一个文件，即通知 JSP 容器在当前页面的 include 指令位置上嵌入指定的资源文件的内容。

include 指令的语法如下：

```
<%@ include file="文件名"%>
```

所谓静态插入，就是将当前 JSP 页面和插入的部分合并成一个新的 JSP 页面，然后再由 JSP 引擎将这个新的 JSP 页面转译成 Java 类文件。因此，使用 include 指令插入文件时，应注意下面 4 个问题：

(1) include 指令所包含文件的文件名不能是变量，文件名后也不能带任何参数。文件的扩展名可以是 .jsp、.html、.txt 和 .inc 等，且必须保证被插入的文件是可获得和可访问的。

(2) 如果在文件名中包含有路径信息，则路径必须是相对于当前 JSP 网页文件的路径，一般情况下该文件必须和当前 JSP 页面在同一 Web 服务目录中。如果路径以“/”开头，则这个路径主要是参照 JSP 应用的上下关系路径；如果路径是以目录名开头，则这个路径就是正在使用的 JSP 文件的当前路径。

(3) 使用 include 指令插入文件后，必须保证新合并成的 JSP 页面符合 JSP 语法规则，即形成一个新的JSP页面文件后，不存在语法冲突。例如：如果在一个JSP页面中使用include 指令插入另一个 JSP 文件，而这两个文件中都用 page 指令设置了页面 contentType 属性，如果二者不一致时就会出现语法错误，当转译合并 JSP 页面到 Java 文件时就会失败。

(4) 如果修改了被包含的文件，则也应将当前的 JSP 文件修改一下(在实际操作中，就是在编辑状态下打开该 JSP 文件，重新保存一次)。这是因为 JSP 引擎是通过比较 JSP 页面文件和相应的字节码文件的最后修改日期来判断 JSP 页面是否被修改过，如果两者相同，则认为 JSP 网页未被修改。由于在 include 指令中被包含的文件是在编译成字节码文件之前插入到源 JSP 页面中的，所以如果只是修改了被包含的文件，而没有修改 JSP 页面文件，则得到的结果将和修改前是一样的。

【示例程序 include.jsp 和 calculate.jsp】 include 指令的使用。

在这个例子中编写了一个计算平方根的程序 calculate.jsp 程序，然后在 include.jsp 中使用<%@ include file="calculate.jsp"%>指令将这个文件包含进来，使 include.jsp 能完成计算平方根的功能。

(1) include.jsp 文件的源代码如下。

```
<%@ page contentType="text/html; charset=UTF-8"%>
<HTML>
<HEAD><TITLE>使用 include 包含文件</TITLE></HEAD>
<BODY> <P ALIGN=center>
请输入一个正数，单击按钮计算这个数的平方根！
<%@ include file="calculate.jsp"%>
</P>
</BODY>
</HTML>
```

(2) calculate.jsp 文件的源代码如下。

```
<%@ page contentType="text/html; charset=UTF-8"%>
<FORM  ACTION="" METHOD="post">
```

```
<INPUT  TYPE="text" NAME="ok">
<INPUT  TYPE="submit" VALUE="计算">
</FORM>
<% String a=request.getParameter("ok");
   if(a==null) a="1";
   try
   {  double number=Integer.parseInt(a);
      out.println("<BR>计算结果是："+Math.sqrt(number));
   }
   catch(NumberFormatException e)
   {   out.println("<BR>请输入数字");   }
%>
```

程序编写完成后，为 ch6 工程添加 tomcat 服务器，启动服务器，再启动浏览器。然后在浏览器地址栏中输入：http://localhost:8080/ch6/include.jsp 后回车，出现图 6.1(a)所示具有空白输入框的界面，在其中输入一个正数后点击“计算”，出现如图 6.1(b)所示执行效果。

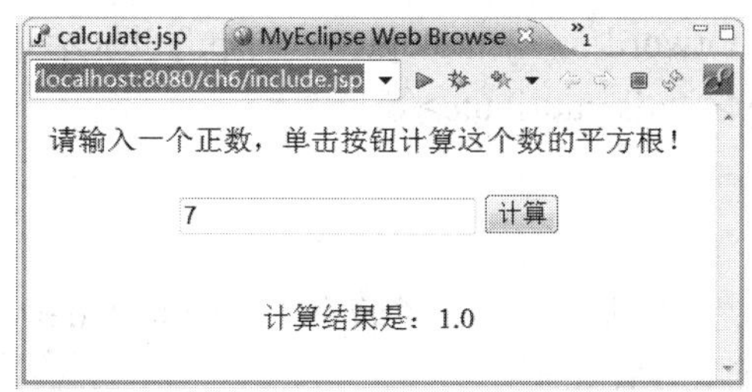

(a) include.jsp 程序初起并输入 7 的状态

(b) 按下图(a)中“计算”按钮后的状态

图 6.1　在 include.jsp 中包含 calculate.jsp 的效果

6.1.3　taglib 指令

这个指令用于引入一些特定的标签库以简化 JSP 页面的开发。这些标签可以是 JSP 标准标签库(JSP Standard Tag Library，JSTL)中的标签，也可以是使用者自己定义和开发的标签。使用 JSP 标签库的语法格式如下：

```
<%@ taglib prefix="标签前缀"  uri="标签库的统一资源定位符" %>
```

其中，prefix 指出要引入的标签的前缀；uri(Uniform Resource Identifer，统一资源定位符)用于指出所引用标签资源的位置，可以使用绝对路径或相对路径。例如：

```
<%@ taglib prefix="c" uri="http://java.sun.com/jsp/jstl/core"%>
```

表示从 JSP 标准标签库的 core 库中引入前缀为 c 的标签。

使用标签库的主要好处是增加了代码的重用度，使页面易于维护。例如：可以把一些需要迭代显示的内容做成一个标签，在每次迭代显示时，使用这个标签就可以了，不必重复书写这些代码。

然而，由于目前的 tomcat 中还没有将 JSTL 集成进去，如果要使用标准标签库(JSTL)，需要下载和安装标签库文件，修改 web.xml 文件并进行相关的设置等，操作比较繁杂。虽然通过下载并安装 MyEclipse 插件可以解决一些问题，但仍然需要具备一些相关知识。鉴于此，本书将略去这部分内容。

6.2 JSP 动 作

与在编译阶段提供全局信息的 JSP 指令元素相对应，JSP 动作元素在执行阶段起作用，动态地为页面提供一些信息和插件等。JSP 动作元素采用类似 HTML/XML 语法书写，并采用以下两种语法格式中的一种：

```
<jsp:动作名 属性 1="值 1" 属性 2="值 2"… />
```

或者

```
<jsp:动作名 属性 1="值 1" 属性 2="值 2"… >
⋮
</jsp: 动作名>
```

JSP 规范定义了一系列的标准动作，它们均以 jsp 作为前缀。这些动作元素中使用比较频繁的主要有：<jsp:param>，<jsp:include>，<jsp:forword>，<jsp:plugin>，<jsp:fallback>，<jsp:useBean>，<jsp:setProperty>，<jsp:getProperty>，<jsp:attribute>等。

6.2.1 param 动作

param 动作以“名—值”对的形式为其它标签提供附加信息。这个动作与<jsp:include>、<jsp:forward>、<jsp:plugin>动作一起使用。它的使用方式如下：

```
<jsp:param name="名字" value="指定给 param 的值"/>
```

本书将在下面的小节中结合<jsp:include>、<jsp:forward>、<jsp:plugin>动作的使用来说明<jsp:param>动作。

6.2.2 include 动作

如果需要在 JSP 页面内某处动态地加入一个文件，可以使用 include 动作。该动作告诉 JSP 页面，在 JSP 页面执行时将指明的文件加入进来。其使用格式如下：

```
<jsp:include page="文件名" flush="true"/>
```

或者

```
<jsp:include page="文件名" flush="true">
<jsp:param name="名字" value="指定给 param 的值"/>
⋮
</jsp:include>
```

include 动作与 include 指令有下述四点不同。

(1) include 动作动态地插入文件到 JSP 页面中，而 include 指令静态地插入文件到 JSP 页面中。即当 JSP 引擎把 JSP 页面转译成 Java 文件时，不把 JSP 页面中用 include 动作所包含的文件与原 JSP 页面合并成一个新的 JSP 页面，而是告诉 Java 解释器，这个文件在 JSP 运行时(Java 文件的字节码文件被加载执行时)才包含进来。如果被包含的文件是普通的 HTML 文件(静态文件)，就将文件的内容发送到客户端，由客户端负责显示；如果被包含的文件是 JSP 文件(动态文件)，JSP 引擎就执行这个文件，然后将执行结果发送到客户端，由客户端负责显示执行结果。

(2) 由于 include 动作在执行时才对包含的文件进行处理，因此，JSP 页面和它所包含的文件在逻辑上和语法上都是独立的。如果对 include 动作中包含的文件进行了修改，那么运行时可以看到所包含文件修改后的结果；而如果对 include 指令中包含的文件进行了修改，则必须重新编译 JSP 页面文件，否则只能看到所包含文件修改前的内容。

(3) 当 include 动作与 param 动作一起使用时，可以将 param 动作中的参数值传递到 include 动作要加载的文件中去。因此，include 动作如果结合 param 动作，可以在加载文件的过程中向该文件提供信息。

(4) include 动作可以动态增加内容，但它的运行效率比 include 指令低。

【示例程序 jsp_include.jsp、twoParam.jsp 和 login.html】 给出 include 动作与 include 指令的应用对比。下面是这 3 个文件的源代码。

(1) 程序 jsp_include.jsp 的源代码：

```
<%@ page contentType="text/html; charset=UTF-8" language="java" %>
<HTML><BODY>
    两种不同文件包含方式的执行效果比较:<BR>
    <%@ include file="login.html" %>
    1.使用 include 指令静态包含 twoParam.jsp 的执行效果:
    <%@ include file="twoParam.jsp" %>
    <BR><BR>
    2.使用 include 动作动态包含 twoParam.jsp 的执行效果：
    <jsp:include page="twoParam.jsp" flush="true">
    <jsp:param name="yourname" value="<%=request.getParameter("user")%>" />
    <jsp:param name="yourpass" value="<%=request.getParameter("passw")%>" />
    </jsp:include>
</BODY></HTML>
```

(2) 程序 twoParam.jsp 的源代码：

```
<%@ page contentType="text/html; charset=UTF-8" language="java" %>
<BR>twoParam.jsp 文件的执行效果：
<BR>你的名字是：<%=request.getParameter("yourname")%>
<BR>你的口令是：<%=request.getParameter("yourpass")%>
```

```
<BR>
<% out.println("你好？来自 twoParam.jsp 文件");%>
```

(3) 文件 login.html 的源代码：

```
<HTML><BODY>
   <FORM METHOD=post   ACTION="jsp_include.jsp">
    <TABLE>
        <TR><TD>Please input your name:</TD>
              <TD><INPUT   TYPE=text   NAME=user></TD></TR>
        <TR><TD>Input your password:</TD>
              <TD><INPUT   TYPE=password   NAME=passw></TD></TR>
        <TR><TD><INPUT TYPE=submit VALUE=login></TD></TR>
  </TABLE>
  </FORM>
</BODY></HTML>
```

在这个例子的 jsp_include.jsp 程序中，分别使用<%@ include %>指令和<jsp:include>动作包含了 twoParam.jsp 程序，并在 twoParam.jsp 和 jsp_include.jsp 两个文件中都使用 JSP 内置对象 request 的 getParameter 方法获取两个参数 yourname 和 yourpass 的值，在 jsp_include.jsp 中还使用<jsp:param>动作传递这两个参数的值。

图 6.2 是上述文件在两种情况下的执行效果。从图中可以看出，不论在哪种情况下，使用<%@ include %>指令静态包含文件的执行结果都是相同的；而使用<jsp:include>动作动态包含文件时，执行结果可根据参数的变化而变化。

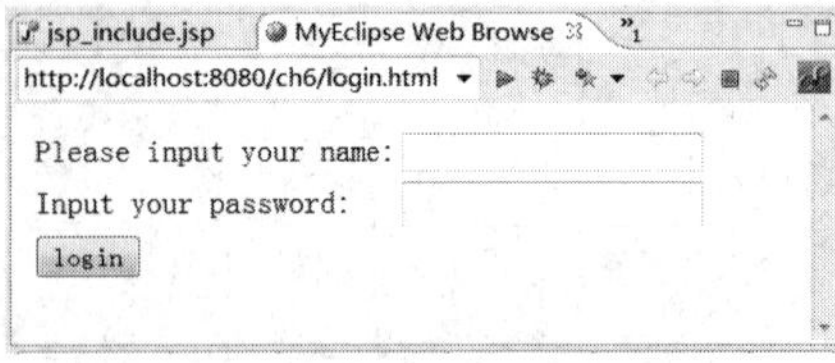

(a) 执行 login.html 的初始状态

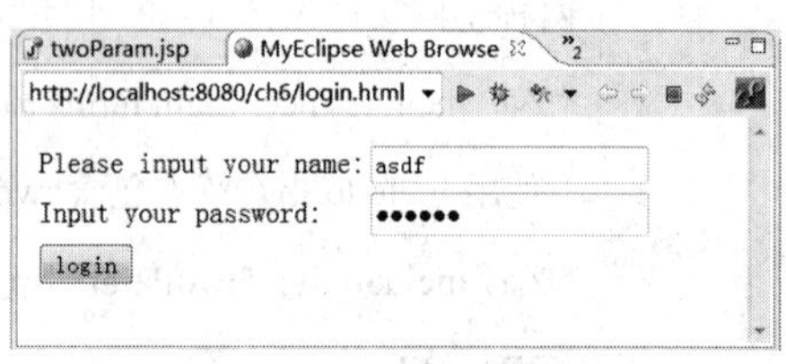

(b) 在 login.html 中输入数据后的状态

(c) 按下图(a)中“login”按钮后的输出

(d) 按下图(b)中“login”按钮后的输出

图 6.2　使用 include 动作与 include 指令的效果对比

6.2.3　forward 动作

forward 动作的作用是将请求转向另一个页面，并停止执行当前页面中该动作后的内容。在控制型的 JSP 页面中经常使用这个动作。该动作只有一个 page 属性，其使用格式如下：

```
<jsp:forward page="要转向页面的相对 URL" 或 "<%=表达式%>"/>
```

或者

```
<jsp:forward page="要转向页面的相对 URL" 或 "<%=表达式%>">
<jsp:param name="名字" value="指定给 param 的值"/>
⋮
</jsp:forword>
```

【示例程序 checklogin.jsp、success.jsp 和 login1.html】　以登录验证页面 checklogin.jsp 为例说明 forward 动作的使用。

几乎所有的登录验证页面的机制都是：首先提供登录界面(本例为 login1.html)让用户输入登录信息，然后在登录验证页面(本例为 checklogin.jsp)中获取用户输入的信息并进行验证，如果验证通过则把页面转到登录成功后的页面(本例为 success.jsp)，否则，把页面重新定位到登录页面。下面分别给出各模块的源代码。

(1) 登录界面 login1.html 的源代码只是将 6.2.2 节 login.html 中的<FORM>标记的 ACTION 属性值改为 ACTION=checklogin.jsp，把第二个输入框的 TYPE 属性改为 TYPE=password，并将按钮设为居中对齐，此处从略。

(2) 登录验证页面 checklogin.jsp 程序的源代码如下：

```
<%@ page contentType="text/html; charset=UTF-8" %>
<%
    String name=request.getParameter("us");
    String password=request.getParameter("passw");
    if(name.equals("MicroHard") && password.equals("123456"))
    {
%>
<jsp:forward page="sucess.jsp">
<jsp:param name="user1xy" value="<%=name%>"/>
</jsp:forward>
<%
    }   else   {
%>
<jsp:forward page="login1.html">
```

```
<jsp:param name="us" value="<%=name%>"/>
</jsp:forward>
<% } %>
```

下面的代码是成功登录 success.jsp 页面的源代码。

```
<%@ page contentType="text/html; charset=UTF-8" %>
<%=request.getParameter("user")%>
登录成功，欢迎您进入本系统！
```

图 6.3 是本例的运行效果。

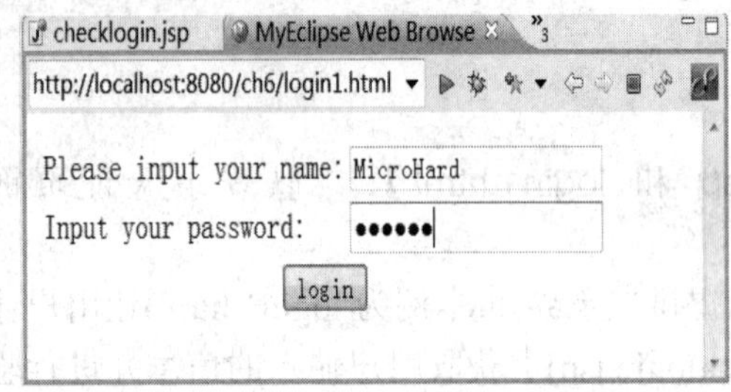

(a) 在 login1.html 表单输入数据

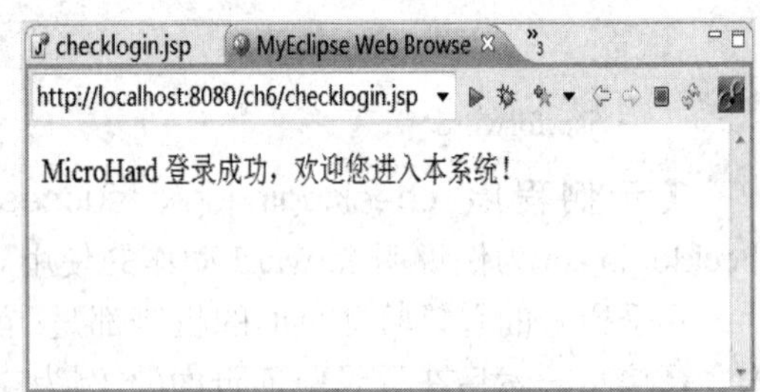

(b) 验证成功后显示 success.jsp 页面的内容

图 6.3 使用 forward 动作的 checklogin.jsp 程序的执行效果

注意：在执行效果图 6.3(b)的地址栏里显示的是 checklogin.jsp，而页面实际显示的内容却是 success.jsp 页面的内容。即使用 forward 动作时，客户端看到的地址是 A 页面的，而实际显示的内容却是 B 页面的。

另外需指出的是，实际网站中的这些页面的代码都比本例中的代码要复杂得多。首先，实际网站的登录验证往往通过连接数据库来进行。其次，验证通过后将引导用户至其感兴趣的页面。作为一个例子，这里只写了一段最为简单的代码，用户名和密码都直接以字符串常量的形式给出。

6.2.4 useBean 动作

useBean 动作用来在 JSP 页面中创建和使用一个 JavaBean 组件，并指定它的名字以及作用范围。它保证对象在动作指定的范围内可以使用。useBean 动作的使用格式如下：

```
<jsp:useBean id="名字 id" scope="作用范围" typeSpec/>
```

其中："作用范围"可以是 page、request、session、application 四者之一；"typeSpec"可以是下面四个中的一个：

- class="类名"
- class="类名" type="类型名"
- beanName="bean 的名字 id"
- type="类型名"

表 6.2 列出了 useBean 动作的属性及其含义和使用方法。

表 6.2 useBean 动作的属性及含义和使用方法

属性	含义和使用方法
id	指定 Bean 对象的标识符。执行<jsp:useBean>动作时，如果系统中已存在具有相同 id 和 scope 属性的 Bean 对象，则该动作将使用已有对象
scope	● Bean 可访问的范围，通常是 page、request、session、application 中的一个。具体含义如下： ● page：表示 Bean 只能被当前页访问，存在当前页的 pageContext 对象中 ● request：表示 Bean 可被处理同一用户请求的页面访问，存在 request 对象中 ● session：表示 Bean 在当前 HTTP 会话生命周期中可被所有页面访问，存在 session 对象中 ● application：表示 Bean 可被属于同一个 ServletContext 的页面访问
class	Bean 类的全名(含 Bean 类所在的包 Package 的名字)
type	规定指代 Bean 对象的类型。该类型的有效值是 Bean 类的类名，Bean 类的父类所实现的接口的名字
beanName	Bean 类的类名

注意：<jsp:useBean>动作所引用的类必须存放在服务器的 class 路径中，否则，JSP 将无法通过编译。如果编写的 Bean 需要存放在特定的目录下，则应将其所在的目录加到系统的 classpath 变量中。关于 useBean 更详细的使用技术将在第 8 章讲述。

6.2.5 setProperty 动作

setProperty 动作用来设置 Bean 的属性值。在使用这个动作标签之前，必须使用<jsp:useBean>动作声明此 Bean。实际上，<jsp:setProperty>动作使用 Bean 给定的 setXxx()方法来设置 Bean 的属性值。其语法如下：

```
<jsp:useBean id="名字 id".../>
⋮
<jsp:setProperty name="Bean 的名字 id" propertyDetails/>
```

或

```
<jsp:useBean id="Bean 的名字 id" .../>
⋮
<jsp:setProperty name="名字 id" propertyDetails/>
</jsp:useBean>
```

其中，“Bean 的名字 id”是此前在<jsp:useBean>中用 id 属性引入的名字；“propertyDetails”可以是下面 4 个中的一个：

- Property="*"
- Property="Bean 的属性名"
- Property="Bean 的属性名" param="request 中的参数名"

● Property="Bean 的属性名" value="字符串 "或" <%=表达式%>"

例如：

```
<jsp:useBean id="cart" scope="session" class="session.Carts">
<jsp:setProperty name="cart" property="name" value="Peter"/>
</jsp:useBean>
```

6.2.6　getProperty 动作

getProperty 动作是对 setProperty 动作的补充，用来访问一个 Bean 的属性，并将获得的属性值转化成一个字符串后发送到输出流中。同理，在使用这个动作标签之前，必须使用 useBean 动作声明此 Bean。该动作的使用格式如下：

```
<jsp:getProperty name="Bean 的名字 id"   property="属性名"/>
```

例如：

```
<jsp:useBean id="usersession" scope="session"class="user.UserSession">
<jsp:getProperty name="usersession"property="name"/>
<jsp:getProperty name="usersession"property="password"/>
```

【示例程序 ProductWeight.jsp 和 ProductWeight.java】　useBean、getProperty 和 setProperty 动作的使用。

(1) ProductWeight.jsp 文件的源代码：

```
<%@ page contentType="text/html; charset=UTF-8" %>
<HTML>
<HEAD> <TITLE>使用Javabeans </TITLE> </HEAD>
<BODY>
        <jsp:useBean id="pw" scope="application" class="pWeight.ProductWeight"/>
        修改前
        <BR>使用getProperty取得Bean的属性值
        <BR>产品型号 ：<jsp:getProperty name="pw" property="product" />
        <BR>产品重量 ：<jsp:getProperty name="pw" property="weight" />
        <BR><BR>使用类中定义的方法获取产品的属性值
        <BR>产品型号 :<%=pw.getProduct() %>
        <BR>产品重量 :<%=pw.getWeight() %>
        <jsp:setProperty name="pw" property="product" value="k1568" />
        <jsp:setProperty name="pw" property="weight" value="35" />
        <HR><BR>修改后
        <BR>使用getProperty取得Bean的属性值
        <BR>产品型号 ：<jsp:getProperty name="pw" property="product" />
        <BR>产品重量 ：<jsp:getProperty name="pw" property="weight" />
        <BR><BR>使用类中定义的方法获取产品的属性值
```

```
        <BR>产品型号 :<%=pw.getProduct() %>
        <BR>产品重量 :<%=pw.getWeight() %>
</BODY> </HTML>
```

(2) ProductWeight.java 文件的源代码：

```
package pWeight;
public class ProductWeight
{    String product;   //类的属性 1
     double weight;   //类的属性 2
     public ProductWeight()
     {  //构造方法进行初始化
        this.product="Y8015";           this.weight=32;
     }
     public void setProduct (String ProductName)
     {   //用于设置属性值的方法
        this.product = ProductName;
     }
     public String getProduct()
     {  //用于得到属性值的方法
            return(this.product);
     }
     public void setWeight (double WeightValue)
     {
            this.weight = WeightValue;
     }
     public double getWeight()
     {     return (this.weight);   }
}
```

这个例子中包括两个程序：ProductWeight.jsp 和 ProductWeight.java。其中，ProductWeight.java 就是我们开发的一个 JavaBean，它实际上是一个包(package pWeight)，在这个包中只定义了一个 ProductWeight 类，并为这个类定义了两个属性和五个方法。为此，我们在 useBean 动作中用 class="pWeight.ProductWeight"指出类的全名，用 id="pw"指出它在 Bean 中的名字。在 ProductWeight.jsp 程序中就是通过"pw 这个名字获取属性的值并进行修改的。例如：

```
<jsp:getProperty name="pw" property="product" />
<jsp:setProperty name="pw" property="product" value="k1568" />
```

ProductWeight.jsp 程序的运行效果如图 6.4 所示。

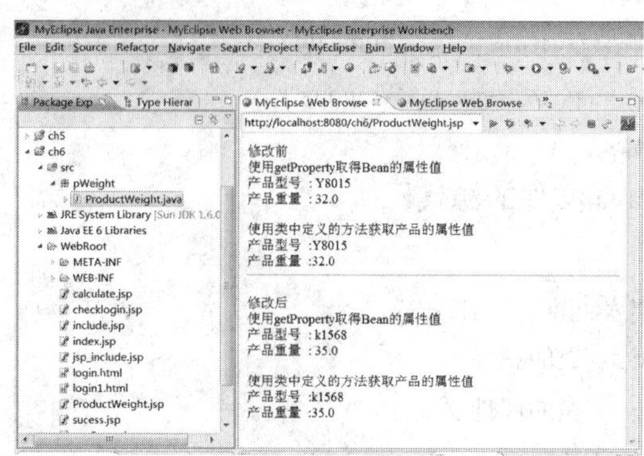

图 6.4　示例程序 ProductWeight.jsp 的执行效果

6.2.7　plugin 动作

plugin 动作用来产生客户端浏览器的特别标签(<OBJECT>或者<EMBED>)，可以使用它来插入 Applet 或者 JavaBean。也就是说，当 JSP 文件被编译后发送到浏览器时，plugin 动作将根据浏览器的版本替换 HTML 的<OBJECT>或者<EMBED>标记(注意：<OBJECT>用于 HTML 4.0，<EMBED>用于 HTML 3.2)。一般来说，plugin 动作会指定所发送的对象是 Applet 还是 JavaBean，同样也会指定 Class 的名字、位置，以及从哪里下载这个 Java 插件(plugin)。

在页面中使用普通的HTML 标记<APPLET> </APPLET>可以让客户下载运行一个Java Applet 小应用程序。但是，并不是所有的浏览器都支持 Java Applet。例如，如果 Applet 使用了 JDK 1.2 以后的类，而浏览器是 IE 5.5 的话，则浏览器并不支持这个 Java Applet。解决方案就是使用 plugin 动作，它可以保证客户能执行这个 Applet。

plugin 动作的一般使用格式如下：

```
<jsp:plugin type="bean|applet" code="类文件名"  codebase="类文件的目录路径”
      [其它的一些可选项(见表 6.3)] >
</jsp:plugin>
```

表 6.3　plugin 动作中的可选属性、含义和使用方法

可选属性	含义和使用方法
name	Bean 或 Applet 的实例的名称
archive	以逗号分隔的路径名列表。这些路径名用于预装一些将要使用的 Class
align	对象的对齐方式。可以是：bottom，top，middle，left，right 中的一种
height	Bean 或 Applet 将要显示的高度值，其值为数字，单位为像素
width	Bean 或 Applet 将要显示的宽度值，其值为数字，单位为像素
hspace	Bean 或 Applet 显示时在屏幕左右所留的空间大小，单位为像素
vspace	Bean 或 Applet 显示时在屏幕上下所留的空间大小，单位为像素
jreversion	Bean 或 Applet 运行所需的 Java Runtime Environment(JRE)版本号
iepluginurl	IE 用户能够使用的 JRE 的下载地址。此值为一个标准的 URL
nspluginurl	Netscape Navigator 用户能够使用的 JRE 的下载地址
<jsp:params>	需要使用 param 动作向 Bean 或 Applet 传递的参数或参数值
<jsp:fallback>	使用 fallback 动作书写一段 Java 插件不能启动时显示给用户的文字

6.2.8 fallback 动作

fallback 动作是 plugin 动作的一部分，并且只能在 plugin 动作中使用。其作用是向用户提供一些提示信息。其使用格式如下：

```
<jsp:useBean …>
    ⋮
    <jsp:fallback>
        提示信息(例如：不能加载 Applet 等)
    </jsp:fallback>
    ⋮
</jsp:useBean>
```

习 题 6

6.1 page 指令的作用是什么？如果要在页面中使用汉字，则该指令的 contentType 属性应如何设置？

6.2 include 指令的作用是什么？在使用中应注意哪些问题？

6.3 taglib 指令的作用是什么？

6.4 param 动作的作用是什么？

6.5 include 动作与 include 指令在功能上有什么区别？

6.6 forward 动作的作用是什么？

6.7 useBean 动作的作用是什么？该动作有哪些属性？

6.8 在使用 setProperty 动作和 getProperty 动作时应注意些什么？

6.9 plugin 动作有什么用途？与该动作相关的另一个动作是什么？

6.10 JSP 指令和 JSP 动作在功能上有什么不同？

6.11 上机编写和调试一个含有 page 指令和 include 指令的 JSP 程序。

6.12 上机编写和调试一个含有 useBean 动作的 JSP 程序。

第 7 章

使用 JDBC 访问数据库

数据库是指长期存储在计算机内的、有组织的、可共享的数据集合。在当今这个信息爆炸的时代，数据库可以说是“无所不在”。无论在现实世界中还是在计算机领域里，如何高效地存储、方便地使用数据，一直是一个重要的研究课题。在这方面，可以说数据库管理技术是目前公认的最有效的工具。从 20 世纪 60 年代中期数据库技术产生到 20 世纪末，已经造就了 C.W.Bachman、E.F.Codd 和 James Gray 三位图灵奖获得者，这足以说明数据库技术的重要性及价值所在。

关系型数据库使用被称之为第四代语言(4GL)的 SQL 语言对数据库进行定义、操纵、查询和控制。Java 程序与数据库的连接是通过 JDBC 来实现的。本章在简要介绍数据库的基本概念和 SQL 语言后，重点讲述如何在 JSP 程序中连接数据库、存取数据库中的数据。

7.1 关系型数据库与 SQL 语言

SQL 是 Structured Query Language 的缩写，意思是结构化查询语言。SQL 语言作为关系型数据库管理系统的标准语言，其主要功能是同各种数据库建立联系并进行操作。SQL 最初是由 IBM 公司提出的，其主要功能是对 IBM 自行开发的关系型数据库进行操作。由于 SQL 语言结构性好，易学且功能完善，1987 年美国国家标准局(ANSI)和国际标准化组织(ISO)以 IBM 的 SQL 语言为蓝本，制定并公布了 SQL-89 标准。此后，ANSI 不断改进和完善 SQL 标准，于 1992 年又公布了 SQL-92 标准。虽然目前数据库的种类繁多，如 SQL Server、Access、Visual Foxpro、Oracle、Sybase 和 MySQL 等，并且不同的数据库有着不同的结构和数据存放方式，但是它们基本上都支持 SQL 语言标准，使用户可以通过 SQL 语言来存取和操作不同数据库的数据。

7.1.1 关系型数据库的基本概念

数据库技术是计算机科学与技术领域的一个重要分支，其理论和概念比较复杂，这里扼要介绍一下本章中涉及到的数据库的有关概念。首先，顾名思义，数据库(Data Base)是存储数据的仓库，用专业术语来说它是指长期存储在计算机内的、有组织的、可共享的数据集合。在关系型数据库中，数据以记录(record)和字段(field)的形式存储在数据表(table)中，由若干个数据表构成一个数据库。数据表是关系数据库的一种基本数据结构。数据表在概念上很像我们日常使用的二维表格(关系代数中称为关系)，如图 7.1 所示。数据表中的一行称为一条记录，任意一列称为一个字段，字段有字段名与字段值之分。字段名是表的结构部分，由它确定该列的名称、数据类型和限制条件；字段值是该列中的一个具体值。字段名与字段值的概念和第 2 章介绍的变量名与变量值的概念类似。

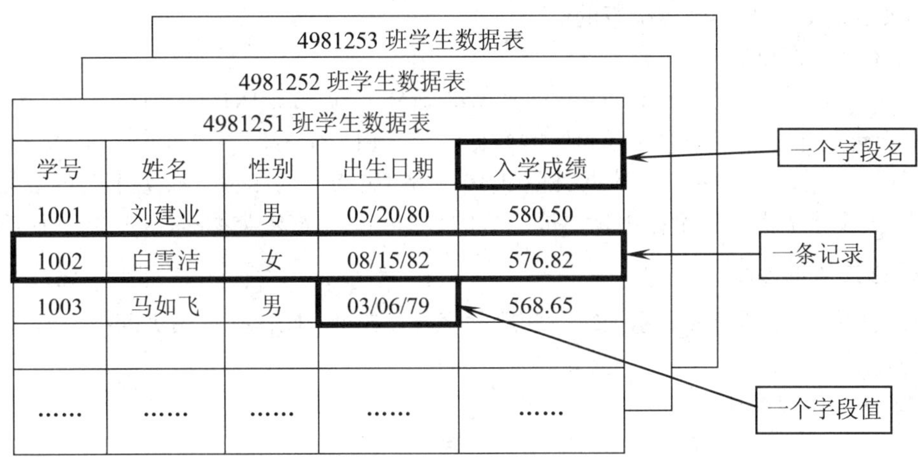

图 7.1　学生数据库的组成及相关名词

SQL 语言的操作对象主要是数据表。依照 SQL 命令操作关系型数据库的不同功能，可将 SQL 命令分成数据定义语言(Data Definition Language，DDL)、数据操纵语言(Data Manipulation Language，DML)、数据查询语言(Data Query Language，DQL)和数据控制语言(Data Control Language，DCL)四大类。下面简单介绍前三类。

7.1.2　数据定义语言

数据定义语言提供对数据库及其数据表的创建、修改、删除等操作，属于数据定义语言的命令有 Create、Alter 和 Drop。

1. 数据表的创建

在 SQL 语言中，使用 CREATE TABLE 语句创建新的数据库表格。CREATE TABLE 语句的使用格式如下：

```
CREATE TABLE 表名(字段名 1　数据类型[限制条件],
                  字段名 2　数据类型[限制条件],
                  ⋮
                  字段名 n　数据类型[限制条件])
```

说明：

(1) 表名是指存放数据的表格名称；字段名是指表格中某一列的名称，通常也称为列名。表名和字段名都应遵守标识符命名规则。

(2) 数据类型用来设定某一个具体列中数据的类型。

(3) 所谓限制条件就是当输入此列数据时必须遵守的规则。这通常由系统给定的关键字来说明。例如：使用 UNIQUE 关键字限定本列的值不能重复；NOT NULL 用来规定表格中该列的值不能为空；PRIMARY KEY 表明该列为该表的主键(也称主码)，它既限定本列的值不能重复，也限定该列的值不能为空。

(4) [ ]表示可选项(下同)。CREATE 语句中的限制条件便是一个可选项。

例如，创建一个学生成绩表的命令如下：

```
CREATE TABLE
        student ( 学号  CHAR(10), 姓名 VARCHAR (15), 成绩 INTEGER )
```

这条命令创建了一个名为“student”的数据表，它由“学号”、“姓名”和“成绩”三个字段组成。其中，“学号”的数据类型是 10 个字节的定长字符串，“姓名”的数据类型是最大为 15 个字节的变长字符串，“成绩”的数据类型是整数类型(通常占 4 个字节)。

2. 数据表的修改

修改数据表包括向表中添加字段和删除字段。这两个操作都使用 Alter 命令，但其中的关键字有所不同。

(1) 添加字段的命令格式为：

```
ALTER TABLE 表名 ADD 字段名 数据类型 [限制条件]
```

例如，在学生成绩表中添加一个“性别”字段：

```
ALTER TABLE student ADD 性别 CHAR(1)
```

(2) 删除字段的命令格式为：

```
ALTER TABLE 表名 DROP 字段名
```

例如，删除学生成绩表中的性别字段：

```
ALTER TABLE student DROP 性别
```

3. 数据表的删除

在 SQL 语言中使用 DROP TABLE 语句删除某个表格及表格中的所有记录。其使用格式如下：

```
DROP TABLE 表名
```

例如，删除学生成绩表：

```
DROP TABLE student
```

7.1.3　数据操纵语言

数据操纵语言用来维护数据库的内容。属于数据操纵语言的命令有 Insert、Delete 和 Update。

1. 向数据表中插入数据

SQL 语言使用 INSERT 语句向数据库表格中插入或添加新的数据行。其使用格式如下：

```
INSERT INTO 表名 [(字段名 1，…，字段名 n)] VALUES(值 1，…，值 n)
```

说明：命令行中表名后的字段名是可以省略的，命令行中的“值”表示对应字段名的插入值。在使用时要注意字段名的个数与值的个数要严格对应，二者的数据类型也应该一一对应，否则就会出现错误。

例如，下面的语句向学生成绩表中插入学号为“1005”、姓名是“王宾”的数据：

```
INSERT INTO student (学号,姓名) VALUES (“1005”, “王宾”)
```

而下面的语句是向学生成绩表中插入学号为“1004”、姓名是“李林”、入学成绩是 90 的数据记录。注意，在这个语句中省略了表名后的字段名。

```
INSERT INTO student VALUES ("1004", "李林", 90)
```

2. 数据更新语句

SQL 语言使用 UPDATE 语句更新或修改满足给定条件的现有记录。该语句的使用格式如下：

```
UPDATE 表名 SET 字段名 1=新值 1 [, 字段名 2=新值 2...] [ WHERE 条件]
```

说明：关键字 WHERE 引出更新时应满足的条件，即满足此条件的字段值将被更新。在 WHERE 子句中可以使用所有的关系运算符和逻辑运算符。

例如，下面的语句将学生成绩表中李林的成绩更新为 95：

```
UPDATE student SET 成绩=95 WHERE 姓名="李林"
```

3. 删除记录语句

SQL 语言使用 DELETE 语句删除数据库表中的行(记录)。该语句的使用格式如下：

```
DELETE FROM 表名 [WHERE 条件]
```

说明：通常情况下，由关键字 WHERE 引出删除时应满足的条件，即满足此条件的所有记录将被删除。如果省略 WHERE 子句，则删除当前记录。

例如，下面的语句将删除学生成绩表中李林的记录：

```
DELETE FROM student WHERE 姓名="李林"
```

7.1.4 数据查询语句

数据库查询是数据库的核心操作。SQL 语言提供了 SELECT 语句进行数据库的查询，并以数据表的形式返回符合用户查询要求的结果数据。SELECT 语句具有丰富的功能和灵活的使用方式，其一般的语法格式如下：

```
SELECT [DISTINCT] 字段名 1[, 字段名 2, ...]
    FROM 表名
    [WHERE 条件]
    [ORDER BY 字段名 1[ASC/DESC] [, 字段名 2[ASC/DESC], ...]]
```

其中：DISTINCT 表示不输出重复值，即当查询结果中有多条记录具有相同的值时，只返回满足条件的第一条记录值；语句中的字段名用来决定哪些字段将作为查询结果返回，用户可以按照自己的需要返回数据表中任意的字段，也可以使用通配符“*”来表示查询结果中包含所有字段；ORDER BY 表示实现查询结果按字段名排序，ASC 为升序，DESC 为降序。

例如：

(1) 在学生成绩表中查询全体学生的各项数据，可使用如下的命令语句：

```
SELECT * FROM student
```

(2) 在学生成绩表中查询学生的姓名和成绩，可使用如下的命令语句：

SELECT 姓名，成绩 FROM student

(3) 在学生成绩表中查询成绩大于 90 的所有记录，可使用如下的命令语句：

SELECT * FROM student WHERE 成绩>90

(4) 下面的语句在学生成绩表中查询全体学生的各项数据，并按成绩从高到低排序：

SELECT * FROM student ORDER BY 成绩 DESC

7.2 连接数据库的 JDBC 简介

JDBC 是 Java DataBase Connectivity 的缩写，意思是 Java 程序连接和存取数据库的应用程序接口(API)。此接口是 Java 核心 API 的一部分。JDBC 由一群类和接口组成，它支持 ANSI SQL-92 标准。通过调用这些类和接口所提供的成员方法，我们可以方便地连接各种不同的数据库，进而使用标准的 SQL 命令对数据库进行查询、插入、删除、更新等操作。

7.2.1 JDBC 结构

JDBC 的主要任务是通过连接器与数据库建立连接，调用 JDBC API 发送 SQL 语句，处理数据库返回结果。用 JDBC 连接数据库实现了与平台无关的客户机/服务器的数据库应用。由于 JDBC 是针对“与平台无关”设计的，所以只要在 Java 数据库应用程序中指定使用某个数据库的 JDBC 驱动程序，就可以连接并存取指定的数据库。而且，当要连接几个不同的数据库时，只需修改程序中的 JDBC 驱动程序，无需对其它的程序代码做任何改动。JDBC 的基本结构由 Java 程序、JDBC 管理器、驱动程序和数据库四部分组成，如图 7.2 所示。在这四部分中，根据数据库的不同，相应的驱动程序又可分为四种类型。

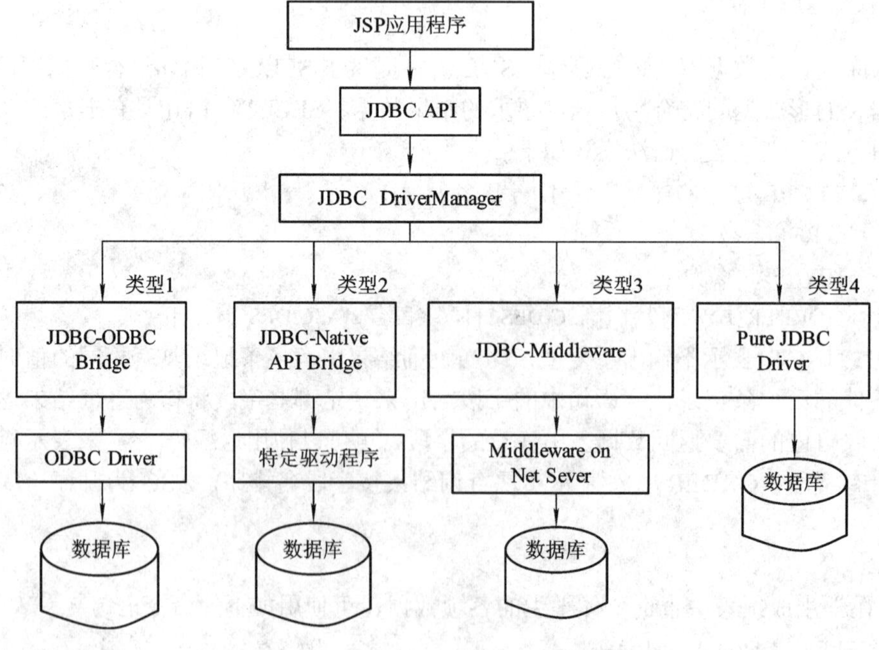

图 7.2　JDBC 驱动程序存取结构

1. JSP 应用程序

JSP 应用程序嵌入了 Java 应用程序，主要是根据 JDBC 方法实现对数据库的访问和操作。完成的主要任务有：请求与数据库建立连接；向数据库发送 SQL 请求；为结果集定义存储应用和数据类型；查询结果；处理错误；控制传输、提交及关闭连接等。

2. JDBC 管理器

JDBC 管理器为我们提供了一个“驱动程序管理器”，它能够动态地管理和维护数据库查询所需要的所有驱动程序对象，实现 Java 程序与特定驱动程序的连接，从而体现 JDBC 的“与平台无关”这一特点。它完成的主要任务有：为特定数据库选择驱动程序、处理 JDBC 初始化调用，为每个驱动程序提供 JDBC 功能的入口，为 JDBC 调用执行参数等。

3. 驱动程序

驱动程序处理 JDBC 方法，向特定数据库发送 SQL 请求，并为 JSP 程序获取结果。在必要的时候，驱动程序可以翻译或优化请求，使 SQL 请求符合 DBMS 支持的语言。驱动程序可以完成下列任务：建立与数据库的连接；向数据库发送请求；用户程序请求时，执行翻译；将错误代码格式转成标准的 JDBC 错误代码等。

JDBC 是独立于数据库管理系统的，而每个数据库系统均有自己的协议与客户机通信，因此，JDBC 利用数据库驱动程序来使用这些数据库引擎。JDBC 驱动程序由数据库软件商和第三方的软件商提供，因此，根据编程所使用的数据库系统不同，所需要的驱动程序也有所不同。

4. 数据库

这里的数据库是指 JSP 程序需要访问的数据库及其数据库管理系统。

7.2.2 四类 JDBC 驱动程序

尽管存在数据库语言标准 SQL-92，但由于数据库技术发展的原因，各公司开发的 SQL 存在着一定的差异。因此，当我们想要连接数据库并存取其中的数据时，选择适当类型的 JDBC 驱动程序是非常重要的。目前 JDBC 驱动程序可细分为四种类型，如图 7.2 所示。不同类型的 JDBC 驱动程序有着不一样的特性和使用方法。下面将说明不同类型的 JDBC 驱动程序之间的差异。

类型 1：JDBC-ODBC Bridge。这类驱动程序的特色是必须在计算机上事先安装好 ODBC 驱动程序，然后通过 JDBC-ODBC Bridge 的转换，把 Java 程序中使用的 JDBC API 转换成 ODBC API，进而通过 ODBC 来存取数据库。

类型 2：JDBC-Native API Bridge。同类型 1 一样，这类驱动程序也必须在计算机上先安装好特定的驱动程序(类似 ODBC)，然后通过 JDBC-Native API Bridge 的转换，把 Java 程序中使用的 JDBC API 转换成 Native API，进而存取数据库。

类型 3：JDBC-Middleware。使用这类驱动程序时不需要在计算机上安装任何附加软件，但是必须在安装数据库管理系统的服务器端加装中介软件(Middleware)，这个中介软件会负责所有存取数据库时必要的转换。

类型 4：Pure JDBC Driver。使用这类驱动程序时无需安装任何附加的软件(无论是用户的计算机或是数据库服务器端)，所有存取数据库的操作都直接由 JDBC 驱动程序来完成。

由以上的简单陈述可知，最佳的JDBC驱动程序类型是类型4。因为使用类型4的JDBC驱动程序不会增加任何额外的负担，而且类型4的JDBC驱动程序是由纯Java语言开发而成的，因此拥有最佳的兼容性。使用类型3的JDBC驱动程序也是不错的选择，因为类型3的JDBC驱动程序也是由纯Java语言开发而成的，并且中介软件也仅需要在服务器上安装，因此很适合用做Internet的应用。因此，建议最好以类型3和类型4的JDBC驱动程序为主要选择，类型1和类型2的JDBC驱动程序为次要的选择。

7.2.3　JDBC 编程要点

在JSP中使用数据库进行JDBC编程时，JSP程序中通常应包含下述五部分内容：

(1) 导入JDBC标准类库。JDBC是一种可用于执行SQL语句的应用程序接口。为了将服务器从客户端接收的信息存入数据库，需要使用JDBC标准类库。所以，可在程序的首部通过page指令的import属性将java.sql包引入程序，即使用以下语句：

```
<%@ page import="java.sql.*"%>
```

(2) 注册数据库驱动程序。使用 Class.forName(“驱动程序名”)方法加载相应数据库的JDBC驱动程序。Class.forName()方法是Java的Class类的静态方法，它将使Java虚拟机动态地寻找、载入并连接指定的类。如果该类无法找到，则抛出ClaaNotFoundException类的异常。

(3) 建立与数据库的连接。该连接可以分两步进行，其格式为：

① String url=jdbc:<JDBC驱动程序名>:<数据源标记>。

② Connection stmt=DriverManager.getConnection(url)。

一个JDBC的数据库连接是用数据库url来标记的。连接将告诉驱动程序管理器使用哪个驱动程序和连接哪个数据源。stmt表示通过DriverManager类的静态方法getConnection()建立的一个数据库连接对象。

(4) 使用SQL语句对这个数据库对象进行操作。

(5) 使用close()方法解除JSP与数据库的连接并关闭数据库，释放占用的资源。

7.2.4　常用的 JDBC 类与方法

JDBC API提供的类和接口在java.sql包中定义。JDBC API所包含的类和接口非常多，这里只介绍几个常用类和接口及它们的成员方法。

1. DriverManager 类

java.sql.DriverManager类是JDBC的管理器，负责管理JDBC驱动程序，跟踪可用的驱动程序并在数据库和相应驱动程序之间建立连接。如果要使用JDBC驱动程序，必须加载JDBC驱动程序并向DriverManager注册后才能使用。加载和注册驱动程序可以使用Class.forName()方法来完成。此外，java.sql.DriverManager类还处理如驱动程序登录时间限制及登录和跟踪消息的显示等事务。java.sql.DriverManager类提供的常用成员方法如下。

(1) public static synchronized Connection getConnection(String url)throws SQLException 方法。这个方法的作用是使用指定的数据库 URL 创建一个连接，使 DriverManager 从注册的 JDBC 驱动程序中选择一个适当的驱动程序。如果发生数据库访问错误，则程序抛出一个 SQLException 异常。

(2) public static synchronized Connection getConnection(String url, Properties info)throws SQLException 方法。这个方法使用指定的数据库 URL 和相关信息(用户名、用户密码等属性列表)来创建一个连接，使 DriverManager 从注册的 JDBC 驱动程序中选择一个适当的驱动程序。如果发生数据库访问错误，则程序抛出一个 SQLException 异常。

(3) public static synchronized Connection getConnection(String url, String user,String password)throws SQLException 方法。该方法使用指定的数据库 URL、用户名和用户密码创建一个连接，使 DriverManager 从注册的 JDBC 驱动程序中选择一个适当的驱动程序。如果发生数据库访问错误，则程序抛出一个 SQLException 异常。

2. Connection 接口

java.sql.Connection 接口负责建立与指定数据库的连接。实现 Connection 接口的类提供的常用成员方法如下：

(1) public Statement createStatement( )throws SQLException 方法：用来创建 Statement 接口的类的对象。

(2) public Statement createStatement(int resultSetType, int resultSetConcurrecy)throws SQLException 方法：用来按指定的参数创建 Statement 接口的类的对象。

(3) public DatabaseMetaData getMetaData( )throws SQLException 方法：用来创建 DatabaseMetaData 类的对象。不同数据库系统拥有不同的特性，DatabaseMetaData 类不但可以保存数据库的所有特性，并且还提供一系列成员方法获取数据库的特性，如取得数据库名称、JDBC 驱动程序名、版本代号及连接数据库的 JDBC URL。

(4) public PreparedStatement prepareStatement(String sql)throws SQLException 方法：用来创建 PreparedStatement 接口的类的对象。关于该类对象的特性将在后面介绍。

(5) public void commit( )throws SQLException 方法：用来提交对数据库执行添加、删除或修改记录(Record)的操作。

(6) public boolean getAutoCommit( )throws SQLException 方法：用来获取 Connection 接口的类的对象的 Auto_Commit(自动提交)状态。

(7) public void setAutoCommit(boolean autoCommit)throws SQLException 方法：用来设定 Connection 接口的类的对象的自动提交状态。如果将参数 autoCommit 设置为 true，则它的每一个 SQL 语句将作为一个独立的事务被执行和提交。

(8) public void rollback( )throws SQLException 方法：用来取消对数据库执行过的添加、删除或修改记录的操作，将数据库恢复到执行这些操作前的状态。

(9) public void close( )throws SQLException 方法：用来断开 Connection 接口的类的对象与数据库的连接。

(10) public boolean isClosed( )throws SQLException 方法：用来测试是否已关闭 Connection 接口的实现类的对象与数据库的连接。

3. Statement 接口

java.sql.Statement 接口的主要功能是将 SQL 命令传送给数据库，并返回 SQL 命令的执行结果。实现 Statement 接口的类提供的常用成员方法如下：

(1) public ResultSet executeQuery(String sql)throws SQLException 方法：用来执行用 sql 参数指定的 SQL 查询，返回查询结果。如果发生数据库访问错误，则程序抛出一个 SQLException 异常。

(2) public int executeUPdate(String sql)throws SQLException 方法：用来执行 SQL 的 INSERT、UPDATE 和 DELETE 语句，返回值是插入、修改或删除的记录行数(0～n)。如果发生数据库访问错误，则程序抛出一个 SQLException 异常。

(3) public boolean execute(String sql)throws SQLException 方法：用来执行由参数 sql 指定的 SQL 语句，执行结果为 true 或 false。如果执行结果为一个结果集对象，则返回 true，其他情况返回 false。如果发生数据库访问错误，则程序抛出 SQLException 异常。

(4) public ResultSet getResultSet( )throws SQLException 方法：用来获取 ResultSet 类的对象的当前结果集。对于每一个结果只调用一次。如果发生数据库访问错误，则程序抛出一个 SQLException 异常。

(5) public int getUpdateCount( )throws SQLException 方法：用来获取当前结果的更新记录数，如果结果是一个 ResultSet 接口的类的对象或没有更多的结果，则返回-1。对于每一个结果只调用一次。如果发生数据库访问错误，则程序抛出一个 SQLException 异常。

(6) public void clearWarnings( )throws SQLException 方法：用来清除 Statement 类的对象产生的所有警告信息。如果发生数据库访问错误，则程序抛出一个 SQLException 异常。

(7) public void close( )throws SQLException 方法：用来释放 Statement 类的对象的数据和 JDBC 资源。如果发生数据库访问错误，则程序抛出一个 SQLException 异常。

4. PreparedStatement 接口

java.sql.PreparedStatement 接口可以代表一个预编译的 SQL 语句，它是 Statement 接口的子接口。由于 PreparedStatement 接口会将传入的 SQL 命令编译并暂存在内存中，所以当某一 SQL 命令在程序中被多次执行时，使用 PreparedStatement 接口的执行速度要快于使用 Statement 接口。因此，将需要多次执行的 SQL 语句创建为 PreparedStatement 接口的类的对象，可以提高效率。

实现 PreparedStatement 接口的类继承了 Statement 类的所有功能，另外还添加了一些特定的方法。实现 PreparedStatement 接口的类提供的常用成员方法如下：

(1) public ResultSet executeQuery( )throws SQLException 方法：使用 SQL 的 SELECT 命令对数据库进行记录查询操作，返回查询结果集(ResultSet)对象。

(2) public int executeUpdate( )throws SQLException 方法：使用 SQL 的 INSERT、DELETE 和 UPDATE 命令对数据库进行添加、删除和修改记录(Record)的操作。

(3) public void setDate(int parameterIndex,Date x)throws SQLException 方法：用来给指定位置(parameterIndex)的 Date 型字段设定日期值为 x。

(4) public void setTime(int parameterIndex,Time x) throws SQLException 方法：用来给指定位置(parameterIndex)的 Time 型字段设定时间值为 x。

(5) public void setDouble(int parameterIndex,double x)throws SQLException 方法：用来给指定位置(parameterIndex)的 double 型字段设定双精度值为 x。

(6) public void setFloat(int parameterIndex,float x) throws SQLException 方法：用来给指定位置(parameterIndex)的 float 型字段设定浮点型值为 x。

(7) public void setInt(int parameterIndex,int x) throws SQLException 方法：用来给指定位置的 int 字段设定整型值为 x。

(8) public void setString(int parameterIndex,string x) throws SQLException 方法：用来给指定位置的 string 型字段设定字符串值为 x。

5. ResultSet 接口

java.sql.ResultSet 接口表示执行 SQL 语句后从数据库中返回的结果集。当使用 Statement 和 PreparedStatement 接口提供的 executeQuery( )方法来下达 Select 命令以查询数据库时，executeQuery( )方法将会把数据库响应的查询结果存放在 ResultSet 接口的类的对象中供我们使用。实现 ResultSet 接口的类提供的常用成员方法如表 7.1 所示。

表 7.1　ResultSet 类常用成员方法

成 员 方 法	功 能 说 明
public boolean absolute(int row) throws SQLException	移动记录指针到指定记录
public boolean first( )throws SQLException	移动记录指针到第一个记录
public void beforeFirst( )throws SQLException	移动记录指针到第一个记录之前
public boolean last( )throws SQLException	移动记录指针到最后一个记录
public void afterLast( )throws SQLException	移动记录指针到最后一个记录之后
public boolean previous( )throws SQLException	移动记录指针到上一个记录
public boolean next( )throws SQLException	移动记录指针到下一个记录
public void insertRow( )throws SQLException	插入一个记录到数据表中
public void updateRow( )throws SQLException	修改数据表中的一个记录
public void deleteRow( )throws SQLException	删除记录指针指向的记录
public void updateXy(int ColumnIndex, Xy x) throws SQLException	Xy 代表某个数据类型(如 Int, Float 等)，用参数 x 的值修改数据表中指定字段的值
public int getXy(int ColumnIndex) throws SQLException	取得数据表中由 ColumnIndex 指定字段的值，该字段的数据类型必须是 Xy 类型

7.3　MySQL Server 数据库的安装

7.3.1　下载文件

(1) MySQL 安装程序 mysql-5.5.21-win32.msi。

(2) MySQL 的 JAVA 驱动程序压缩包 mysql-connector-java-5.1.18.zip。

(3) MySQL 数据库前台编辑软件的压缩包 MySQL-Front.rar。

7.3.2　MySQL 的安装

通过下述步骤安装 MySQL 数据库系统。

(1) 在 Windows 环境下双击下载的安装程序 mysql-5.5.21-win32.msi，出现图 7.3 所示画面。

图 7.3　MySQL 安装向导初始界面

(2) 在图 7.3 中点击“Next”按钮，出现图 7.4 所示的选择安装类型对话框。

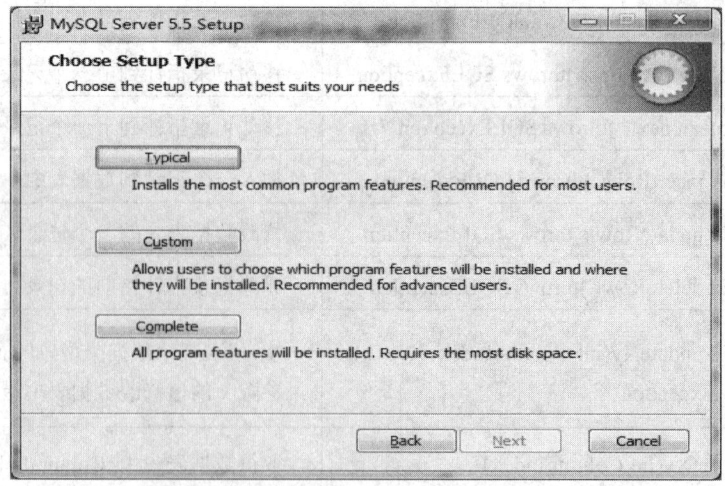

图 7.4　选择安装类型对话框

在图 7.4 所示的安装类型对话框中，Typical 是典型安装，Complete 是完全安装，Custom 是用户自定义安装。

(3) 选择 Custom 自定义安装后，点击“Next”按钮，出现图 7.5 所示的选择安装目录路径对话框。这时点击“MySQL Server”(MySQL 服务器)项后，单击“Browse…”按钮，在出现的界面中指定安装目录。本书使用 MySQL 的安装路径如图 7.6 所示，是 E:\MySQL Server 5.5，读者可根据自己的情况指定安装目录。

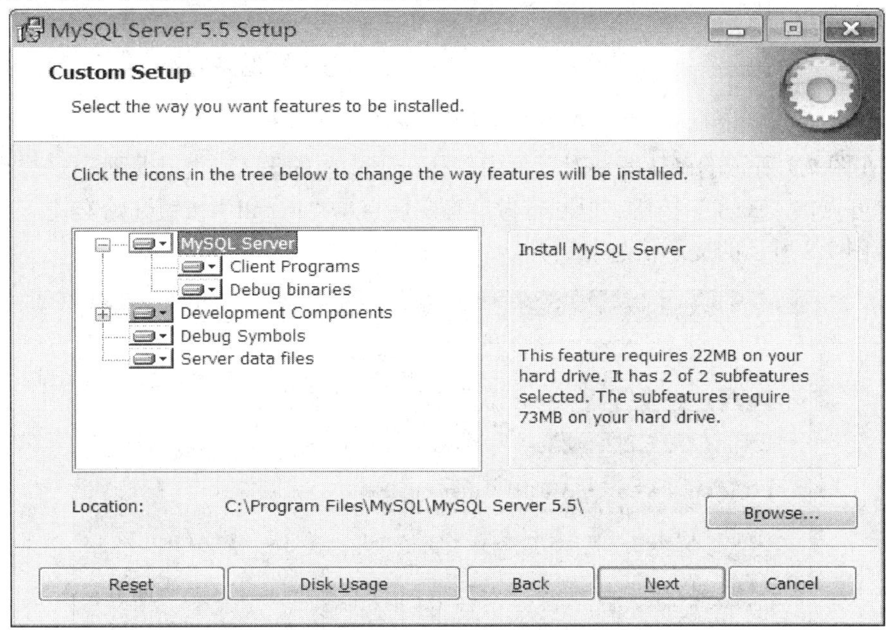

图 7.5　选择安装目录及路径的对话框

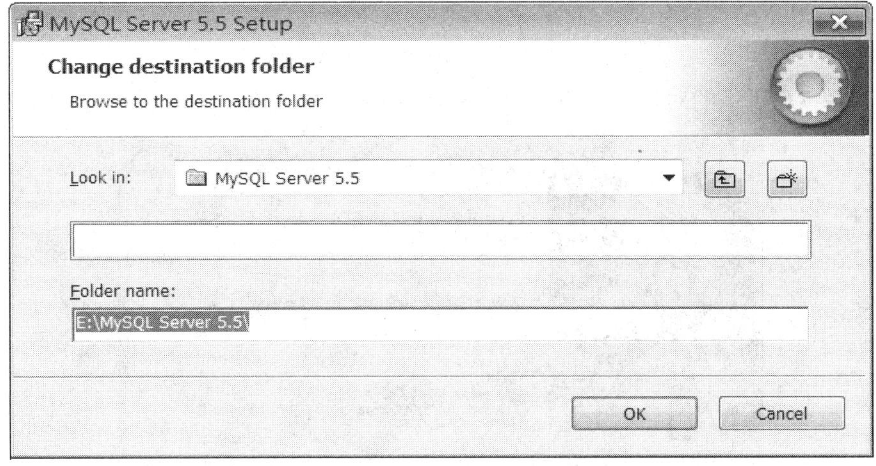

图 7.6　本书使用的 MySQL 的安装路径

(4) 设置好后，点击图 7.6 的“OK”按钮返回图 7.5。这时，可点击“Development Components”，观察一下安装的组件及大小等，也可以直接点击“Next”按钮，出现图 7.7 所示的确认安装对话框。

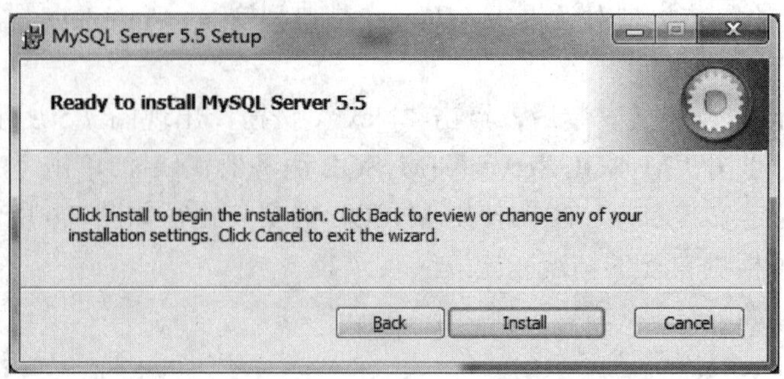

图 7.7　确认前面的设置(安装)对话框

(5) 在图 7.7 所示的确认安装对话框中确认一下先前的设置，尤其是两个安装路径，如果有误，可点击“Back”按钮，返回重做。确定后点击“Install”按钮开始安装，安装完成后，出现图 7.8 所示的提示信息对话框。

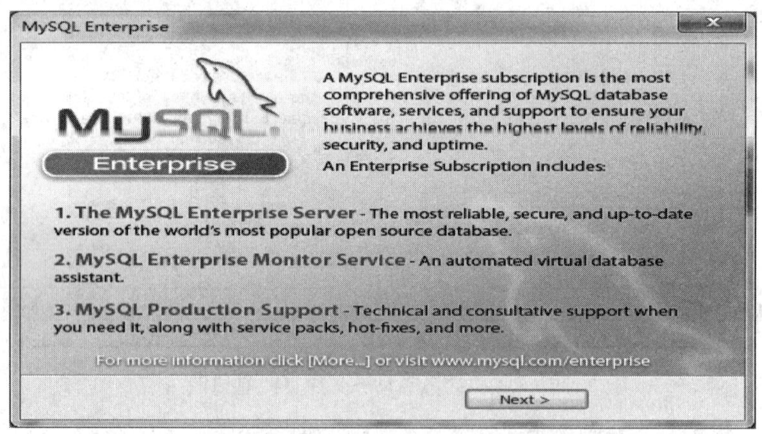

图 7.8　提示信息对话框

(6) 在图 7.8 所示的对话框中点击“Next>”按钮，出现图 7.9 所示的提示信息对话框。

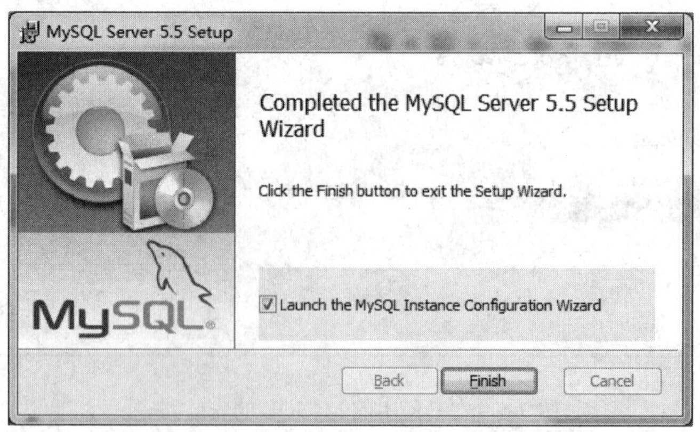

图 7.9　结束安装对话框

(7) 在图 7.9 所示的对话框中点击“Finish”按钮，结束软件的安装，并启动“MySQL”配置向导，出现图 7.10 所示的提示信息对话框。

图 7.10　启动 MySQL 配置向导对话框

7.3.3　MySQL 的配置

在图 7.10 所示的对话框中点击“Next>”按钮，出现图 7.11 所示的选择配置方式对话框。

图 7.11　选择安装路径对话框

图 7.11 中可选的配置方式只有两种，分别是：Detailed Configuration(手动精细配置)和 Standard Configuration(标准配置)。这里选择 Detailed Configuration 后点击“Next>”按钮，出现图 7.12 所示对话框。

图 7.12　选择服务器类型对话框

图 7.12 是选择服务器类型对话框，可选的服务器类型分别是：Developer Machine(开发测试类，MySQL 占用很少资源)、Server Machine(服务器类型，MySQL 占用较多资源)和 Dedicated MySQL Server Machine(专门的数据库服务器，MySQL 占用所有可用资源)。本书选择的是 Developer Machine，读者可根据自己的需要进行选择。然后点击“Next”，出现图 7.13 所示对话框。

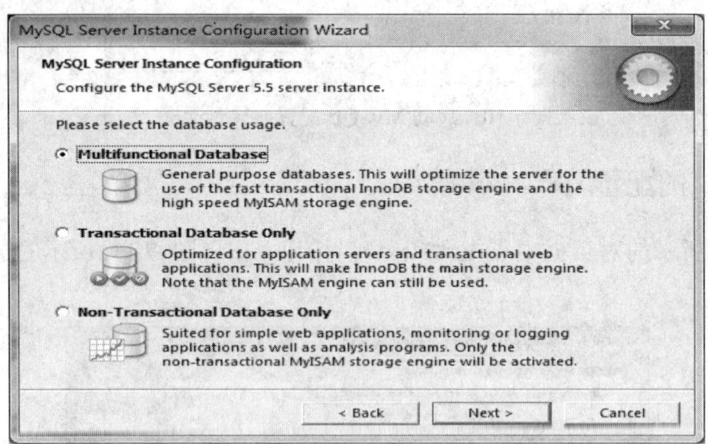

图 7.13　选择安装路径对话框

图 7.13 是选择 MySQL 数据库用途的对话框。其中：Multifunctional Database 是通用多功能型、Transactional Database Only 是服务器类型，专注于事务处理；Non-Transactional Database Only 是非事务处理型，较简单，主要做一些监控、记数工作，对 MyISAM 数据类型的支持仅限于 non-transactional。本书选择了 Multifunctional Database，读者可根据自己的用途选择。然后点击“Next>”按钮，出现图 7.14 所示对话框。

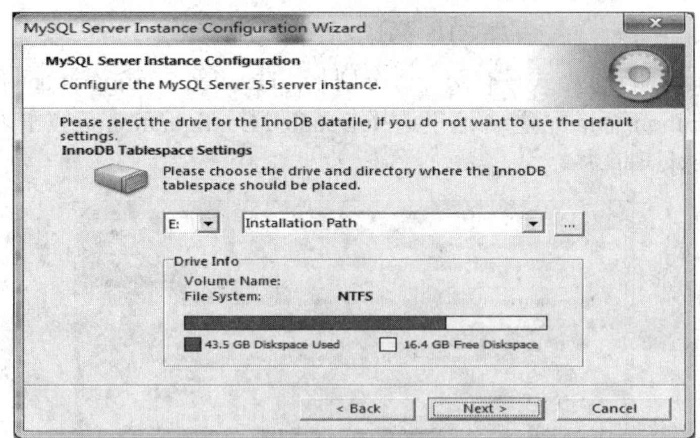

图 7.14　选择 InnoDB Tablespace 配置对话框

图 7.14 是对 InnoDB Tablespace 进行配置，也就是为 InnoDB 数据库文件选择一个存储空间。如果修改了，要记住位置，重装的时候要选择同样的地方，否则可能会造成数据库损坏。这里使用默认位置就可以了，然后点击“Next>”按钮，出现图 7.15 所示对话框。

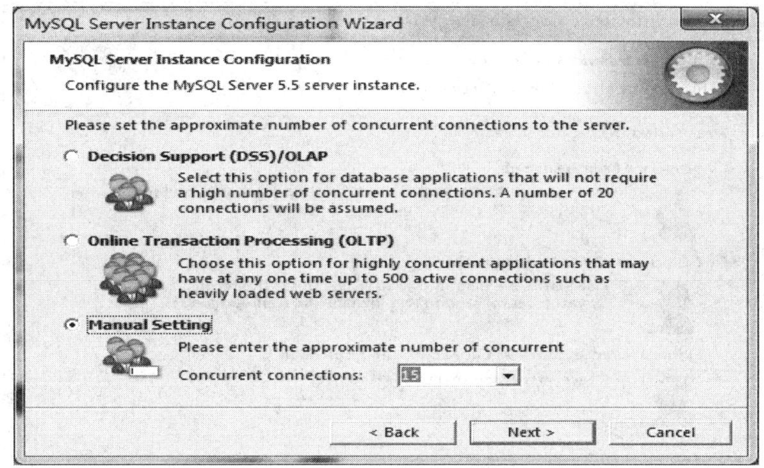

图 7.15　对网站 MySQL 数据库的访问量和同时连接数的设置

图 7.15 用于设置的网站 MySQL 数据库的一般访问量和同时连接数据库的数目。其中，Decision Support(DSS)/OLAP 是 20 个左右；Online Transaction Processing(OLTP)是 500 个左右；Manual Setting 需要手动设置。由于我们主要在自己机器上做开发测试用，故选了 Manual Setting，且选填的是 15 个连接数。然后点击“Next>”按钮，出现图 7.16 所示对话框。

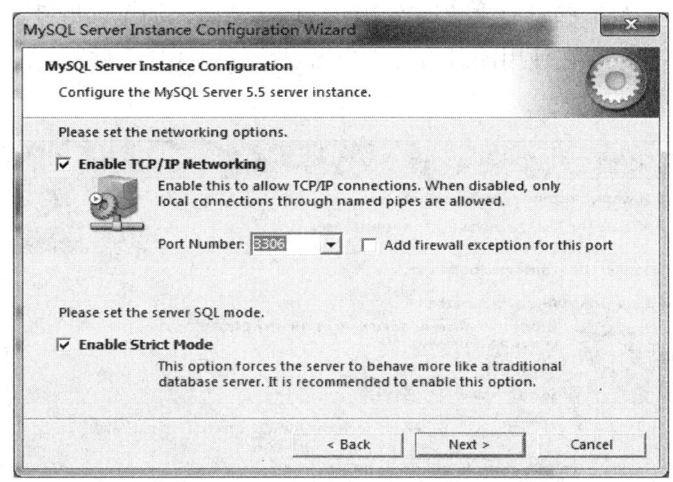

图 7.16　是否启用 TCP/IP 连接，设定端口号的对话框

图 7.16 是启用 TCP/IP 连接和启用严格模式的选项对话框。如果不启用 TCP/IP 连接，就只能在自己的机器上访问 MySQL 数据库；如果启用，就把该复选框前面的勾打上。Port Number 是启用 TCP/IP 连接后的监听端口号，3306 是默认值。Add firewall exception for this port 是一个关于防火墙的设置，将监听端口加为 Windows 防火墙例外，可避免防火墙阻断。Enable Strict Mode 是启用严格模式的选项。如果选中，MySQL 就不会允许有细小的语法错误。对于初学者，建议不要设为严格模式以减少麻烦。但熟悉 MySQL 以后，应尽量使用严格模式，因为它可以降低有害数据进入数据库的可能性。都配置好后，点击“Next>”按钮，出现选择数据库编码字符集对话框，如图 7.17 所示。

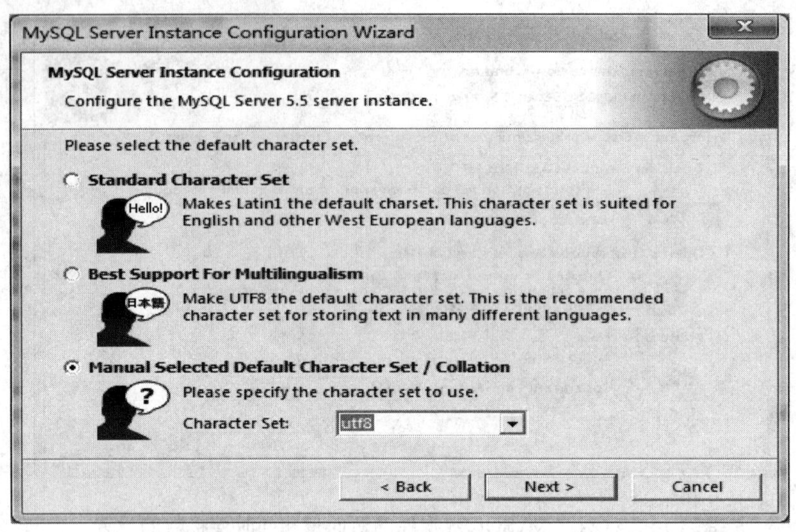

图 7.17　选择数据库编码字符集对话框

在图 7.17 中，可以从 3 个单选按钮中选 1 个。其中，第一个是西文编码，第二个是多字节的通用 utf8 编码，第三个可从 Character Set 下拉列表框的多种编码中进行自由选择，常使用的就是 gbk、gb2312 和 utf8。本书选择的是 utf8。不过需要注意的是，如果要用原来数据库的数据，最好能确定原来数据库用的是什么编码，如果这里设置的编码和原来数据库数据的编码不一致，在使用的时候可能会出现乱码。选择好后，点击“Next>”按钮，出现图 7.18 所示对话框。

图 7.18　安装 MySQL 等选项对话框

在图 7.18 中可选择是否将 MySQL 安装为 Windows 服务，还可以指定 Service Name(服务标识名称)，是否将 MySQL 的 bin 目录加入到 Windows 路径中(加入后，就可以直接使用 bin 下的文件，而不用指出完整目录地址名，很方便)。本书这里全部选中(打上了勾)，Service Name 不变。点击“Next>”按钮，出现图 7.19 所示对话框。

图 7.19 修改默认 root 用户密码和创建匿名用户对话框

图 7.19 用于确定是否要修改默认 root 用户(根用户或超级管理员)的密码(默认为空)。如果要修改，就在 Modify Security Settings 复选框打上对勾后，再在 New root password 后的文本框中填入新密码，并在 Confirm 后的文本框中再输一遍。本书不选择修改，所以去掉了该复选框上的对勾。Enable root access from remote machines 选项为是否允许 root 用户在其它的机器上登录，如果考虑安全，就不要勾上，如果考虑方便，就勾选上。最后一项 Create An Anonymous Account 是新建一个匿名用户，匿名用户可以连接数据库，不能操作数据，包括查询，一般不必勾选。完成后，点击“Next>”按钮，出现图 7.20 所示对话框。

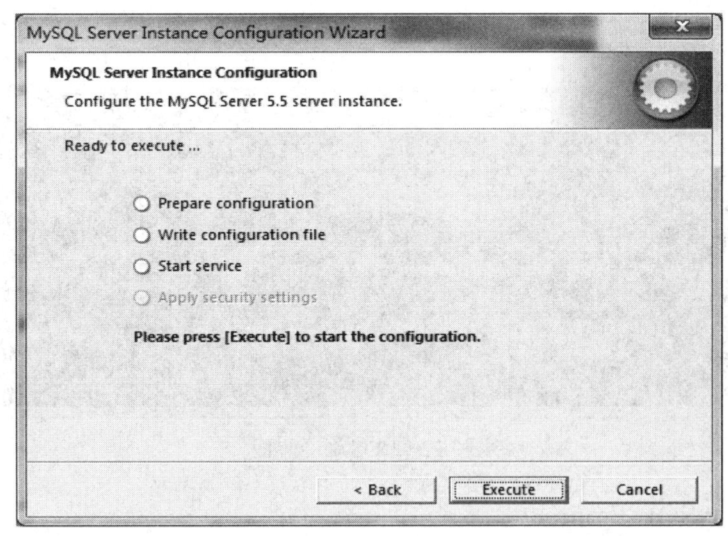

图 7.20 执行配置前的确认/回退对话框

图 7.20 是执行配置前的确认对话框。确认前面的设置正确无误后，点击“Execute”按钮设置生效；如果有误，按“Back”按钮返回检查。确认完成后，出现图 7.21 所示的提示信息。此时，点击“Finish 按钮”，结束配置。

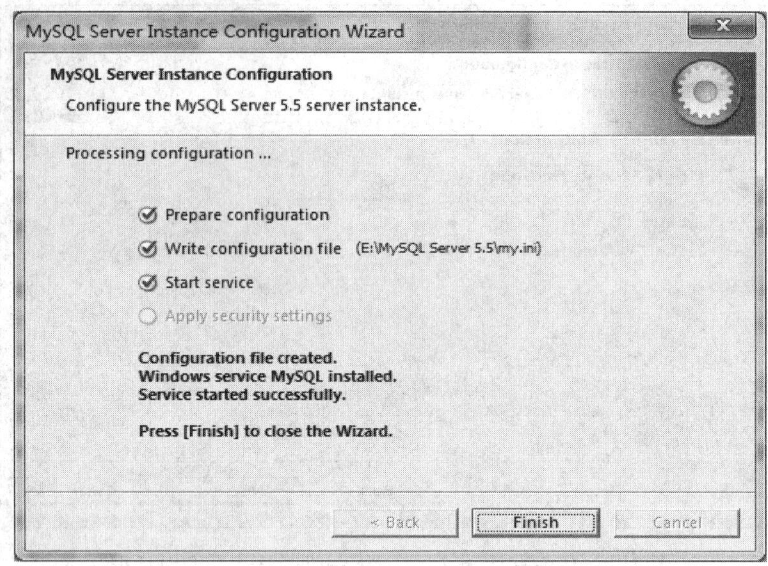

图 7.21　执行配置完成的提示信息

7.3.4　测试启动 MySQL

在图 7.21 中点击“Finish”按钮结束配置后，返回 Windows 环境，从开始菜单中依次选择 Program Files→MySQL→MySQL Server 5.5→MySQL 5.5 Command line Client 启动项，出现图 7.22 所示界面的第 1 行“Enter password”(输入密码)。因为安装时的密码为空，故直接回车。如果出现图 7.22 的其余内容，说明 MySQL 已安装配置成功，可观察一下后，在光标闪烁处键入 exit 命令，退出 MySQL，返回 Windows 环境。

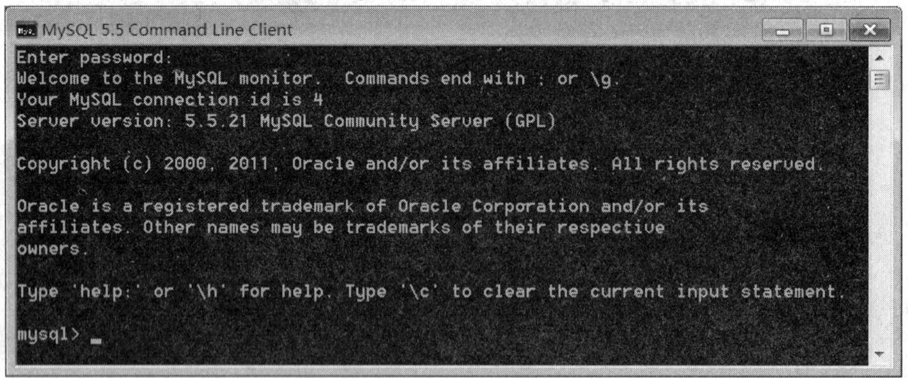

图 7.22　DOS 命令界面

7.3.5　安装 MySQL-Front 并建库

MySQL-Front 是 MySQL 数据库的前台编辑工具，可进行建库、建表，以及对数据记录的增、删、改等操作，而且这些操作都是通过可视化的菜单界面实施的，使用非常方便和简单。图 7.23 是解压后的 MySQL-Front 有关文件。双击其中的 MySQL-Front_Setup.exe 便出现欢迎安装界面。由于 MySQL-Front 的安装比 MySQL Server 简单的多，故这里不再赘述。

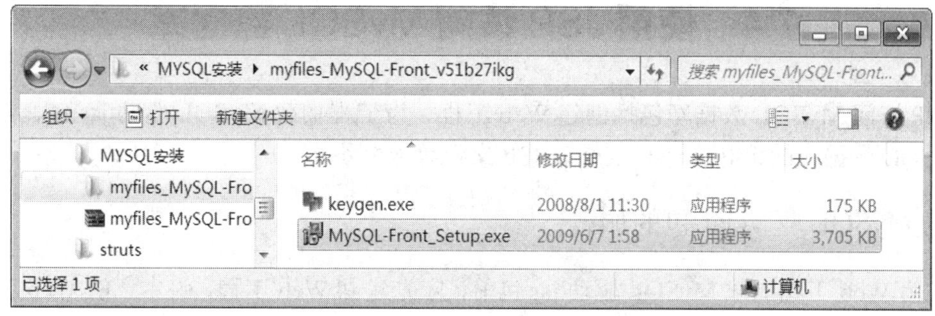

图 7.23　MySQL-Front.rar 解压后的文件及安装程序

安装完成后启动 MySQL-Front，建立一个名为“test”的数据库，并在其中建立名为“userinfo”的表。该表的结构(字段名，数据类型，宽度等)的设置见图 7.24。表建好后，先输入如图 7.25 所示的 3 条记录。最后，将库保存或另存到工作空间下的 ch7\WebRoot 目录中，并确保库名为 test，见图 7.26 所示。

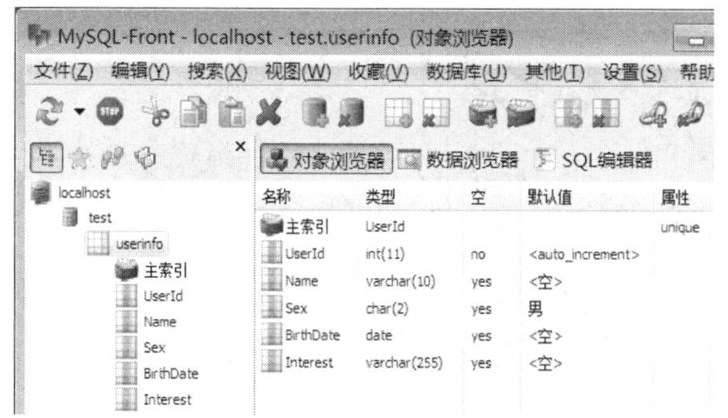

图 7.24　test 库中 userinfo 表的结构

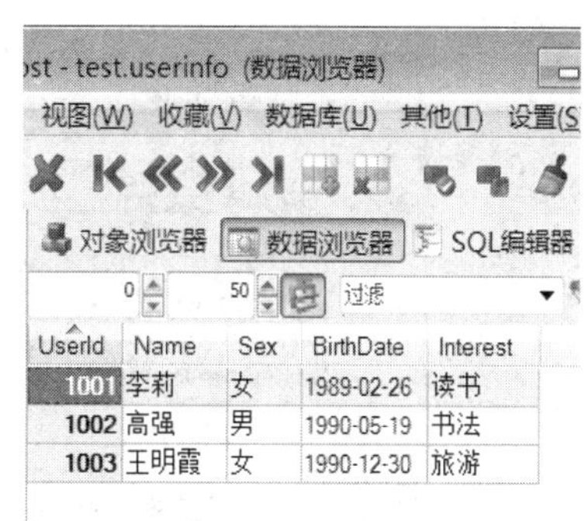

图 7.25　表中输入的 3 条记录

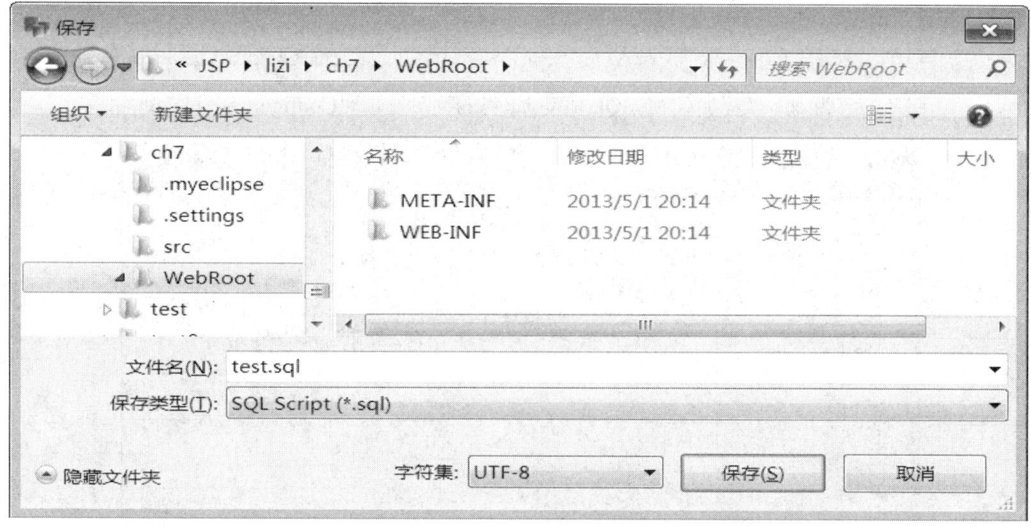

图 7.26　保存数据库对话框

7.4　使用 JSP 访问 MySQL 数据库

JSP 访问 MySQL 数据库包括创建 Web 工程、为工程加载 MySQL 驱动 jar 包、创建访问 MySQL 数据库的 JSP 文件和运行该 JSP 文件等 4 个步骤。

7.4.1　MySQL 驱动 jar 包的加载

在为 Web 工程加载 MySQL 驱动 jar 包前，应先建立 Web 工程，将本章的 Web 工程命名为 ch7。由于前面各章已多次讲过创建 Web 工程的方法和步骤，这里就不再重复，直接从为 Web 工程 ch7 加载 MySQL 驱动 jar 包讲起。

在包窗口的 Web 工程 ch7 上单击右键，在出现的快捷菜单中依次选择“Build Path”，“Configure Build Path”(见图 7.27)，出现图 7.28 所示对话框。在图 7.28 中点击“Add External JARs”按钮，出现打开文件对话框，找到 mysql-connector-java-5.1.18-bin.jar 文件后，单击“打开(o)”。

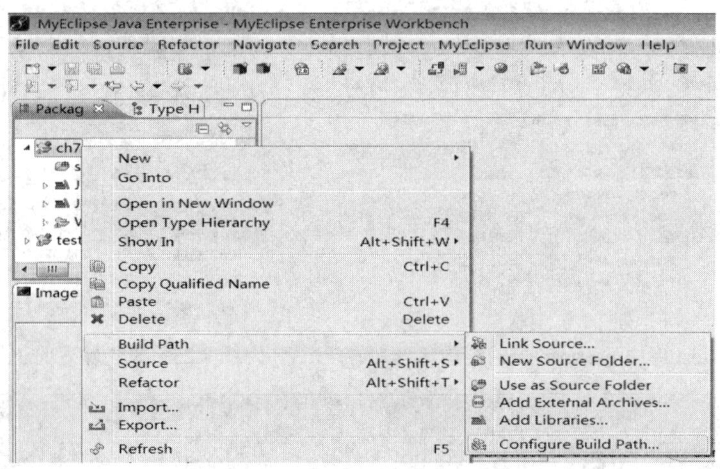

图 7.27　为 ch7 工程加载 MySQL 驱动 jar 包的菜单选项“Configure Build Path”

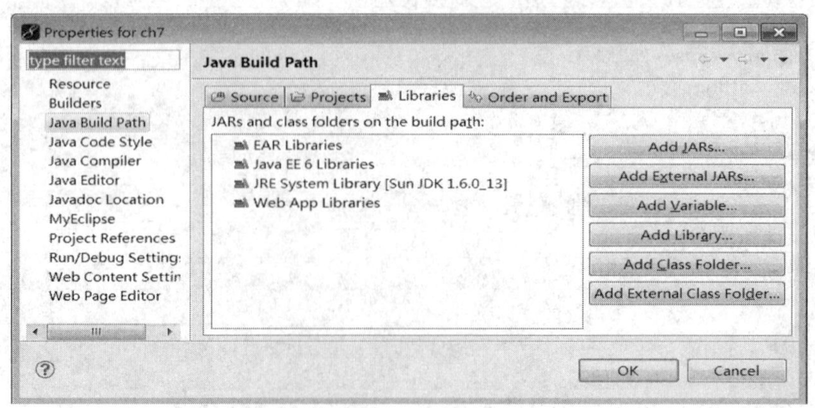

图 7.28　为 ch7 工程加载 MySQL 驱动 jar 包的“Add External JARs”按钮

单击“打开”按钮后，返回图 7.29 所示对话框，可以看到已将该 JAR 包加入。在此界面上单击“OK”按钮就完成了这一过程，并返回 MyEclipse 开发环境。

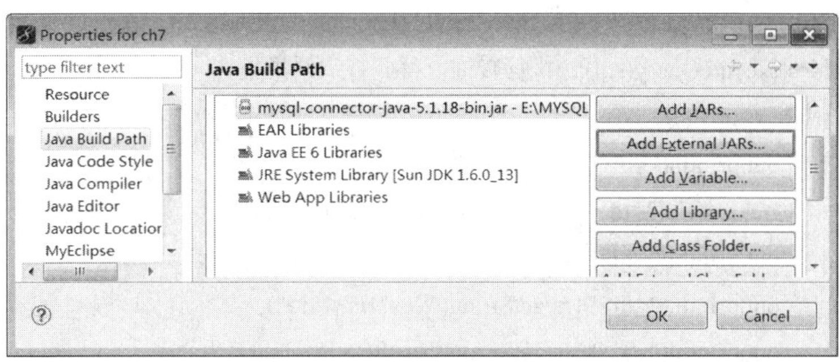

图 7.29　“Java Build Path”中已加载的 MySQL 驱动 JAR 包

7.4.2　使用 JSP 查询 MySQL 数据库

下面创建一个名为 TestMySQL.jsp 的程序，用于查询数据库中的数据。程序内容如下：

```
<%@ page contentType="text/html; charset=UTF-8" import="java.sql.*"%>
<html><body>  从MYSQL数据库中读取的数据：<hr>
<table border=1>
<tr><th>用户登录号</th><th>姓名</th><th>性别</th>
    <th>出生日期</th><th>兴趣爱好</th></tr>
<%
  String driverName="com.mysql.jdbc.Driver"; //驱动程序对象
  String userName="root"; //数据库用户名
  String userPasswd=""; //数据库存取密码
  String dbName="test"; //数据库名
  String tableName="userinfo"; //数据库中的表名
  String url="jdbc:mysql://localhost:3306/"+dbName; //连接数据库的URL
  Connection con=null;   Statement s;   ResultSet rs; //声明三类对象
  try
  {   Class.forName(driverName).newInstance(); //加载JDBC驱动程序
  }catch(ClassNotFoundException e)
  {   System.out.print("Error loading Driver，不能加载驱动程序！");   }
  try
  {   con=DriverManager.getConnection(url,userName,userPasswd);//连接数据库
  }
  catch(SQLException er)
  { System.out.print("Error getConnection，不能连接数据库！");   }
  try
```

```
{
        s=con.createStatement();//创建Statement类的对象
        String sql="SELECT * FROM "+tableName;//定义查询语句
        rs=s.executeQuery(sql); //执行查询，得到查询结果集
        while(rs.next())
        {   out.println("<tr>");
            out.println("<td>"+rs.getString("UserId")+"</td>");
            out.println("<td>"+rs.getString("Name")+"</td>");
            out.println("<td>"+rs.getString("Sex")+"</td>");
            out.println("<td>"+rs.getString("BirthDate")+"</td>");
            out.println("<td>"+rs.getString("Interest")+"</td>");
            out.println("</tr>");
        }
        rs.close(); s.close(); con.close();   //关闭数据库，释放占用的资源
    }
    catch(SQLException er)
    {System.err.println("Error executeQuery，不能执行查询！");}
  %>
  </table></body></html>
```

程序编写完成后，进行“为工程加载 Tomcat 服务器，启动服务器”的操作后，在浏览器中执行该程序，就会看到图 7.30 右窗口的输出，图 7.30 左窗口是相关文件及其存放位置。

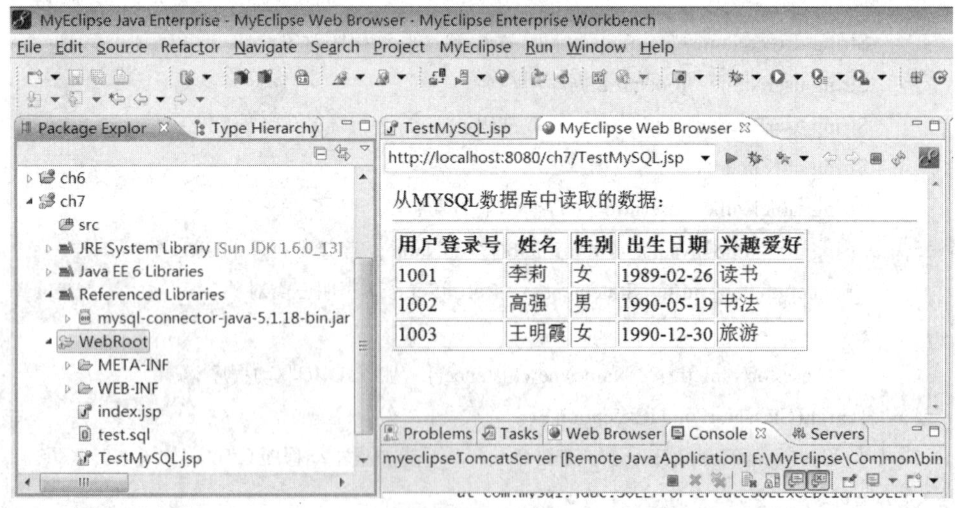

图 7.30　访问 MySQL 数据库的 TestMySQL.jsp 程序的执行结果

7.4.3　向数据库插入记录

下面创建一个名为 TestInsert.jsp 的程序，向数据库中插入记录。程序内容如下：

```
<%@page contentType="text/html; charset=UTF-8" import="java.sql.*"%>
```

```
<%!Connection con=null; Statement s=null; ResultSet rs=null;//声明三类全局对象
%>
<html><body>向MySQL数据库中插入数据：<hr>
<%
   String driverName="com.mysql.jdbc.Driver"; //驱动程序对象
   String userName="root"; //数据库用户名
   String userPasswd=""; //数据库存取密码
   String dbName="test"; //数据库名
   String tableName="userinfo"; //数据库中的表名
   String url="jdbc:mysql://localhost:3306/"+dbName; //连接数据库的URL

   try
   {   Class.forName(driverName).newInstance(); //加载JDBC驱动程序
   }catch(ClassNotFoundException e)
   {   System.out.print("Error loading Driver，不能加载驱动程序！");   }
   try
   {   con=DriverManager.getConnection(url,userName,userPasswd);//连接数据库
   }
   catch(SQLException er)
   { System.out.print("Error getConnection，不能连接数据库！");   }
   try
   {   s=con.createStatement();//创建Statement类的对象
%>
插入前先查询输出浏览一下已有数据：<hr>
<table border=1   align="center">
<tr><th>用户登录号</th><th>姓名</th><th>性别</th>
      <th>出生日期</th><th>兴趣爱好</th></tr>
<%
   String sql="SELECT * FROM "+tableName;//定义查询语句
   rs=s.executeQuery(sql); //执行查询，得到查询结果集
   while(rs.next())
    { out.println("<tr>");
    out.println("<td>"+rs.getString("UserId")+"</td>");
       out.println("<td>"+rs.getString("Name")+"</td>");
       out.println("<td>"+rs.getString("Sex")+"</td>");
       out.println("<td>"+rs.getString("BirthDate")+"</td>");
```

```
        out.println("<td>"+rs.getString("Interest")+"</td>");
        out.println("</tr>");
          }
      }
      catch(SQLException er)
      {System.err.println("Error executeQuery，不能执行查询！");}
%>
</table>
<BR>插入数据后改变表格属性再浏览：<HR>
<table border=1    align="center">
<tr><th>用户登录号</th><th bgcolor=#00f800>姓名</th><th>性别</th>
     <th bgcolor=#00f800>出生日期</th><th>兴趣爱好</th></tr>
<%
   String str="'1004'"+","+"'崔玉洁'"+","+"'女'"+","+"'1996-05-21'"+","+"'游泳'";
   String sql1="insert into userinfo values("+str+")";
   try{    s.execute(sql1);       }
   catch(SQLException er)
   {    System.err.println("Error executeInsert，不能执行插入！");}
   String sql2="SELECT * FROM "+tableName;//定义查询语句
   rs=s.executeQuery(sql2); //执行查询，得到查询结果集
   while(rs.next())
   {    out.println("<tr>");
         out.println("<td align='center'>"+rs.getString("UserId")+"</td>");
        out.println("<td align='center' bgcolor=#00f800>"
 +rs.getString("Name")+"</td>");
          out.println("<td align='center'>"+rs.getString("Sex")+"</td>");
          out.println("<td align='center' bgcolor=#00f800>"
 +rs.getString("BirthDate")+"</td>");
          out.println("<td align='center'>"+rs.getString("Interest")+"</td>");
          out.println("</tr>");
     }
    rs.close(); s.close(); con.close();    //关闭数据库，释放占用的资源
%>
</table></body></html>
```

程序编写完成后，执行该程序，就会看到程序的执行结果，如图 7.31 所示。

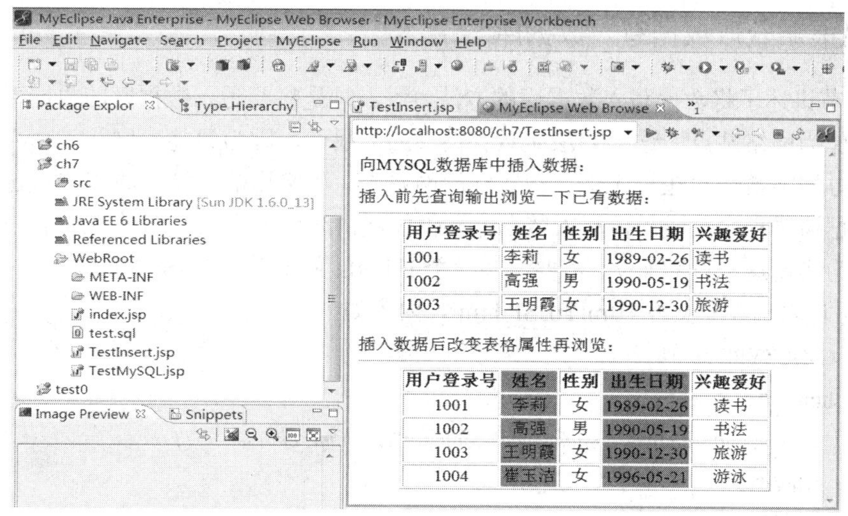

图 7.31　向数据库插入记录的 TestInsert.jsp 程序的执行结果

7.4.4　修改记录和删除记录

下面创建名为 TestUpdate.jsp 的程序，用以修改数据库中的记录；创建名为 TestDelete.jsp 的程序，用以删除数据库中的记录。两个程序的内容与 TestInsert.jsp 基本相同，所不同的只是 SQL 语句，故这里只将这两个 SQL 语句列出，其余内容从略。

修改记录的 SQL 语句如下：

```
String sqlU="UPDATE userinfo set Name='高宏伟' where UserId='1002'";
s.executeUpdate(sqlU); //执行修改
```

删除记录的 SQL 语句如下：

```
String sqlD="delete from userinfo where UserId='1003'";
s.execute(sqlD); //执行删除
```

程序 TestUpdate.jsp 的执行结果见图 7.32；程序 TestDelete.jsp 的执行结果见图 7.33。

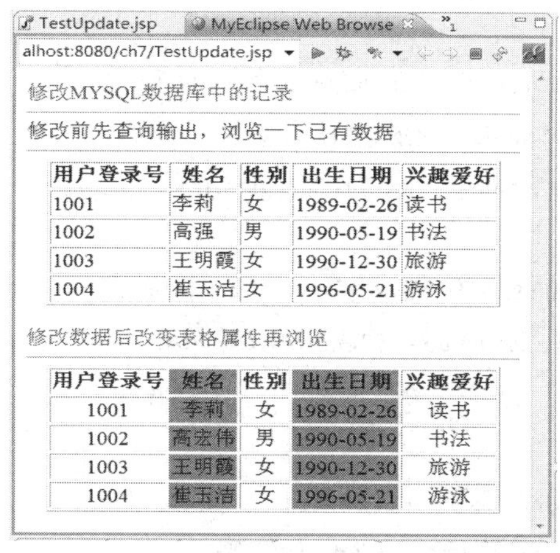

图 7.32　TestUpdate.jsp 修改记录前后的情况

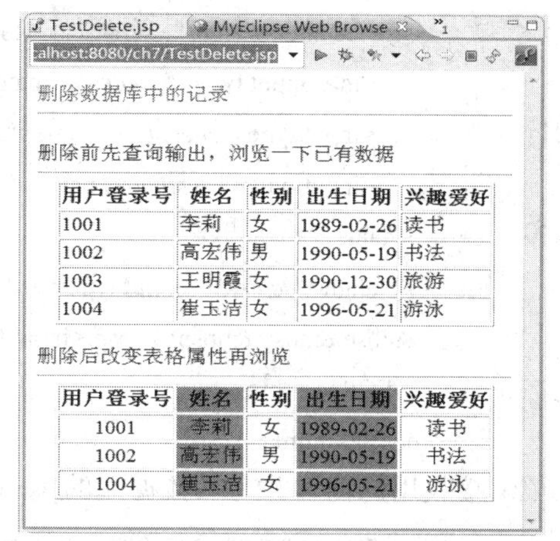

图 7.33　TestDelete.jsp 删除记录前后的情况

7.4.5　从表单获取数据写入数据库

7.4.3节讲述了将数据写入数据库的方法，但那时是将要写入数据库的数据直接写在了程序中。作为网络站点，这一方法显然有很大的局限性，因为只能由网络管理人员通过修改程序的办法将数据写在程序中。在实际的网站中，更常用的方法是将用户通过表单界面输入的数据通过程序获取后再写入数据库。下面就讲述这一方法，即从HTML→JSP→DB的方法。为实现这一目的key，需要编写一个HTML文件和一个JSP程序。

(1) 用户表单界面文件HtmlToJSP.html，内容如下：

```
<!DOCTYPE html>
<html><head>
    <meta http-equiv="content-type" content="text/html; charset=UTF-8">
  </head>
  <body>
    <FORM action="Jsp To DB.jsp" Method="post">
    <P ALIGN="center"><FONT color="green">
        为了让我们更好地为您服务，请填写下面的表单</FONT></P>
    <table align="center">
    <tr><td align="right">登录ID号</td>
        <td><input type="number" name="count"></td></tr>
    <tr><td align="right">您的姓名</td>
       <td><input type="text" name="realName"></td></tr>
    <tr><td align="right">性  别</td>
       <td><input type="radio" name="Gender" value="男" checked>男
           <input type="radio" name="Gender" value="女">女</td></tr>
    <tr><td align="right">出生日期</td>
       <td><input type="text" name="BirthDate"></td></tr>
    <tr><td align="right">兴趣爱好</td>
       <td><input type="checkbox" name="Interest" checked value="读书">读书
       <input type="checkbox" name="Interest" value="旅游">旅游
       <input type="checkbox" name="Interest" value="打球">打球</td></tr>
    </table>
    <P align="center"><input type="submit" value="提 交">
        <input type="reset" value="重 填"></p>
    </FORM><br>
  </body></html>
```

(2) 接收用户输入并写入数据库的JspToDB.jsp程序，内容如下：

```
<%@ page contentType="text/html; charset=UTF-8" import="java.sql.*"%>
<%request.setCharacterEncoding("UTF-8"); %>
```

```
<%!Connection con=null;   Statement s;   ResultSet rs; %>//声明三类对象
<%String driverName="com.mysql.jdbc.Driver"; //驱动程序对象
  String userName="root"; //数据库用户名
  String userPasswd=""; //数据库存取密码
  String dbName="test"; //数据库名
  String tableName="userinfo"; //数据库中的表名
  String url="jdbc:mysql://localhost:3306/"+dbName; //连接数据库的URL
  try
  {   Class.forName(driverName).newInstance(); //加载JDBC驱动程序
  }catch(ClassNotFoundException e)
  {   System.out.print("Error loading Driver，不能加载驱动程序！");   }
  try
  {   con=DriverManager.getConnection(url,userName,userPasswd); //连接数据库
  }
  catch(SQLException er)
  { System.out.print("Error getConnection，不能连接数据库！");   }
%>
<html><body>从HTML表单中获取数据，然后写入数据库<hr>
   <table border=1>
    <tr><th>用户登录号</th><th>姓名</th><th>性别</th>
    <th>出生日期</th><th>兴趣爱好</th></tr>
<%
  String co=request.getParameter("count");
  String rn=request.getParameter("realName");
  String ge=request.getParameter("Gender");
  String bd=request.getParameter("BirthDate");
  String it[]=request.getParameterValues("Interest");
  String it1="";
  if(it!=null)for(int k=0;k<it.length;k++)
  { //由数组转换成字符串并加上分隔符
 it1=it1.concat(it[k]);if(k<it.length-1) it1=it1.concat(",");   }
//out.println("co:"+co+"rn:"+rn+"ge:"+ge+"<BR>bd:"+bd+"it:"+it1+"<BR>");
//上面一行是调试时使用的输出，调试时可将程序从此处截断，待输出正确后再写数据库
try
    {
      s=con.createStatement();//创建Statement类的对象
      String str="'"+co+"','"+","+"'"+rn+"'"+","+"'"+ge+"'"+","
      +"'"+bd+"'"+","+"'"+it1+"'";
      out.println("您提供的数据如下：<BR>");
```

```
            out.println(str+"<BR><BR>");
            out.println("我们已将这些数据存入数据库，请看：<BR>");
            String sql1="insert into userinfo values("+str+")";
            s.execute(sql1);
        }
        catch(SQLException er)
        {   System.err.println("Error executeInsert，不能执行插入！");}
        try
        {
        String sql="SELECT * FROM "+tableName;//定义查询语句
        rs=s.executeQuery(sql); //执行查询，得到查询结果集
        while(rs.next())
        { out.println("<tr>");
          out.println("<td>"+rs.getString("UserId")+"</td>");
          out.println("<td>"+rs.getString("Name")+"</td>");
          out.println("<td>"+rs.getString("Sex")+"</td>");
          out.println("<td>"+rs.getString("BirthDate")+"</td>");
          out.println("<td>"+rs.getString("Interest")+"</td>");
          out.println("</tr>");
          }
          rs.close(); s.close(); con.close();   //关闭数据库，释放占用的资源
        }catch(SQLException er)
        {System.err.println("Error executeQuery，不能执行查询！");}
    %>
    </table></body></html>
```

程序的执行效果见图 7.34 和图 7.35。

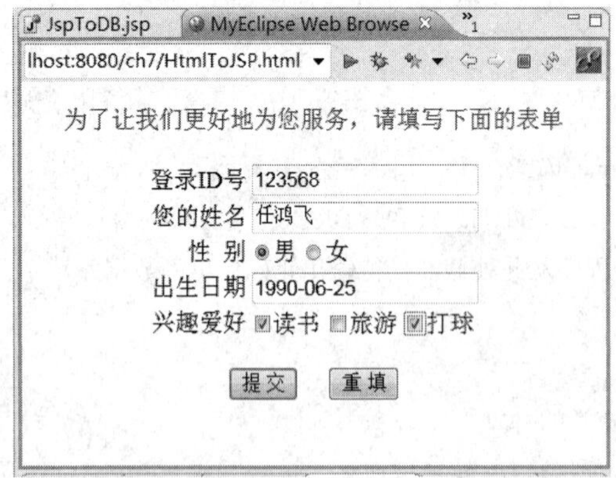

图 7.34　在给出的 HTML 表单上输入数据

用户登录号	姓名	性别	出生日期	兴趣爱好
1001	李莉	女	1989-02-26	读书
1002	高宏伟	男	1990-05-19	书法
1004	崔玉洁	女	1996-05-21	游泳
123568	任鸿飞	男	1990-06-25	读书,打球

图 7.35　点击左图提交后 JspToDB.jsp 的输出

7.5　JSP 访问 Microsoft 数据库

上节介绍的 MySQL 数据库在 Java 体系程序中的驱动方式是纯 JDBC 驱动(Pure JDBC Driver)，所有存取数据库的操作都是直接通过 JDBC 驱动程序来完成的。而 Microsoft 公司的 Access、SQL Server 数据库则需要使用 JDBC-ODBC Bridge 驱动，这就需要事先创建数据源，通过数据源安装 ODBC 驱动程序，然后再通过 JDBC-ODBC Bridge 的转换，把 Java 程序中使用的 JDBC API 转换成 ODBC API，进而通过 ODBC 来存取数据库。本节就是这一技术的实例。

7.5.1　数据库及表的创建

为了配制 JSP 与 Microsoft 公司的 Access、SQL Server 数据库的连接，首先创建这两种数据库：MS Access 数据库名为 TestDB.mdb；MS SQL Server 数据库为 MSSQLTestDB；并在这两种数据库中创建如表 7.2 所示的学生成绩表。

表 7.2　学 生 成 绩 表

学　号	姓　名	成　绩
0001	王明	80
0002	高强	94
0003	李莉	82

7.5.2　Access 数据源的建立

通过下述步骤建立 MS Access 数据源关联的数据库。

(1) 在 Windows 的“控制面板”对话框中，单击“性能和维护”选项。在弹出的“性能和维护”对话框中，单击“管理工具”选项，接着在弹出的“管理工具”对话框中找到“ODBC 数据源”图标并双击之，弹出如图 7.36 所示的“ODBC 数据源管理器”对话框。

(2) 在“用户 DSN”选项卡的“用户数据源”列表中选中“MS Access Datebase”选项，然后单击“添加”按钮，弹出如图 7.37 所示的“创建新数据源”对话框。

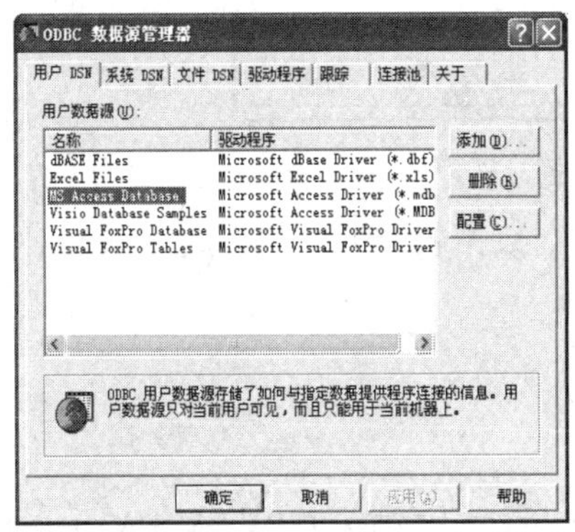

图 7.36　“ODBC 数据源管理器”对话框

图 7.37　“创建新数据源”对话框

(3) 在图 7.37 中，选中“Microsoft Access Driver”项，然后单击“完成”按钮，弹出如图 7.38 所示的“ODBC Microsoft Access 安装”对话框。在此对话框中，输入数据源名称后，单击“选择(s)...”按钮，进而指明数据库的存放路径。

(4) 在图 7.38 中单击“选择(s)...”按钮后，在出现的对话框中选择路径和数据库名。本节的数据库是建立在 f:\xiti\ch7 下，数据库名为 TestDB.mdb。找到数据库并指定后单击“确定”按钮，返回图 7.39 所示的 “ODBC Microsoft Access 安装”对话框。可以看到，在数据库标签后已有了 f:\xiti\ch7\TestDB.mdb。

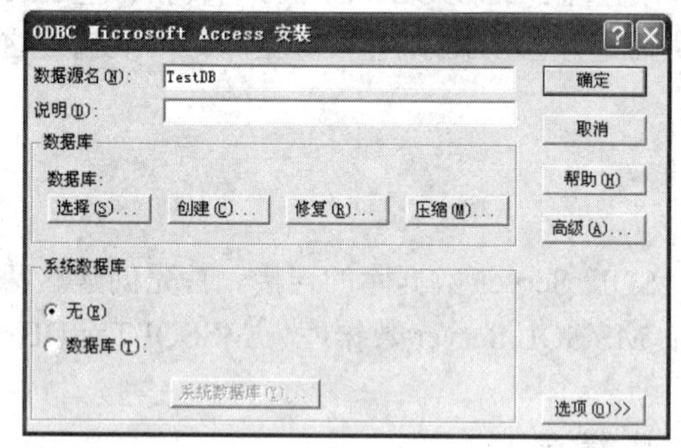

图 7.38　“ODBC Microsoft Access 安装”对话框

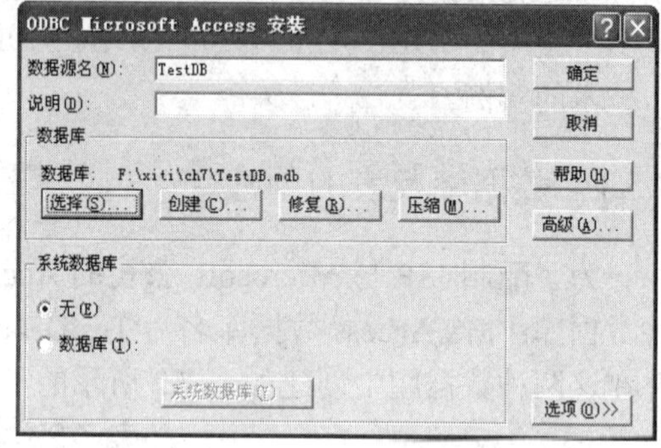

图 7.39　数据库已成为数据源对话框

(5) 在“ODBC Microsoft Access 安装”对话框中单击“确定”按钮，返回 ODBC 数据源管理器对话框，新添加的用户数据源将出现在此对话框中，如图 7.40 所示。此时，单击“确定”按钮，新用户数据源创建完成。

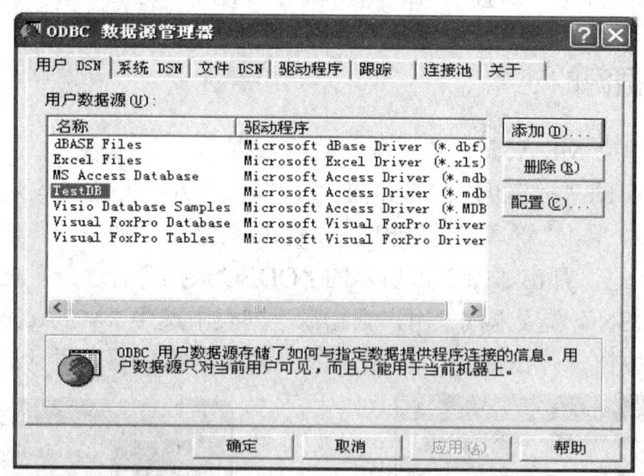

图 7.40　安装完成后的“ODBC 数据源管理器”对话框

创建好用户数据源后，便可以对这个数据源进行数据表的创建和修改，以及记录的添加、修改和删除等数据库操作。

7.5.3　JSP 访问 Access 应用实例

在 Eclipse 中文版平台建立示例程序 Access.jsp，该程序建立 JSP 与 MS Access 数据库

TestDB.mdb 的连接，访问 student 表，输出表中的所有记录到浏览器中。

【示例程序 Access.jsp】　程序内容如下：

```
<%@ page language="java" import="java.sql.*"  contentType="text/html;  charset=GBK" %>
<HTML><HEAD>
<meta http-equiv="Content-Type" content="text/html; charset=GBK">
<TITLE>Access 数据库</TITLE>
</HEAD><BODY>
    从 Acccse 数据库读取表数据：<HR>
<TABLE border=1><TR><TD>学号</TD><TD>姓名</TD><TD>成绩</TD></TR>
<%
    String driverName="sun.jdbc.odbc.JdbcOdbcDriver";  //定义 JDBC-ODBC 驱动程序对象
    String dbName="TestDB";               //定义数据库名
    String tableName="student";           //定义数据库中的表名
    String userName="";                   //定义数据库用户名
    String userPasswd="";                 //定义数据库存取密码
    String conURL="jdbc:odbc:"+dbName;          //定义 JDBC 的 URL 对象
    String sql="SELECT * FROM "+tableName;    //定义 SQL 语言对象
    Class.forName(driverName);                  //加载 JDBC-ODBC 驱动程序
    //下面的语句创建了一个 Connection 类的对象 con，并建立了与数据库的连接
    Connection con=DriverManager.getConnection(conURL,userName,userPasswd);
    Statement s=con.createStatement();          //定义查询数据库的对象
    ResultSet rs=s.executeQuery(sql);           //执行查询，得到查询 student 表的结果集
    while(rs.next())
    { //输出每一个字段的值
     out.println("<TR>");
     out.println("<TD>"+rs.getString("id")+"</TD>");
     out.println("<TD>"+rs.getString("name")+"</TD>");
     out.println("<TD>"+rs.getInt("score")+"</TD>");
     out.println("</TR>");
    }
    rs.close();  s.close();  con.close();  //关闭数据库，释放所占用的资源
%>
</TABLE>
</BODY></HTML>
```

该示例程序的运行结果如图 7.41 所示。

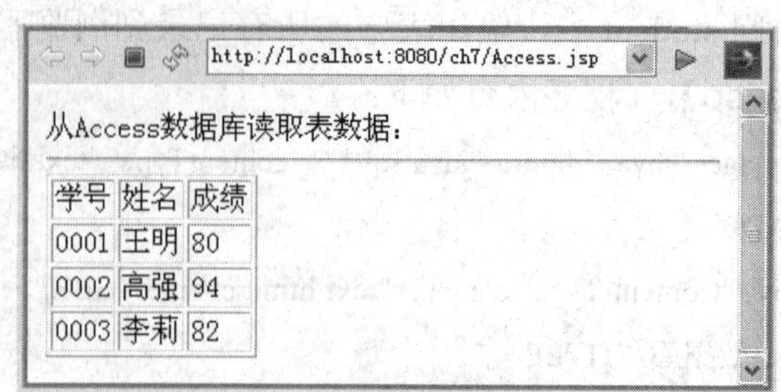

图 7.41　程序 Access.jsp 的运行结果

将上述 Access.jsp 程序与 7.4.2 节的 TestMySQL.jsp 程序进行对比，很容易看出二者除了驱动程序名、库名、表名和表中内容不同外，程序的总体结构是相同的。访问 Access 数据库的驱动程序名是：sun.jdbc.odbc.JdbcOdbcDriver；而访问 MySQL 数据库的驱动程序名是：com.mysql.jdbc.Driver。

7.5.4　SQL Server 数据源的建立

由于 MS Access 是一个微机上使用的简易数据库，一般情况下不适合于网站上使用。网站上如果使用 Microsoft 公司的数据库的话，通常使用 MS SQL Server 数据库。下面介绍建立 MS SQL Server 数据库关联数据源的步骤。

(1) 这一步与 7.5.2 节(1)相同，此处从略。

(2) 在图 7.36“用户 DSN”选项卡的“用户数据源”卡片上单击“添加”按钮，弹出如图 7.42 所示的“创建新数据源”对话框。

(3) 在图 7.42 中，选中“SQL Server”项，然后单击“完成”按钮，弹出如图 7.43 所示的“创建到 SQL Server 的新数据源”对话框。在图 7.43 所示对话框中，在“名称”标签后的文本框中输入数据源名称 MSSQLTestDB(注：数据源名可以与数据库相同，也可以不同)；再在“服务器”标签后的文本框中输入服务器的名称。注意：这个名称是安装 SQL Server 数据库时安装者给出的，读者可根据自己安装时的名称而定。然后单击“下一步”按钮，弹出如图 7.43 所示对话框。

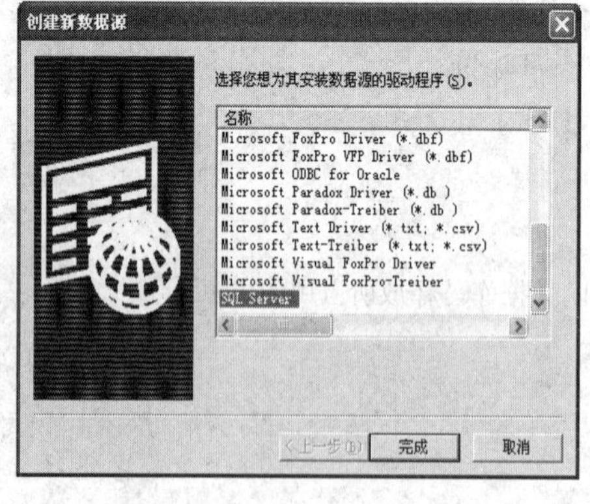

图 7.42　“创建新数据源”对话框

图 7.43　创建 SQL Server 数据源对话框

(4) 在图 7.44 所示的对话框中选择"使用用户输入登录 ID 和密码的 SQL Server 验证(s)"和"连接 SQL Server 以获得其它配置选项的默认设置(c)"后，在登录 ID 标签的文本框中输入登录 ID，密码框留空。注意：这两项也是安装 SQL Server 数据库时由安装者给出的，读者可根据自己安装时的 ID 和密码而定。然后单击"下一步"按钮，弹出如图 7.45 所示对话框。

(5) 在图 7.45 所示对话框中选中使用 ANSI 相关信息的两个复选框后，单击"下一步"按钮，弹出如图 7.46 所示对话框。

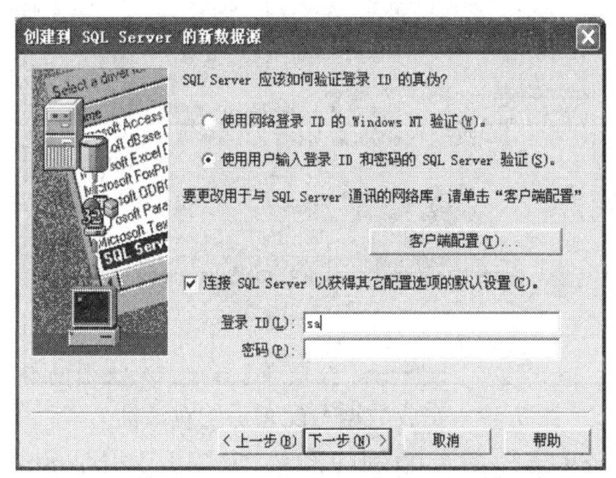

图 7.44　登录 ID 和密码验证选项对话框

图 7.45　使用 ANSI 相关信息的对话框

(6) 图 7.46 是配置部分附助选项配置的复选按钮对话框，用户可根据需要进行选择。选好后单击"完成"按钮，弹出如图 7.47 所示的完成数据源配置后的提示信息对话框。

(7) 在图 7.47 所示的完成数据源配置后的提示信息对话框中，单击"测试数据源"按钮，设置正确就会出现如图 7.48 所示数据源测试成功的提示信息对话框；否则，将出现错误报告，需要检查后重新配置。如果单击"确定"按钮，返回图 7.49 所示的"ODBC 数据源管理器"对话框。

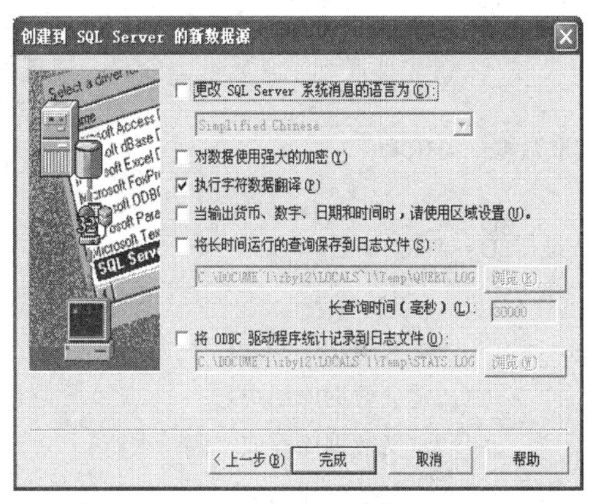

图 7.46　附助选项对话框

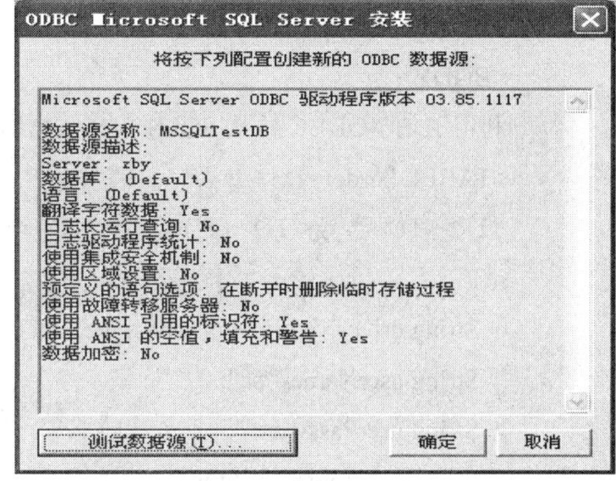

图 7.47　完成数据源配置后的对话框

(8) 在图 7.48 中单击“确定”按钮，返回图 7.47。在图 7.47 中单击“确定”按钮，弹出如图 7.49 所示的 ODBC 数据源管理器对话框，实际上是返回到图 7.36 所示的开始配置界面，只不过此时是配置好了的情形。

(9) 在图 7.49 所示的 ODBC 数据源管理器对话框中，可以看到已创建好的数据源(MSSQLTestDB)，单击选中后按“确定”按钮，完成操作。

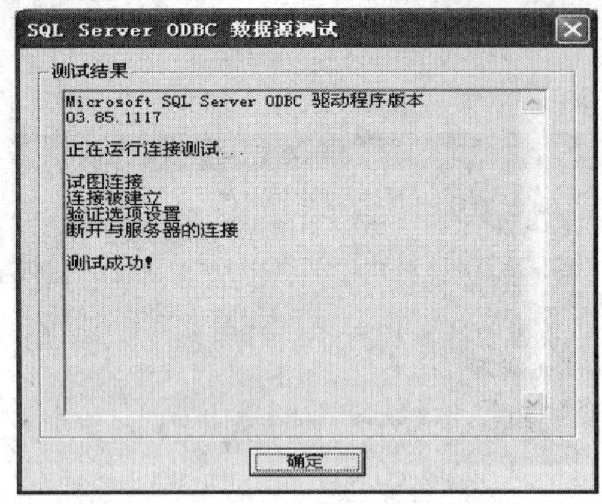

图 7.48 测试成功的提示信息

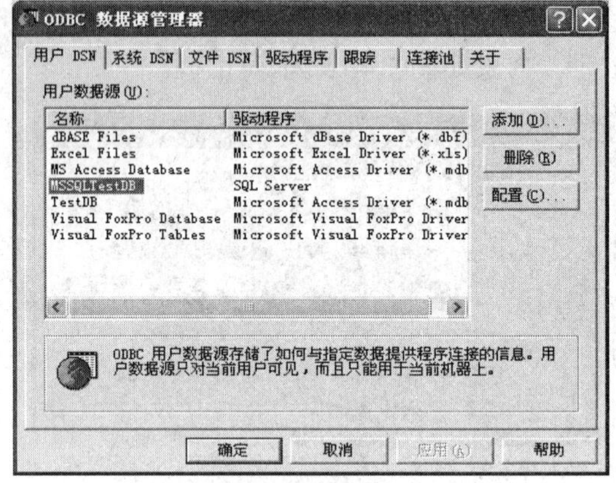

图 7.49 完成数据源配置后的对话框

创建好用户数据源后，便可以对这个数据源进行数据表的创建和修改，以及记录的添加、修改和删除等数据库操作。

7.5.5 JSP 访问 SQL Server 应用实例

配置 SQL Server 数据源的过程虽然复杂，但其安全性比 Access 高得多。配置好后，在 JSP 中访问 SQL Server 数据库的程序与访问 Access 的基本相同。下面通过示例程序加以说明。

【示例程序 SQLServer.jsp】 建立 JSP 与 MS SQL 数据库 MSSQLTestDB.mdb 的连接，查询 student 表，显示表中的所有记录。

```
<%@ page contentType="text/html; charset=gb2312" import="java.sql.*"%>
<HTML>
<BODY>
利用 JDBC-ODBC 桥从 SQLServer 数据库中读取数据：<HR>
<TABLE border=1>
<TR><TD>学号</TD><TD>姓名</TD><TD>成绩</TD></TR>
<%
  String driverName="sun.jdbc.odbc.JdbcOdbcDriver";       //定义 JDBC-ODBC 驱动程序对象
  String userName="sa";                                    //定义数据库用户名
  String userPasswd="";                                    //定义数据库存取密码
  String dbName="MSSQLTestDB";                             //定义数据库名
  String tableName="student";                              //定义数据库中的表名
  //定义数据库的连接对象
```

```
        String conurl="jdbc:odbc:"+ dbName;                    //定义 JDBC 的 URL 对象
        Class.forName(driverName);                             //加载 JDBC 驱动程序
        Connection con=DriverManager.getConnection(conurl,userName,userPasswd);   //连接数据库
        Statement s=con.createStatement();                     //定义查询数据库的对象
        String sql="SELECT * FROM "+tableName;                 //定义 SQL 语言对象
        ResultSet rs = s.executeQuery(sql);                    //得到 student 表查询的结果集
        while(rs.next())                                       //一次循环输出一条记录
          {                                                    //输出每一个字段的值
            out.println("<TR>");
            out.println("<TD>"+rs.getString("id")+"</TD>");
            out.println("<TD>"+rs.getString("name")+"</TD>");
            out.println("<TD>"+rs.getInt("score")+"</TD>");
            out.println("</TR>");
          }
          rs.close();   s.close();
        con.close();      //关闭数据库，释放资源

%>
</TABLE>
</BODY>
</HTML>
```

该示例程序的运行结果如图 7.50 所示。

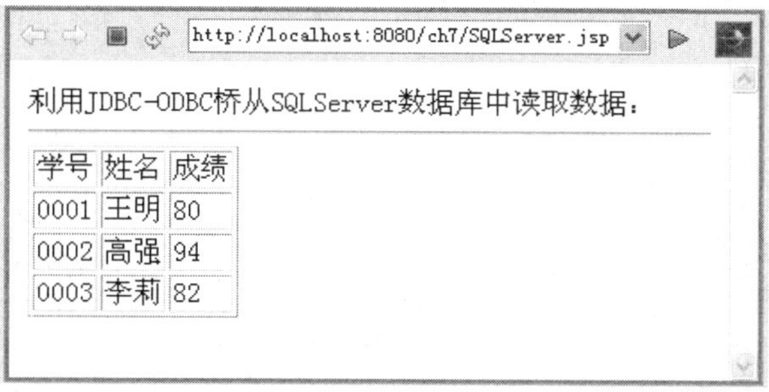

http://localhost:8080/ch7/SQLServer.jsp

利用JDBC-ODBC桥从SQLServer数据库中读取数据：

学号	姓名	成绩
0001	王明	80
0002	高强	94
0003	李莉	82

图 7.50　程序 SQLServer.jsp 的运行结果

将上述 SQLServer.jsp 与 Access.jsp 进行对比，很容易看出二者的数据库驱动程序名是相同的，都是 sun.jdbc.odbc.JdbcOdbcDriver。也就是说二者都是 JdbcOdbc 桥方式。

习　题　7

7.1　解释下列名词：数据库、关系型数据库、Field、Record、SQL、DDL、DML、DCL 及 JDBC。

7.2　简述数据定义语言的功能。

7.3 简述数据操纵语言的功能。

7.4 简述数据库查询语言的功能。

7.5 简述四类 JDBC 驱动程序的特点。

7.6 在 JSP 中进行 JDBC 编程要注意什么？

7.7 创建一个如习题表 7.1 所示的职工数据表。

习题表 7.1

职工号	姓名	性别	工资	职称
1002	张小华	男	600	助工
1007	李莉	女	1000	工程师
1001	丁卫国	男	650	助工
1005	黄菊	女	1200	工程师
1003	宁涛	男	2500	高工

7.8 编写 JSP 程序将习题 7.7 所建的职工表从数据库中读出并显示到屏幕上，再将每人的工资增加 50 元后存入原表中。

7.9 编写 JSP 程序读取习题 7.8 修改后的职工表，按职工号从小到大排序并显示到屏幕上，再存入另一个表中。

7.10 编写 JSP 程序读取习题 7.9 的职工表，在该表第二个记录后插入一条新记录(由自己设计)，并显示插入后的表的内容。

7.11 编写程序读习题 7.10 的职工表，从表中删除 1001 和 1005 号职工的记录，并输出删除记录后的表。

第 8 章

JSP 与 JavaBean

JSP 页面程序是由普通的 HTML 标记、JSP 标签和 Java 程序片组成的，如果用这种大量交织在一起的技术开发软件，则程序混杂，不易分工管理，软件开发周期长，且难于维护。流行的软件开发技术之一是模块化技术，各模块负责一项具体的任务。对于 JSP 应用来说，可运用模块化技术将一个软件先简单地划分为静态模块和动态模块两部分。静态模块负责 Web 应用的表现力，由网页美工设计人员对页面进行规划设计，用 HTML 或 JSP 编写；动态模块负责业务逻辑处理，由程序员编写的 Java 程序(JavaBean)组成；最后，通过 JSP 标签实现各部分的衔接。这样就可以初步实现“高内聚，低耦合”以及模块复用等重要的软件工程思想。Sun 为 Java 定义的任务是：“Write once, run anywhere, reuse everywhere”，即“一次编写，处处运行，处处复用”。

8.1 组件复用与 JavaBean

8.1.1 组件复用技术简介

随着软件规模的不断扩大，如何高质量、高效率地生产软件是所有软件开发机构所面临的挑战。显然，通过利用以前开发的高质量的组件来开发新软件系统，可以减少开发工作所耗费的时间和成本，提高软件生产率和软件系统的质量。这便是软件复用的基本出发点。实际上，早在 1968 年的 NATO 软件工程会议上就已经提出了共享组件库的思想，此后，软件复用技术越来越受到重视。

软件复用(Software Reuse，又称软件重用或软件再用)是指利用事先建立好的软件成分(Software Components，也称为构件或组件)来创建新软件系统的过程和开发可重用软件组件的技术。这个定义蕴含着软件重用所必须包含的两个方面：

(1) 系统地开发可重用的软件部件。这些软件部件可以是代码，也可以是分析、设计、测试数据、原型、计划、文档、模板、框架等等。

(2) 系统地使用这些软件部件作为构筑模块来建立新的系统。

软件重用会带来以下好处：

(1) 提高软件生成率。

(2) 缩短开发周期。

(3) 降低软件开发和维护费用。

(4) 生产更加标准化的软件。

(5) 提高软件开发质量。

(6) 增强软件系统的互操作性。

(7) 减少软件开发人员的数量。

(8) 使开发人员能比较容易地适应不同性质的项目开发。

软件重用主要体现在以下方面：源代码重用、目标代码重用、类库、组件。

(1) 源代码重用。它是最低级别的重用技术。程序员在实现某些功能时，将已开发过的类似的源代码修改后嵌入到新开发的模块中。这样做虽然可以缩短开发时间，但存在着需读懂源代码的问题。

(2) 目标代码重用。这种技术一般是以函数库的方式来体现的，由于程序员不能修改源代码，所以灵活性低。

(3) 类库。它具有继承、封装、派生等特性，使得大规模的重用成为可能，是面向对象技术出现后的重用方式。

(4) 组件。它是继面向对象模型之后的新一代逻辑模型，是最先进的软件重用技术。通过面向对象的技术对所开发的软件系统进行分析与设计，将特定的对象设计为一个个组件，并建立组件库。这样的组件不仅可以重复使用，而且还可以由用户自行配置。整个软件系统按照面向对象的软件工程方法开发。最后，将这些组件实现搭积木式的无缝连接。软件组件技术是当前最先进的软件重用技术，将软件组件技术应用于软件设计和开发中是软件产业发展的必然趋势。

8.1.2　JavaBean 组件模型

JavaBean 是 Sun Microsystems 公司的业务部门于 1995 年创建的一个组件模型，旨在为 Java 定义一个软组件体系结构。这一模型允许第三方供应商创建和销售基于 Java 的组件，开发人员可以购买这些组件，并把它们应用于自己的软件系统中。实际上，JavaBean 是一种 Java 类(简称 Bean 类)。Sun 为 JavaBean 定义的任务是：“Write once，run anywhere，reuse everywhere”。也就是说，JavaBean 是一种具有“一次编写，可以在任何地方运行，可以在任何地方重用”特性的 Java 组件。由于 JavaBean 是用 Java 编写的，JavaBean 建立在 Java 的优势上，并进一步扩展了 Java 平台，所以 Java 语言环境所具有的特性将会在 JavaBean 中得到很好的体现，是一个可移植、高度可伸缩、多平台的、可重用的组件体系结构。

简言之，JavaBean 是一个为了提高 Java 程序的可复用性而提出的基于 Java 的软件组织模型，实际程序中的 Bean 就是一个 Java 类，将同一应用的诸多 Beans 封装在一个包中(这也是模型所要求的)，就构成了 JavaBean。需要指出的是，在许多场合下人们并不严格区分 Bean 和 JavaBean 这两个名称。在 JSP 应用中，通常利用 JavaBean 封装事务处理逻辑、进行数据库的操作等，实现业务逻辑与用户界面的分离。

8.1.3　JavaBean 的组成特性

JavaBean 组件模型由属性、方法和事件三部分组成，并通过封装属性和方法使其成为具有某种功能或者处理某个业务的对象(简称 Bean)。Bean 的组成特性如下。

(1) 方法。指在 Bean 类中定义的、完成各种特定任务的公共方法，这些方法提供给外部调用。

(2) 属性。Bean 的属性是 Bean 类中的成员变量，它与一般 Java 程序中所指的属性是同一概念。Bean 的属性可以是任何 Java 支持的数据类型，包括类和接口类型。在 JavaBean 设计中，按照属性的作用不同又可将 Bean 属性细分为四类：Simple(简单或单值属性)、Indexed(索引属性)、Bound(绑定属性)与 Constrained(约束属性)。

① 简单属性。简单属性是最普通的属性类型，即 Java 程序中的一个属性或数据成员，且此属性只能含有单一的数据值。此外，简单属性还表示有一对 get/set 方法与此属性相伴随，属性名与和该属性相关的 get/set 方法名对应。例如：如果有 getXy 和 setXy 方法，则暗指有一个名为 xy 的属性；如果有一个方法名为 isXy，则通常暗指 xy 是一个布尔型属性(即 xy 的值为 true 或 false)。

② 索引属性。索引属性是以数组形式存在的一组具有相同数据类型的属性，使用与该属性对应的 set/get 方法可设置或获取数组中元素的值，也可以一次设置或获取整个数组的值。

③ 绑定属性。绑定属性是向其它基于该属性的变化而改变的相关部件提供通知信息的属性。一个绑定属性的值发生变化时，就触发一个 PropertyChange 事件，事件中封装了属性名、属性的原值、属性变化后的新值。这个事件将属性值传递到其它的 Bean，接收事件的 Bean 将根据自己对处理该事件的定义做出相应的动作。

④ 约束属性。约束属性是在改变它的值之前，必须由 Bean 外部的某个相关部件进行有效性确认的属性。也就是说，一个 JavaBean 的约束属性的值要发生变化时，与这个属性相连接的其它 Java 对象可以否决属性值的改变。

(3) 事件。事件用于传递有关 Bean 状态变化的通知，以及用户与 Bean 之间的交互信息。Bean 与 Bean 之间相互连接起来并进行互操作是通过事件处理机制实现的。JavaBean 直接继承了 JavaAPI 中以事件源/收听者模型为基础的事件处理机制。Bean 既可以产生事件，也可以收听并处理事件。作为事件源的 Bean，既可以产生低层事件，也可以产生语义事件；作为收听者的 Bean，向外部提供了响应并处理事件的公共方法。

8.1.4　JavaBean 的其它特性

JavaBean 除了具有一般 Java 类的特性外，还具有一般 Java 类所没有的一些特性，具体情况如下。

(1) 自查(introspection)。自查是指软件工具能够从外部分析 Bean 是如何工作的。Bean 之所以能支持自查是因为在 JavaBean 中规定：当定义 Bean 的属性、事件和方法时，要么利用标准的 Bean 信息类进行显式的定义，要么使用以命名约定为基础的设计模式来定义，两者必居其一。这样无论使用哪种形式，或是混合使用两种形式，应用程序构造工具都能分析 Bean 具有哪些属性、方法和事件，以及使用它们时所必需的信息。

自查对于重用代码组件来讲是至关重要的，因为只有代码组件支持自查，重用者才能真正地以透明的方式重用它们。

(2) 支持应用程序构造工具。应用程序构造工具可以在 Bean 类支持自查的基础上，为软件开发人员提供直观的重用 Bean 的可视化方式，从而使重用代码资源的过程变得简单、灵活和有效。例如，虽然应用程序构造工具在其内部同样只能通过访问者方法来访问 Bean 的属性，但是它可以在此基础上进一步利用 Bean 属性自查和 Bean 自身的属性编辑器，为应用程序构造工具的用户提供利用可视化的属性列表和编辑 Bean 属性的手段。

(3) 客户定制(customization)。开发人员可以利用应用程序构造工具设置 Bean 的属性值，以定制 Bean 的外观和行为。

(4) 永久性存储。可以在永久性存储设备上保存 Bean 类，以供今后重用。

8.2　JSP 中 JavaBean 的使用

JavaBean 支持可视化和非可视化两种组件。可视化的组件就是有 GUI 界面的 JavaBean，这些组件就是界面上的按钮、文本框等。非可视化的组件是没有 GUI 界面的 JavaBean，通常用来处理程序中的一些复杂事务。JSP 主要支持非可视化 JavaBean 组件，用于实现复杂的事务处理。

在 JSP 开发中，JavaBean 用于后台业务逻辑处理。通过使用 JavaBean 可以减少在 JSP 中脚本代码的使用，很好地实现业务逻辑处理和前台界面程序的分离，使得 JSP 页面更加容易维护、系统具有更好的健壮性和灵活性等。

8.2.1　JavaBean 编写规范

在 JSP 中使用 JavaBean 可有下述两个步骤：第一，编写 JavaBean 程序；第二，在 JSP 页面中调用这个 JavaBean。虽然编写 JavaBean 与编写 Java 程序没有太多区别，但还是有一些特别的规定需要注意。下面就是编写 JavaBean 程序的注意事项或特定规范。

(1) 同一应用的所有 Bean 必须放在同一个包中。

(2) Bean 类必须声明为 public，且类名与文件名相同。

(3) 类的所有成员变量名(属性)必须声明为 private，且属性名的第一个字母必须小写。

(4) 如果 Bean 中有构造方法，那么这个构造方法不能带任何参数，并必须指定为 public。

(5) Bean 中被 JSP 页面直接访问的成员方法的修饰符必须指定为 public。

(6) Bean 中的每个成员变量都有相应的 get 和 set 方法对其进行读/写。而且，对这个 get 和 set 方法的方法名有特别的规定。例如：假设 Bean 中的成员变量的名字是 xy，若要在 JSP 页面中获取 xy 的值或修改 xy 的值，则在 Bean 中定义的 get 方法的方法名必须是 getXy；定义的 set 方法的方法名必须是 setXy。即在 get 和 set 后面跟着成员变量的名字，且这个成员变量名的第一个字母必须改为大写字母。例如：示例程序 C8_1.java 中的成员变量名为 aa1，若要获取 aa1 的值并修改 aa1 的值，则在 Bean 中定义了名为 getAa1()的方法用来获取 aa1 的值；定义了名为 setAa1()的方法用来修改 aa1 的值。

(7) get 方法是只读方法，不带任何参数，返回值是一个对象，对象的数据类型就是该成员变量的数据类型。set 方法是只写方法，带有一个参数，参数的数据类型为该成员变量的数据类型。set 方法不能返回值。

(8) 如果成员变量的数据类型是 boolean 型的，则可以用 isXy 方法来代替上述的 getXy 方法。

8.2.2　JavaBean 应用示例

下面通过一个具体的例子来说明 JavaBean 的编写和在 JSP 页面中调用 JavaBean 的方法。这个例子由两个文件组成：一个是名为 C8_1.java 的 JavaBean；另一个是名为 C8_1.jsp 的调用这个 JavaBean 的 JSP 程序。

【示例程序 C8_1.java】　编写一个具有简单属性的 JavaBean。

```
package ch8Bean;
public class C8_1
{
  private int aa1,aa2=4;             //aa1，aa2 为成员变量名
  private boolean   bb1;             //bb1 为成员变量名
  public C8_1()                      //该类的构造方法
    { aa1=1; bb1=false; }
  public int getAa1()                //返回 aa1 的值
    {   return this.aa1; }
  public void setAa1(int a)          //设置 aa1 的值
    {   this.aa1=a;   }
  public boolean   isBb1()           //返回 bb1 的值
    {   return this.bb1;   }
  public void setBb1( boolean b)     //设置 bb1 的值
    {   this.bb1=b; }
  public int add()                   //返回计算的值
    {   return 2+aa2+aa1; }
}
```

【示例程序 C8_1.jsp】　调用 JavaBean(C8_1.java)的 JSP 页面程序。

```
<%@ page contentType="text/html; charset=UTF-8"   import="ch8Bean.*" %>
<html>
<head><title>JSP中使用Bean</title></head>
<body>
<jsp:useBean id="myBean" scope="page" class="ch8Bean.C8_1"/>
   <h3> 在JSP中使用一个具有简单属性的JavaBean的例子</h3><hr>
     第一次调用getAa1()和getBb1()的值：
   <%=myBean.getAa1()%>
```

```
        <%=myBean.isBb1()%>
        <p>修改aa1与bb1后getAa1()和getBb1()返回的值分别是：
        <jsp:setProperty   name="myBean"   property="aa1"   value="5"/>
        <jsp:getProperty   name="myBean"   property="aa1"/>,
        <jsp:setProperty   name="myBean"   property="bb1"   value="true"/>
        <jsp:getProperty   name="myBean"   property="bb1"/></p>
        <p>调add()方法，返回值是：
         <%=myBean.add()%></p>
    </body>
    </html>
```

说明：

(1) 在 JSP 页面中访问 JavaBean 时，必须使用 JSP 动作标签<jsp:useBean…>。关于这个动作的用法已在 6.2.4 节作了介绍，如果读者还没有掌握的话，请再次阅读该节。本例中，Bean 的 id 名为 myBean，class 属性值为“ch8Bean.C8_1”。

(2) JSP 引擎在创建 Bean 对象时将调用其无参数的构造方法来初始化 Bean 属性。如果需要在 Bean 对象被创建时设置或读出 Bean 的属性，正如 6.2.5 和 6.2.6 节所述的那样，可以使用<jsp:setProperty>和<jsp:getProperty>指令来访问 Bean 的属性。当然，也可以使用 JSP 页面程序或表达式直接调用 Bean 对象的 public 方法。

(3) 在本例中：

<%=myBean.getAa1()%>表示访问 C8_1.java 程序中的 getAa1()方法，输出 getAa1()方法的返回值。

<jsp:setProperty name="myBean" property="aa1" value="5" />表示使用<jsp:setProperty…>动作访问

C8_1.java 程序中的 aa1 属性，设置 aa1 属性的值为“5”。

<%=myBean.add()%>表示访问 C8_1.java 程序中的 add()方法，输出 add()方法的返回值。

8.2.3　JSP+JavaBean 程序的开发

这里使用的 JSP+JavaBean 程序是 8.2.1 节中的 C8_1.java 和 C8_1.jsp 程序。在 MyEclipse 中建立 JSP+JavaBean 程序的步骤与前面各章中介绍的建立 JSP 程序的步骤相同。当建立了 ch8 工程(文件夹)后，先创建和存放 C8_1.java 程序文件。建立 java 程序的操作过程与 4.2.4 节所述相同，在包窗口的 ch8 工程上单击右键，在出现的菜单中选 New→Class，就会出现 New Java Class 对话框，如图 8.1 所示。在图 8.1 空白对话框的“Package”(包名)后输入：ch8Bean，“Name”(文件名)后输入：C8_1，如图 8.1 所示。然后，单击“Finish”按钮，出现如图 8.2 所示的界面。

图 8.1　New Java Class 对话框

图 8.2 界面的中部即为编写 Bean 程序的位置，在此处书写 C8_1.java 程序。

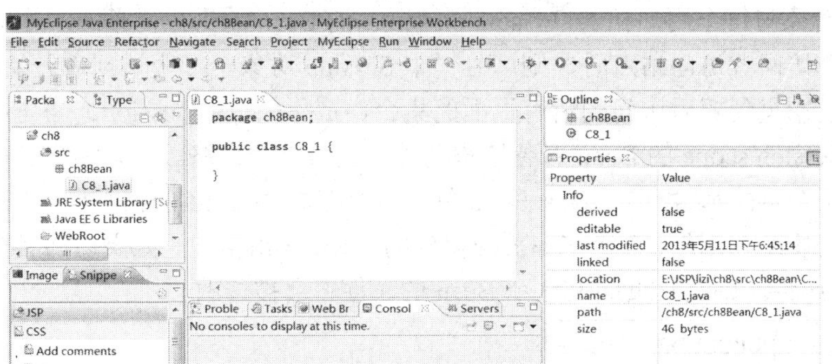

图 8.2　C8_1.java 程序的存放位置(左)，编辑区(中)和属性(右)

JSP 程序 C8_1.jsp 的创建、编辑等方法已在前面各章多次讲过，此处不再赘述。编写完上述两个程序后，运行 JSP 程序就可以得到如图 8.3 所示的 JSP+Bean 的运行结果。

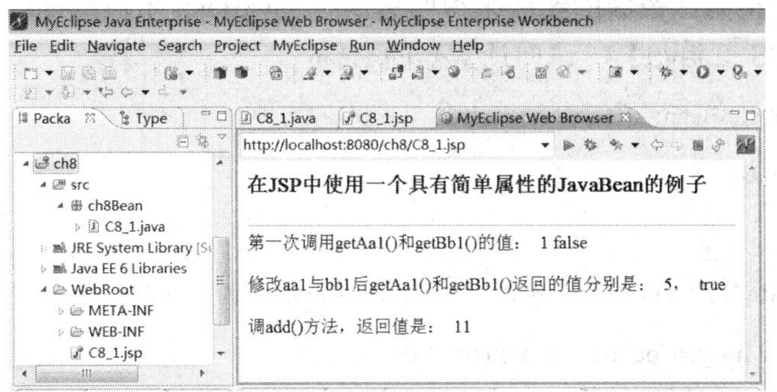

图 8.3　JSP+Bean 程序(C8_1.jsp，C8_1.java)的运行结果(右)及文件存放位置(左)

8.2.4　JavaBean 的生命周期

JSP 引擎分配给每个客户的 Bean 是互不相同的，该 Bean 的有效范围或生命周期是由<jsp:useBean>动作中的 Scope 属性的取值确定的，也就是说 Scope 属性的取值决定了 Bean 的生命周期，即决定了 Bean 由服务端传送到客户端的应用范围。在 JSP 中的 Bean 的生命周期分为四种：Page、Request、Session 和 Application。

1. scope=page

当 Bean 的 scope 属性取值为 page 时，其生命周期是本页面的执行期间，表示 Bean 只能被当前页面访问。

2. scope=request

request 对象被用来读取客户端传送给服务器的值，request scope 的 Bean 的生命周期是用户的请求期间。当把 scope 设置为 request 时，只能通过 forward 标签将 Bean 传送给下一个 JSP。当一个 JSP 程序通过 forward 标签将 Request 对象传送给下一个 JSP 程序时，属于 Request Scope 的 Bean 也将会随着 Request 对象送出，此时，由 forward 标签所串联起来的 JSP 程序可以共享相同的 Bean。

3. scope=session

session 对象与每个用户相关联，session scope 的 Bean 的生命周期是一个访问者的会话期间。当一个访问者访问站点时，则产生一个 Session 对象。一个访问者开始访问站点时，从他访问的起始页到随后访问的所有页面的集合，被称为一个 session。当访问者关闭浏览器时，属于 session scope 的 Bean 对象就被清除，生命周期告终。如果客户在多个页面中相互链接，而每个页面都含有一个 useBean 标签，并且标签中 id 的值相同，scope 的值都是“session”，那么，该访问者在这些页面得到的 Been 是相同的。如果访问者更改了某个页面的 Bean 的属性，则其它页面的这个 Bean 的属性将会被修改。

4. scope=application

applications scope 的 Bean 的生命周期最长，只有当关闭服务器时，它的生命才告终。当某个 Bean 属于 application scope 时，所有在同一个 JSP 引擎下的 JSP 程序都可以共享这个 Bean，在相同的 JSP 引擎下的 Web 应用程序，都可以使用这个 Bean 来交换信息。

下面通过一个访问计数器的实例来说明这四种 JavaBean 生命周期的差异。

【示例程序 C8_2.java】　访问计数器的 Bean。

```
package ch8Bean;
public class C8_2
{
  private int count=0;   //声明一个私有属性count作为计数器
  public int getCount(){ return(this.count);   }
  public void setCount(int c){ this.count+=c;   }
  public void increase(){ this.count++;   }
```

```
}
```

【示例程序 C8_2.jsp】 访问计数器 Bean 的 JSP 程序。

```
<%@ page contentType="text/html; charset=UTF-8"  %>
<html>
<body>
  <h3> 使用 Page  Scope </h3><hr>
  <!-- 以下三句是实例化ch8_2对象。-->
  <jsp:useBean id="cn" scope="page" class="ch8Bean.C8_2"/>
  <jsp:setProperty  name="cn"  property="count"  value="4" />
   <!--该语句只有创建新对象时才执行  -->
   <% cn.increase(); %>
   <!-- 在网页上显示计数器结果   -->
   <br>  <jsp:getProperty  name="cn"  property="count"   />
</body>
</html>
```

运行 C8_2.jsp 的结果如下：

(1) 将 C8_2.jsp 程序中的 Scope 设为 scope＝“page”，每当运行或重新刷新 JSP 程序时，如图 8.4 所示，计数器值始终保持不变。这是因为当 JSP 程序执行完成，把结果页面送给客户端后，属于 Page Scope 的 Bean 对象就被清除，生命周期告终。当有新的请求产生时，C8_2 对象又产生一个新的 Bean 实例对象传送到客户端，计数器重新计数，所以，计数器值保持不变。

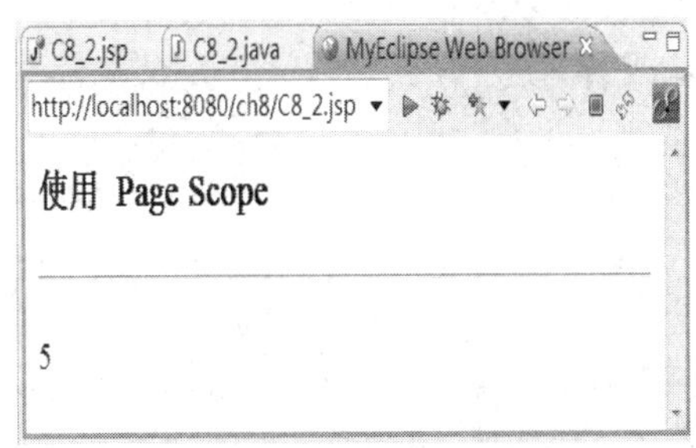

图 8.4 浏览器刷新后执行的结果

(2) 将 C8_2.jsp 程序中的 Scope 设为 scope ＝“session”，当刷新浏览器产生新的请求时，不会再产生新的对象来处理这个请求，如图 8.5 所示，而是将原来的计数器对象的计数值增 1。如果再打开一个新的浏览器窗口，在两个浏览器窗口分别执行这个程序。此时建立了两个客户端应用，将会看到两个窗口的计数器是各自独立计数的。图 8.5 显示的是打开第一个浏览器窗口并刷新后的结果，图 8.6 显示的是新打开一个浏览器窗口时的执行结果。

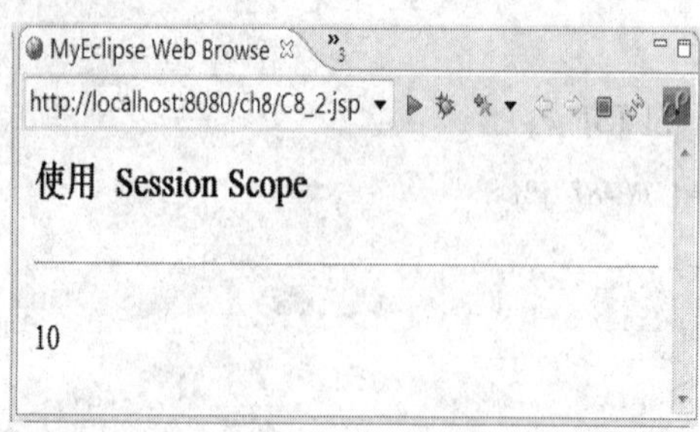

图 8.5　第一个浏览器刷新后的结果

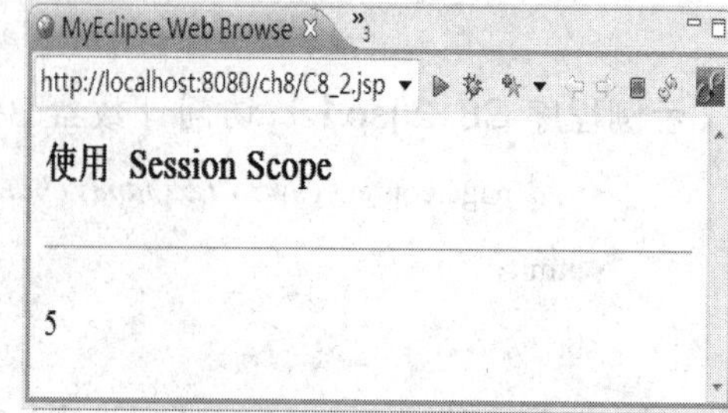

图 8.6　第二个浏览器执行的结果

(3) 将示例程序 C8_2.jsp 的 Scope 设置为 scope =“request”时，Bean 的生命周期是用户的请求期间，其运行结果如图 8.7 所示，这种情况下无论刷新多少次，计数器的值保持不变。当把 Scope 设置为 request 时，只能通过 forward 标签将 Bean 传送给下一个 JSP。当一个 JSP 程序通过 forward 标签将 Request 对象传送给下一个 JSP 程序时，属于 Request Scope 的 Bean 也将会随着 Request 对象送出。此时，由 forward 标签所串联起来的 JSP 程序可以共享相同的 Bean。

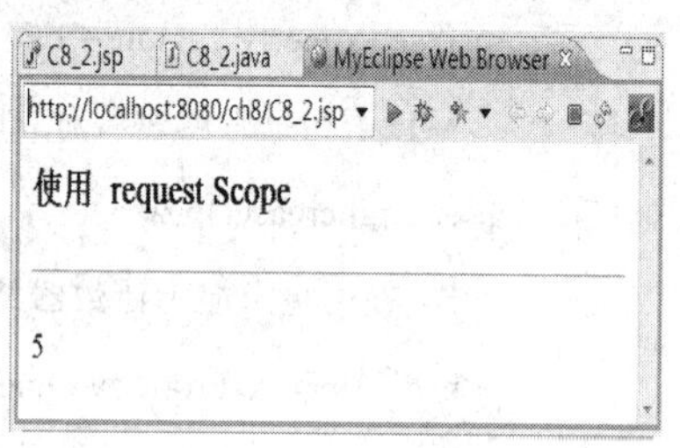

图 8.7　设置为 request 时的运行结果

(4) 将 C8_2.jsp 程序中的 Scope 设为 scope=“application”，如果打开两个新的浏览器窗口，在两个浏览器窗口中分别执行 C8_2.jsp 程序。此时，将会看到两个客户端共用一个 cn 对象，两个窗口内的计数器的值是相互连续的，就如同在一个浏览器窗口中执行了 C8_2.jsp 程序一样，如图 8.8 所示。然后再刷新一次，如图 8.9 所示。当关闭浏览器后再打开浏览器并执行 C8_2.jsp 程序时，Bean 的 count 值再次发生变化，就如同对此程序再刷新一次的效果是一样的，直到关闭服务器。

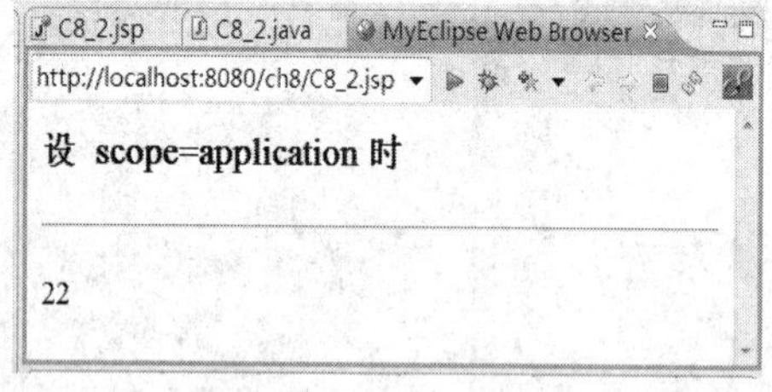

图 8.8　第一个浏览器执行的结果

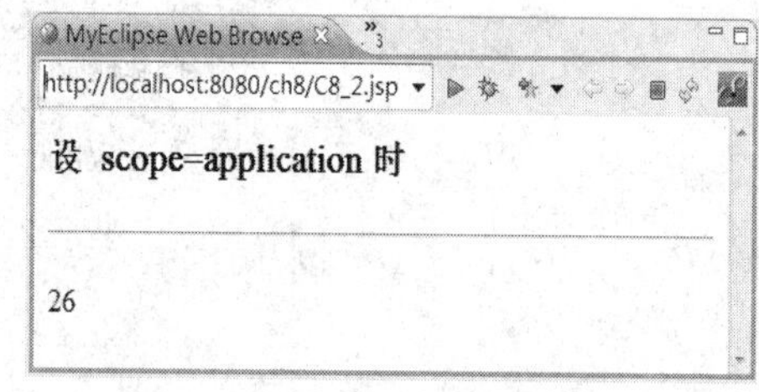

图 8.9　第二个浏览器执行的结果

8.2.5　具有索引属性的 JavaBean

索引属性是一种代表一组数值的 Bean 属性。使用与该属性对应的 set/get 方法可取得数组中的数值。该属性也可一次设置或取得整个数组的值。

【示例程序 C8_3.java】　具有索引属性的 JavaBean。

```
package ch8Bean;
public class C8_3
```

```
{
    private int[] cc1={11,22,33,44};
    public void setCc1(int[] cc1)
    {   this.cc1=cc1;   }//设置整个数组的值
    public void setCc1(int index,int x)
      {   cc1[index]=x;   }        //设置单个元素的值
    public int[] getCc1(){   return cc1;   }//返回整个数组的值
    public int getCc1(int x){   return cc1[x];   }//返回数组中单个元素的值
}
```

【示例程序 C8_3.jsp】　访问具有索引属性 JavaBean 的 JSP 程序。

```
<%@ page contentType="text/html; charset=UTF-8"   import="ch8Bean.*" %>
<html>
<body>
  <h3> 在JSP中使用一个具有索引属性的JavaBean的例子</h3><hr>
  <jsp:useBean id="myBean" scope="page" class="ch8Bean.C8_3"/>
    cc1数组初始化的值为：11，22，33，44：<br>
    取cc1数组下标为2的值<%=myBean.getCc1(2)%><br>
    取cc1数组的值：
  <% int [] mm=myBean.getCc1(); //将cc1数组的值赋给mm数组
      out.println("<br>"+mm[0]+","+mm[1]+","+mm[2]+","+mm[3]+"<br>");
    %>
  <% int c[]={1,2,3,4};%>
    <br> 修改cc1数组的值为1,2,66,4
  <% myBean.setCc1(c); %>
  <% myBean.setCc1(2,66); %>
    <br> 取cc1数组下标为2的值：<%=myBean.getCc1(2)%>
    <br> 取cc1数组的值：
  <% mm=myBean.getCc1(); //将cc1数组的值赋给mm数组
      out.println("<br>"+mm[0]+","+mm[1]+","+mm[2]+","+mm[3]+"<br>");
    %>
 </body></html>
```

运行 C8_3.jsp 的结果如图 8.10 所示。

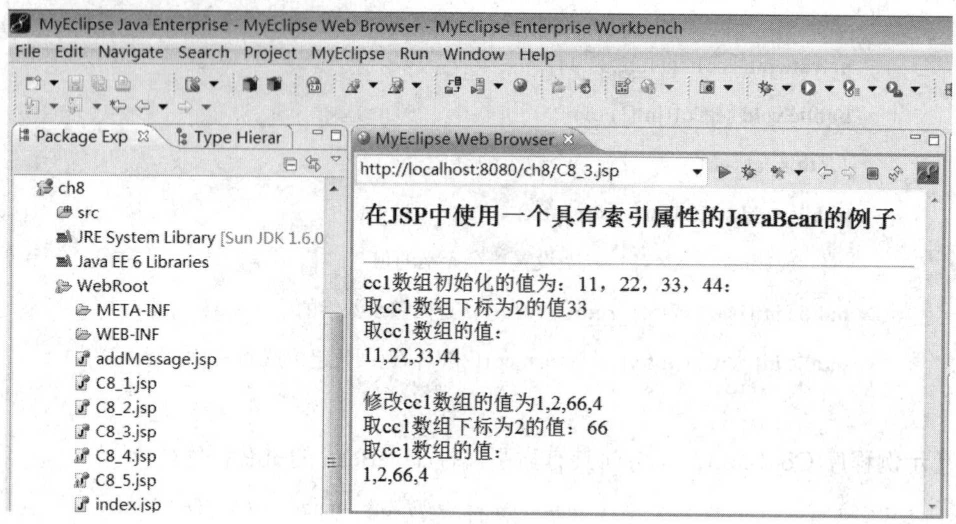

图 8.10　C8_3.jsp 的运行结果

8.3　访问数据库的 JavaBean

在第 7 章介绍通过 JSP 页面访问数据库时，把所有的数据访问代码都写入了 JSP 页面程序中。对于少量的数据库访问事务来说这样做是可行的，但是对于大量的数据库访问事务来说，这样的代码可能要在许多页面中重复书写，程序可维护性和代码的重用性都很低。事实上，在当今的 JSP 开发中，已经很少直接在 JSP 页面中写入大量的业务逻辑代码，而是把访问数据库的代码写在一个 JavaBean 或者 Servlet 中，而在需要书写类似代码的 JSP 页面中通过<jsp:useBean>动作将这个 JavaBean 引入即可。这样，不仅页面容易维护，而且代码也能得到很好的重用。本节以访问 MySQL 数据库为例，讲解怎样在 JSP 中使用 JavaBean 访问数据库。

8.3.1　使用 JSP+JavaBean 查询数据库

为了更好地实现功能分离，下面的 CoQury.java 程序就是执行连接与查询数据库操作的 JavaBean；而 CoQue.jsp 调用 JavaBean，实现页面的显示功能。下面分别给出这两个程序。

【示例程序 CoQue.jsp】　调用 JavaBean，实现页面的显示功能。

```
<%@ page contentType="text/html; charset=UTF-8" %>
<%@ page language="java" import="java.sql.*" import="ch8Bean.*" %>
<html><head><title>JSP+JavaBean显示记录</title></head>
  <body>
    <jsp:useBean id="myBean" scope="page" class="ch8Bean.ConQury"/>
    <h3> JSP+JavaBean模式访问数据库的例子</h3>
      从MYSQL数据库中读出的数据如下：<hr>
```

```
        <table border="1">
        <tr><th>用户登录号</th><th bgColor="#e3e3e3">姓名</th>
            <th align="center">性别</th>
             <th bgColor="#e3e3e3">出生日期</th><th>兴趣爱好</th></tr>
        <%
         // 使用SQL命令显示所有记录
          String sql="SELECT * FROM userinfo ";
          ResultSet rst=myBean.execQuery(sql);
          while(rst.next())
          {   out.println("<tr>");
               out.println("<td>"+rst.getString("UserId")+"</td>");
              out.println("<td align='center' bgColor='#e3e3e3'>"
                   +rst.getString("Name")+"</td>");
              out.println("<td align='center' align='center'>"
                   +rst.getString("Sex")+"</td>");
              out.println("<td bgColor='#e3e3e3'>"
                   +rst.getString("BirthDate")+"</td>");
               out.println("<td align='center'>"+rst.getString("Interest")+"</td>");
               out.println("</tr>");
          }
          rst.close();
          myBean.close();
        %>
        </table>
    </body></html>
```

【示例程序 CoQury.java】　建立与数据库的连接，执行查询的 javaBean。

```
package ch8Bean;
import java.sql.*;
public class ConQury
{
    private Connection con=null;
    private Statement stmt=null;
    private ResultSet rst=null;

    public ConQury()
    {
      String driverName="com.mysql.jdbc.Driver"; //驱动程序对象
      String userName="root"; //数据库用户名
      String userPasswd=""; //数据库存取密码
```

```
    String dbName="test"; //数据库名
    String url="jdbc:mysql://localhost:3306/"+dbName; //连接数据库的URL

    try
    {
      Class.forName(driverName); //加载JDBC驱动程序
    }
    catch(ClassNotFoundException e)
    {
      System.out.println("Error loading Driver，不能加载驱动程序！\n");
    }

    try
    {   //连接数据库
      this.con=DriverManager.getConnection(url,userName,userPasswd);
    }
    catch(SQLException er)
    {
      System.out.println("Error getConnection，不能连接数据库！\n");
    }
  }

  //executeQuery方法用于记录的查询，入口参数为sql语句，返回ResultSet对象
  public ResultSet execQuery(String sql)
  {
     try
     {
     stmt=con.createStatement(); //建立Statement类对象
        rst=stmt.executeQuery(sql); //执行数据库查询操作
     }
     catch(SQLException ex)
     {
     System.out.print("Error Execute Query，不能执行查询！");
     }
     return rst; //返回查询结果集
   }

   public void close()
   {
```

```
            try
            {
                stmt.close();//释放Statement资源
                con.close(); //关闭与数据库的连接
            }
            catch(SQLException ex)
            {   System.err.println(ex.getMessage()); }
        }
    }
```

程序编写完成后，可参阅第 7.4 节为 ch8 工程配置驱动程序 JAR 包等，最后启动浏览器执行 CoQue.jsp 程序，在各方面都正确时会看到图 8.11 所示的执行结果。

CoQue.jsp | ConQury.java | MyEclipse Web Browser

http://localhost:8080/ch8/CoQue.jsp

JSP+JavaBean模式访问数据库的例子

从MYSQL数据库中读出的数据如下：

用户登录号	姓名	性别	出生日期	兴趣爱好
1001	李莉	女	1989-02-26	读书
1002	高宏伟	男	1990-05-19	书法
1004	崔玉洁	女	1996-05-21	游泳
123568	任鸿飞	男	1990-06-25	读书,打球

图 8.11　CoQue.jsp 调用 CoQury.java 的运行结果

通过这个例子可以看出，通过 JavaBean 访问数据库的过程与第 7 章讲述的通过 JSP 页面访问数据库的过程相同，都需要五个步骤，即：导入 JDBC 标准库，注册数据库驱动程序，建立与数据库的连接，执行数据访问操作和关闭所有连接。与 7.4.2 不同的是，这里将访问数据库的操作与页面的显示功能分离开来，更好地体现了各司其职的目的。

8.3.2　执行各种数据库操作的 JavaBean

本着由简单到复杂的原则，在上面的 JavaBean 中我们仅实现了连接数据库和查询数据库的操作，显而易见，只要对上面的 JavaBean 进行适当地扩展，就可以实现一个能执行各种数据库操作的 JavaBean。下面就是一个执行各种数据库操作的 javaBean 的例子。

【示例程序 QueryUpdate.java】　执行各种数据库操作的 javaBean。

```
package ch8Bean;
import java.sql.*;   //引入java.sql包
public class QueryUpdate
{
    private Connection con=null;
    private Statement stmt=null;
    private ResultSet rs=null;
```

```
public QueryUpdate()
{
   String driverName="com.mysql.jdbc.Driver"; //驱动程序对象
   String userName="root"; //数据库用户名
   String userPasswd=""; //数据库存取密码
   String dbName="test"; //数据库名
   String url="jdbc:mysql://localhost:3306/"+dbName;//连接数据库的URL

   try
   {
      Class.forName(driverName); //加载JDBC驱动程序
   }
   catch(ClassNotFoundException e)
   {
      System.out.println("Error loading Driver，不能加载驱动程序！\n");
   }

   try
   {   //连接数据库
      this.con=DriverManager.getConnection(url,userName,userPasswd);
   }
   catch(SQLException er)
   { System.out.println("Error getConnection，不能连接数据库！\n");   }
}

public void execute(String sql)
{
    try
    {   stmt=con.createStatement(); //建立Statement类对象
        stmt.execute(sql);   //执行SQL命令
    }
    catch(SQLException ex)
    { System.err.println("execute:"+ex.getMessage());; }
}

//executeUpdate方法用于进行记录的更新操作换，入口参数为sql语句
public void executeUpdate(String sql)
{
    try
```

```
        {     stmt=con.createStatement(); //建立Statement类对象
              stmt.executeUpdate(sql);   //执行SQL命令
        }
        catch(SQLException ex){ System.err.println(ex.getMessage()); }
    }

    //executeQuery方法用于记录的查询，入口参数为sql语句，返回ResultSet对象
    public ResultSet executeQuery(String sql)
    {
        try
        {
        stmt=con.createStatement(); //建立Statement类对象
            rs=stmt.executeQuery(sql); //执行数据库查询操作
        }
        catch(SQLException ex)
        {
        System.out.print("Error Execute Query，不能执行查询！");
        }
        return rs; //返回查询结果集
    }

    public void close()
    {
        try
        {
          stmt.close();//释放Statement所连接的数据库及JDBC资源
          con.close();//关闭与数据库的连线
        }
        catch(SQLException ex){ System.err.println(ex.getMessage()); }
    }
}
```

8.3.3　通过 JavaBean 向数据库添加数据

为了演示 8.3.2 所述 JavaBean 的功能，下面编写一个 JSP 程序(C8_4m.jsp)，使这个 JSP 程序调用 QueryUpdate.java 实现向数据库添加数据的操作。

【示例程序 C8_4m.jsp】　调用 QueryUpdate.java 实现向数据库添加数据的操作，程序如下。

```
<%@page contentType="text/html; charset=UTF-8" import="java.sql.*"%>
```

```
<jsp:useBean id="myBean" scope="page" class="ch8Bean.QueryUpdate"/>
<html><body>
<DIV ALIGN="center"> <h3>JSP+JavaBean模式向数据库中插入数据</h3><hr>
插入前先查询输出，浏览已有数据<hr></DIV>
   <table ALIGN="center" border="1">
   <tr><th>用户登录号</th><th bgColor="#e3e3e3">姓名</th>
      <th align="center">性别</th>
      <th bgColor="#e3e3e3">出生日期</th><th>兴趣爱好</th></tr>
   <%
    // 使用SQL命令显示所有记录
     String sql="SELECT * FROM userinfo ";
     ResultSet rst=myBean.executeQuery(sql);
     while(rst.next())
     {  out.println("<tr>");
        out.println("<td>"+rst.getString("UserId")+"</td>");
        out.println("<td align='center' bgColor='#e3e3e3'>"
            +rst.getString("Name")+"</td>");
        out.println("<td align='center' align='center'>"
            +rst.getString("Sex")+"</td>");
        out.println("<td bgColor='#e3e3e3'>"
            +rst.getString("BirthDate")+"</td>");
        out.println("<td align='center'>"+rst.getString("Interest")+"</td>");
        out.println("</tr>");
     }
     rst.close();
%>
</table>

<DIV ALIGN="center"> <BR>插入数据后改变表格属性再浏览<HR></DIV>
<table border=1   align="center">
<tr><th>用户登录号</th><th bgcolor=#00f800>姓名</th><th>性别</th>
    <th bgcolor=#00f800>出生日期</th><th>兴趣爱好</th></tr>
<%
  String str="'1008'"+","+"'曹玉和'"+","+"'男'"+","+"'1931-03-18'"+","+"'读报'";
  String sql1="insert into userinfo values("+str+")";
  myBean.execute(sql1);
  String sql2="SELECT * FROM userinfo ";//定义查询语句
  ResultSet rs=myBean.executeQuery(sql2); //执行查询，得到查询结果集
  while(rs.next())
```

```
      {   out.println("<tr>");
          out.println("<td align='center'>"+rs.getString("UserId")+"</td>");
          out.println("<td align='center' bgcolor=#00f800>"
              +rs.getString("Name")+"</td>");
          out.println("<td align='center'>"+rs.getString("Sex")+"</td>");
          out.println("<td align='center' bgcolor=#00f800>"
              +rs.getString("BirthDate")+"</td>");
        out.println("<td align='center'>"+rs.getString("Interest")+"</td>");
        out.println("</tr>");
        }
        rs.close(); myBean.close();    //关闭数据库，释放占用的资源
   %>
 </table></body></html>
```

该程序的执行结果见图 8.12。

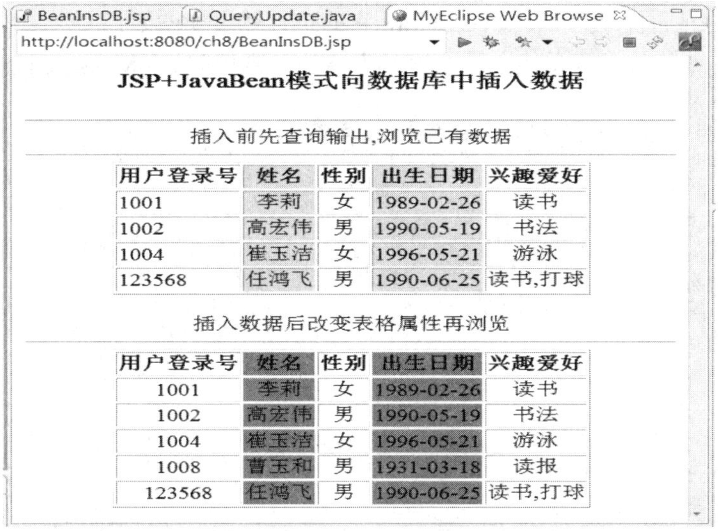

BeanInsDB.jsp　QueryUpdate.java　MyEclipse Web Browse

http://localhost:8080/ch8/BeanInsDB.jsp

JSP+JavaBean模式向数据库中插入数据

插入前先查询输出,浏览已有数据

用户登录号	姓名	性别	出生日期	兴趣爱好
1001	李莉	女	1989-02-26	读书
1002	高宏伟	男	1990-05-19	书法
1004	崔玉洁	女	1996-05-21	游泳
123568	任鸿飞	男	1990-06-25	读书,打球

插入数据后改变表格属性再浏览

用户登录号	姓名	性别	出生日期	兴趣爱好
1001	李莉	女	1989-02-26	读书
1002	高宏伟	男	1990-05-19	书法
1004	崔玉洁	女	1996-05-21	游泳
1008	曹玉和	男	1931-03-18	读报
123568	任鸿飞	男	1990-06-25	读书,打球

图 8.12　BeanInsDB.jsp 调用 QueryUpdate.java 的运行结果

8.4　JSP+JavaBean 留言板案例

大部分网站都提供留言板，它是一个典型的 JSP 开发案例。它的基本功能是让使用者撰写留言或查看别人的留言。

最简单的留言界面如图 8.13 所示。在留言板中，用户需要输入留言的标题、留言人的姓名、留言人的 E-mail 和留言内容。这里我们所关心的是当用户输入内容、点击提交留言按钮后，需要将这些信息保存到数据库。因此，可以建立一个名为 Message 的数据库，在这个库中建立一个 MessageTable 表来存放留言人输入的信息。MessageTable 表的结构如表 8.1 所示。

表 8.1　MessageTable 表

字段名	类　型	描　述	是否可以为空
title	Varchar(100)	留言的标题	否
name	Varchar(20)	留言人的名字	否
email	Varchar(50)	留言人的 E-mail	是
content	Varchar(100)	留言内容	否

本留言板案例由五个模块组成。其中，一个 HTML 文件(Messages.html)提供用户交互界面；两个 JavaBean 文件(MessageData.java 和 MessageBean.java)用来封装与数据库有关的操作；两个 JSP 文件(addMessage.jsp 和 viewMessage.jsp)执行与显示相关的操作。下面分别叙述这五个文件的功能以及它们之间的关系。

8.4.1　填写留言的界面

填写留言的界面程序为 Messages.html，它的执行效果如图 8.13 所示。留言界面程序中包含一个表单，点击这个表单上的“写好了”按钮，则访问 addMessage.jsp 页面。

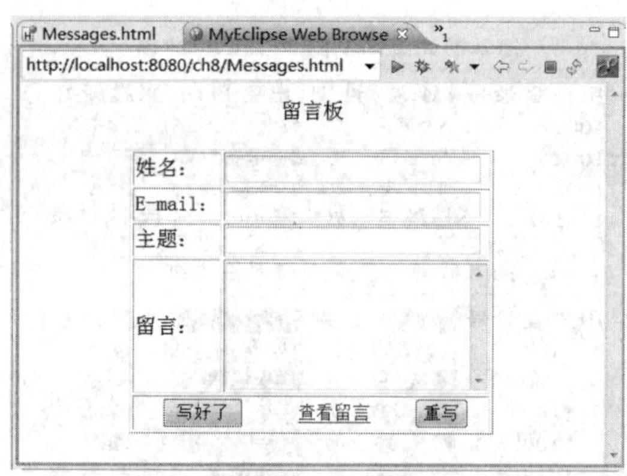

图 8.13　Messages.html 的运行结果

【示例程序 Messages.html】　填写留言的界面。

```
<!-- Messgages.html -->
<HTML><HEAD> <TITLE> message board </TITLE>
<META charset="GBK" content="text/html">
</HEAD>
<BODY>
<P Align="center">留言板</P>
<FORM action="addMessage.jsp" METHOD="post">
   <TABLE    border=1 align="center">
   <TR><TD>姓名：</TD><TD><input type="text" name="name" size=25></TD></TR>
   <TR><TD>E-mail：</TD><TD><input type="text" name="email" size=25></TD></TR>
```

```
    <TR><TD>主题：</TD><TD><input type="text" name="title" size=25></TD></TR>
    <TR><TD>留言：</TD>
       <TD><textarea name="content" rows=6 cols=25></textarea></TD></TR>
    <TR><TD colspan=3>
      <TABLE align="center" width="100%" cellspacing="0" cellpadding="0" >
         <TR><TD align="center"><input type="submit" value="写好了"></TD>
          <TD align="center"><a href="viewMessages.jsp">
            <font size=2>查看留言</font></a></TD>
          <TD align="center"><input type="reset" value="重写"></TD></TR>
      </TABLE></TD>
   </TR></TABLE>
</FORM></BODY></HTML>
```

8.4.2　表示留言数据的 JavaBean

为了使 addMessage.jsp 程序更好地用 JavaBean 模式访问数据库的数据，获取数据库中的 xy 数据和修改 xy 数据，需要建立一个表示留言数据的 JavaBean(MessageData.java)，主要表示用户留言信息的属性，每个属性对应 MessageTable 表中的一个字段，它们的类型也是对应的，每个属性都定义了 getXy()和 setXy()方法，这样就为 JSP 和 JavaBean 传递数据提供了方便。

【示例程序 MessageData.java】　建立一个表示留言数据的 JavaBean。

```
package message;
public class MessageData{
   private String name,email,title,content; //定义的4个属性
   //setter方法
   public void setName(String name){       this.name=name;      }
   public void setEmail(String email){  this.email=email;   }
   public void setTitle(String title){  this.title=title;}
   public void setContent(String content){this.content=content;}
   //getter方法
   public String getName(){ return this.name;   }
   public String getContent(){  return this.content;}
   public String getTitle(){  return this.title; }
   public String getEmail(){ return this.email;   }
}
```

8.4.3　执行数据库操作的 JavaBean

该 MessageBean 主要用于连接数据库，执行数据库操作，并且把结果返回到 JSP 页面进行显示。

【示例程序 MessageBean.java】 执行数据库操作的 JavaBean。

```
package message;
import java.sql.*;    //引入java.sql包
import java.util.*;

public class  MessageBean
{
    private Connection con;
  MessageData msg;
  //获得数据库连接。
  public MessageBean()
  {
     String JDriver="com.mysql.jdbc.Driver"; //定义驱动程序对象
     String userName="root"; //定义数据库用户名
     String userPasswd=""; //定义数据库存取密码
     String dbName="message"; //定义数据库名
     String conURL="jdbc:mysql://localhost:3306/"+dbName;
     try
     {
        Class.forName(JDriver).newInstance(); //加载JDBC驱动程序
        con=DriverManager.getConnection(conURL,userName,userPasswd);//建立连接
        }
     catch(Exception e){ System.err.println(e.getMessage()); }
  }
   //设置成员变量的值
  public   void   setMessage(MessageData msg){   this.msg=msg;   }
    // 添加一条留言到数据库
  public void addMessage()throws Exception
  {
     try
     {
        byte b1[]=msg.getTitle().getBytes("ISO-8859-1");
        String ti=new String(b1);
        byte b2[]=msg.getName().getBytes("ISO-8859-1");
        String na=new String(b2);
        byte b3[]=msg.getEmail().getBytes("ISO-8859-1");
        String em=new String(b3);
        byte b4[]=msg.getContent().getBytes("ISO-8859-1");
        String co=new String(b4);
```

```
            PreparedStatement stm=con.prepareStatement("insert into
                    messagetable values(?,?,?,?)");
            stm.setString(1,ti);   stm.setString(2,na);
            if((msg.getEmail()).length()==0)stm.setString(3,"");
            else stm.setString(3,em);
            stm.setString(4,co);

            try{      stm.execute();     stm.close();  }
            catch(Exception e) { }
            con.close();   //关闭数据库连接
          }
          catch(Exception e){  e.printStackTrace();  throw e;     }
    }
//  获得所有留言消息，并返回结果到JSP页面
      public Collection<MessageData> getAllMessage()throws Exception
    {
      Collection<MessageData> ret=new ArrayList<MessageData>();
      try
      {
            Statement stm=con.createStatement();
            ResultSet result=stm.executeQuery("select count(*) from
                    messagetable");
            int message_count=0;
            if(result.next())
            {  message_count=result.getInt(1);
               result.close();
            }
            if(message_count>0)
            {    result=stm.executeQuery("select * from messagetable ");
                 result.afterLast();          //记录游标移到最后
                 while(result.previous()) //以倒序输出
            //   while(result.next())//用此句替代上两句的话则以正序输出
               {
                  String title=result.getString("title");
                  String name=result.getString("name");
                  String email=result.getString("email");
                  String content=result.getString("content");

                  MessageData message=new MessageData();
```

```
                message.setTitle(title);
                message.setName(name);
                message.setEmail(email);
                message.setContent(content);

                ret.add(message);
            }
            result.close();
            stm.close();
        }
        con.close();
    }
    catch(Exception e)
    {
        e.printStackTrace();
        throw e;
    }
    return ret;
  }
}
```

MessageBean 类包含一个类为 MessageData 的 msg 对象。addMessage.jsp 页面将表单提交的留言数据通过访问 MessageBean.setMessage(MessageData msg)方法传递给 msg。在 MessageBean 中建立了两个执行数据库操作的方法：addMessage()方法的主要功能是把对象 msg 中的信息添加到数据库中；getAllMessage()方法的主要功能是获得所有留言，然后通过 setXy()方法写入 MessageData 的 message 对象中，最后再通过 Java 类库中 Collection(集合)类的 ret 对象返回结果到 JSP 页面。

程序中的 Collection 类是可以存储不同类型数据的集合，集合的长度可以动态变化。Collection ret=new ArrayList();语句表示创建一个空的 Collection 类的对象 ret，其缓冲区长度为 10。ret 对象是一个序列容器对象，它的每个元素都可以存放一个对象，可以通过下标插入或得到元素的值。

程序中 ret.add(message)；语句表示填加 message 对象到 ret 容器中。

8.4.4　添加留言的 JSP 页面

这个 JSP 页面程序的主要功能是调用 JavaBean，实现向数据库中添加留言的操作。

【示例程序 addMessage.jsp】　添加留言的 JSP 程序。

```
<%@ page language="java" contentType="text/html; charset=GBK"%>
<jsp:useBean id="Mdata" class="message.MessageData" scope="page">
    <jsp:setProperty name="Mdata" property="*"/>
```

```
</jsp:useBean>
<jsp:useBean id="myBean" class="message.MessageBean" scope="page"/>

<HTML><HEAD><TITLE> message into table </TITLE></HEAD>
<BODY>
<%
   try
   {
     myBean.setMessage(Mdata);
     myBean.addMessage();
   }
   catch(Exception e) { e.printStackTrace();}
%>
<jsp:forward page="viewMessages.jsp"/>
 </body></html>
```

在这个程序中，通过下列语句：

```
<jsp:useBean id="Mdata" class="Message.MessageData" scope="page">
<jsp:setProperty name="Mdata" property="*"/></jsp:useBean>
```

获得表单中提交的数据。这样就可以省去许多 request.getParameter(param/name)的操作，MessageBean 可以将提交的数据自动转换成 MessageData 属性对应的数据类型。下面通过 myBean.setMessage(Mdata)语句把获得的数据传递给 MessageBean。

从 addMessage.jsp 程序可以看出，该程序只用很少的代码就完成了添加留言的操作，页面的维护非常容易。

8.4.5　查看留言的 JSP

和添加留言的 JSP 页面一样，查看留言消息的 JSP 也通过 JavaBean 来连接数据库，并且将从 JavaBean 中获得查询的结果进行显示。其内容如示例程序 viewMessages.jsp 所示。

【示例程序 viewMessages.jsp】　查看留言的 JSP 程序。

```
<%@ page contentType="text/html; charset=GBK" import="message.MessageData" %>
<%@ page import="java.util.*"%>
<jsp:useBean id="myBean" class="message.MessageBean" scope="page"/>

<HTML><HEAD><TITLE> show the message in the table </TITLE></HEAD>
```

```
<BODY> <P align="center">所有留言</P>
<TABLE align="center"  border="1">
<%
    int message_count=0;
    Collection <MessageData> messages=myBean.getAllMessage();
    Iterator <MessageData> it=messages.iterator();
    while(it.hasNext())
    { MessageData mg=(MessageData)it.next();
%>
    <tr>
   <td align="center" nowrap="nowrap">留言人</td>
   <td align="left"><%=mg.getName()%></td>
   <td align="center">EMail</td>
   <td align="left" colspan="2">
   <% out.println("<a href=mailto:"+mg.getEmail()+">"+
      mg.getEmail()+"</a>");%></td>
   </tr>
   <tr>  <td align="center" nowrap="nowrap">主题</td>
         <td align="left" colspan="4"><%=mg.getTitle()%></td>
   </tr>
   <tr>  <td>内容</td>
      <td colspan="4"><Textarea rows=4 cols=70>
           <%=mg.getContent()%></Textarea></td>
   </tr>
    <%   message_count++;  }   it.remove();   %>

 </Table>
<p align="center"><a href="Messages.html">我要留言</a></p>
</body>
</html>
```

程序中 Collection messages=myBean.getAllMessage()；语句表示 Message.MessageBean 的 ret 返回结果集给 Collection 类的 messages 对象。Iterator it=messages.iterator()；语句表示将 Collection 类的 messages 对象转换为 Iterator 类的 it 对象。it.hasNext()表达式中的 hasNext()

的结果是真或假。如果 it.hasNext()有值则返回真，否则为假。it.next()表示返回 it 对象的下一个元素。

8.4.6　运行效果及文件间关系分析

在浏览器地址栏中输入运行 Messages.html 文件的 URL，出现如图 8.13 所示的留言表单界面。在这个表单中填写一些信息(见图 8.14)后单击“写好了”按钮，执行 addMessage.jsp 程序。addMessage.jsp 程序调用 JavaBean 将用户提交的信息写入数据库。完成上述操作后，addMessage.jsp 程序把页面 forward 到 viewMessage.jsp 程序，输出显示如图 8.15 所示的留言。可以看出，addMessage.jsp 程序在留言板系统中起到了 MVC 模式中控制器的作用。图 8.16 是留言板系统中 5 个文件间关系示意图。

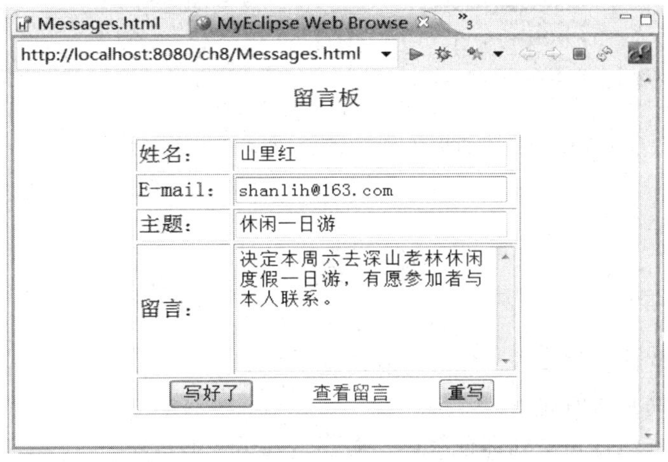

图 8.14　在 Messages.html 提供的界面上填写留言

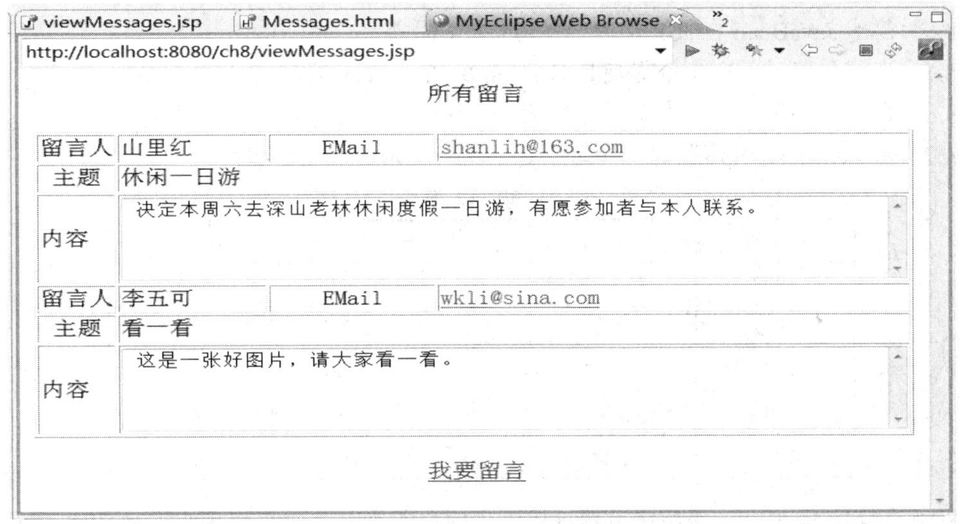

图 8.15　使用 viewMessage.jsp 显示留言

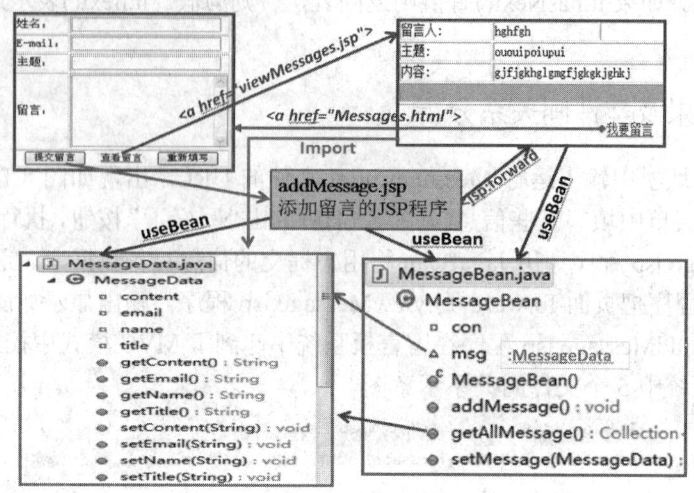

图 8.16　留言板案例系统中 5 个文件间关系示意图

习　题　8

8.1　什么是软件复用技术？什么是组件复用技术？

8.2　简述软件复用的优点。

8.3　JavaBean 组件由哪几部分组成？简述这几部分的功能。

8.4　编写 JSP+ JavaBean 中的 JavaBean 程序应该注意什么？

8.5　编写 get/set 方法时应该注意什么？

8.6　简述 JavaBean 在 JSP 中的 Session 生命周期。

8.7　设计并编写一个生命周期是 Session 的 JavaBean 程序。

8.8　设计并编写一个具有索引属性的 JavaBean 程序。

8.9　用 JavaBean 程序创建一个如习题表 8.1 所示的职工数据表。

习 题 表 8.1

职工号	姓　名	性　别	工　资	职　称
1002	张小华	男	600	助工
1007	李莉	女	1000	工程师
1001	丁卫国	男	650	助工
1005	黄菊	女	1200	工程师
1003	宁涛	男	200	高工

8.10　编写 JavaBean 程序将习题 8.9 所建的职工表从数据库中读出并用 JSP 页面显示到屏幕上，再将每人的工资增加 50 元后存入原表中。

8.11　编写 JavaBean 程序读取习题 8.10 修改后的职工表，按职工号从小到大排序并用 JSP 页面显示到屏幕上，再存入另一个表中。

8.12　编写 JavaBean 程序读取习题 8.10 的职工表，在该表第二个记录后插入一条新记录(由自己设计)，并用 JSP 页面显示插入后的表的内容。

8.13　编写程序读习题 8.12 的职工表，从表中删除 1001 和 1005 号职工的记录，并输出删除记录后的表。

8.14　应用 JSP+JavaBean 模式设计编写一个投票系统。

Servlet

动态网页技术是当今主流的互联网 Web 应用技术之一，而 Servlet 是 Java Web 技术的核心基础。1995 年 Sun 公司首先将 Java 引入，并介绍了基于 Java 的小应用程序 Applet，随后又在 1996 年推出了 Servlet。Java Servlet 的编程模式和 CGI 类似，但它的功能和性能要比 CGI 强大得多。Sun 公司 1999 年 6 月推出的 JSP 技术，是基于 Java Servlet 以及整个 Java 体系的 Web 开发技术。Servlet 技术为 Web 开发者提供了一种简便、可靠的机制来扩展 Web 服务器的功能和访问现有的事务系统，Servlet 是快速、高效地开发 Web 动态网站的工具。JSP+Servlet 技术使服务器端动态页面程序可以真正地做到跨平台，因此，这种技术得到了越来越多的支持和使用。这一章主要讲解 Servlet 的特点、工作原理及 JSP+Servlet 的编程技术。

9.1 Servlet 概述

Servlet 就是使用 Java Servlet API 及相关类和软件包的 Java 程序。Java Applet 是运行在客户端(浏览器)的 Java 类，Servlet 是运行在 Web 服务器上的 Applet，主要用于处理 Web 请求，动态产生 HTML 页面。但是，Servlet 没有运行界面，它与协议和平台无关，不受客户端的安全限制。Servlet 为构建 Web 应用程序提供了一种基于组件的平台无关的方法，它可以使用所有的 Java API，包括可以访问企业级数据库的 JDBC API，还可以访问特殊的 HTTP 库。Servlet 具有所有 Java 语言的方便、可复用、安全性等优点。

9.1.1 Servlet 的特点

Servlet 具备 Java 跨平台的优点，它不受软硬件环境的限制，其特点如下：

(1) 可移植性好。Servlet 用 Java 编写。Servlet 代码被编译成字节码后，字节码由 Web Server 中与平台有关的 Java 虚拟机(JVM)来解释。因此，Servlet 本身由无平台的字节码组成，所以，Servlet 无需任何实质上的改动即可移植到别的服务器上。几乎所有的主流服务器都直接或通过插件支持 Servlet。

(2) 高效。在传统的 CGI 中，客户机向服务器发出的每个请求都要生成一个新的进程。在 Servlet 中，每个请求将生成一个新的线程，而不是一个完整的进程。Servlet 被调用时，它被载入驻留在内存中，直到更改 Servlet，它才会被再次加载。

(3) 功能强大。Servlet 可以使用 Java API 核心的所有功能，这些功能包括 Web 和 URL 访问、图像处理、数据压缩、多线程、JDBC、RMI、序列化对象等。

(4) 方便。Servlet 提供了大量的实用工具例程，如自动地解析和解码 HTML 表单数据、读取和设置 HTTP 头、处理 Cookie、跟踪会话状态等。

(5) 可重用性。Servlet 提供重用机制，可以给应用建立组件或用面向对象的方法封装共享功能。

(6) 模块化。JSP、Servlet、JavaBean 都提供把程序模块化的途径——把整个应用划分为许多离散的模块，各模块负责一项具体的任务，使程序便于理解。每一个 Servlet 可以执行一个特定的任务，Servlet 之间可以相互交流。

(7) 节省投资。不仅有许多廉价甚至免费的 Web 服务器可供个人或小规模网站使用，而且对于现有的服务器，如果它不支持 Servlet 的话，想要加上这部分功能也往往是免费的或只需要极少的投资。

(8) 安全性。Servlet 可以充分利用 Java 的安全机制，并且可以实现类型的安全性。

9.1.2 Servlet 的工作原理

Servlet 由支持 Servlet 的服务器 Servlet 引擎负责管理运行。引擎为每一个请求创建一个轻量级的线程并进行管理。Servlet 的工作原理如图 9.1 所示，其工作步骤如下：

(1) 浏览器向 Web 服务器发出请求。例如：使用浏览器按照 HTTP 协议键入一个 URL 地址，向 Web 服务器提出请求。

(2) Web 服务器收到请求后，把需要 Servlet 处理的请求，转交给 Servlet 引擎处理。

(3) Servlet 引擎检查对应的 Servlet 是否已装载，如果没有装载，则将其载入内存并进行初始化，然后由该 Servlet 对请求进行处理。即 Servlet 引擎创建特定于这个请求的 ServletRequest 对象和 ServletResponse 对象，然后调用 Servlet 的 service()方法。Service()方法从 ServletRequest 对象获得客户请求的信息，处理该请求；并通过 ServletResponse 对象向客户返回响应信息。

如果请求的 Servlet 中含有访问数据库的操作，则还要通过相关的 JDBC 驱动程序建立与数据库的连接，对数据库进行访问，获得相应的结果，动态地生成 HTML 页面。

(4) Servlet 将响应信息送回 Web 服务器。

(5) Web 服务器再将 Servlet 送来响应信息与原有的 HTML 内容合并后发送到 Web 浏览器。

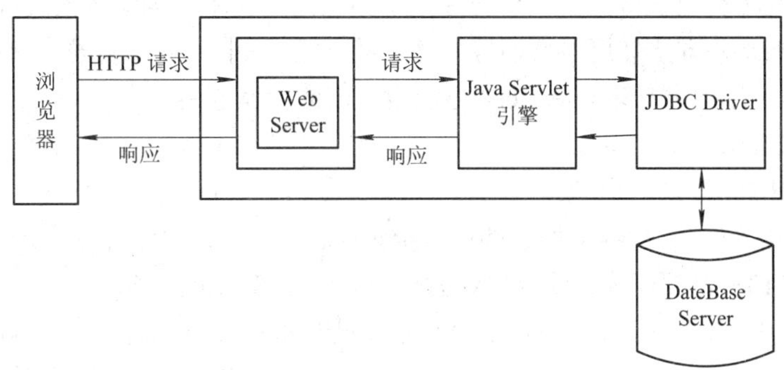

图 9.1 Servlet 的工作原理

9.1.3 Servlet 的应用范围

Servlet 的主要功能是处理 Web 请求，动态产生 HTML 页面。它的功能涉及范围很广，例如：

(1) 创建并返回一个包含基于客户请求性质的、动态内容的、完整的 HTML 页面。

(2) 创建可嵌入到现有 HTML 页面中的一部分 HTML 页面(HTML 片段)。

(3) 处理多个客户机的连接，接收多个客户机的输入，并将结果广播到多个客户机上。

(4) 可以与其它服务器资源(包括数据库和基于 Java 的应用程序)进行通信，转交请求给其它的服务器和 Servlet，按照任务类型或组织范围，允许在几个服务器中划分逻辑上的服务器。

(5) Servlet 开发人员可以定义彼此之间共同工作的激活代理，每个代理都是一个 Servlet，代理者之间可以传送数据。

9.1.4 Servlet 的生命周期

Servlet 的生命周期分为装载 Servlet、处理客户请求和结束 Servlet 三个阶段。

1. 装载 Servlet

所谓装载 Servlet，实际上是 Web 服务器创建一个 Servlet 对象，并调用这个对象的 init()方法完成必要的初始化工作。

在下列时刻服务器装载 Servlet：

- 如果配置了自动装载选项，则在启动 Web 服务器时自动装载 Servlet。
- 在 Web 服务器启动后客户端首次向 Servlet 发出请求时，自动装载 Servlet。
- 重新装载 Servlet 时自动装载 Servlet。

2. 处理客户请求

当 Servlet 初始化结束后，Servlet 接收由服务器传来的用户请求，调用 service()方法处理客户请求。

service()方法首先获得关于请求对象的信息，处理请求，访问相关资源，获得需要的信息。然后，service()方法使用响应对象的方法将响应传回 Web 服务器，Web 服务器做相应处理后再将其传送至客户端。service()方法也可能激活其它方法(如 doGet()、doPost()或用户自己开发的方法)以处理请求。

Servlet 的响应有以下类型：

- 一个输出流，浏览器根据它的内容类型(如 TEXT/HTML)进行解释。
- 一个 HTTP 错误响应，重定向到另一个 URL、Servlet、JSP。

Servlet 能够同时运行多个 service()方法。对于每一个客户请求，Servlet 都在它自己的线程中调用 service()方法为用户服务。如此循环，但 Servlet 不再调用 init()方法进行初始化，一般情况下只初始化一次。

3. 结束 Servlet

当 Web 服务器要卸载 Servlet 或重新装入 Servlet 时，服务器会调用 servlet 的 destroy()方法，将 Servlet 从内存中删除，否则它一直为客户服务。

总之，Servlet 的生命周期如图 9.2 所示，开始于将它装载到 Web 服务器，结束于终止或重新装载 Servlet。当 Servlet 被加载后，主要通过循环调用 service()方法为用户服务。

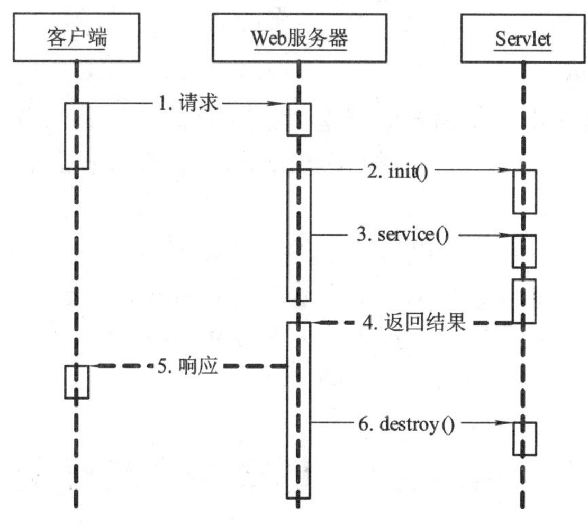

图 9.2　Servlet 对客户端提供服务的过程

9.1.5　init()、service()和 destroy()方法

1. init()方法

Servlet 第一次被请求加载时，服务器创建一个 Servlet 对象，这个对象调用 init()方法完成必要的初始化工作。该方法在执行时，Servlet 会把一个 ServletConfig 类型的对象传递给 init()方法，这个对象就被保存在 Servlet 对象中，直到 Servlet 对象被销毁。

服务器只调用一次 init()方法，以后的客户再请求 Servlet 服务时，Web 服务器将启动一个线程，在该线程中，Servlet 调用 service()方法响应客户的请求，除非它要重载这个 Servlet。在重载某个 Servlet 之前，服务器必须先调用 destroy()方法卸载这个 Servlet。

缺省的 init()方法设置了 Servlet 的初始化参数，并用它的 ServletConfig 对象参数来启动配置，所以，通常不必覆盖 init()方法。但是，在个别情况下也可以用自己编写的 init()方法来覆盖它。例如：可以编写一个 init()方法用于一次装入 GIF 图像，也可以编写一个 init()方法初始化数据库连接。同时需要注意，所有覆盖 init()方法的 Servlet 应调用 super.init()方法，以确保仍然执行这些任务。此外，在调用 service()方法之前，应确保已完成了 init()方法。

2. service()方法

service()方法是 Servlet 的核心。每当客户请求一个 Servlet 对象时，该对象的 service()方法就被调用，而且传递给 service()方法一个“请求”(ServletRequest)对象和一个“响应”

(ServletResponse)对象作为参数。service()方法根据请求的类型调用相应的服务功能，缺省的服务功能是调用与 HTTP 请求的方法相应的 do 功能。例如：当客户通过 HTML 表单发出一个 HTTP GET 请求时，则缺省情况下就调用 doGet()方法；当客户发出的是一个 HTTP POST 请求时，就调用 doPost()方法。

Servlet 应该为 Servlet 支持的 HTTP 方法覆盖 do 功能。因为 HttpServlet.service()方法会检查请求方法是否调用了适当的处理方法。通常不必覆盖 service()方法，只需覆盖相应的 do 方法就可以了。

3. destroy()方法

当 WEB 应用被终止，或 Servlet 容器终止运行，或 Servlet 容器重新装载 Servlet 新实例时，Servlet 容器就会调用 Servlet 的 destroy()方法释放 Servlet 所占用的资源。destroy()方法仅执行一次。

一般情况下缺省的 destroy()方法通常是符合要求的，所以不必覆盖 destroy()方法。但在一些特定情况下也可以覆盖 destroy()方法。如果 Servlet 在运行时要累计统计数据，则可以编写一个 destroy()方法，该方法用于在未装载 Servlet 时将统计数字保存在文件中，也可以编写一个 destroy()方法关闭与数据库的连接等。

9.2 Servlet 的基本结构与成员方法

一个 Servlet 程序就是一个在 Web 服务器端运行的特殊 Java 类。Sun 公司提供了 javax.servlet 和 javax.servlet.http 两个扩展包来开发 Servlet。这两个包属于 Java 的标准扩展 Java Servlet API。

javax.servlet 包提供了控制 Servlet 生命周期所必需的 Servlet 接口。

javax.servlet.http 包提供了从 Servlet 接口派生出的专门用于处理 HTTP 请求的抽象类和一般的工具类。

9.2.1 Servlet 的基本层次结构

Servlet 的基本层次结构和继承关系如图 9.3 所示。用户定义 Servlet 时的继承关系及父类提供的主要方法如图 9.4 所示。

```
java.lang.Object
 ├ javax.servlet.http.Cookie( implements java.lang.Cloneable, java.io.Serializable)
 ├ java.util.EventObject( implements java.io.Serializable)
 │ └ javax.servlet.http.HttpSessionEvent
 │    └ javax.servlet.http.HttpSessionBindingEvent
 └ javax.servlet.GenericServlet( implements java.io.Serializable, javax.servlet.Servlet,
   │                              javax.servlet.ServletConfig)
   └ javax.servlet.http.HttpServlet( implements java.io.Serializable)
```

图 9.3　Servlet 的基本层次结构和继承关系

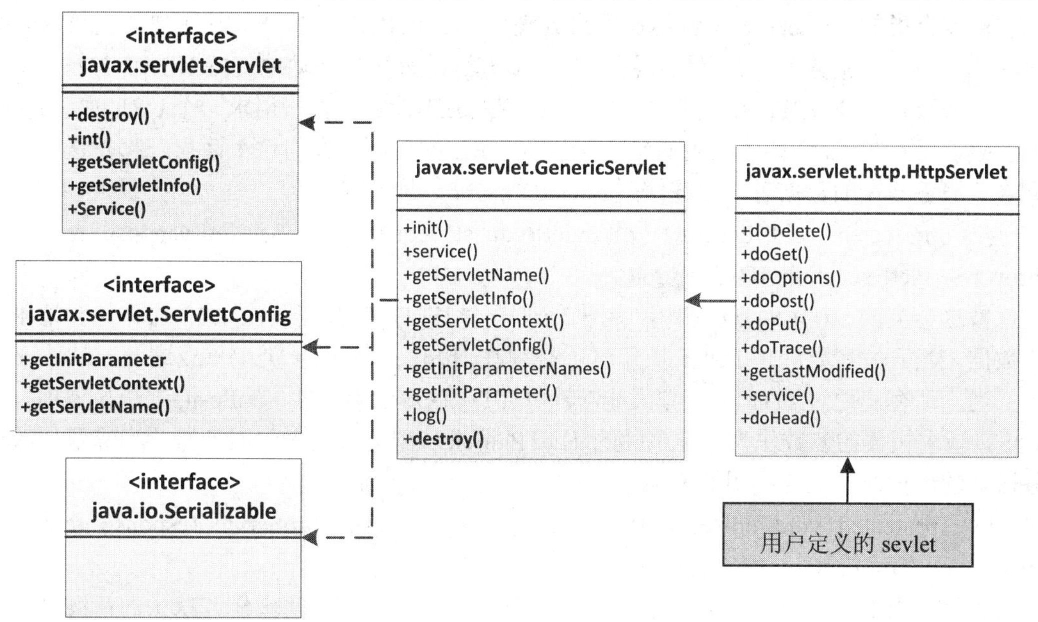

图 9.4 用户定义 Servlet 时的继承关系及父类提供的主要方法

从图 9.3 和图 9.4 可知，用户定义的 Servlet 都是 javax.servlet.http.HttpServlet 类的子类；而 HttpServlet 类又是 javax.servlet. GenericServlet 的子类。这是因为 GenericServlet 类实现了 java.io.Serializable，javax.servlet.Servlet 以及 javax.servlet.ServletConfig 这三个接口，在这三个接口中，javax.servlet.Servlet 接口定义了 Servlet 容器与 Servlet 程序之间的通信协议等。实际上，HttpServlet 类是在 GenericServlet 类的基础上做了一些针对 HTTP 特点的扩充。

此外，HttpServlet 类和 GenericServlet 类都是抽象类，所以，开发者必须在自己定义的继承类中实现 HttpServlet 类的 doGet()、doPost()、init()等方法中的至少一个方法。这就大大降低了 Servlet 程序的编写门槛。

9.2.2 HttpServlet 类的成员方法

由于大多数 Servlet 是针对 HTTP 协议的 Web 服务器，所以，最通用的开发 Servlet 的方法是使用 HttpServlet 类。由于 HttpServlet 类是一个抽象类，可以从该类派生出一个类来实现 HttpServlet，即将自己定义的类作为 HttpServlet 的子类。

Servlet 被设计成请求驱动的。Servlet 的请求可能包含多个数据项，当 Web 站点接收某个对 Servlet 的请求时(该请求来自访问此 Web 站点的客户端浏览器)，它把这个请求封装成一个 HttpServletRequest 对象，然后把此对象传给 Servlet 的对应服务方法(doGet()、doPost())或高级的处理方法(doPut()、doTrace()、doDelete())进行处理。经这些方法中的某个方法处理后，将处理的响应结果返回 Web 站点，Web 站点再将响应发送给客户端浏览器。因此，在开发者自己定义的 HttpServlet 的子类中，必须至少重载下列方法中的一种。

HttpServlet 类中常用的成员方法如下。

(1) protected void doGet(HttpServletRequest request, HttpServletResponse response) throws ServletException, IOException。

被这个类的 service()方法调用，用来处理一个 HTTP GET 操作。这个操作允许客户端简单地从 HTTP 服务器"获得"资源。对这个方法的重载将自动地支持 HEAD 方法。

当一个客户通过 HTML 表单发出一个 HTTP GET 请求或直接请求一个 URL 时，doGet()方法被调用。与 GET 请求相关的参数添加到 URL 的后面，并与这个请求一起发送。当不需修改服务器端的数据时，应该使用 doGet()方法。

(2) protected void doPost(HttpServletRequest request, HttpServletResponse response) throws ServletException, IOException;

被这个类的 service()方法调用，用来处理一个 HTTP POST 操作。这个操作包含请求体的数据。当开发者要处理 POST 操作时，必须在 HttpServlet 的子类中重载这一方法。

当一个客户通过 HTML 表单发出一个 HTTP POST 请求时，doPost()方法被调用。与 POST 请求相关的参数作为一个单独的 HTTP 请求从浏览器发送到服务器。当需要修改服务器端的数据时，应该使用 doPost()方法。

(3) protected void doHead(HttpServletRequest request, HttpServletResponse response) throws ServletException, IOException;

被这个类的 service()方法调用，用来处理一个 HTTP HEAD 操作。默认的情况是，这个操作会按照一个无条件的 get 方法来执行，该操作仅仅是返回包含内容长度的头信息。

(4) protected void doDelete(HttpServletRequest request, HttpServletResponse response) throws ServletException, IOException;

被这个类的 service()方法调用，用来处理一个 HTTP DELETE 操作。这个操作允许客户端请求从服务器上删除 URL。当开发者要处理 DELETE 请求时，必须重载这一方法。

(5) protected void doOptions(HttpServletRequest request, HttpServletResponse response) throws ServletException, IOException;

被这个类的 service()方法调用，用来处理一个 HTTP OPTION 操作。这个操作自动地决定支持哪一种 HTTP 方法。

(6) protected void doPut(HttpServletRequest request, HttpServletResponse response) throws ServletException, IOException;

被这个类的 service()方法调用，用来处理一个 HTTP PUT 操作。这个操作类似于通过 FTP 发送文件。当要处理 PUT 操作时，必须在 HttpServlet 的子类中重载这一方法。

(7) protected void doTrace(HttpServletRequest request, HttpServletResponse response) throws ServletException, IOException;

被这个类的 service()方法调用，用来处理一个 HTTP TRACE 操作。这个操作的默认执行结果是产生一个响应，这个响应包含一个反映 TRACE 请求中发送的所有头域的信息。当开发 Servlet 时，在多数情况下需要重载这个方法。

(8) protected void service(HttpServletRequest request, HttpServletResponse response) throws ServletException, IOException;

public void service(ServletRequest request, ServletResponse response)throws ServletException, IOException;

service()方法是 Servlet 的核心，它是一个 Servlet 的 HTTP-specific 方案，负责把请求分配给支持这个请求的其它方法。

每当客户请求一个 HttpServlet 对象时，该对象的 service()方法就被调用，而且传递给该方法一个“请求”(ServletRequest)对象和一个“响应”(ServletResponse)对象作为参数。在 HttpServlet 中已存在 service()方法，其缺省的服务功能是调用与 HTTP 请求的方法相应的 do 功能。如果 HTTP 请求的方法为 get，则缺省情况下就调用 doGet()。Servlet 应该为 Servlet 支持的 HTTP 方法覆盖 do 功能。因为 HttpServlet.service()方法会检查请求方法是否调用了适当的处理方法。

在开发 Servlet 时，大多数情况下不必重载 service()方法，只需覆盖相应的 do 方法就可以了。

9.2.3　在 MyEclipse 中建立 Servlet

下面使用 MyEclipse 开发平台，建立一个简单的 Servlet，以说明如何开发 Servlet。

在 MyEclipse 中建立、编译、运行 Servlet 程序(C9_1.java 程序)的步骤与第 2 章所述建立 JSP 程序的步骤基本相同。当建立了 ch9 项目(文件夹)后，建立并存放 C9_1.java 程序的操作过程如图 9.5 所示。

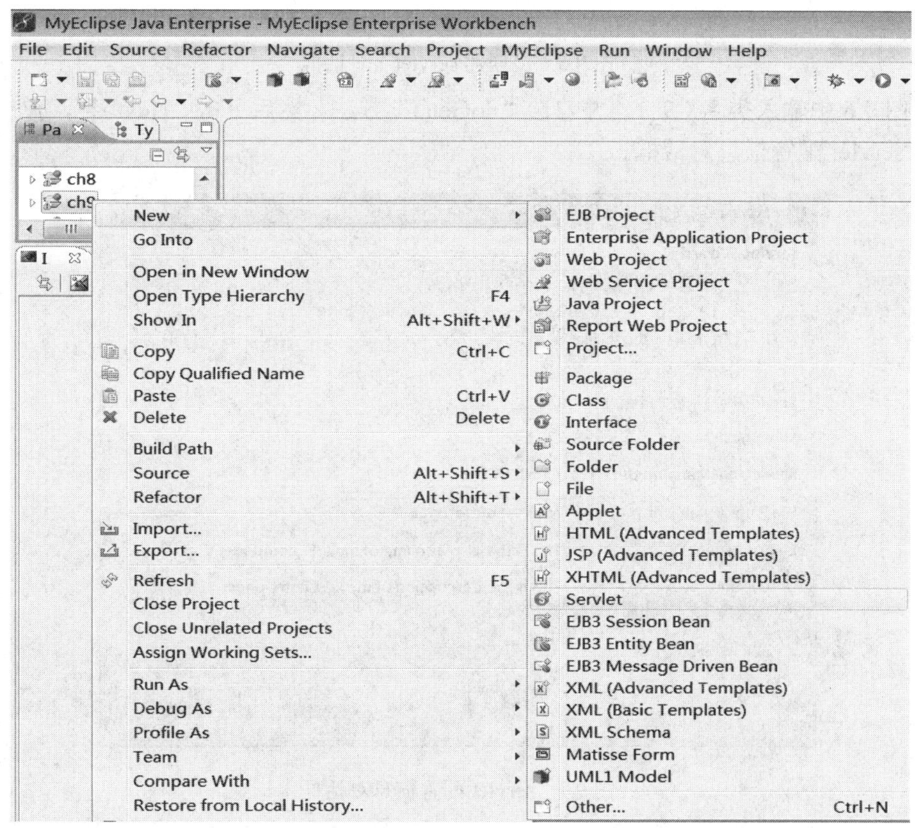

图 9.5　新建 Servlet 的菜单项图

在“ch9”文件夹上单击右键，依次单击“New”，“Servlet”，弹出如图 9.6 所示的“创建 servlet”对话框。在这个对话框中，除了可以输入包名、文件名外，还可以选择需要创建的方法(图 9.6 下部)。

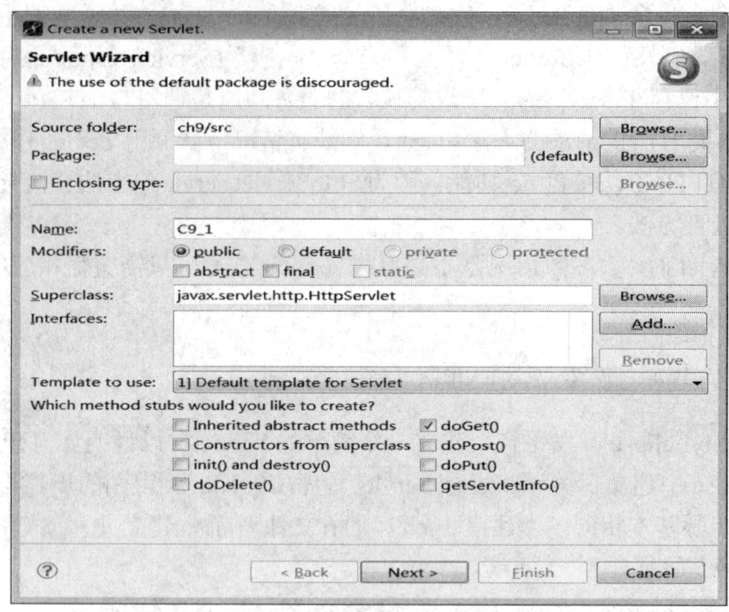

图 9.6　“创建 servlet”对话框

在图 9.6 中输入类名 C9_1，并勾选“doGet()”方法，然后单击“Next>”，弹出图 9.7 所示的 servlet 配置信息对话框。

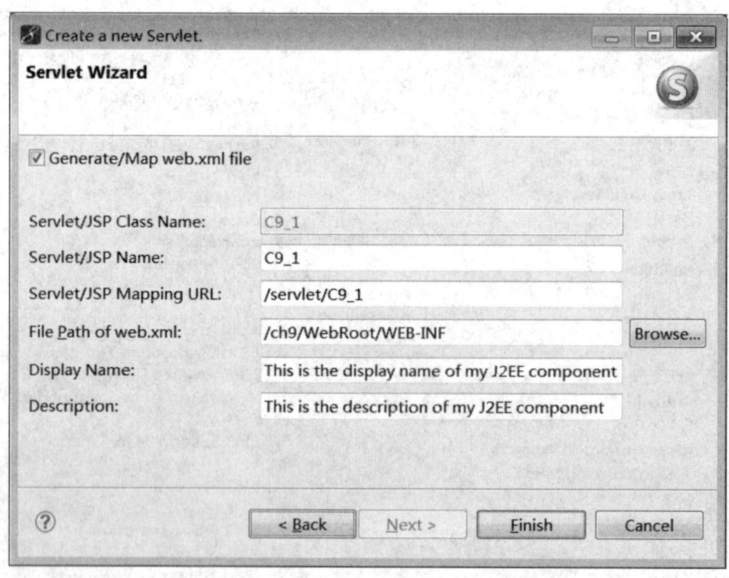

图 9.7　servlet 配置信息对话框

图 9.7 是生成 web.xml 文件的基本内容，请读者特别注意图 9.7 中的“Servlet/JSP Mapping URL”项，它指出了运行这个 Servlet 的相对路径，如果不愿使用该路径，可在这里进行修改，也可留待以后再修改。点击图 9.7 中的“Finish”按钮，出现图 9.8 所示的、已经创建了勾选方法概要的编辑界面。在图 9.8 的编辑界面中，删除注释及一些不必要的语句后，输入程序。

```
web.xml    *C9_1.java
import java.io.IOException;
import java.io.PrintWriter;
import javax.servlet.ServletException;
import javax.servlet.http.HttpServlet;
import javax.servlet.http.HttpServletRequest;
import javax.servlet.http.HttpServletResponse;

public class C9_1 extends HttpServlet {
    /**
     * The doGet method of the servlet. <br>
     *
     * This method is called when a form has its tag value method equals to get.
     *
     * @param request the request send by the client to the server
     * @param response the response send by the server to the client
     * @throws ServletException if an error occurred
     * @throws IOException if an error occurred
     */
    public void doGet(HttpServletRequest request, HttpServletResponse response)
            throws ServletException, IOException {

        response.setContentType("text/html");
        PrintWriter out = response.getWriter();
        out.println("<!DOCTYPE HTML PUBLIC \"-//W3C//DTD HTML 4.01 Transitional/,
        out.println("<HTML>");
        out.println("  <HEAD><TITLE>A Servlet</TITLE></HEAD>");
        out.println("  <BODY>");
        out.print("    This is ");
        out.print(this.getClass());
        out.println(", using the GET method");
        out.println("  </BODY>");
        out.println("</HTML>");
        out.flush();
        out.close();
    }
}
```

图 9.8　MeEclipse 智能助手创建的 C9_1.java 程序

【示例程序 C9_1.java】　在浏览器上输出“The first Servlet 程序”。

```
import java.io.IOException;
import java.io.PrintWriter;
import javax.servlet.ServletException;
import javax.servlet.http.HttpServlet;
import javax.servlet.http.HttpServletRequest;
import javax.servlet.http.HttpServletResponse;

public class C9_1 extends HttpServlet
{
 private static final long serialVersionUID=1L;

public void doGet(HttpServletRequest request,
   HttpServletResponse response)throws ServletException, IOException
{   //设置响应的MIME类型
      response.setContentType("text/html;charset=GB2312");
      PrintWriter out=response.getWriter();//获得向客户发送数据的输出流
      out.println("<HTML><HEAD></HEAD><BODY>");
      out.println("<H1 ALIGN=CENTER><B>The first Servlet程序</H1><BR>");
      out.println("</BODY></HTML>");
      out.flush();
```

```
        out.close();
    }
}
```

程序输入完成后，与前面各章一样，要执行为项目 ch9 加载服务器、启动服务器等操作。最后，在浏览器地址栏输入 http://localhost:8080/ch9/servlet/C9_1 并回车，运行 C9_1.java 这个 servlet 程序，可看到如图 9.9 所示的执行结果。

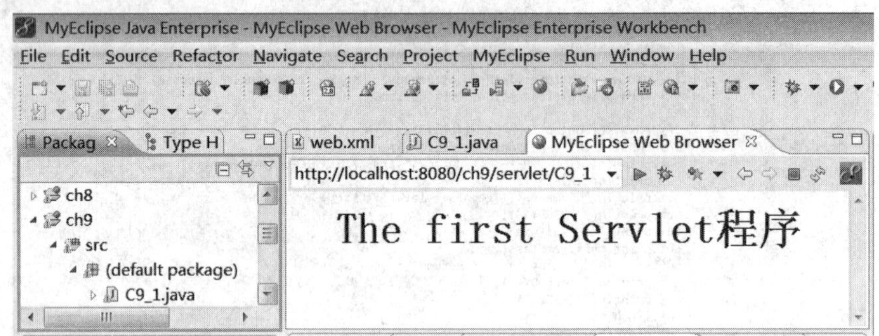

图 9.9　C9_1.java 的存放位置(左)和运行结果(右)

程序说明：

(1) 基于 HTTP 协议的 Servlet 必须导入 javax.servlet 和 javax.servlet.http 包。

(2) 当客户向 Servlet 发送一个请求时，经过 init()方法初始化后，Servlet 调用 service()方法来对客户端(client)发出的各个请求进行响应。它接受 ServletRequest 和 ServletResponse 两个对象。Servlet 从 HttpServletRequest 对象中取出输入数据流，完成相应的操作；Servlet 通过 HttpServletResponse 对象的 getWriter()方法来获得输出流，将 Servlet 的响应数据返回给客户。

(3) HttpServletResponse 必须知道输出流的格式才能输出，因此，要使用 setContentType()方法来设置输出流的格式。

(4) Servlet 程序在没有指定包名的情况下被存放在默认包中，但在浏览器地址栏输入访问 URL 时却要在项目名后、文件名前加上 servlet 这一路径，即 ch9/servlet/C9_1，否则会出现找不到文件的错误。它与下面讲述的 Servlet 的配置文件 web.xml 有关。

9.2.4　Servlet 的配置文件 web.xml

在创建 servlet 程序的时候，MyEclipse 会自动创建 servlet 的配置文件 web.xml，并将其存放在 WebRoot 下的 WEB-INF 文件夹中。对于上面创建的 C9_1 这个 servlet 程序来说，在配置文件 web.xml 中的内容如下：

```
<?xml version="1.0" encoding="UTF-8"?>
<web-app version="3.0" xmlns="http://java.sun.com/xml/ns/javaee"
  xmlns:xsi="http://www.w3.org/2001/XMLSchema-instance"
  xsi:schemaLocation="http://java.sun.com/xml/ns/javaee
  http://java.sun.com/xml/ns/javaee/web-app_3_0.xsd">
  <display-name></display-name>
```

```
    <servlet>
      <description>This is the description of my J2EE component</description>
      <display-name>This is the display name of my J2EE component</display-name>
      <servlet-name>C9_1</servlet-name>
      <servlet-class>C9_1</servlet-class>
    </servlet>

    <servlet-mapping>
      <servlet-name>C9_1</servlet-name>
      <url-pattern>/servlet/C9_1</url-pattern>
    </servlet-mapping>
    <welcome-file-list>
      <welcome-file>index.jsp</welcome-file>
    </welcome-file-list>
  </web-app>
```

配置文件 web.xml 主要包括两部分：第一部分是 servlet 的声明，也就是位于<servlet>和</servlet>标签之间的内容；第二部分是 servlet 访问方式的设置，是位于<servlet-mapping>和</servlet-mapping>标签之间的内容。尤其要注意<url-pattern>/servlet/C9_1</url-pattern>这一句，它指出了 C9_1 这个 servlet 的访问路径。如果将这句改为<url-pattern>/C9_1</url-pattern>，就可以在访问的 URL 中不写“/servlet”这一路径了。

双击打开 web.xml 文件，出现如图 9.10 所示的修改该文件的两种界面(Design，设计模式界面和 Source，源代码模式界面)之一，可以通过点击界面下方的标签进行切换，在这两种界面的任意一种中都能进行修改，其结果也是相同的。但必须特别注意：一般情况下只修改<url-pattern>这一项。

Node	Content
?-? xml	version="1.0" encoding="UTF-8"
web-app	(module-name? | ((((description*, display-...
version	3.0
xmlns	http://java.sun.com/xml/ns/javaee
xmlns:xsi	http://www.w3.org/2001/XMLSchema-inst...
xsi:schemaLocation	http://java.sun.com/xml/ns/javaee http://j...
servlet	(((description*, display-name*, icon*)), ser...
description	This is the description of my J2EE compon...
display-name	This is the display name of my J2EE compo...
servlet-name	C9_1
servlet-class	C9_1
servlet-mapping	(servlet-name, url-pattern+)
servlet-name	C9_1
url-pattern	/servlet/C9_1

(a) Design 界面

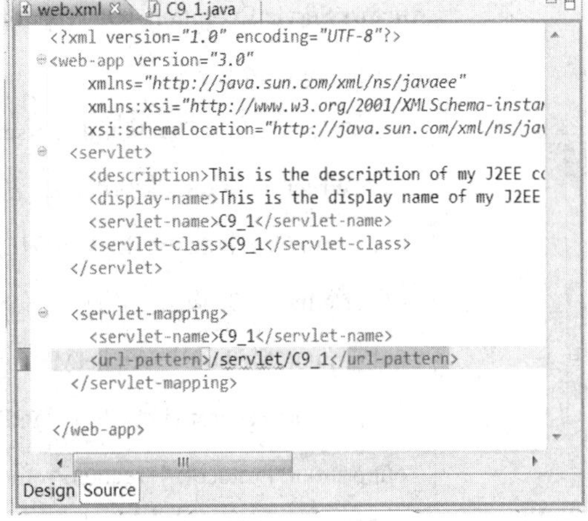

(b) Source 界面

图 9.10　修改 web.xml 文件的两种界面

9.3　调用 Servlet 的多种方式

生成一个 Servlet 后，可通过多种方式来调用它。常用的方式是下面四种之一：

- 在浏览器的地址栏中输入 URL 时直接指定。
- 在 HTML 表单中通过<FORM>标记的 ACTION 属性指定。
- 使用服务器包含文件，即在 HTML 文件中使用<SERVLET>和</SERVLET>标记。
- 在 JSP 页面中调用 Servlet。

下面分别予以介绍。

9.3.1　在 URL 中直接调用 Servlet

【示例程序 C9_2.java】　在 URL 中调用 Servlet，在浏览器上输出客户端的部分信息。

```
import java.io.IOException;
import java.io.PrintWriter;
import javax.servlet.ServletException;
import javax.servlet.http.HttpServlet;
import javax.servlet.http.HttpServletRequest;
import javax.servlet.http.HttpServletResponse;
public class C9_2 extends HttpServlet
{
    public void doPost(HttpServletRequest req, HttpServletResponse res)
      throws ServletException, IOException
    {    //重写doPost方法
      res.setContentType("text/html;charset=GB2312"); //设置响应的MIME类型
      PrintWriter out = res.getWriter();   //获得向客户发送数据的输出流
      out.println("<HTML><HEAD></HEAD><BODY>");
      out.println("<H3>输出客户端的信息</H3><BR>");
      out.println("Method: "+req.getMethod()+"<BR>");   //获取请求的方法
      out.println("Request URL: "+req.getRequestURL()+"<BR>");//获得请求URL
      out.println("Protocol: "+req.getProtocol()+"<BR>"); //获得该对象的协议
      //获取客户端IP地址
      out.println("Remote Address: "+req.getRemoteAddr()+"<BR>");
      out.println("</BODY></HTML>");
```

```
        out.flush();
        out.close();
    }

    public void doGet(HttpServletRequest req, HttpServletResponse res)
      throwservletException, IOException
    {    //重写doGet方法
      doPost(req,res);
    }
}
```

图 9.11 C9_2 的运行结果

该示例程序的运行结果如图 9.11 所示。

程序说明：

(1) C9_2 是 HttpServlet 的子类，HttpServlet 是 GenericServlet 的一个子类，通过 GenericServlet 实现了 Servlet 界面。

(2) 当 service()方法缺省时，则调用与 HTTP 请求方法相对应的 do 功能。根据接收的 HTTP 请求类型(get 或 post)，分别调用 doGet()、doPost()等方法。

(3) doGet()、doPost()方法的参数 HttpServletRequest 对象包含了客户端请求的信息，可以通过该参数取得客户端的一些信息(例如 IP 地址等)以及 HTTP 请求类型(例如 GET、HEAD、POST、PUT 等)，生成 HTTP 响应；最后通过参数 HttpServletResponse 对象返回响应信息，完成 Servlet 与客户端的交互。

(4) 由于服务器默认调用 doGet()方法，而该程序中将需要实施的操作写在了 doPost()方法中，单独执行时不被浏览器支持，故在 doGet()方法中调用 doPost()方法来实现了相应的功能。

9.3.2 在<FORM>标记中访问 Servlet

在 HTML 表单中通过<FORM>标记的 ACTION 属性调用 Servlet 需要编写两个文件：一个是如 c9_3.html 所示的 Web 界面，另一个是如 C9_3.java 所示的 Servlet 程序。本例通过 c9_3.html 界面输入信息，用户的输入信息提交给 Servlet 程序(C9_3.java)处理，并将处理结果输出到用户界面上。

【示例程序 c9_3.html】 在<FORM>标记中调用 Servlet。

```
<!DOCTYPE HTML PUBLIC "-//W3C//DTD HTML 4.01 Transitional//EN">
<html>
<head>
<meta http-equiv="Content-Type" content="text/html; charset=GB2312">
<title>在〈FORM〉标记中调用Servlet</title>
</head>
```

```
<body>
   <P align="center">在〈FORM〉标记中调用Servlet</p><hr>
   <FORM   method="post" action="servlet/C9_3">
<P align="center">姓名:<input type="text" name="myname" size=25
   maxlength="30"></p>
<P align="center">爱好:<input type="text" name="love" size=25
   maxlength="30"></p>
    <P align="center"><input type="submit" value="确定">  
    <input type="reset" value="清除"></P>
   </FORM></body></html>
```

【示例程序 C9_3.java】 <FORM>标记中调用的 Servlet 程序。

```
import java.io.IOException;
import java.io.PrintWriter;
import javax.servlet.ServletException;
import javax.servlet.http.HttpServlet;
import javax.servlet.http.HttpServletRequest;
import javax.servlet.http.HttpServletResponse;

public class C9_3 extends HttpServlet
{
   public void doPost(HttpServletRequest req, HttpServletResponse res)
      throws ServletException, IOException
   {
      res.setContentType("text/html;charset=GB2312");//设置响应的MIME类型
      PrintWriter out=res.getWriter();      //获得向客户发送数据的输出流
      //获得客户端提交的参数
       byte b1[]=req.getParameter("myname").getBytes("ISO-8859-1");
      String s1=new String(b1);
      byte b2[]=req.getParameter("love").getBytes("ISO-8859-1");
      String s2=new String(b2);
      out.println("<HTML><HEAD></HEAD><BODY>");
      out.println("<H3>输出客户端的信息</H3><BR>");
      out.println("姓名: "+s1+"<BR>"); //获得请求URL
      out.println("爱好: "+s2+"<BR>"); //获得请求URL
      out.println("   </BODY>");
      out.println("</HTML>");
   }
}
```

该示例程序的运行结果如图 9.12 和图 9.13 所示。

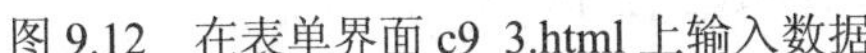

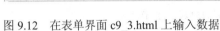

图 9.12　在表单界面 c9_3.html 上输入数据

图 9.13　Servlet 的运行结果

9.3.3　利用超链接访问 Servlet

【示例程序 c9_4.html】　在 HTML 页面中利用超链接访问 Servlet。

```
<HTML>
  <HEAD>
  <meta http-equiv="Content-Type" content="text/html; charset=GB2312">
  <TITLE>超链接访问Servlet</TITLE></HEAD>
<BODY>
  <DIV ALIGN="center">
      在HTML页面中利用超链接访问Servlet
    <HR>
    <H3><A HREF="servlet/C9_1">加载servlet(C9_1)</A></H3>
  </DIV>
</BODY>
</HTML>
```

c9_4.html 的运行结果如图 9.14 所示，单击超链接后的运行结果与图 9.9 相同。

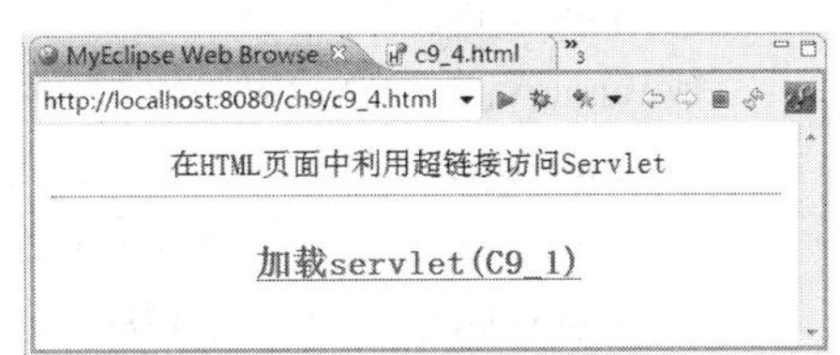

图 9.14　c9_4.html 的运行结果

9.3.4　在 JSP 文件中调用 Servlet

JSP 和 Servlet 是两种极具特色的动态 Web 技术，如果撇开底层运行机制上的共同之处(JSP 被翻译成 Servlet 再执行)，单从开发人员的角度来看，完全可以单独采用其中一种技术实现一个动态 Web 应用。由于 Servlet 输出 HTML 的内容时采用 CGI 的方式，是一句一句输出的，所以编写和修改 Servlet 中的 HTML 标记非常不方便。而 JSP 把 Java 代码嵌套到 HTML 语句中，大大简化和方便了网页的设计和维护。因此在开发 Web 应用实践中，主要是整合这两种技术，实现两种技术的优势互补。在整合技术中，表示层的工作由 JSP 技术承担，注重页面的表现，编写输出 HTML 网页的程序；业务处理逻辑层的工作由 Servlet 承担，注重业务处理逻辑的实现，编写诸如数据计算、数据分析、数据库连接等操作处理的程序。

在 JSP 文件中访问 Servlet 所采用的格式与 HTML 页面中调用 Servlet 的方法完全一样，而且原理也完全相同。只不过这时访问 Servlet 的是动态的 JSP 文件，而不是静态的 HTML 页面。

显然，在 JSP 文件中访问 Servlet 也需要编写两个程序，即一个 JSP 程序和一个 Servlet 程序。本例中的 c9_5.jsp 程序是一个 Web 登录页面，在文本框中输入用户名和密码，单击“登录”按钮后，则把输入的信息提交给<FORM>标记中调用的 Servlet。程序 C9_5.java 是<FORM>标记中调用的 Servlet，它接收用户输入的信息并将处理结果输出到用户界面上。

【示例程序 c9_5.jsp】　一个调用 Servlet 的登录页面程序。

```
<%@ page contentType="text/html; charset=GBK" %>
<html><head><title>在JSP中调用Servlet</title></head>
<body>
 <DIV align="center">用户登录<BR><hr>
  <FORM   method="post" action="servlet/C9_5" >
   <p>用户名:<input type="text" name="myname"></p>
   <p>密  码:<input type="password" name="pass"></p>
   <input type="submit" value="确定">  
   <input type="reset" value="清除">
  </FORM>
 </DIV>
</body></html>
```

【示例程序 C9_5.java】　测试登录密码，将处理结果输出到页面上。

```
import java.io.IOException;
import java.io.PrintWriter;
import javax.servlet.ServletException;
import javax.servlet.http.HttpServlet;
import javax.servlet.http.HttpServletRequest;
import javax.servlet.http.HttpServletResponse;

public class C9_5 extends HttpServlet
{
  private static final long serialVersionUID=4221113710020013440L;
  //重写doPost方法
  public void doPost(HttpServletRequest req, HttpServletResponse res)
    throws ServletException, IOException
  { res.setContentType("text/html;charset=GB2312");//设置响应的MIME类型
    PrintWriter out = res.getWriter();  //获得向客户发送数据的输出流
      //获得客户端提交的用户名参数
    byte b1[]=req.getParameter("myname").getBytes("ISO-8859-1");
    String s1=new String(b1);
```

```
        String s2=req.getParameter("pass"); //获得客户端提交的密码参数
        out.println("<HTML><HEAD></HEAD><BODY>");
        out.println("<H3>输出客户端的信息</H3><BR>");
        if(s2.equals("abc"))   //密码为"abc"
        {   out.println("用户名: "+s1+"<BR>");
            out.println("登录成功！ <BR>");
        }
        else
        {   out.print("<P ALIGN="+"CENTER"+">");
            out.println("<A HREF="+"../c9_5.jsp"+">密码写错重新输入</A></P>");
         }
       out.println("</BODY></HTML>");
    }
}
```

该示例程序的运行结果如图 9.15 和图 9.16 所示。注意，如果在 c9_5.jsp 中使用 get 方式提交请求，Servlet 就得用 doGet 响应，会将用户输入的密码显示在地址栏中。

图 9.15　c9_5.jsp 的运行结果

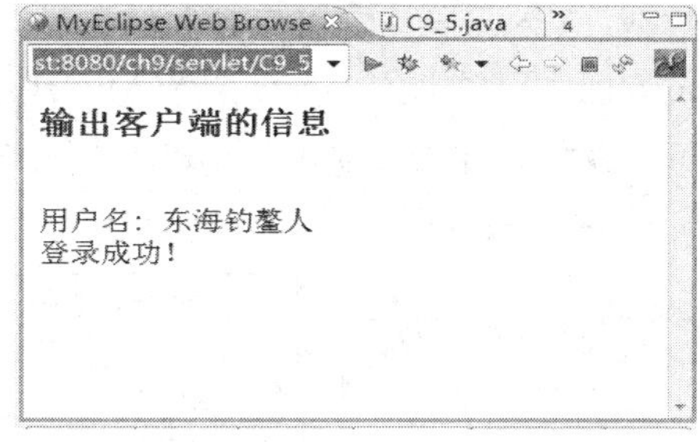

图 9.16　Servlet 的运行结果

9.4　两种模式的 WEB 应用技术

运用 JSP/Servlet 技术实现 Web 动态交互，主要采用模式 I (JSP+JavaBean)和模式 II (JSP+Servlet+JavaBean)。本节分别介绍这两种模式，并比较两种模式的优缺点。

9.4.1　JSP+JavaBean

模式 I 的体系结构如图 9.17 所示，称之为 JSP+JavaBean 模式。其工作原理是：当浏览器发出请求时，JSP 接收请求并访问 JavaBean。若需要访问数据库或后端服务器时，则通过 JavaBean 连接数据库或后端服务器，进行相应的处理。JavaBean 将处理的结果数据提交给 JSP。JSP 提取结果并重新组织后，动态产生 HTML 页面，返回给浏览器。用户从显示的页面中得到交互的结果。

模式 I 充分利用了 JSP 技术易于开发动态网页的特点，页面显示层的任务由 JSP 承担(但它也含有事务逻辑层的内容)，JavaBean 主要负责事务逻辑层和数据层的工作。

JSP+JavaBean 模式依靠一个或几个 JavaBean 组件实现具体的应用功能，生成动态内容，其最大的特点是简单易用。第 8 章的例程基本上都是基于这一模式的。

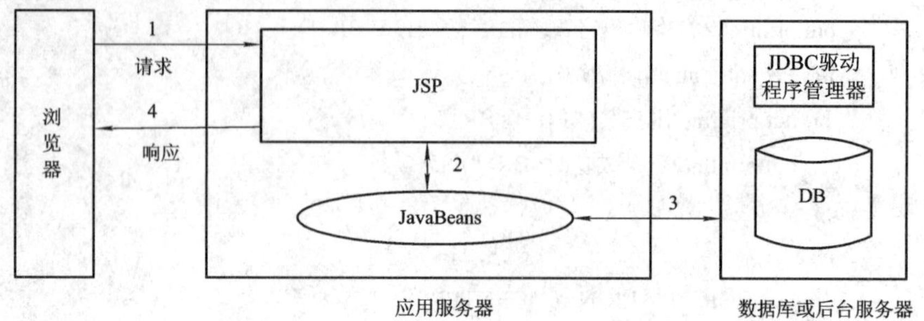

图 9.17　JSP+JavaBean 模式的体系结构

9.4.2　JSP+Servlet+JavaBean

模式Ⅱ的体系结构如图 9.18 所示，称之为 JSP+Servlet+JavaBean 模式。它是一种采用基于 MVC (Model-View-Controller，模型-视图-控制器)的设计模式，即 MVC 模式。该模式将 WEB 应用的功能分为三个层次：Model(模型)层、View(视图)层和 Controller(控制层)。Model 层用来实现业务逻辑，包含了 Web 应用程序功能的核心，负责存储与应用程序相关的数据；View 层负责用户界面的显示，它可以访问模型的数据，但不能改变这些数据；Controller 层主要负责 View 层和 Model 层之间的控制关系。具体实现时，JavaBean 作为模型层，Servlet 作为控制层，JSP 作为视图层。每层的作用如下：

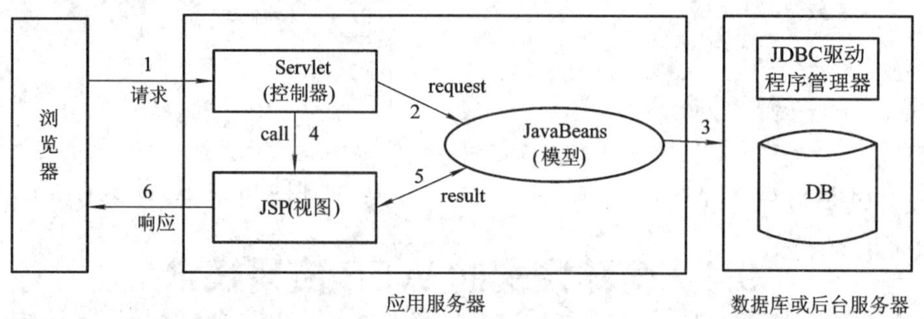

图 9.18　JSP+Servlet+JavaBean 模式的体系结构

(1) JavaBean 作为 Model 层，实现各个具体的应用逻辑和功能。

(2) Servlet 作为 Controller 层，负责处理 HTTP 请求，包括：

① 对输入数据的检查和转换。

② 初始化 JSP 中要用到的 JavaBean 或对象。

③ 通过 JavaBean 访问数据库。

④ 根据处理中不同分支和执行的结果(如成功或失败)，决定转向哪个 JSP 等。

(3) JSP 作为用户界面程序(View)，负责生成交互后返回的页面。它主要通过信息共享，获取 Servlet 生成的对象或 JavaBean，从中取出相关数据，插入到 HTML 页面中。

该模式的工作原理是：所有的请求都被发送给作为控制器的 Servlet。Servlet 接受请求，并根据请求信息将它们分发给适当的 JSP 来响应；同时 Servlet 还根据 JSP 的需求生成

JavaBean 的对象并输出给 JSP 环境。JSP 可以通过直接调用方法或使用 UseBean 的自定义标签得到 JavaBean 中的数据。

这种设计模式通过 JSP 和 Servlet 的合作来实现交互处理，很好地实现了表示层、事务逻辑层和数据层的分离。

9.4.3 两种模式的比较

从以上对两种模式的陈述可以看出，模式 I 和模式 II 的整体结构都比较清晰，易于实现。它们的基本思想都是实现表示层、事务逻辑层和数据层的分离。这样的分层设计便于系统的维护和修改。两种模式的主要区别在于：

(1) 处理流程的主控部分不同。模式 I 利用 JSP 作为主控部分，将用户的请求、JavaBean 和响应有效地衔接起来。模式 II 利用 Servlet 作为主控部分，将用户的请求、JavaBean、JSP 和响应有效地衔接起来。

(2) 实现表示层、事务逻辑层和数据层的分离的程度不同。模式 II 比模式 I 有更彻底的分离效果。当事务逻辑比较复杂、分支较多或者需要涉及多个 JavaBean 组件时，模式 I 常常会导致 JSP 文件中嵌入大量的脚本或者 Java 代码。特别是在大型项目开发中，由于页面设计与逻辑处理分别由不同的专业人员承担，如果 JSP 有相当一部分处理逻辑和页面描述被混在一起，这就有可能引起分工不清，不利于两个部分的独立开发和维护，影响项目的施工和管理。在模式 II 中，由 Servlet 处理 HTTP 请求，JavaBean 承担事务逻辑处理，JSP 仅负责生成网页的工作，所以，层的混合问题比较轻，适合于不同专长的专业人员独立开发 Web 项目中的各层功能。

(3) 适用于动态交互处理的需求不同。当事务逻辑比较复杂、分支较多或者需要涉及多个 JavaBean 组件时，由于模式 II 比模式 I 具有更清晰的页面表现，更明确的开发模块的划分，所以使用模式 II 比较适合。然而，模式 II 需要编写 Servlet 程序，Servlet 程序需要的工具是 Java 集成开发环境，编程工作量比较大。而对于简单的交互处理，利用模式 I，JSP 主要是使用 HTML 工具开发，然后再插入少量的编程代码就可以实现动态交互。在这种情况下，使用模式 I 更为方便快捷。

模式 I 与模式 II 这两种用于开发 Web 应用的方法都有很好的实用性。当然，实现动态交互的 Web 应用，不限于这两种模式。在实际开发 Web 应用的过程中，要根据系统的特点、客户需求及处理逻辑的特性，选择合适的模式，力求使整个应用的体系结构更趋合理，从而实现不同的交互处理。

9.5 Servlet 模式的留言板案例

在第 8 章我们已经提供了一个用 JSP+JavaBean 开发的留言板案例，本节仍然利用第 8 章的案例，开发一个 JSP+Servlet+JavaBean 的留言板，其目的是通过使用两种不同的模式来比较它们之间的区别。

JSP+Servlet+JavaBean 的留言板的界面如图 9.19 所示，它与图 8.13 完全相同。用户需要输入留言的标题、留言人的姓名、留言人的 E-mail 和留言内容。输入完成后点击“提交留言”按钮，要将留言人输入的信息保存到数据库。因此，我们建立一个 message 数据库，并建立一个 MessageTable 表来存放留言人输入的信息。messagetable 表的结构与表 8.2 也完全相同。该留言板案例设计如下：

图 9.19　Messgages.html 用户界面

JSP+Servlet+JavaBean 模式的留言板包括 1 个 HTML 文件(Messages.html)，1 个 JSP 文件(viewMessages.jsp)，1 个 JavaBean 文件(MessageDataBean.java)和 2 个 Servlet 文件(AddMessageServlet.java、ViewMessageServlet.java)共 5 个文件。另外，还有 message 数据库中的 1 个数据表(messagetable)。下面分别说明 5 个程序文件。

9.5.1　填写留言的界面

填写留言界面的示例程序为 Messages.html，它的执行效果如图 9.19 所示。该程序与第 8 章提供的留言界面的示例程序 Messages.html 基本相同，主要做了两处修改：一是修改了 form 中 action 属性的值，使其当用户点击留言界面上的“提交留言”按钮时，调用 Servlet(AddMessageServlet)接收 HTTP 请求；另一处是修改了“查看留言”的超链接。

【示例程序 Messages.html】　填写留言的界面程序。

```
<!-- Messgages.html -->
<HTML><HEAD>
<meta http-equiv="Content-Type" content="text/html; charset=GBK">
<TITLE>留言板</TITLE></HEAD>
<BODY> <P ALIGN="center">留言板</P>
<FORM ACTION="AddMessageServlet" Method="post">
  <TABLE ALIGN="CENTER" border="1">
    <TR><TD>姓名：</TD>
      <TD><INPUT TYPE="text" name="name" size=25></TD> </TR>
    <TR><TD>E-mail：</TD>
      <TD><INPUT TYPE="text" name="email" size=25></TD></TR>
```

```
    <TR><TD>主题：</TD>
        <TD><INPUT TYPE="text" name="title" size=25></TD></TR>
    <TR><TD>留言：</TD>
        <TD><textarea name="content" rows=7 cols=25></textarea></TD></TR>
    <TR><TD colspan=3>
    <TABLE width="100%" cellspacing="0" cellpadding="0" >
    <TR><TD ALIGN="CENTER"><INPUT TYPE="submit" VALUE="提交留言"></TD>
    <TD ALIGN="CENTER"><A HREF="ViewMessageServlet">
     <FONT size=2>查看留言</FORT></A></TD>
    <TD ALIGN="CENTER"><INPUT TYPE="reset" VALUE="重新填写"></TD>
    </TR>
    </TABLE></TD>
  </TR></TABLE>
</FORM>
</BODY></HTML>
```

9.5.2　接受请求保存留言的 Servlet

该 Servlet(AddMessageServlet)作为控制器，完成如下工作：

(1) 接受浏览器发送的所有请求。

(2) 建立与数据库的连接。

(3) 将留言板中需要存入数据库的信息存入数据库。

(4) 对于留言板中“查看留言”的请求，它通过访问另一个 Servlet(ViewMessageServlet)响应用户的请求。

【示例程序 AddMessageServlet.java】　保存留言的 Servlet 程序。

```
package message;
import javax.servlet.*;
import javax.servlet.http.*;
import java.sql.*;
import java.io.*;

public class AddMessageServlet extends javax.servlet.http.HttpServlet
 implements javax.servlet.Servlet
{
    private Connection con;
    private static final long serialVersionUID = 1L;
    //建立数据库的连接
    public AddMessageServlet()
    {
```

```
        String JDriver="com.mysql.jdbc.Driver"; //定义驱动程序对象
        String userName="root"; //定义数据库用户名
        String userPasswd=""; //定义数据库存取密码
        String dbName="message"; //定义数据库名
        String conURL="jdbc:mysql://localhost:3306/"+dbName;
      try
      {
          Class.forName(JDriver).newInstance(); //加载JDBC驱动程序
          con=DriverManager.getConnection(conURL,userName,userPasswd);
      }
      catch(Exception e){ System.err.println(e.getMessage()); }
    }
     /* 接收get请求 */
    protected void doGet (HttpServletRequest request,
    HttpServletResponse response)throws ServletException, IOException
    {     doPost(request,response);     }
  /* 接收post请求 */
    protected void doPost(HttpServletRequest request,
     HttpServletResponse response)throws ServletException, IOException
    {
        byte b1[]=request.getParameter("name").getBytes("ISO-8859-1");
        String na=new String(b1);
        byte b2[]=request.getParameter("email").getBytes("ISO-8859-1");
        String em=new String(b2);
        byte b3[]=request.getParameter("title").getBytes("ISO-8859-1");
        String ti=new String(b3);
        byte b4[]=request.getParameter("content").getBytes("ISO-8859-1");
        String co=new String(b4);
        if(na==null)na="";
        if(ti==null)ti="";
        if(co==null)co="";
        if(em==null)em="";
        try
        {
                //将获得的信息装入数据库
              PreparedStatement stm=con.prepareStatement("insert into
                MessageTable values(?,?,?,?)");
              stm.setString(1,ti);
              stm.setString(2,na);
```

```
            if(em.length()==0)stm.setString(3,null);
            else stm.setString(3,em);
            stm.setString(4,co);
            try{ stm.execute();} catch(Exception e){   }
            //对于留言板中“查看留言”请求，访问另一个Servlet来实现
              RequestDispatcher requestDispatcher=
               request.getRequestDispatcher("ViewMessageServlet");
            requestDispatcher.forward(request,response);
          }
        catch(Exception e){e.printStackTrace();}
       }
 }0
```

程序说明：

requestDispatcher=request.getRequestDispatcher("ViewMessageServlet")语句表示生成一个 RequestDispatcher 类的对象，并将第一个 Servlet 的控制权转交给第二个 Servlet (ViewMessageServlet)。requestDispatcher.forward(request,response)语句表示服务器端的重定向方式。

RequestDispatcher 是一个 Web 资源的包装器，可以用来把当前的 request 传递到该资源，或者把新的资源包括到当前响应中。RequestDispatcher 的 forward()方法将当前的 request 和 response 重定向到该 RequestDispacher 指定的资源，它只在服务器端起作用。使用 forward()方法时，Servletengine 传递 HTTP 请求从当前的 Servlet 或 JSP 到另外一个 Servlet、JSP 或普通的 HTML 文件。因为完成一个逻辑操作往往需要跨越多个步骤，每一步骤完成相应的处理后转向到下一个步骤，所以，这种方式在实际项目中大量使用。使用时应该注意，只有在尚未向客户端输出响应时才可以调用 forward()方法；调用 forward()方法时，如果页面缓存不为空，则在转向前将自动清除缓存，否则将抛出一个 IllegalStateException 异常。

9.5.3　查看留言的 Servlet

该 Servlet 作为控制器，完成如下工作：

(1) 接受 AddMessageServlet 请求。

(2) 建立与数据库的连接。

(3) 从数据库中读取存入留言板的信息。这些信息正是留言板界面中“查看留言”按钮所提供的信息。

(4) 将留言信息提交给 JavaBean(MessageDataBean)，再由 JavaBean 对象保留到 Collection 对象中。具体内容见下面“表示留言板数据的 JavaBean”。

(5) 把 Collection 对象保存到 request 中，然后访问显示留言的 JSP(viewMessages.jsp)页面。

【示例程序 ViewMessageServlet.java】　实现“查看留言”请求的 Servlet。

```
package message;
import javax.servlet.*;
```

```
import javax.servlet.http.*;
import java.sql.*;
import java.util.ArrayList;
import java.util.Collection;
import java.io.*;

public class ViewMessageServlet extends javax.servlet.http.HttpServlet
    implements javax.servlet.Servlet
{
    private Connection con;
    private static final long serialVersionUID=3291091296364920549L;
    //连接数据库
    public ViewMessageServlet()
    {
     String JDriver="com.mysql.jdbc.Driver"; //定义驱动程序对象
     String userName="root"; //定义数据库用户名
     String userPasswd=""; //定义数据库存取密码
     String dbName="message"; //定义数据库名
     String conURL="jdbc:mysql://localhost:3306/"+dbName;
     try
   {
        Class.forName(JDriver).newInstance(); //加载JDBC驱动程序
        con=DriverManager.getConnection(conURL,userName,userPasswd);
     }
     catch(Exception e){ System.err.println(e.getMessage()); }
      }
    // 得到GET请求，从数据库中读出留言信息
public void doGet(HttpServletRequest request,
    HttpServletResponse response)throws IOException, ServletException
{
        doPost(request,response);
      }
    public void doPost(HttpServletRequest request,HttpServletResponse response)
        throws IOException, ServletException
    {
      Collection <MessageDataBean> ret=new ArrayList<MessageDataBean>();
      try
      {
      Statement stm=con.createStatement();
```

```
            ResultSet result=stm.executeQuery("select count(*) from
                MessageTable");
            int message_count=0;
            if(result.next())
            {
                message_count=result.getInt(1);          result.close();
            }
            if(message_count>0)
            {
                result=stm.executeQuery("select * from MessageTable");
                while(result.next())
                {
                  String title=result.getString("title");
                  String name=result.getString("name");
                  String email=result.getString("email");
                  String content=result.getString("content");
                  //将数据保存到MessageDataBean中
                  MessageDataBean message=new MessageDataBean();
                  message.setTitle(title);
                  message.setName(name);
                  message.setEmail(email);
                  message.setContent(content);
                  ret.add(message);
                  }
                 result.close();             stm.close();
            }
              //访问显示留言的JSP
            request.setAttribute("messages",ret);
            RequestDispatcher requestDispatcher =
                request.getRequestDispatcher("viewMessages.jsp");
            requestDispatcher.forward(request,response);
        }
        catch(Exception e){    e.printStackTrace();}
        }
}
```

程序中：Collection 是集合框架接口；<MessageDataBean>是给出的泛型；语句：“Collection<MessageDataBean> ret=new ArrayList<MessageDataBean>();”表示使用<MessageDataBean>泛型构造 ret 对象。这是一种泛型构造方法，通过使用泛型，用户可以在集合中存储自己定义的类的对象。

9.5.4 表示留言数据的 JavaBean

MessageDataBean.java 程序与第 8 章的 MessageData.java 程序完全一样，建立表示留言板信息的 JavaBean，Bean 中定义的每个属性对应 MessageTable 表中的一个字段，每个属性定义了 getXy()和 setXy()方法，其目的是为显示留言的 JSP 读取 JavaBean 中的数据提供方便。

【示例程序 MessageDataBean.java】 建立一个表示留言板数据的 JavaBean。

```
//留言板的数据
package message;
public class MessageDataBean
{  private String name,email,title,content;   //4 个属性
   //setter 方法
   public void setName(String name) {  this.name=name;    }
   public void setEmail(String email) {  this.email=email;        }
   public void setTitle(String title){            this.title=title;       }
   public void setContent(String content){  this.content=content;   }
     // getter 方法
   public String getName(){ return this.name;     }
   public String getContent(){  return this.content;  }
   public String getTitle(){  return this.title;            }
   public String getEmail(){ return this.email;          }
}
```

9.5.5 显示留言消息的 JSP

显示留言消息的 JSP 从 JavaBean 中读取留言信息，并且获得的结果进行显示。

【示例程序 viewMessages.jsp】 显示留言消息的 JPS。

```
<%@ page contentType="text/html; charset=GBK"
import="message.MessageDataBean" %>
<%@ page import="java.util.*"%>
<HTML>
<HEAD><TITLE>显示留言</TITLE></HEAD><BODY>
<p align="center">所有留言</p>
 <TABLE   align="center" width="80%" border=1>
 <%
     int message_count=0;
 Collection<MessageDataBean> messages1=
   (Collection<MessageDataBean>)request.getAttribute("messages");
     Iterator<MessageDataBean> it=messages1.iterator();
     while(it.hasNext())
```

```
        {   MessageDataBean mg=(MessageDataBean)it.next();
    %>
      <tr>
     <td align="center" nowrap="nowrap">留言人</td>
     <td align="left"><%=mg.getName()%></td>
     <td align="center">EMail</td>
     <td align="left" colspan="2">
     <% out.println("<a href=mailto:"+mg.getEmail()+">"
         +mg.getEmail()+"</a>");%></td>
     </tr>
     <tr>  <td align="center" nowrap="nowrap">主题</td>
        <td align="left" colspan="4"><%=mg.getTitle()%></td>
     </tr>
     <tr>  <td>内容</td>
     <td colspan="4"><Textarea rows=4 cols=70>
     <%=mg.getContent()%></Textarea></td>
     </tr>
     <tr><td colspan="5" bgcolor=#c0c0c0> </td></tr>
      <%    message_count++;  }        %>
    </Table>
   <p align="center"><a href="Messages.html">我要留言</a></p>
   </body>
   </html>
```

程序中：Collection 是集合框架接口，Iterator 是迭代器，<MessageDataBean>是给出的泛型。语句“Collection<MessageDataBean> messages1= (Collection<MessageDataBean>) request.getAttribute("messages")”；表示获得需要显示的留言，将结果集返回给 Collection 的 messages1 对象；语句“Iterator<MessageDataBean> it=messages1.iterator()”表示将 collection 的 messages1 对象转换为 iterator 的 it 对象，最后通过迭代来显示所有的留言。

9.5.6　运行效果及文件间关系分析

在浏览器地址栏输入“http://localhost:8080/ch9/Messages.html”，在出现的界面中填写一些信息后(见图 9.19)按下“提交留言”按钮，系统调用 ViewMessageServlet、AddMessageServlet 和 MessageDataBean 处理请求。最后，再调用 viewMessage.jsp 将留言显示到浏览器页面上，其效果如图 9.20 所示。另外需要注意的是，与涉及数据库的其它各章一样，在运行该程序前需要为本章工程 ch9 加载驱动程序 JAR 包等。

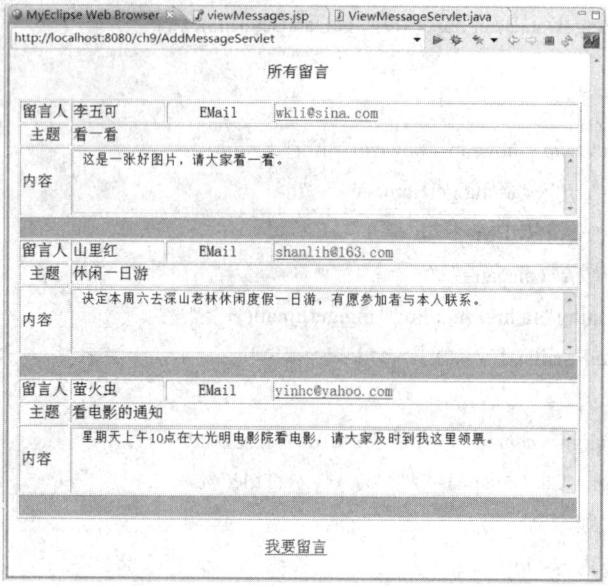

图 9.20　viewMessage.jsp 的运行结果

这个案例的执行过程是：当用户通过 Messages.html 提供的界面输入数据并点击“提交留言”按钮时，控制权就交给了 AddMessageServlet.java。该 Servlet 在构造方法中建立与数据库的连接，然后通过与用户提交方式对应的 doXx 方法(本例为 doPost)获取用户提交的数据并将其写入数据库，完成这些工作后将控制权转交给 ViewMessageServlet.java。ViewMessageServlet 负责从数据库中查出数据后赋给 MessageDataBean 类的对象 message，再将其添加到 Collection 的对象 ret 中，完成这些工作后，调用 viewMessage.jsp 实现数据的显示。该案例中各文件间的关系见图 9.21。

通过上述分析可以看出：Messages.html 和 viewMessage.jsp 是两个视图层的文件，MessageDataBean.java 是模型层的文件，两个 Servlet 则相当于控制器。

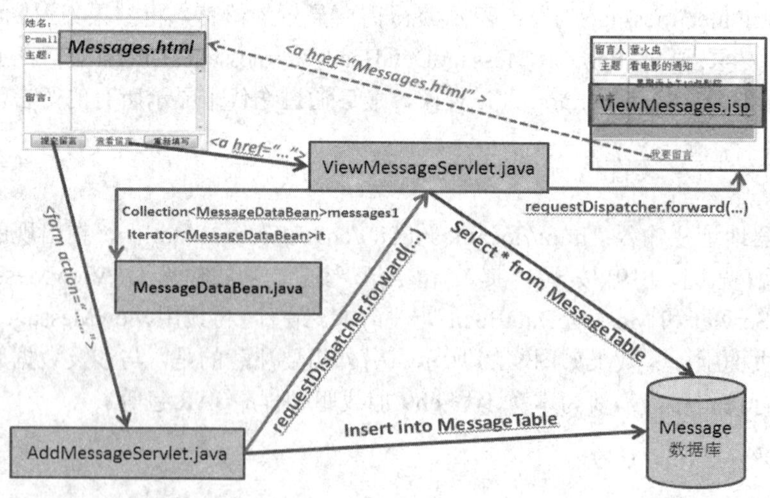

图 9.21　Servlet 留言板案例中各文件间关系示意图

9.6　Servlet 的会话跟踪

HTTP 协议是一种无状态的协议。即当客户浏览服务器上的不同页面时，客户每次向服务器发出 request 请求，服务器返回 response 响应后，服务器和客户端的 Socket 连接就被关闭。此时，服务器端不保留有关连接的信息。如果想要保存有关信息，就必须使用客户的会话来记录有关连接信息。

9.6.1　获取用户的会话

下面的例子中设计了两个 Servlet：SeA 和 SeB。首先通过一个用户访问这两个 Servlet，观察这个用户在不同的 Servlet 中获取的 session 对象(sessionId)。然后通过另一个用户访问这个 Servlet，观察这时 Servlet 中获取的 session 对象(sessionId)有何变化。

程序中应用了 Servlet 可以使用 request 对象调用 getSession()方法获取用户的会话这样一个原理。其调用格式是：HttpSession session=request.getSession(ture)。

【示例程序 SeA.java】　一个 Servlet。

```
import java.io.*;
import javax.servlet.*;
import javax.servlet.http.*;
public class SeA extends HttpServlet
{ //重写 doPost 方法
  public void doPost(HttpServletRequest req, HttpServletResponse res)
          throws ServletException, IOException
  {  res.setContentType("text/html;charset=GB2312");
     PrintWriter out = res.getWriter();
     out.println("<HTML><HEAD></HEAD><BODY>");
     out.println("<H3>会话跟踪</H3><BR>");
     HttpSession session=req.getSession(true);          //获取客户的会话对象
     session.setAttribute("name", "我是 SeA");
       out.println("sessionId: "+session.getId());       //获取会话 Id
       String s=(String)session.getAttribute("name");
       out.println("<BR>"+s);
     out.println("</BODY></HTML>");
  }
  //重写 doGet 方法
```

```
  public void doGet(HttpServletRequest req, HttpServletResponse res)
        throws ServletException,IOException
  {  doPost(req,res);  }
}
```

【示例程序 SeB.java】　另一个 Servlet。

```
import java.io.*;
import javax.servlet.*;
import javax.servlet.http.*;
public class SeB extends HttpServlet
{//重写 doPost 方法
  public void doPost(HttpServletRequest req, HttpServletResponse res)
        throws ServletException, IOException
  {  res.setContentType("text/html;charset=GB2312");
     PrintWriter out = res.getWriter();
     out.println("<HTML><HEAD></HEAD><BODY>");
     out.println("<H3>会话跟踪</H3><BR>");
     HttpSession session=req.getSession(true);          //获取客户的会话对象
     session.setAttribute("name", "我是 SeB");
       out.println("sessionId: "+session.getId());      //获取会话 Id
       String s=(String)session.getAttribute("name");
       out.println("<BR>"+s);
     out.println("</BODY></HTML>");
  }
  //重写 doGet 方法
  public void doGet(HttpServletRequest req, HttpServletResponse res)
        throws ServletException,IOException
  {  doPost(req,res);  }
}
```

在这个例子中，一个客户访问 SeA 时将“SeA”存入自己的会话中；然后访问 SeB，在 SeB 中再存入自己的会话“SeB”。两个 Servlet 都将客户的 sessionId 和存入的会话信息输出到浏览器页面(见图 9.22 和图 9.23)，从这个例子运行后所显示的内容可以看出：同一个用户在不同的 Servlet 中获取的 session 对象(sessionId)是完全相同的。

图 9.22　第一个用户运行 SeA 的效果

图 9.23　第一个用户运行 SeB 的效果

再打开一个浏览器，执行 SeA.java 这个 Servlet 程序(相当于另一个用户访问 SeA.java 程序)，这时从所显示的内容中(见图 9.24)可以看出：不同用户的 session 对象是不同的。

图 9.24　另一个用户运行 SeA

9.6.2　Servlet 购物车

下面使用 Servlet 的会话跟踪特性开发一个购物车。它通过一个选择书的 JSP 页面选择书籍，当用户选好书后单击“放入购物车”按钮时，提交给 Servlet 进行处理。该 Servlet 相当于一个购物车，负责将用户所选书籍添加到用户的 session 对象中，并负责显示所购的书籍。在 Servlet 页面上设计了两个按钮：一个是“继续购书”，另一个是“删除购物车中的书”。用户可以单击 Servlet 页面的“继续购书”按钮再回到购书页面继续购书，也可以单击“删除购物车中的书”按钮删除已选购的所有书。

1. 选择书籍的 JSP 页面

此 JSP 页面(见图 9.25)向用户提供一个购书界面。用户可以在此页面通过复选框选择书籍，选好书后单击“放入购物车”按钮，提交给 AddCarServlet 处理。

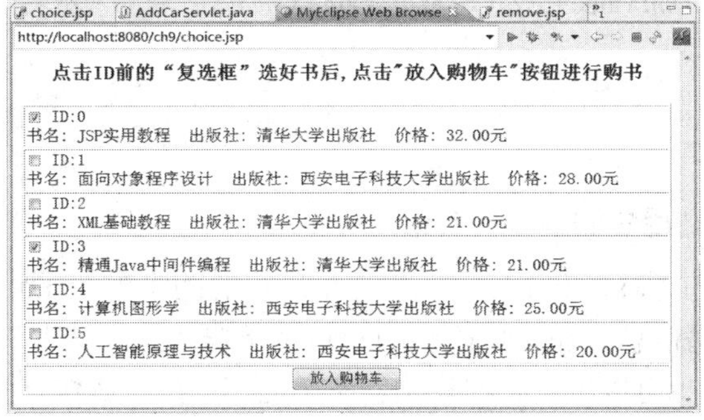

图 9.25　choice.jsp 的运行结果

【示例程序 choice.jsp】　选书 JSP 页面程序。

```
<%@ page contentType="text/html; charset=gb2312"%>
<html> <head><title>购书页面</title></head>
<%
  String s0="ID:0<BR>书名: JSP实用教程  
       出版社: 清华大学出版社  价格: 32.00元";
  String s1="ID:1<BR>书名: 面向对象程序设计  
       出版社: 西安电子科技大学出版社  价格: 28.00元";
  String s2="ID:2<BR>书名: XML基础教程  
       出版社: 清华大学出版社  价格: 21.00元";
  String s3="ID:3<BR>书名: 精通Java中间件编程  
       出版社: 清华大学出版社  价格: 21.00元";
  String s4="ID:4<BR>书名: 计算机图形学  
       出版社: 西安电子科技大学出版社  价格: 25.00元";
  String s5="ID:5<BR>书名: 人工智能原理与技术  
       出版社: 西安电子科技大学出版社  价格: 20.00元";
%>
<body>
 <DIV align="center">
<H3>点击ID前的“复选框”选好书后, 点击"放入购物车"按钮进行购书</H3></DIV>
<form action="servlet/AddCarServlet" method=post>
<table width="100%" border="1">
 <tr><td><input type="checkbox" name="id" value="<%=s0%>"> <%=s0%></td></tr>
 <tr><td><input type="checkbox" name="id" value="<%=s1%>"> <%=s1%></td></tr>
 <tr><td><input type="checkbox" name="id" value="<%=s2%>"> <%=s2%></td></tr>
 <tr><td><input type="checkbox" name="id" value="<%=s3%>"> <%=s3%></td></tr>
 <tr><td><input type="checkbox" name="id" value="<%=s4%>"> <%=s4%></td></tr>
 <tr><td><input type="checkbox" name="id" value="<%=s5%>"> <%=s5%></td></tr>
 <tr><td align="center">
 <input type=submit value="放入购物车" name="mybook"></td></tr>
</table>
</form>
</body></html>
```

2. 添加所购书籍到用户购物车的会话

在 AddCarServlet 中将 session 对象作为一个用户的购物车，添加所购书籍到购物车中，并且显示用户所购书籍信息。在此页面中用户可以单击“继续购书”按钮链接到购书页面(choice.jsp)继续购书，也可以单击“删除购物车中的书”按钮链接到删除购物车中书的 JSP 页面(remove.jsp)删除购物车中的所有书。

【示例程序 AddCarServlet.java】 添加所购书籍到用户的购物车中的程序。

```
package CarServlet;

import java.io.*;
import javax.servlet.*;
import javax.servlet.http.*;
import javax.servlet.http.HttpServlet;

public class AddCarServlet extends HttpServlet
{
   protected void doGet(HttpServletRequest request,
    HttpServletResponse response)throws ServletException, IOException
   {     doPost(request,response);     }
   protected void doPost(HttpServletRequest request,
     HttpServletResponse response)throws ServletException, IOException
   {
      response.setContentType("text/html;charset=GBK");//设置响应MIME类型
      PrintWriter out=response.getWriter();   //获得向客户发送数据的输出流
      out.println("<html><head></head><body>");
      HttpSession session=request.getSession(true); //获得向客户会话对象
      String books[]=request.getParameterValues("id");
      if(session.getAttribute("flag")==null)
      {   session.setAttribute("flag", "ok");
          session.setAttribute("str","");
      }
          //将用户购的书存入用户的session对象中
      for(int i=0;i<books.length;i++)
         session.setAttribute("str",session.getAttribute("str")
            +books[i]+"<BR>");
      String ss=(String)session.getAttribute("str");
      byte b1[]=ss.getBytes("ISO-8859-1");
      String s1=new String(b1);
      out.println("<BR>你购物车中有下列书籍: <BR>");
      out.println(s1);
      out.println("<p align='center'><a href='../choice.jsp'>
         继续购书</a>");
      out.println("<a href='../remove.jsp'>  
         删除购物车中的书</a></p>");
   }
```

```
    }
```

该程序的运行结果如图 9.26 所示。

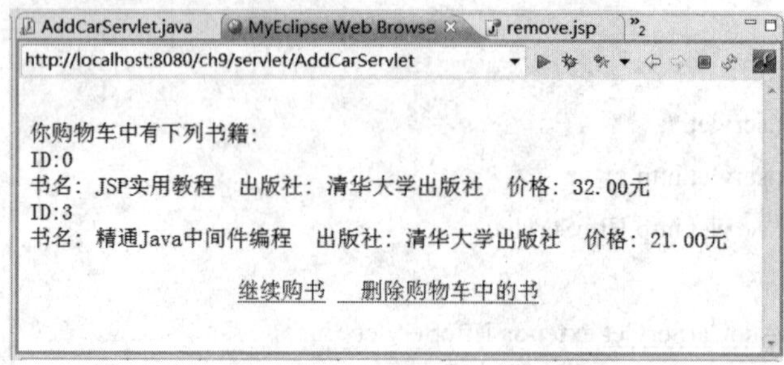

图 9.26　AddCarServlet 的运行结果

3. 删除购物车中的所有书的 JSP 页面

该页面的主要任务是删除购物车中已经选购的所有书，以便用户重新选购。

【示例程序 remove.jsp】　删除购物车中的所有书的 JSP 页面程序。

```
<%@ page contentType="text/html; charset=GBK"%>
<html><head></head><body>
 <%   session.invalidate();
       out.println("<P align='center'> 购物车中的书已全部删除 </P>");
   %>
<P align="center"><a href="choice.jsp">重新购书</a></P>
</body></html>
```

该程序的运行结果如图 9.27 所示。

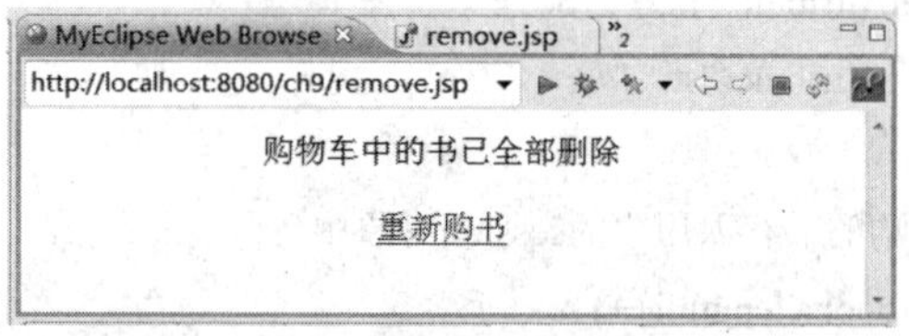

图 9.27　remove.jsp 的运行结果

习　题　9

9.1　简述 Servlet 的工作原理。

9.2　简述 Servlet 的主要功能。

9.3　Servlet 的生命周期包括哪几部分？说明每一部分的具体功能。

9.4　用户自己定义的 Servlet 是哪一个类的子类？

9.5　一般在什么情况下应该使用 doGet()方法？

9.6　service()方法与 doPost()方法之间有什么联系？

9.7　简述 JSP+JavaBean 模式与 JSP+JavaBean+Servlet 模式之间的主要区别，写出自己对这两种模式在应用方面的见解。

9.8　在本章的购物车示例中使用 Servlet 会话跟踪技术，解决了什么问题？

9.9　编写一个在 URL 中直接调用 Servlet，并显示出自己的名字(汉字)的程序。

9.10　编写一个在<FORM>标记中访问 Servlet 的加法器程序。要求在 HTML 页面中输入被加数和加数，访问 Servlet 后输出和。

9.11　设计并编写一个 JSP+JavaBean 程序。

9.12　设计并编写一个 JSP+JavaBean+Servlet 程序。

9.13　设计并编写一个使用 Servlet 会话跟踪技术的程序。

第 10 章

JSP 中的文件操作

在计算机系统中，需要长期保留的数据是以文件的形式存放在磁盘、磁带等外部存储设备中的。程序运行时常常要从文件中读取数据，同时也要把需要长期保留的数据写入文件中，所以文件操作是计算机程序中不可缺少的一部分。而目录是管理文件的特殊机制，同类文件保存在同一目录下可以简化文件的管理，提高工作效率。

10.1　File　类

Java 语言的 java.io 包中的 File 类是专门用来管理磁盘文件和目录的。每个 File 类的对象表示一个磁盘文件或目录，其对象属性中包含了文件或目录的相关信息，如文件或目录的名称、文件的长度、目录中所含文件的个数等。调用 File 类的方法则可以完成对文件或目录的日常管理工作，如创建文件或目录、删除文件或目录、查看文件的有关信息等。

java.io.File 类的父类是 java.lang.Object。用于创建 File 类对象的构造方法有三个，分别是：

- public File(String path);　//使用指定路径构造一个 File 对象
- public File(String path,String name);　//使用指定路径和字符串构造一个 File 对象
- public File(File dir,String name,);　//使用指定文件目录和字符串构造一个 File 对象

10.1.1　获取文件属性的成员方法

使用 File 类提供的成员方法可以获得文件本身的一些信息。File 类常用成员方法如表 10.1 所示。

表 10.1　File 类的常用成员方法

返回值类型	成员方法	功 能 说 明
boolean	canRead()	测试应用程序是否能从指定的文件读
boolean	canWrite()	测试应用程序是否能写指定的文件
boolean	delete()	删除此对象指定的文件
boolean	exists()	测试文件是否存在
String	getAbsolutePath()	获取此对象表示的文件的绝对路径名
String	getCanonicalPath()	获取此文件对象路径名的标准格式

续表

返回值类型	成员方法	功 能 说 明
String	getName()	获取此对象代表的文件名
String	getParent()	获取此文件对象的路径的父类部分
String	getPath()	获取此对象代表的文件的路径名
boolean	isAbsolute()	测试此文件对象代表的文件是否是绝对路径
boolean	isDirectory()	测试此文件对象代表的文件是否是一个目录
boolean	isFile()	测试此文件对象代表的文件是否是一个“正常”文件
long String[ ]	length() list(Filename filter)	获取此文件对象代表的文件长度 获取在文件指定的目录中并满足指定过滤器的文件列表
String[ ]	list()	获取在此文件对象指定的目录中的文件列表
boolean	mkdir()	创建一个目录，其路径名由此文件对象指定

10.1.2　应用举例

1. 获取文件的属性

【示例程序 C10_1.jsp】　获取文件的文件名、长度、大小等特性。

```
<%@ page contentType="text/html;charset=GB2312" %>
<%@ page import="java.io.*"   %>
<%@ page import="java.util.*"   %>
<HTML><HEAD><TITLE>获取文件的属性</TITLE></HEAD>
<BODY>
   获取文件的属性
<%
String Path="E:\\jsp\\lizi\\ch10\\WebRoot";
File f = new File(Path,"index.jsp");
out.println("<BR>"+"路径: "+f.getParent( ));
out.println("<BR>"+"文件名: "+f.getName( ));
out.println("<BR>"+"绝对路径: "+f.getAbsolutePath( ));
out.println("<BR>"+"文件大小: "+f.length( ));
out.println("<BR>"+"是否为文件: "+(f.isFile( )?"是":"否"));
out.println("<BR>"+"是否为目录: "+(f.isDirectory( )?"是":"否"));
out.println("<BR>"+"是否为隐藏: "+(f.isHidden( )?"是":"否"));
out.println("<BR>"+"是否可读取: "+(f.canRead( )?"是":"否"));
out.println("<BR>"+"是否可写入: "+(f.canWrite( )?"是":"否"));
out.println("<BR>"+"最后修改时间: "+new Date(f.lastModified( )));
%>
</BODY>
```

```
</HTML>
```

这个JSP程序的运行结果如图10.1所示。

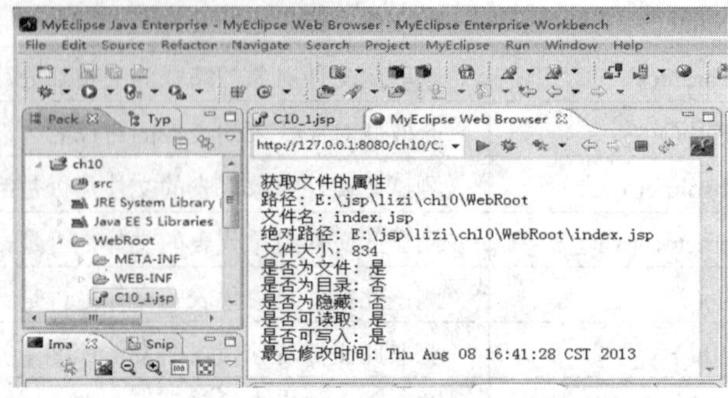

图 10.1　C10_1.jsp 运行结果

2. 目录的创建

【示例程序 C10_2.jsp】　在 ch10 目录下创建一个名为 ABC 的目录。

```
<%@ page contentType="text/html;charset=GB2312" %>
<%@ page import="java.io.*"   %>
<HTML>
<HEAD><TITLE>创建目录</TITLE></HEAD>
<BODY>
      创建目录
<%
    String Path="E:\\jsp\\lizi\\ch10\\WebRoot ";
    File dir = new File(Path,"ABC");
    out.println("<BR>"+"绝对路径: "+dir.getAbsolutePath( ));
    out.println("<BR>"+"是否为目录: "+(dir.isDirectory( )?"是":"否"));
%>
</BODY></HTML>
```

运行结果如图 10.2 所示。

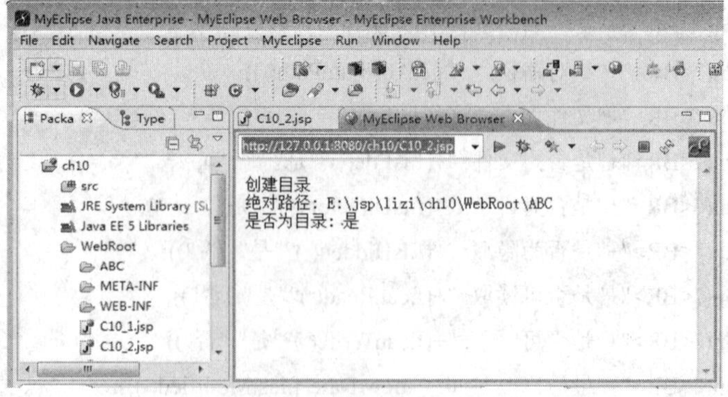

图 10.2　C10_2.jsp 运行结果

3. 目录和文件的删除

【示例程序 C10_3.jsp】　将 ch10 目录下的 ABC 目录及 t.txt 文件删除。

```
<%@ page contentType="text/html;charset=GB2312" %>
<%@ page import="java.io.*"   %>
<HTML>
<HEAD><TITLE>删除文件和目录</TITLE></HEAD>
<BODY>
    删除文件和目录
<%
    String Path="E:\\jsp\\lizi\\ch10\\WebRoot";
    File dir = new File(Path,"ABC");
    File f = new File(Path,"t.txt");
    dir.delete();  //删除 ABC 目录
    out.println("<BR>"+" ABC 目录已被删除");
    f.delete();  //删除 t.txt 文件
    out.println("<BR>"+"  文件 t.txt 已被删除");
%>
</BODY>
</HTML>
```

运行结果如图 10.3 所示。

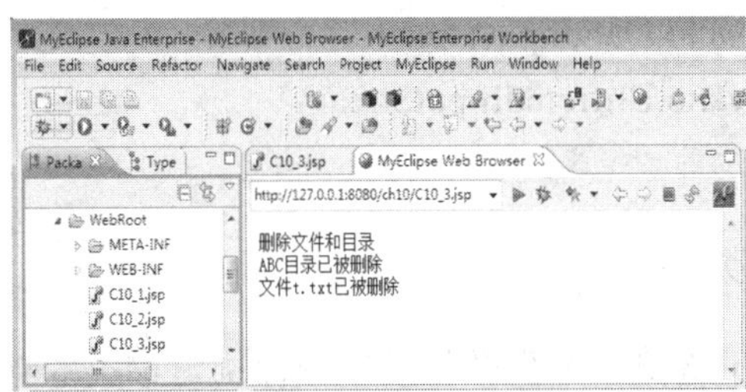

图 10.3　C10_3.jsp 运行结果

10.2　基本输入/输出流类

当服务器需要将客户提交的信息保存到文件或根据客户的要求将服务器的文件内容显示到客户端时，JSP 就通过 Java 的输入/输出流来实现文件的读写操作。在 Java 语言中，输入/输出操作是使用流来实现的。流(Stream)是指数据在计算机各部件之间的流动，它包括输入流与输出流。输入流(Input Stream)表示从外部设备(键盘、鼠标、文件等)到计算机的数据流动，输出流(Output Stream)表示从计算机到外部设备(显示器、打印机、磁盘文件等)的数据流动。Java 的输入/输出类库 java.io 包提供了若干输入流和输出流类。利用输入流类可以建立输入流对象，利用输入流类提供的成员方法可以从输入设备上将数据读入到程序中；利用输出流类可以建立输出流对象，利用输出流类提供的成员方法可以将程序中产生的数据写到输出设备上。

流是数据的有序序列，它既可以是未加工的原始二进制数据，也可以是经过一定编码处理后的符合某种规定格式的特定数据，如字节流序列、字符流序列等。数据的性质、格式不同，则对流的处理方法也不同，因此，Java 的输入/输出类库中有不同的流类来对应不同性质的输入/输出流。在 java.io 包中基本输入/输出流类可按读写数据的不同类型分为两种：字节流和字符流。

字节流用于读写字节类型的数据(包括 ASCII 表中的字符)。字节流类可分为表示输入流的 InputStream 类及其子类和表示输出流的 OutputStream 类及其子类。

字符流用于读写 Unicode 字符。它包括表示输入流的 Reader 类及其子类和表示输出流的 Writer 类及其子类。

10.2.1 InputStream 类

InputStream 类是用于读取字节型数据的输入流类，该类的继承结构如下：

```
java.lang.Object
    java.io.InputStream
        java.io.FileInputStream
            ⋮
        java.io.FilterInputStream
            java.io.DataInputStream
            java.io.BufferedInputStream
                ⋮
```

10.2.2 OutputStream 类

OutputStream 类是用于输出字节型数据的输出流类，该类的继承结构如下：

```
java.lang.Object
java.io.OutputStream
        java.io.FileOutputStream
            ⋮
        java.io.FilterOutputStream
            java.io.PrintStream
            java.io.DataOutputStream
            java.io.BufferedOutputStream
```

10.2.3 Reader 类

Reader 类是用于读 Unicode 字符的字符流类，该类的继承结构如下：

```
java.lang.Object
   java.io.Reader
         java.io.InputStreamReader
               java.io.FileReader
         java.io.BufferedReader
               java.io.LineNumberReader
                     ⋮
```

10.2.4　Writer 类

Writer 类是用于读 Unicode 字符的字符流类，该类的继承结构如下：

```
java.lang.Object
    java.io.Writer
         java.io.OutputStreamWriter
            java.io.FileWriter
         java.io.BufferedWriter
            ⋮
```

10.3　字节文件输入/输出流的读写

10.3.1　FileInputStream 类和 FileOutputStream 类

在网页中，经常会用到文件的读/写操作。如从已经存在的数据文件中读入数据，或者将程序中产生的大量数据写入磁盘文件中。这时就需要使用文件输入/输出流类。Java 系统提供的 FileInputStream 类是用于读取文件中的字节数据的字节文件输入流类，FileOutputStream 类是用于向文件写入字节数据的字节文件输出流。表 10.2 列出了 FileInputStream 类和 FileOutputStream 类的构造方法，表 10.3 列出了这两个类的常用成员方法。

表 10.2　FileInputStream 类和 FileOutputStream 类的构造方法

构 造 方 法	说　明
FileInputStream(String name)	使用指定的字符串创建一个 FileInputStream 对象
FileInputStream(File file)	使用指定的文件对象创建一个 FileInputStream 对象
FileInputStream(FileDescriptor fdObj)	使用指定的 FileDescriptor 创建一个 FileInputStream 对象
FileOutputStream(String name)	使用指定的字符串创建 FileOutputStream 对象
FileOutputStream(File file)	使用指定的文件对象创建 FileOutputStream 对象
FileOutputStream(FileDescriptor fdObj)	使用指定的 FileDescriptor 创建 FileOutputStream 对象

表 10.3　FileInputStream 类和 FileOutputStream 类的成员方法

类型	成员方法	功 能 说 明
int	read()	自输入流中读取一个字节
int	read(byte b[ ])	将输入数据存放在指定的字节数组 b 中
int	read(byte b[ ],i nt offset,int len)	自输入流中的 offset 位置开始读取 len 个字节并存放在指定的数组 b 中
int	available( )	返回输入流中的可用字节个数
long	skip(long n)	从输入流中跳过 n 个字节
void	write(int b)	写一个字节到输出流中
void	write (byte b[ ])	写一个字节数组到输出流中
void	write(byte b[ ], int offset, int len)	将字节数组 b 从 offset 位置开始的 len 个字节数组的数据写到输出流中
void	close( )	关闭输入/输出流，释放占用的所有资源

10.3.2　字节文件的读写

利用字节文件输入/输出流完成磁盘文件的读写，首先要利用文件名字符串或 File 对象创建输入/输出流对象，其次是从文件输入/输出流中读写数据。从文件输入/输出流中读写数据有以下两种方式。

1. 用文件输入/输出类自身的读写功能完成文件的读写操作

FileInputStream 类和 FileOutputStream 类自身的读写功能是直接从父类 InputStream 和 OutputStream 那里继承来的，并未做任何功能的扩充。如表 10.3 中的 read( )，write( )等方法，都只能完成以字节为单位的原始二进制数据的读写。

【示例程序 C10_4.jsp】　直接利用 FileInputStream 类和 FileOutputStream 类完成从数组中读入数据，写入文件中，再从写入的文件中读出数据，输出到显示器上。

```
<%@ page contentType="text/html;charset=GB2312" %>
<%@ page import="java.io.*"   %>
<HTML><HEAD><TITLE>字节流读写文件</TITLE></HEAD>
<BODY>
       <H3>字节流读写文件</H3><HR>
<%
    byte b[]="将此字符串输入 temp 目录的 d1.txt 到文件中<BR>this is a String".getBytes();
     //在当前目录下建目录，也可用绝对目录
     File filePath=new File("E:/jsp/lizi/ch10/WebRoot/temp ");
    if(!filePath.exists( ))filePath.mkdir( );   //若目录不存在，则建立
    File fl=new File(filePath,"d1.txt");   //在指定目录下建文件类对象 d1.txt
    try
{   FileOutputStream fout=new FileOutputStream(fl);
```

```
            fout.write(b); //将字符串写入 d1.txt
            fout.close( );
            out.println("<BR>"+"\n 打印从磁盘读入的数据"+"<BR>");
            FileInputStream fin=new FileInputStream(fl);
            int n=0;
            byte c[]=new byte[80];
            while((n=fin.read(c))!=-1)  //磁盘文件读入程序
           {   String str=new String(c,0,n);        out.print(str);        }
            fin.close( );
            } //try 结束
        catch(IOException e)
          { out.println("<BR>"+"IOException");}
    %>
  </BODY></HTML>
```

运行结果如图 10.4 所示。

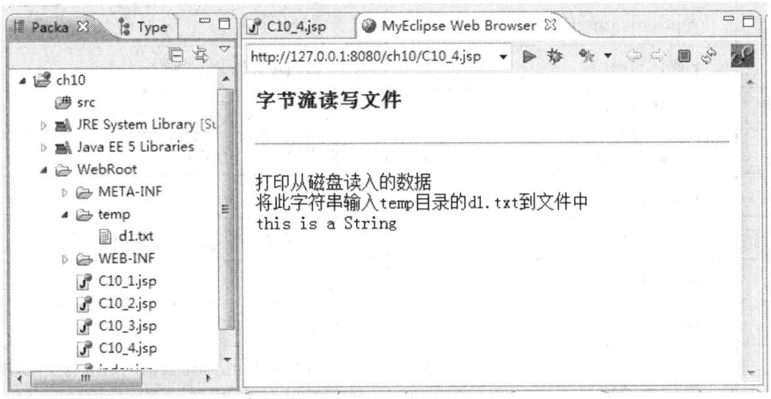

图 10.4　c10_4.jsp 运行结果

2. 配合其它功能较强的输入/输出流完成文件的读写操作

为了提高读写的效率及读写功能，以 FileInputStream 和 FileOutputStream 为数据源，完成与磁盘文件的映射连接后，再创建其它流类的对象，如 DataInputStream 类和 DataOutputStream 类，或 BufferedInputStream 类和 BufferedOutputStream 类，这样就可以配合其它功能较强的输入/输出流完成文件的读写操作。其使用方式如下：

(1) 字节读文件操作。

File f1＝new File("TextFile1");

DataInputStream din＝new DataInputStream(new FileInputStream(f1));

或

BufferedInputStream bin＝new BufferedInputStream (new FileInputStream(f1));

(2) 字节写文件操作。

File f2＝new File("TextFile2");

DataOutputStream dout＝new DataOutputStream(new FileOutputStream(f2));

或

BufferedOutputStream bout＝new BufferedOutputStream(new FileOutputStream(f2));

(3) DataInputStream 类提供的常用成员方法如表 10.4 所示。

表 10.4　DataInputStream 类的方法

类型	成 员 方 法	功 能 说 明
int	read(byte b[])	从输入流中将数据读取到数组 b 中
int	read(byte b[], int offset,int len)	从输入流中读取 len 个字节的数据到数组 b 中，在数组中从 offset 位置开始存放
void	readFully(byte b[])	读取输入流中的所有数据到数组 b 中
void	readFully(byte b[], int offset, int len)	读取输入流中的所有数据到数组 b 中，在数组 b 中从 offset 位置开始存放 len 个字节
int	skipBytes(int n)	读操作跳过 n 个字节，返回真正跳过的字节数
boolean	readBoolean()	读 1 个布尔值
byte	readByte()	读 1 个字节
int	readUnsignedByte()	读取一个 8 位无符号数
short	readShort()	读取 16 位短整型数
int	readUnsignedShort()	读取 16 位无符号短整型数
char	readChar()	读 1 个 16 位字符
int	readInt()	读 1 个 32 位整数数据
long	readLong()	读 1 个 64 位长整数数据
float	readFloat()	读 1 个 32 位浮点数
double	readDouble()	读 1 个 64 位双字长浮点数
String	readUTF()	读 UTF(UnicodeTextFormat)文本格式的字符串，返回值即是该字符串内容
DataInputStream(InputStream in)		在一个已经存在的输入流基础上构造一个过滤流 DataInputStream

(4) DataOutputStream 类提供的常用成员方法如表 10.5 所示。

表 10.5　DataOutputStream 类成员方法

类型	成员方法	功能说明
void	write(int b)	向输出流写一个字节
void	write(byte b[], int offset, int len)	将字节数组 b[ ]从 offset 位置开始的 len 个字节写到输出流
void	writeBoolean(boolean v)	将指定的布尔数据写到输出流
void	writeByte(int v)	将指定的 8 位字节写到输出流
void	writeShort(int v)	将指定的 16 位短整数写到输出流
void	writeChar(int v)	将指定的 16 位 Unicode 字符写到输出流

续表

类型	成 员 方 法	功 能 说 明
void	writeInt(int v)	将指定的 32 位整数写到输出流
void	writeLong(long v)	将指定的 64 位长整数写到输出流
void	writeFloat(float v)	将指定的 32 位实数写到输出流
void	writeDouble(double v)	将指定的 64 位双精度数写到输出流
void	writeBytes(String s)	将指定的字符串按字节数组写到输出流
void	writeChars(String s)	将指定的字符串作为字符数组写到输出流
void	writeUTF(String str)	将指定的字符串按 UTF 格式的字符数组写到输出流
int	size()	返回所写的字节数
void	flush()	将缓冲区的所有字节写入输出流

【示例程序 C10_5.jsp】　用 FileInputStream 和 FileOutputStream 输入输出流，再套接上 DataInputStream 类和 DataOutputStream 类输入输出流完成文件的读写操作。

```
<%@ page contentType="text/html;charset=GB2312" %>
<%@ page import="java.io.*"   %>
<HTML>
<HEAD><TITLE>字节流读写文件</TITLE></HEAD>
<BODY>
    <H3>字节流读写文件</H3><HR>
<%
    boolean lo=true;   short si=-32768;
    int i=65534;        long l=134567;
    float f=(float)1.4567;     double d=3.14159265359;
    String str1="ABCD";          String str2="Java 语言教学";
    File filePath=new File("E:/jsp/lizi/ch10/WebRoot");
    File fl=new File(filePath,"t1.txt");   //在指定目录下建文件类对象
    try {
        FileOutputStream fout=new FileOutputStream(fl);
        DataOutputStream dataout=new DataOutputStream(fout);   //文件输出流对象为参数
         dataout.writeBoolean(lo); dataout.writeShort(si); dataout.writeByte(i);
        dataout.writeInt(i);       dataout.writeLong(l);        dataout.writeFloat(f);
        dataout.writeDouble(d); dataout.writeBytes(str1); dataout.writeUTF(str2);
         dataout.close( );
        out.println("<BR>"+"\n 打印从磁盘读入的数据"+"<BR>");
        FileInputStream fin=new FileInputStream(fl);
        DataInputStream in=new DataInputStream(fin);
        out.println("<BR>"+"Blooean lo="+in.readBoolean( ));
```

```
            out.println("<BR>"+"Short si="+in.readShort( ));
            out.println("<BR>"+"Byte i="+in.readByte( ));
            out.println("<BR>"+"Int i="+in.readInt( ));
            out.println("<BR>"+"Long l="+in.readLong( ));
            out.println("<BR>"+"Float f="+in.readFloat( ));
            out.println("<BR>"+"Double d="+in.readDouble( ));
            byte b[ ]=new byte[4];
            in.readFully(b);
            System.out.print("str1=");
            for(int j=0;j<4;j++)System.out.print((char)b[j]);
            out.println( );
            out.println("<BR>"+"str2="+in.readUTF( ));
            fin.close( );
        } //try 结束
      catch(IOException e){ out.println("<BR>"+"IOException");}
  %>
</BODY></HTML>
```

程序 c10_5.jsp 的运行结果如图 10.5 所示。

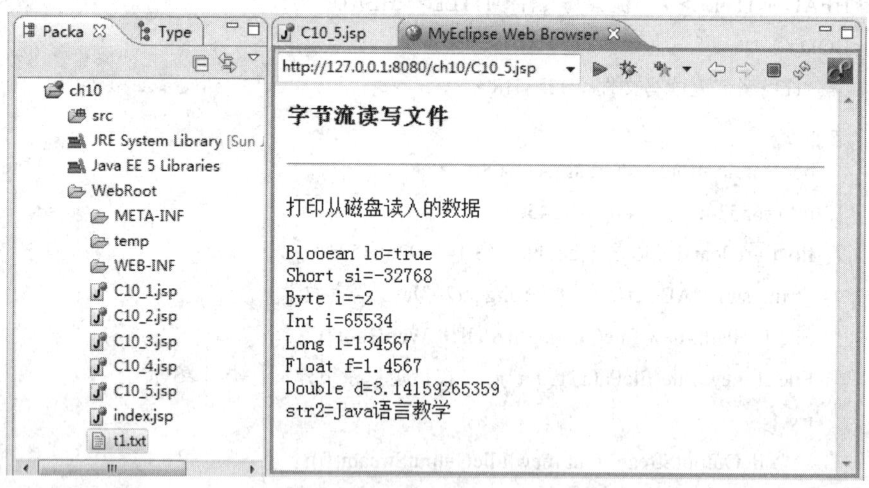

图 10.5　c10_5.jsp 的运行结果

10.4　字符文件输入/输出流的读写

10.4.1　FileReader 类和 FileWriter 类

FileReader 类和 FileWriter 类用于读取文件和向文件写入字符数据。表 10.6 列出了 FileReader 类和 FileWriter 类的构造方法。FileReader 类和 Filewriter 类的成员方法是直接从父类 Reader 类和 Writer 类继承的，请参阅表 10.7 和表 10.8。

表 10.6　FileReader 类和 FileWriter 类的构造方法

构 造 方 法	说　明
FileReader (String fileName)	使用指定的文件名创建一个 FileReader 对象
FileReader (File file)	使用指定的文件对象创建一个 FileReader 对象
FileReader (FileDescriptor fd)	使用指定的文件描述符创建一个 FileReader 对象
FileWriter (String fileName)	使用指定的文件名创建一个 FileWriter 对象
FileWriter (File file)	使用指定的文件对象创建一个 FileWriter 对象
FileWriter (FileDescriptor fd)	使用指定的文件描述符创建一个 FileWriter 对象

表 10.7　Reader 类的常用成员方法

类型	成员方法	功能说明
abstract void	close( )	关闭输入流，并释放占用的所有资源
void	mark(int readlimit)	在输入流当前位置加上标记
boolean	markSupported( )	测试输入流是否支持标记(mark)
int	read( )	自输入流中读取一个字符
int	read(char cbuf[ ])	将输入的数据存放在指定的字符数组中
abstract int	read(char cbuf[ ], int offset, int len)	自输入流中的 offset 位置开始读取 len 个字符，并存放在指定的数组中
void	reset( )	将读取位置移至输入流标记处或起始位置
long	skip(long n)	从输入流中跳过 n 个字节
boolean	ready( )	测试输入流是否准备好等待读取

表 10.8　Writer 类的常用成员方法

类型	成员方法	说　明
abstract void	close( )	关闭输出流，并释放占用的所有资源
void	write(int c)	写一个字符
void	write (char cbuf[ ])	写一个字符数组
abstract void	write (char cbuf[ ], int offset, int len)	将字符数组 cbuf 中从 offset 位置开始的 len 个字符写到输出流中
void	write(String str)	写一个字符串
void	write (String str, int offset, int len)	将字符串从 offset 位置开始，长度为 len 个字符数组的数据写到输出流中
abstract void	flush( )	写缓冲区内的所有数据

10.4.2　字符文件的读写

利用字符文件输入/输出流完成磁盘文件的读写，首先要利用文件名字符串或 File 对象创建输入/输出流对象，其次是从文件输入/输出流中读写数据。

FileReader 类是 Reader 派生的对象，该类的所有成员方法都是从 Reader 类继承，FileWriter 类是 Writer 派生的对象，该类的所有成员方法都是从 Writer 类继承，因此，字符文件的读写方法是由 Reader 和 Writer 类提供的成员方法来完成。为了提高读写的效率及读写功能，使用 FileReader 类输入流套接 BufferedReader 类缓冲区输入流、FileWriter 类输出流套接 BufferedWriter 类缓冲区输出流的策略，可以加快复制文件的速度。其使用方式如下：

(1) 字节读文件操作。

```
File f1＝new File("TextFile1");
BufferedReader bin＝new BufferedReader(new FileReader(f1));
```

(2) 字节写文件操作。

```
File f2＝new File("TextFile2");
BufferedWriter bout＝new BufferedWriter(new FileWriter(f2));
```

下面通过例子来说明其应用。

【示例程序 C10_6.jsp】　将 data1.txt 复制到 data2.txt 文件中。

```
<%@ page contentType="text/html;charset=GB2312" %>
<%@ page import="java.io.*"   %>
<HTML><HEAD><TITLE>字符文件的复制</TITLE></HEAD>
<BODY>
    <H3>字符文件读写</H3><HR>
<%
     File filePath=new File("E:/jsp/lizi/ch10/WebRoot ");
     File sourceFile=new File(filePath,"data1.txt");       //在指定目录下建文件类对象
     File targetFile=new File(filePath,"data2.txt");       //在指定目录下建文件类对象
     String temp;
     try
        {
            BufferedReader source= new BufferedReader(new FileReader(sourceFile));
            BufferedWriter target= new BufferedWriter(new FileWriter(targetFile));
            while((temp=source.readLine( )) != null)
               {   target.write(temp);
                   target.newLine( );
                   target.flush( );
               }
               out.println("<BR>"+"复制文件完成!!!");
          source.close( );
          target.close( );
     }
        catch(IOException E){out.println("<BR>"+"I/O 错误!");   }
%>
</BODY></HTML>
```

运行前后结果如图 10.6(a)、(b)所示。

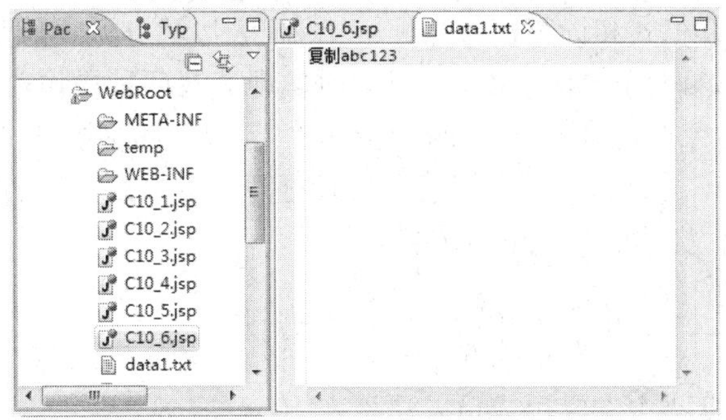

(a) c10_6.jsp 运行前的界面

(b) c10_6.jsp 运行结果

图 10.6

结果是将 data1.txt 复制到 data2.txt 中。程序中使用 FileReader 类输入流套接 BufferedReader 类缓冲区输入流、FileWriter 类输出流套接 BufferedWriter 类缓冲区输出流的策略，加快了复制文件的速度。

10.5　文件的随机输入/输出流的读写

前面介绍的文件存取方式属于顺序存取，即只能从文件的起始位置向后顺序读写。java.io 包提供的 RandomAccessFile 类是随机文件访问类, 该类的对象可以引用与文件位置指针有关的成员方法，读写任意位置的数据，实现对文件的随机读写操作。文件的随机存取要比顺序存取更加灵活。

10.5.1　RandomAccessFile 类

java.io.RandomAccessFile 类的构造方法有两个：

(1) RandomAccessFile(String name,String mode)：使用指定的字符串和模式参数创建一个 RandomAccessFile 类对象。

(2) RandomAccessFile(File f,String mode)：使用指定的文件对象和模式参数创建一个 RandomAccessFile 类对象。

在 RandomAccessFile 类的构造方法中，除了指定文件的路径外，还必须指定文件的存取模式。存取模式有读模式和读写模式两种："r"代表以只读方式打开文件；"rw"代表以读写方式打开文件，这时用一个对象就可以同时实现读写两种操作。需要注意的是，创建 RandomAccessFile 对象时，可能产生两种异常：当指定的文件不存在时，系统将抛出 FileNotFoundException 异常；若试图用读写方式打开具有只读属性的文件或出现了其它输入/输出错误时，则会抛出 IOException 异常。

10.5.2　RandomAccessFile 类中的常用成员方法

RandomAccessFile 类中的常用成员方法见表 10.9。

表 10.9　RandomAccessFile 类中的常用成员方法

类型	常用成员方法	功 能 说 明
long	getFilePointer()	返回文件的指针置
long	length()	返回文件的长度
int	read()	从文件中读一个字节
int	read(byte[] b)	从文件中读 b.length 字节放入数组 b
int	read(byte[] b, int off, int len)	从文件中自 off 位置开始读 len 个字节放入 b 数组
boolean	readBoolean()	从文件中读一个布尔值
byte	readByte()	从文件中读取一个字节
char	readChar()	从文件中一个字符值
double	readDouble()	从文件中一个 double 值
float	readFloat()	从文件中一个 float 值
void	readFully(byte[] b)	从文件指针的开始位置中读 b.length 字节放入字节数组 b
void	readFully(byte[] b, int off, int len)	从文件的 off 位置开始读 len 个字节放入 b 数组
int	readInt()	从文件中读 32 位整数数据
String	readLine()	从文件中读取一行
long	readLong()	从文件中读 64 位整数数据
short	readShort()	从文件中读 16 位整数数据
int	readUnsignedByte()	从文件中读 8 位无符号数
int	readUnsignedShort()	从文件中读 16 位无符号数
String	readUTF()	从文件一个字符串
void	seek(long pos)	设置读/写文件的指针位置 pos
void	setLength(long newLength)	设置文件的长度
int	skipBytes(int n)	在文件中跳过给定数量 n 个字节

续表

类型	常用成员方法	功 能 说 明
void	write(byte[] b)	从文件当前指针位置开始输出数组中的b字节到文件中
void	write(byte[] b, int off, int len)	将数组 b 从 off 位置开始的 len 个字节写到输出流中
void	write(int b)	写一个字节到文件中
void	writeBoolean(boolean v)	将一个布尔值作为一个字节值写到文件中
void	writeByte(int v)	写一个字节值到文件中
void	writeBytes(String s)	写一个字符串到文件中
void	writeChar(int v)	写一个两字节字符到文件中，且高字节在前
void	writeChars(String s)	写一个字符到文件中
void	writeDouble(double v)	写一个 double 值到文件中
void	writeFloat(float v)	写一个 float 值到文件中
void	writeInt(int v)	写一个 int 型值到文件中
void	writeLong(long v)	写一个 long 型值到文件中
void	writeShort(int v)	写一个 short 型值到文件中
void	writeUTF(String str)	写一个 UTF 字符串到文件中

10.5.3　文件位置指针的操作

RandomAccessFile 类的对象可以引用与文件位置指针有关的各种成员方法，在任意位置实现数据读写。RandomAccessFile 类对象的文件位置指针遵循以下规律：

(1) 新建 RandomAccessFile 对象时文件位置指针位于文件的开头处。

(2) 每次读写操作之后，文件位置指针都后移相应个读写的字节数。

(3) 利用 seek( )方法可以移动文件位置指针到一个新的位置。

(4) 利用 getPointer( )方法可获得本文件当前的文件指针位置。

(5) 利用 length( )方法可得到文件的字节长度。利用 getPointer( )方法和 length( )方法可以判断读取的文件是否到文件尾部。

下面通过实现网上提交作业的例子来说明其应用方法。

下面的例子中，首先显示一个如图 10.7 所示的网上交作业的 JSP 页面，在这个页面上学生们提交学号、名字和作业，然后单击“确定”按钮。提交后，JSP 页面访问 Servlet，Servlet 将学生的作业送入文本文件(zuoye.txt)，并且再从文件中读出该学生提交的内容显示到页面中。

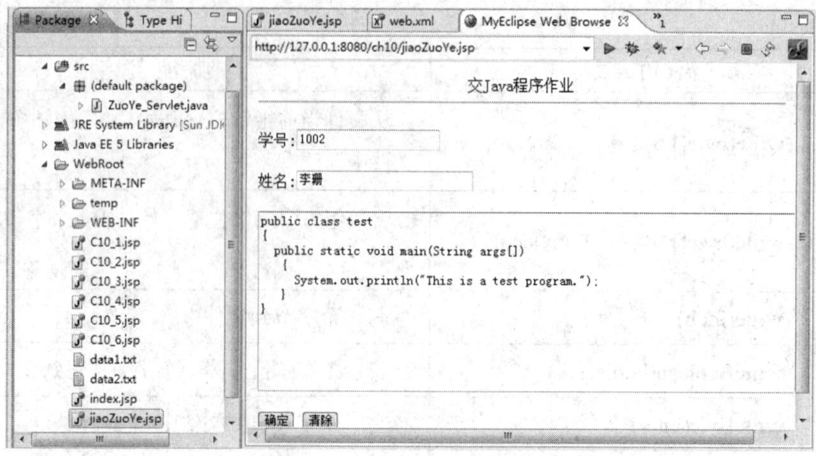

图 10.7　jiaoZuoYe.jsp 运行结果

【示例程序 jiaoZuoYe.jsp】　网上提交作业的 JSP 页面。

```
<%@ page contentType="text/html; charset=GBK"    %>
<HTML><HEAD><TITLE>交作业</TITLE></HEAD>
<BODY>
 <CENTER>交 Java 程序作业</CENTER><HR>
   <FORM   METHOD="post" ACTION="servlet/ZuoYe_Servlet" >
     <P>学号:<INPUT TYPE="no" NAME="myNo" ></P>
     <P>姓名:<INPUT TYPE="name" NAME="myName" SIZE=25 ></P>
     <P><TEXTAREA name="zuoye" ROWS="12"   COLS="80" WRAP="physical">
     </TEXTAREA></P>
   <P><INPUT TYPE="submit" VALUE="确定">
   <INPUT TYPE="reset" value="清除"></P>
  </FORM>
</BODY>
</HTML>
```

【示例程序 ZuoYe_Servlet.java】　这个 Servlet 从 JSP 页面读取学生提交的作业数据，将这些数据写入文本文件(zuoye.txt)。然后，再从文件中读出该学生提交的内容显示到页面中。程序内容如下：

```
import java.io.*;
import javax.servlet.*;
import javax.servlet.http.*;
public class ZuoYe_Servlet extends HttpServlet
{
  // 响应 POST 请求
  protected void doPost(HttpServletRequest request, HttpServletResponse response)
                    throws ServletException,IOException
```

```
{
 long fp;
 String s1,s2,s3;
 response.setContentType("text/html;charset=GB2312"); //设置响应的 MIME 类型
 PrintWriter out = response.getWriter();        //获得向客户发送数据的输出流
 out.println("<HTML><BODY>");
 String use="yes";
 byte no[]=(request.getParameter("myNo")).getBytes("ISO-8859-1");
 byte name[]=request.getParameter("myName").getBytes("ISO-8859-1");
 byte content[]=request.getParameter("zuoye").getBytes("ISO-8859-1");
 File fl=new File("E:/jsp/lizi/ch10/WebRoot ","zuoye.txt");
  //文件的操作放入同步块中，通知其他用户
  if(use.startsWith("yes"))
   { synchronized(fl)
    { use="mang";
   try {
    RandomAccessFile frw=new RandomAccessFile(fl,"rw");
    fp=frw.length();
      frw.seek(fp); //定位到文件尾
      frw.write(no); //将字符串写入 zuoye.txt
      frw.write(name);
      frw.write(content);
      frw.seek(0); //文件指针定位到文件尾
      frw.seek(fp);//文件指针定位到 fp 处
      frw.read(no);
      s1=new String(no);
      frw.read(name);
      s2=new String(name);
    frw.read(content);
    s3=new String(content);
    frw.close( );
      use="yes";
      out.println("已交的作业是:<P>"+s1+"<BR>"+s2+"<BR>"+s3+"<P>");
    } //try 结束
   catch(IOException e){out.println("交作业失败<BR>");}
    }
   }
  else
    out.println("作业在交，请等待<BR>");
```

```
        out.println("</BODY></HTML>");
    }
    // 处理 GET 请求
    public void doGet(HttpServletRequest request, HttpServletResponse response)
            throws ServletException, IOException
        { doPost(request,response); }
}
```

运行结果如图 10.8 所示。

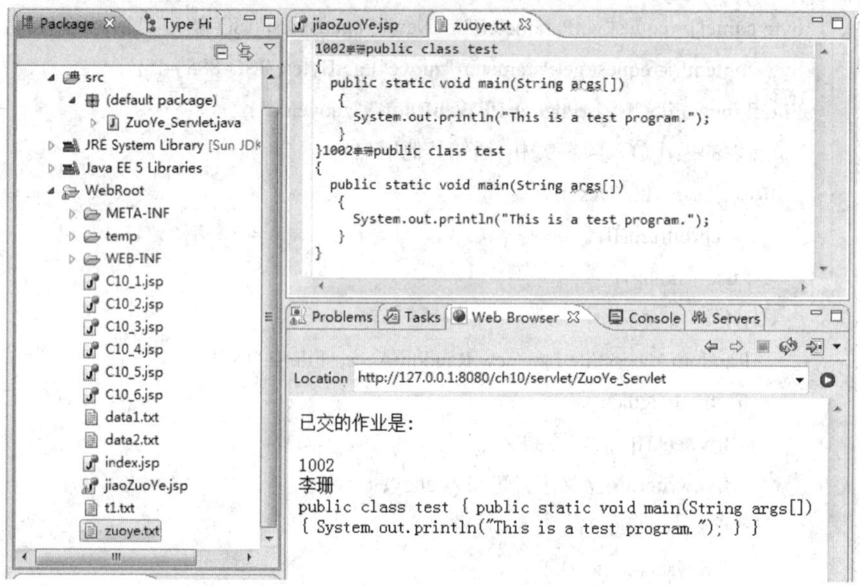

图 10.8　ZuoYe_Servlet.java 运行结果

10.6　文件的上传和下载

在进行 Web 开发时，很多时候都离不开与用户的文件交流。例如：把软件上传到下载网站中，或者从某个网站下载文件。本节介绍基于 JSP+Servlet 技术的文件上传和下载程序的开发。

10. 6. 1　文件上传

基于 JSP+Servlet 技术的文件上传和下载程序由两个程序文件组成：一个是供用户选择上传文件的 JSP 界面程序，另一个是实施文件上传功能的 Servlet 程序。

1. 客户端上传文件给服务器的 JSP 程序 selectFile.jsp

```
<%@ page contentType="text/html;charset=GBK" %>
<HTML>
<HEAD><TITLE>file upload</TITLE></HEAD>
```

```
<BODY>
  <CENTER><B><H1>文件上传</H1></B></CENTER><BR>
  <FORM name="selectfile" enctype="multipart/form-data" method="post" action=" servlet/Upload ">
  <P>文件名称：
  <INPUT type="file" name="ulfile" size="20" maxlength="80">
  </P><P>
  <INPUT type="submit" value="上传"><INPUT type="reset" value="清除"></P>
</FORM>
</BODY></HTML>
```

说明：

利用 JSP 页面上传文件给 Sevlet 时，必须在该 JSP 页面的 FORM 标记中将“enctype”属性的值设成“multipart/form-data”；其次，表单中必须含有 type=file 类型的 INPUT 标记。

2. 将文件上传的 Servlet 程序 Upload.java

```
import java.io.*;
import javax.servlet.*;
import javax.servlet.http.*;
public class Upload extends HttpServlet
{
// 响应 POST 请求
protected void doPost(HttpServletRequest request, HttpServletResponse response)
                throws ServletException,IOException
  {
  response.setContentType("text/html;charset=GB2312"); //设置响应的 MIME 类型
  PrintWriter out = response.getWriter();       //获得向客户发送数据的输出流
  try{
     InputStream source=request.getInputStream(); //获得客户上传的输入流
     //将上传的文件存入 E:/jsp/lizi/ch10/WebRoot /text2.txt 中
     String Ph="E:/jsp/lizi/ch10/WebRoot ";
     File f = new File(Ph,"text2.txt"); //创建 text2.txt 文件
     FileOutputStream target=new FileOutputStream(f);
     byte buff[]=new byte[1024];
     int temp;
     while((temp=source.read(buff))!=-1)  //读输入流的信息存放到 buff 中，长度赋给 temp
      { target.write(buff,0,temp); }  //将 buff[]从 0 位置开始，长度为 temp 写入 text2.txt 文件
     source.close( );
     target.close( );
          out.println("<HTML><HEAD><TITLE>文件上传</TITLE></HEAD><BODY>");
```

```
                out.println("文件已上传<BR>");
        }
        catch (Exception e)
        {   out.println("文件不能上传<BR>");}
        out.println("</BODY></HTML>");
            }
    // 处理 GET 请求
    public void doGet(HttpServletRequest request, HttpServletResponse response)
            throws ServletException, IOException
        { doPost(request,response); }
    }
```

说明：

(1) InputStream source=request.getInputStream() 语句表示获得客户端的一个输入流，通过这个输入流读入客户上传的全部信息，包括文件的内容以及表单的信息。

(2) File f = new File(Ph,"text2.txt")一句指出文件上传的位置(路径)和文件名。本例将文件上传至 E:/jsp/lizi/ch10/WebRoot 目录中，并以 text2.txt 为文件名保存。

3. 运行测试

执行 SelectFile.jsp 运程序，首先出现如图 10.9 所示的界面。在这个界面上单击“浏览”按钮，弹出如图 10.10 所示的“选择文件”对话框。在这个对话框中指定要上传的文件后，单击“打开”按钮，返回图 10.9。这时再单击“上传”按钮，则执行 Upload.java 程序，实施文件上传功能。文件上传完成后，出现如图 10.11 所示界面。打开 text2.txt 文件，其结果如图 10.12 所示。

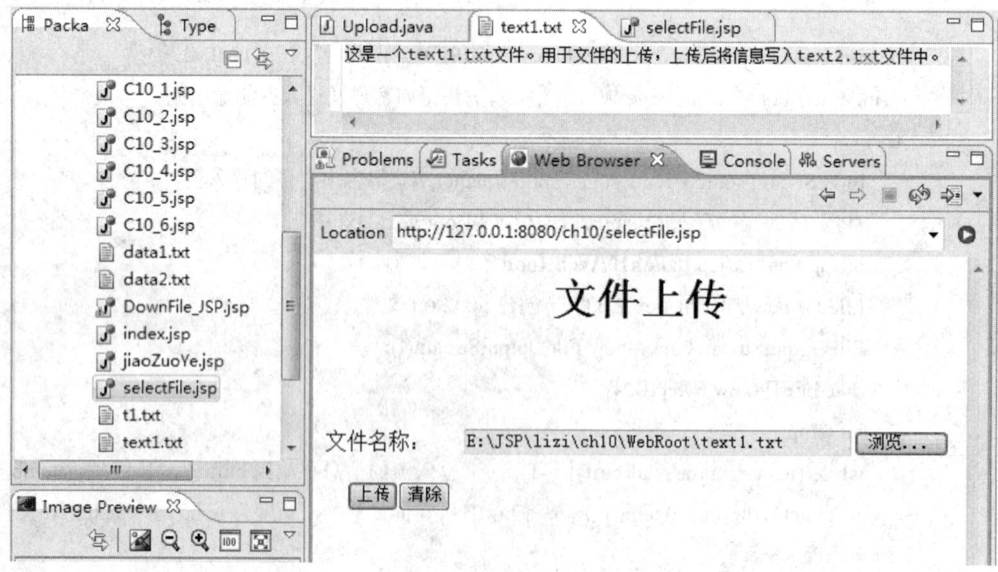

图 10.9　selectFile.jsp 运行结果

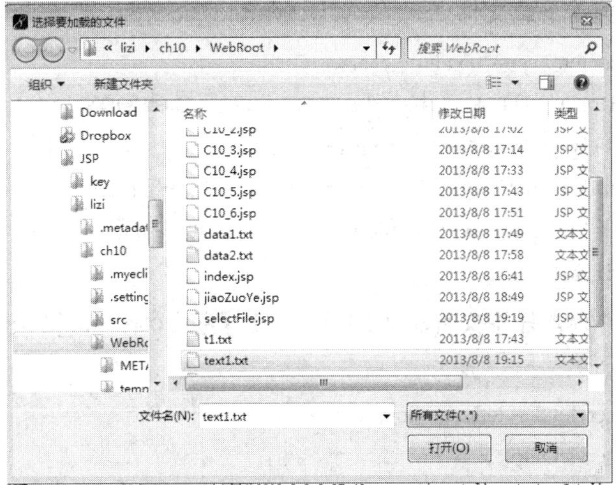

图 10.10　选择文件对话框

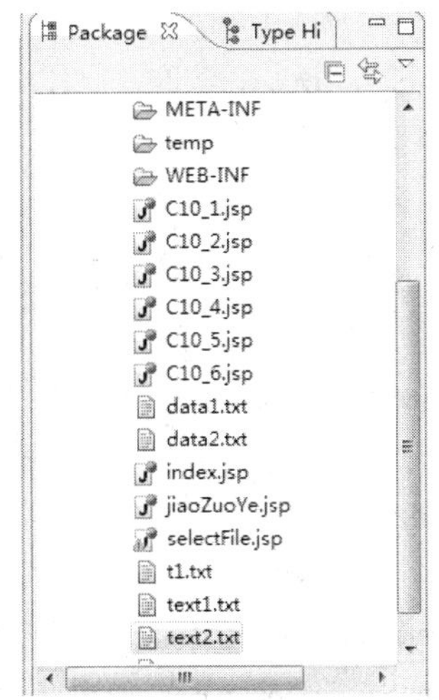

图 10.11　Upload 运行结果

图 10.12　存入 text2.txt 文件的内容

10.6.2　文件下载

与上传文件类似，基于 JSP+Servlet 技术的下载文件程序也由两个程序文件组成：一个是供用户选择下载文件的 JSP 界面程序，另一个是实施文件下载功能的 Servlet 程序。

1. 客户端从服务器下载文件 JSP 程序 DownFile_JSP.jsp

```
<%@ page contentType="text/html;charset=GBK" %>
<HTML><HEAD><TITLE>下载文件</TITLE></HEAD><BODY>
  <CENTER><B>下载文件</B></CENTER><HR>
  <P> <A href="servlet\DownFile?filename=text1.txt">下载 text1.txt</A></P>
  <P> <A href="servlet\DownFile?filename=c10_1.jsp">下载 c10_1.jsp</A></P>
</BODY></HTML>
```

2. 将下载的文件存入任意文件夹中的 Servlet 程序 DownFile.java

```
import java.io.*;
import javax.servlet.ServletException;
import javax.servlet.http.*;
public class DownFile extends HttpServlet
 {   public void doGet(HttpServletRequest request, HttpServletResponse response)
          throws ServletException, IOException
      {   BufferedInputStream bis = null;
          BufferedOutputStream bos = null;
          try
           {
              String filename=request.getParameter("filename");
             String filename2=new String(filename.getBytes("iso8859-1"),"gb2312");
              //  通知客户文件的 MIME 类型
             response.setContentType("application/x-msdownload");
              // 客户使用保存文件的对话框
             response.setHeader("Content-disposition","attachment; filename="+filename);
            bis=new BufferedInputStream(new FileInputStream(getServletContext().
            getRealPath("/"+filename2)));
             bos=new BufferedOutputStream(response.getOutputStream());
             byte[] buff = new byte[2048];
             int bytesRead;
             while((bytesRead=bis.read(buff))!=-1)
                 { bos.write(buff,0,bytesRead); }
            }
          catch(Exception e){ e.printStackTrace();   }
          finally { if(bis != null) { bis.close();   }
          if(bos != null) { bos.close();   }
        }
   }
   public void doPost(HttpServletRequest request, HttpServletResponse response)
```

```
            throws ServletException, IOException
        {   doGet(request,response); }
    }
```

程序说明：当 JSP 页面提供下载功能时，要使用 response 对象向客户发送 HTTP 头信息，说明文件的 MIME 类型，这样客户的浏览器就会调用相应的外部程序打开下载的文件。设置 HTTP 响应头，将响应类型设置为 application/x-msdownload MIME 类型，则响应流在 IE 中将弹出一个如图 10.14 所示的下载文件对话框。IE 所支持的 MIME 类型多达 26 种，例如：Ms-Word 文件的 MIME 类型是 application/msword，pdf 文件的 MIME 类型是 application/pdf。单击资源管理器→工具→文件夹选项→文件类型可以查看相应的 MIME 类型。

3. 运行测试

执行 DownFile_JSP.jsp 程序，出现如图 10.13 所示的界面，在这个界面上通过超级链接方式提供了两个供下载的文件。单击图中的"下载 text1.txt"超链接，出现如图 10.14 所示的文件下载对话框。单击"保存"，则可以选择保存文件的文件夹，保存文件。

图 10.13　c10_10.jsp 运行结果

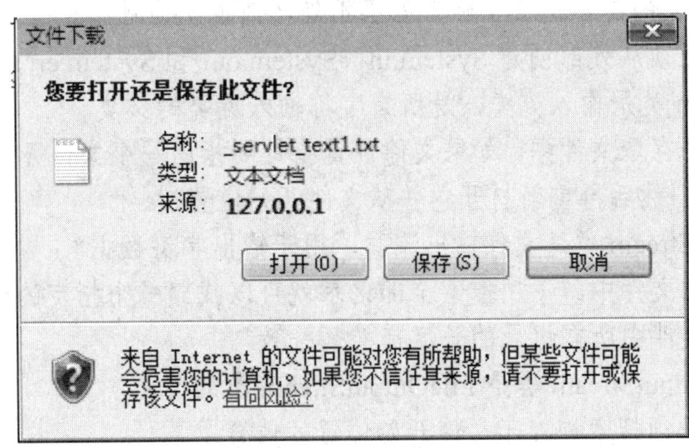

图 10.14　DownFile 运行结果

习　题　10

10.1　解释字节流、字符流、字节输入流、字符输出流、字节文件输入流和字符文件输出流的含义。

10.2　编写程序用字节流方式从键盘输入英语短文，将此短文中两个或多个连续的空格删除，使句子与句子之间只保持一个空格或无空格，将修改后的短文用字节流方式输出到屏幕上。

10.3　修改 10.2 题，用字符流方式实现该短文的输入和输出。

10.4　计算 Fibonacii 数列的前 20 项，并用字节文件流方式输出到一个文件，要求每 5 项 1 行。

10.5　将 10.4 题写入的文件读出，并用字符流方式输出到屏幕上。

10.6　使用 try_catch 块编写一个程序，实现当用户输入的文件名不存在时，可以重新输入，直到输入一个正确的文件名后，打开这个文件并将文件的内容输出到屏幕上。

10.7　用 JSP+JavaBean 方式编写一个程序，建立一个文本文件，输入英语短文。编写一个程序统计该文件中英文字母的个数，并将结果写入一个文本文件。

10.8　用 JSP+Servlet 方式编写一个程序，将 Fibonacii 数列的前 20 项写入一个随机访问文件，然后从该文件中读出第 1、3、5 等奇数位置上的项并将它们依次写入另一文件。

10.9　用 JSP+JavaBean+Servlet 方式，建立一个学生成绩文本文件，其中包括：学号、姓名、年龄、英语和计算机成绩字段及 5 个学生的记录(自己设计)。编写程序读入学生成绩文件，并将第三个学生的成绩修改，再将修改后的学生表输出到另一个文本文件中。

10.10　用 JSP+Servlet 方式，设计编写一个上传和下载 Word 文件的程序。

10.11　用 JSP+Servlet 方式建立一个文本文件，输入学生三门课成绩。编写一个程序，读入这个文件中的数据，输出每门课的成绩的最小值、最大值和平均值。

10.12　如果忘记关闭文件，将发生什么情况？

10.13　二进制文件和文本文件的差别是什么？

10.14　判断下面的陈述是否正确。若不正确，请说明为什么。

(1) 编程人员必须从外部创建 System.in、System.out 和 System.err。

(2) InputStream 类是输入流类，是所有字符输入流类的父类。

(3) 在一个顺序存取文件中，如果文件位置指针要指向一个文件开始位置以外的地方，就必须关闭该文件，然后再重新打开它并从文件开始位置读。

(4) FileOutputStream 类是文件输出流类，用于输出字符数据。

(5) 在随机访问文件中，不用搜索全部记录就可以找到一个指定的记录。

(6) 随机访问文件中所有记录的长度都必须一致。

(7) BufferedOutputStream 类是 FileOutputStream 类的父类。

(8) seek 方法必须搜索相对于文件开始位置的位置。

第 11 章

XML 简 介

XML 是 W3C 发布的一种新的标准，它同 HTML 一样是 SGML 的一个简化子集。由于 XML 将 SGML 的丰富功能、可扩展性与 HTML 的易用性结合到了 Web 的应用中，自推出以来迅速得到软件开发商的支持和程序开发人员的喜爱，显示出了强大的生命力。本章主要介绍 XML 的基本概念和使用方法。

11.1 XML 概 述

XML 是 eXtensible Markup Language 的缩写，翻译成中文就是可扩展标记语言。XML 是由 W3C(World Wide Web Consortium，万维网协会)于 1998 年 2 月发布的一种标准，它同 HTML 一样是 SGML(Standard Generalized Markup Language，标准通用标记语言)的一个简化子集。在正式的 XML 规范 1.0 中将 XML 描述为：“ 可扩展标记语言(XML)是 SGML 的子集，其目标是允许普通的 SGML 在 Web 上以目前 HTML 的方式被服务、接收和处理。”

所谓可扩展性是指 XML 允许用户按照 XML 规则自定义标记。XML 文件是由标记及其所标记的内容构成的文本文件。与 HTML 不同的是，XML 的标记可自由定义，其目的是使得 XML 文件能够很好地体现数据的结构和含义。因此，XML 被设计成易于实现，且可在 SGML 和 HTML 之间互相操作。

Web 技术的发展，其丰富的信息资源给人们的学习和生活带来了极大的便利。由于 HTML 具有简单易学、灵活通用的特性，使人们在 Internet 上检索、发布、交流信息变得非常简单。然而，随着电子商务、远程教育等新兴的 Web 领域的全面兴起，传统的 HTML 由于自身特点的限制，逐渐暴露出下述问题。

(1) HTML 作为一种简单的表示性语言，只能显示内容而无法表达数据内容的结构。例如：若用 HTML 标记描述“书名：面向对象程序设计——Java；作者：张白一，崔尚森；出版社：西安电子科技大学出版社，出版时间：2006 年 1 月”之间的逻辑关系是不可能的。HTML 标题标记只标记标题文本本身，例如<H2> XML 文档</H2>，因为没有在标题标记中嵌套一个属于文档部分的实际文本和标记，所以这些标记不能用来组成树型分层结构的文档，来体现数据之间的逻辑关系和继承关系。而这一点恰恰是电子商务、远程教育等所必需的。

(2) HTML 缺乏描述算术公式、化学公式、矢量图形等特殊标记的对象。

(3) 最重要的是 HTML 只是 SGML 的一个实例化的子集，它的可扩展性差，用户根本不能自定义有意义的标记供他人使用。

这一切都成为 Web 技术进一步发展的障碍。

虽然 SGML 是一种通用的文档结构描述标记语言，为语法标记提供了异常强大的工具，同时具有极好的扩展性，在数据分类和索引中非常有用。但 SGML 的复杂度太高，不适合网络的日常应用，加上开发成本高、不被主流浏览器所支持等原因，使得 SGML 在 Web 上的推广受到阻碍。在这种情况下，开发一种兼具 SGML 的强大功能、可扩展性以及 HTML 的简单性的语言势在必行，由此诞生了 XML 语言。

XML 的主要设计目标是在 Web 上保存并传递信息。HTML 是描述数据的语言，而 XML 是描述数据及其结构的语言。XML 具有下述特点：

(1) XML 描述数据的结构性较强。XML 文档具有类似树型的分层结构，XML 文档只有单个根标记，它包含了所有其它标记。一个标记可以嵌套在另一个 XML 标记中，因此，可以很容易地使用 XML 定义分层结构文档。

(2) XML 文档更便于阅读。由于 XML 文档是用纯文本编写的，而且具有类似树型的逻辑结构，所以人们很容易阅读，并且可以通过为文档标记、属性和实体选择有意义的名字，并且增加有用的注释来增强 XML 的可读性。

(3) XML 文档具有开放式标准。众多公司支持 W3C，改进的 XML 标准支持各式系统和浏览器上的开发人员和用户使用 XML 文档。XML 解释器可以使用编程的方法来载入一个 XML 的文档，当这个文档被载入以后，用户就可以通过 XML 文件对象模型来获取和操纵整个文档的信息。

(4) XML 文档具有国际化标准。在 HTML 中，就大多数字处理而言，一个文档一般是用一种特定语言写成的，例如“<html>”，如果用户的软件不能阅读特定语言的字符，那么他就不能使用该文档。而 XML 依靠它的统一代码这一新的编码标准，支持以世界上所有主要语言编写的混合文本，能阅读 XML 语言的软件就能顺利处理这些不同语言文字。XML 及相关技术规范符号的任意组合，使得 XML 不仅能在不同的计算机系统之间交换信息，而且能跨国界和超越不同文化疆界交换信息。

(5) XML 高效且可扩充性强。它支持复用文档片断，使用者可以设计和使用自己的标签，也可与他人共享。在 XML 中可以定义许多标记。XML 提供了独立的运用程序的方法来共享数据。

11.2 XML 语法

XML 文件的扩展名必须为“.xml”。如“a.xml”、“b1.xml”都是合法的 XML 文件名。

编写 XML 文档，必须遵守 XML 规范中的语法规则。无论是从物理结构上讲，还是从逻辑结构上讲，XML 都必须符合规范才能被正确解释处理。

11.2.1 XML 文档结构

XML 文档的定义由框架语法组成。当编写一个 XML 文档时，可以创建自己的标记，并赋予任意的名称。这就是 XML(Extensible Markup Language，可扩展标记语言)中术语“Extensible”的意义。下面是一个描述书籍信息的 XML 文档。

【示例文档 c11_1.xml】 一个简单的 XML 文档。

```
<?xml version="1.0" encoding="GB2312"?>
<!--xml文档名为c11_1.xml-->
<目录>
<书>
<书名>面向对象程序设计——Java </书名>
<作者>张白一，崔尚森</作者>
<出版社>西安电子科技大学出版社</出版社>
<价格>26.00</价格>
<出版日期>2006年1月</出版日期>
</书>
<书>
   <书名>JSP实用案例教程 </书名>
   <作者>冯燕奎，赵德奎 等</作者>
   <出版社>清华大学出版社</出版社>
   <价格>35.00</价格>
   <出版日期>2004年5月</出版日期>
</书>
</目录>
```

XML 文档主要由序言和文档根标记两个主要部分组成。序言中包含 XML 声明、处理指令和注释。在文档根标记中可以嵌入多个标记。如果运行 XML 文件，则显示成如图 11.1 所示的默认树型结构。

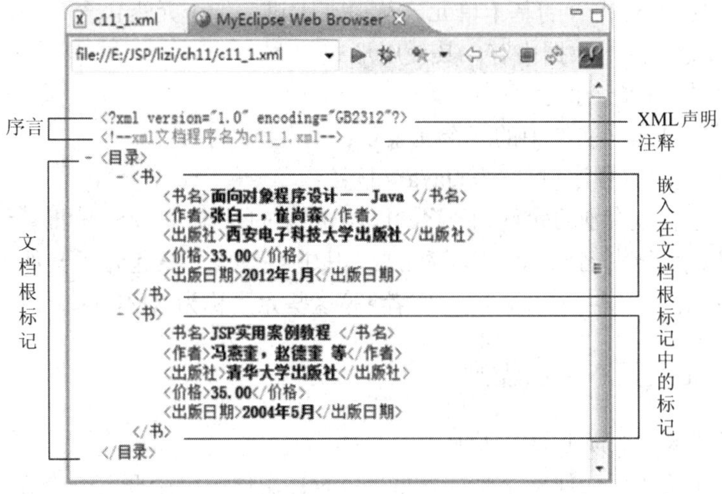

图 11.1 c11.xml 的运行结果

11.2.2　XML 声明

当开始着手写一个 XML 文件时，最好以一个“XML 声明”作为开始。之所以说“最好”，是因为 XML 声明在文件中是可选内容，可加可不加，但 W3C 推荐加入这一行声明。因此，作为一个良好的习惯，我们通常把 XML 声明作为 XML 文件的第一行。它的作用就是告诉 XML 处理器：“下面这个文件是按照 XML 文件的标准对数据进行标记的”。

XML 声明是以“<?xml”开始，以“?>”结束的。XML 声明中可以包含下述三个属性。

1. version 属性

在一个 XML 的声明中必须包括 version 属性指明所采用的 XML 的版本号，而且，它必须在属性列表中排在第一位。由于当前的 XML 最新版本是 1.0，所以我们看到的无一例外的都是 version="1.0"，我们在 c11_1.xml 中也设定 version="1.0"。

2. encoding 属性

该属性指定文档中使用的字符编码标准。我们常用的编码有：

(1) GB2312 或 GBK：简体中文编码。

(2) UTF-8：压缩的 Unicode 编码。

(3) BIG5：繁体中文编码。

如果没有声明 encoding 属性，那么该属性默认为 UTF-8 编码。保存 XML 文档时要注意。

3. standalone 属性

该属性可以取值“yes”或“no”，以说明 XML 文件是否和一个外部文档(独立的标记声明文件)配套使用。“yes”表示与外部文件无关联。

11.2.3　XML 元素

元素是 XML 文件内容的基本单元。从语法上讲，一个元素包含一个起始标记、一个结束标记以及标记之间的数据内容。其使用形式如下：

　　<标记>数据内容</标记>

例如：在 c11_1.xml 文件中的一个元素是：

　　<书名>面向对象程序设计——Java</书名>

元素中还可以再嵌套别的元素。例子 c11_1.xml 中的元素<目录>中就嵌套了元素<书>，而元素<书>中又嵌套了<书名>、<作者>等元素。其中<目录>元素包含了文件中所有的数据信息，称之为根元素。<书>、<书名>、<作者>等这些元素称为 XML 的标记。

11.2.4　XML 元素基本语法规则

XML 元素基本语法规则如下所示。

(1) 标记必不可少。任何一个形式良好的 XML 文件中至少要有一个元素。也就是说，标记在 XML 文件中是必不可少的。

(2) 区分大小写。在标记中必须注意区分大小写。在 HTML 中，标记<table>和<TABLE>是一回事，但在 XML 中，它们是两个截然不同的标记。

(3) 要有正确的结束标记。结束标记除了要和开始标记在拼写和大小写上完全相同之外，还必须在前面加上一个斜杠“/”。因此，如果开始标记是<TABLE>，则结束标记应该写作</TABLE>。

(4) 标记要严格配对。例如，HTML 中的
、<HR>等单边标记在 XML 中是不合法的。

(5) 空元素标记。空标记就是没有任何数据内容的元素。空元素的语法格式如下：

<标记名></标记名>　或　<标记名/>

<标记名 属性列表></标记名>　或　<标记名 属性列表/>

例如：

<价格></价格>　　或　　<价格　26.00 />

<姓名></姓名>　　或　　<姓名　张三/>

(6) 非空元素就是有任何数据内容的元素。非空元素的语法格式如下：

<标记名>数据内容</标记名>

例如：

<书名>面向对象程序设计——Java</书名>

(7) 标记要正确嵌套。在一个 XML 元素中允许包含其它 XML 元素，但这些元素之间必须满足嵌套性。例如，下面这么写是错误的：

```
<书>
<书名>JAVA 编程入门</书>
</书名>
```

(8) 标记命名要合法。标记应该以字母、下划线或冒号开头，后面跟字母、数字、句号、冒号、下划线或连字符，但是中间不能有空格，而且任何标记不能以“xml”起始。另外，最好不要在标记的开头使用冒号，尽管它是合法的，但可能会带来混淆。

(9) 有效使用属性。标记中可以包含任意多个属性。在标记中，属性以“名称=取值”的形式出现。名称与取值之间用等号“=”分隔，且取值要用引号引起来。属性名不能重复。

11.2.5　XML 的注释

在 XML 中，注释是以“<!--”开头，以“-->”结束的，这和 HTML 的注释完全相同。但是，仍然有以下四点需要注意：

(1) 在注释文本中不能出现字符“-”或字符串“--”，XML 处理器可能把它们和注释结尾标志“-->”相混淆。

(2) 不要把注释文本放在标记之中。

(3) 注释不能嵌套。在使用一对注释符号表示注释文本时，要保证其中不再包含另一对注释符号。

(4) 注释文本只能出现在 XML 声明之后。

11.3　根标记与特殊字符

标记(markup)是用来描述文档结构的定界文本——即元素的起始标记、元素的结束标记、空元素标记、注释、文档类型声明、处理指令、CDATA 段定界符、实体引用和字符引用等。标记指出了文档的逻辑结构，包含了文档的信息内容。

11.3.1　XML 文档的根标记

在 XML 文档中有且仅有一个根标记，其它标记都必须嵌套在根标记之内。

在 c11_1.xml 文件中，根元素是目录，起始根标记是<目录>，结束根标记是</目录>，其内容是两个嵌套的书元素。书元素的起始标记是<书>，结束标记是</书>。每个书元素中又嵌套五个元素，分别是：书名、作者、出版社、价格及出版日期。

11.3.2　数据内容中的特殊字符

元素是由标记和数据内容组成的，在 XML 中有五种特殊字符：左尖括号“<”、右尖括号“>”、与符号“&”、单引号“'”、双引号“"”。W3C 制定的规范中规定：数据内容中不能含有特殊字符。要想使用这五种字符，可以通过实体引用。XML 常用的实体引用如表 11.1 所示。

表 11.1　XML 常用的实体引用

实　体	实 体 引 用	意　　义
lt	<	<(左尖括号)
gt	>	>(右尖括号)
amp	&	&(与符号)
apos	'	'(单引号)
quot	"	"(双引号)

🔔**注意**：在 XML 中实体引用以“&”开始，以“;”结束。

例如，若要输出“&<大学毕业>”这样的内容，就要使用实体引用。在 XML 文档中应该写成：

```
<张三>
1970 年出生&amp;&lt;大学毕业&gt;
</张三>
```

解释器解释出该元素的数据是：

```
1970 年出生&<大学毕业>
```

11.4　显示 XML 文档内容

本节介绍 XML 文档的三种显示方式，分别是：没有样式表单的显示方式，使用 CSS 样式表单的显示方式和使用 XSL 样式表单的显示方式。

11.4.1　显示没有样式表的 XML 文档

如果 XML 文件没有包含指向一个样式表的链接，当直接运行 XML 文件时，IE 浏览器只显示如图 11.1 所示的整个文档的文本，并用不同的颜色来区分文档的不同组成部分，以便帮助我们理解文档的结构。

在每个元素的起始标记的左边有一个“–”号或“+”号。“–”号表示该元素的内容已全部展开；“+”号表示该元素的内容已收缩。单击起始标记左边的“–”号可以收缩元素，而单击已收缩元素旁边的“+”号可以展开它。例如，如果单击第二个元素<书>旁边的“–”号，就会看到如图 11.2 所示的内容。用收缩和扩展树的形式显示文档元素，可以清楚地指出文档的逻辑结构，详细地查看各层。

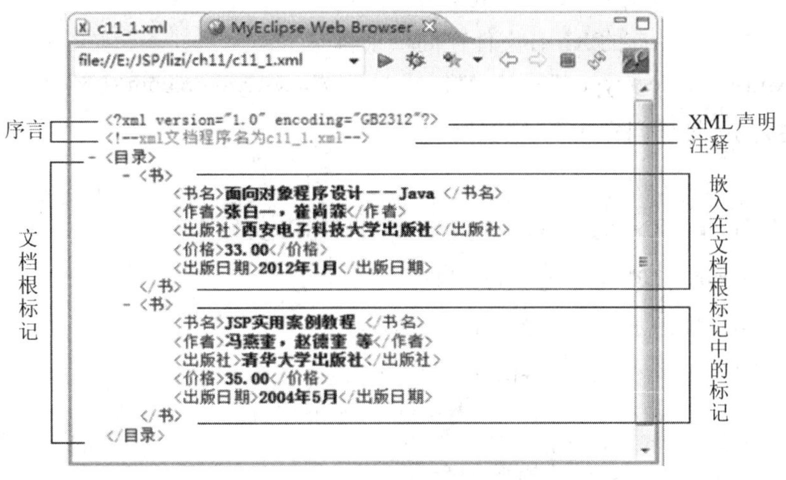

图 11.2　c11_1.xml 收缩元素运行结果

11.4.2　显示有 CSS 样式表的 XML 文档

CSS(层叠样式表)是一种样式表描述规则。样式表是用来定义 Web 页面格局的模板，通过样式表可以定义页面的标头、页边距、缩进、字体大小及各种背景颜色等，用以完成 Web 页面的风格设计。

1. CSS 样式的定义

样式的定义由一个标记的名称和定义这个标记的显示方式的属性列表组成。属性包括属性名和属性值，其间使用冒号分开，同时各种不同的属性以分号分开。属性的使用格式如下：

```
标记名
{
    属性名 1：属性值 1；
    属性名 2：属性值 2；
    ⋮
    属性名 k：属性值 k；
}
```

在下边的 c11_2.css 程序中，“font-size”、“font-weight”是属性名，“24pt”、“bold”是属性值。

2. CSS 样式的使用

为了让 XML 使用 CSS 样式，在 XML 文件中必须加入使用 CSS 样式的声明。使用这种声明的一般格式如下：

```
<?xml-stylesheet type="text/css" href="样式表的 URI"?>
```

例如：

```
<?xml-stylesheet type="text/css" href="c11_2.css"?>
```

表示样式表单文件与当前的 XML 文件在同一个目录下；

```
<?xml-stylesheet type="text/css" href="http://www.yahoo.com/show.css"?>
```

表示通过链接的网址访问样式表单文件。

3. 示例

【示例文档 c11_2.xml】　调用 c11_2.css 的 XML 文件。

```
<?xml version="1.0" encoding="GB2312"?>
<?xml-stylesheet type="text/css" href="c11_2.css"?>
<!--xml文档程序名为c11_2.xml-->
<张三>
1970年出生 &amp; &lt;大学毕业&gt;
</张三>
```

【示例文档 c11_2.css】　对 c11_2.xml 中的标记“张三”定义显示样式，定义的字体大小为 36pt 和字体加粗。

```
张三
{
    font-size: 24pt;
    font-weight: bold;
}
```

运行 c11_2.xml 文件，运行结果如图 11.3 所示。

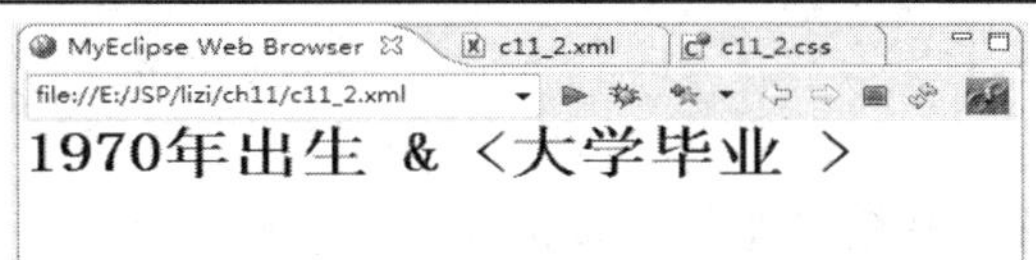

图 11.3　c11_2.xml 的运行结果

11.4.3　显示有 XSL 样式表的 XML 文档

CSS 是一种静态的样式描述格式，其本身不遵从 XML 的语法规范。而 XSL(eXtensible Stylesheet Languge，可扩展样式语言)是遵从 XML 语法规范的 XML 的一种具体应用，它的功能比 CSS 强大得多。

1. XML 变换的基本步骤

XML 变换的基本步骤如下所示。

(1) 在 XML 文件中加入使用 XSL 的声明。

(2) 在 XSL 文件中建立 XML 文件的样式表。

(3) 在 XSL 文件中将样式表转换成 HTML 文件。

XML 变换的基本步骤如图 11.4 所示。

图 11.4　XML 变换的基本步骤

下面用示例来说明。

【示例文档 c11_3.xml】　一个简单的 XML 文档。

```
<?xml version="1.0" encoding="GB2312"?>
<?xml-stylesheet type="text/xsl" href="c11_3.xsl"?>
<!--xml文档程序名为c11_3.xml-->
<书>
  <书名>面向对象程序设计——Java </书名>
  <作者>张白一，崔尚森</作者>
</书>
```

【示例文档 c11_3.xsl】　显示 c11_3.xml 文件的 XSL 样式表。

```
<?xml version="1.0" encoding="GB2312"?>
<xsl:stylesheet xmlns:xsl="http://www.w3.org/TR/WD-xsl">
<xsl:template match="/">
    <HTML><BODY>
      <xsl:value-of select="书/书名"/>
      <BR></BR>
      <xsl:value-of select="书/作者"/>
    </BODY></HTML>
```

```
</xsl:template>
</xsl:stylesheet>
```

运行 c11_3.xml 文件，其结果如图 11.5 所示。

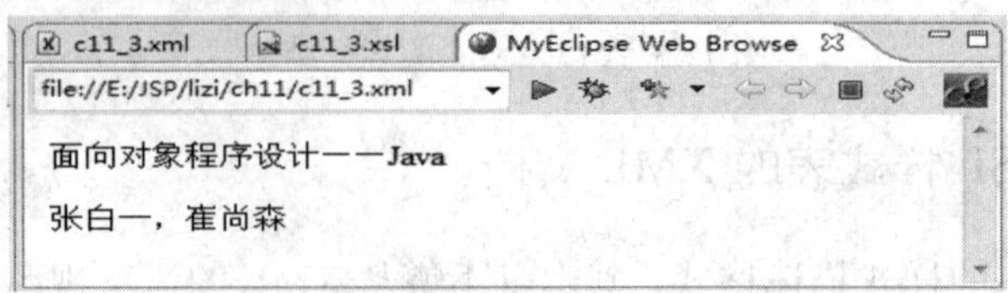

图 11.5　c11_3.xml 的运行结果

XML 变换的基本步骤是：当浏览器打开 c11_3.xml 文件时，浏览器内部的 XSL 处理器首先进行 XSL 变换，将其中的 XSL 标记

```
<xsl:value-of select="书名"/>
<xsl:value-of select="作者"/>
```

分别转换为

面向对象程序设计——Java

张白一，崔尚森

得到一个如下的 HTML 文件：

```
<HTML><BODY>
  面向对象程序设计——Java
  <BR></BR>
  张白一，崔尚森
</BODY></HTML>
```

然后执行该 HTML 文件，显示如图 11.5 所示的结果。

2. XSL 样式的使用

为了让 XML 使用 XSL 样式，在 XML 文件中必须加入如下形式的使用 XSL 样式的声明：

```
<?xml-stylesheet type="text/xsl" href="xsl 样式表的 URI"?>
```

例如：

(1) 样式表文件与 XML 文件在同一目录。

```
<?xml-stylesheet type="text/xsl" href="c11_3.xsl"?>
```

(2) 通过链接访问样式表。

```
<?xml-stylesheet type="text/xsl" href="http://www.aaa.com/s.sxl"?>
```

3. XSL 样式表结构

XSL 样式表结构与 XML 相似，主要由序言和根标记两个主要部分组成，序言中包含 XSL 声明、处理指令和注释。在根标记中嵌入根模板，根模板中可嵌入多个子模板。直接用 IE 浏览器打开 XSL 文件，显示成默认的树型结构。下面以文档 c11-3.xsl 为例说明其结构。

(1) 序言部分。

文档中的序言部分为

```
<?xml version="1.0" encoding="GB2312"?>
```

这里需要注意的是，样式表的编码必须与关联的 XML 有相同的编码。

(2) 根标记结构。

文档中的根标记结构为

```
<xsl:stylesheet   xmlns:xsl="http://www.w3.org/TR/WD-xsl">
   根模板标记
</xsl:stylesheet>
```

XSL 样式表根标记的名称必须是“xsl:stylesheet”。“xmlns:xsl”指明的命名空间 http://www.w3.org/TR/WD-xsl 表示让浏览器的 XSL 处理器来实现 XSL 变换。

(3) 根模板标记。

XSL 处理器首先找到根模板，然后开始 XSL 变换。文档中的根模板结构为

```
<xsl:template match="/">
   根标记模板的内容
</xsl:template>
```

这里需要注意的是，根模板的匹配模式必须是“/”。

(4) 文档中用到的 XSL 语句。

文档中的 XSL 语句<xsl:value-of select="书/书名"/>是 XSL 中的赋值语句，表示取出引号中指定的属性值，即取出书元素中书名的值(面向对象程序设计——Java)。文档中用到的 XSL 语句如表 11.2 所示。

表 11.2 文档中用到的 XSL 语句

语 句	意 义
xsl:stylesheet	样式表根标记的名称
xsl:template	模板标记
xsl:template match=""	引号中指定模板的匹配模式
xsl:value-of select=""	赋值语句，取出引号中指定的属性值
xsl:for-each select=""	循环语句，取出引号中指定的属性值

11.5 XML 文档的生成与解释

前面介绍的是编写静态 XML 页面的方法。静态的 XML 文档只能表示比较简单的信息，而无法完成比较复杂的客户端与服务器端的交互。本节主要介绍用 Servlet 动态生成 XML 文档的方法和使用 DOM、JSP+Dom4j 解析 XML 文档的方法。

11.5.1 使用 Servlet 动态生成 XML 文档

为了说明用 Servlet 动态生成 XML 文档的方法，我们编写下述 3 个文件：一是填写留言信息的 HTML 文件；二是获得留言信息并生成 XML 文件的 Servlet 程序；三是对 XML 文件标记附加不同的样式，生成 HTML 文件的 XSL 文件。

1. 填写留言信息的示例文档 c11_4_html.html

示例文档程序如下：

```
<!-- c11_4_html.html -->
<HTML>
<HEAD>
 <TITLE> message board </TITLE>
</HEAD>
<BODY>
     <center>留言板</center>
<FORM action="servlet/C11_4_XSL_Servlet" method="POST" >
   <TABLE   border=1 align="center">
    <TR><TD>姓名：</TD><TD>
          <input type="text" name="name" size=25></TD></TR>
    <TR><TD>留言：</TD><TD><textarea name="content" rows=7 cols=25></textarea>
</TD></TR>
    <TR>
    <TD align="center"><input type="submit" value="确定"></TD>
     <TD align="center"><input type="reset" value="重新填写"></TD>
    </TR>
    </TABLE></TD>
   </TR></TABLE>
</FORM>
</BODY>
</HTML>
```

运行 c11_4_html.html 程序，填写留言信息，结果如图 11.6 所示。注意图 11.6 左边 c11_4_html.html、c11_4.xsl 及 C11_4_XSL_Servlet.java 文件的存放位置。

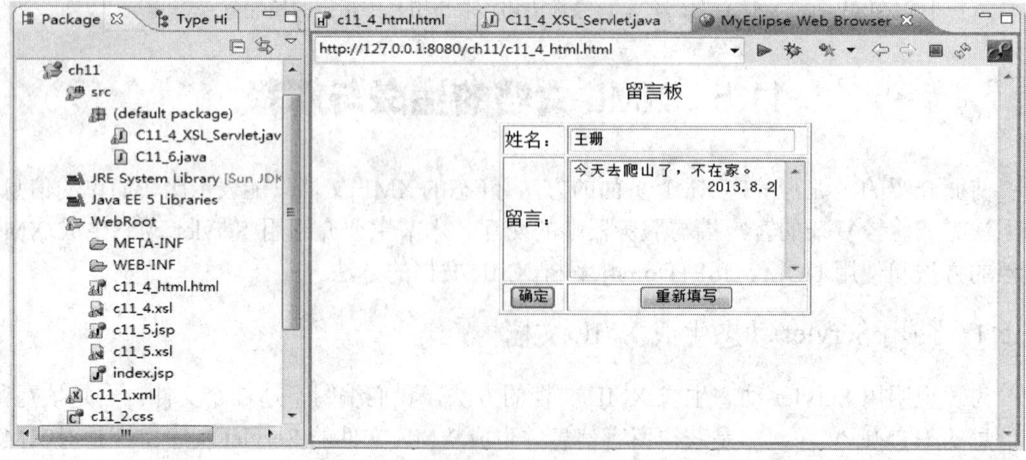

图 11.6　c11_4_html 的运行结果

2. 获得留言信息，并生成 XML 文件的 Servlet 示例程序 C11_4_XSL_Servlet.java

示例程序如下：

```
import java.io.*;
import javax.servlet.*;
import javax.servlet.http.*;
public class C11_4_XSL_Servlet extends HttpServlet
{ //重写doPost方法
    public void doPost(HttpServletRequest req, HttpServletResponse res)
 throws ServletException, IOException
    {
        //设置服务器输出格式为XML文档
        res.setContentType("text/xml");
        //获得与客户端的浏览器链接的输出流，用于发送输出结果
        ServletOutputStream out=res.getOutputStream();
        out.print("<?xml version=\"1.0\" encoding=\"GB2312\"");
        out.println(" standalone=\"no\"?>");
        out.println("<?xml-stylesheet type=\"text/xsl\" href=\"c11_4.xsl\"?>");
        out.println("<message>");
        out.println("<NAME>");
        out.println(req.getParameter("name"));
        out.println("</NAME>");
        out.println("<CONTENT>");
        out.println(req.getParameter("content"));
        out.println("</CONTENT>");
        out.println("</message>");
        out.close();
    }
    //重写doGet方法
    public void doGet(HttpServletRequest req, HttpServletResponse res)  throws
      ServletException,IOException
    {  doPost(req,res);  }
}
```

3. 对 XML 文件标记附加不同样式的 XSL 示例文件 c11_4.xsl

示例程序如下：

```
<?xml version="1.0" encoding="GB2312"?>
<xsl:stylesheet xmlns:xsl="http://www.w3.org/TR/WD-xsl">
<xsl:template match="/">
<xsl:for-each select="message">
      <HTML><BODY>
        <xsl:value-of select="NAME"/><BR></BR>
        <xsl:value-of select="CONTENT"/>
      </BODY></HTML>
   </xsl:for-each>
   </xsl:template>
   </xsl:stylesheet>
```

C11_4_XSL_Servlet 的运行结果如图 11.7 所示。

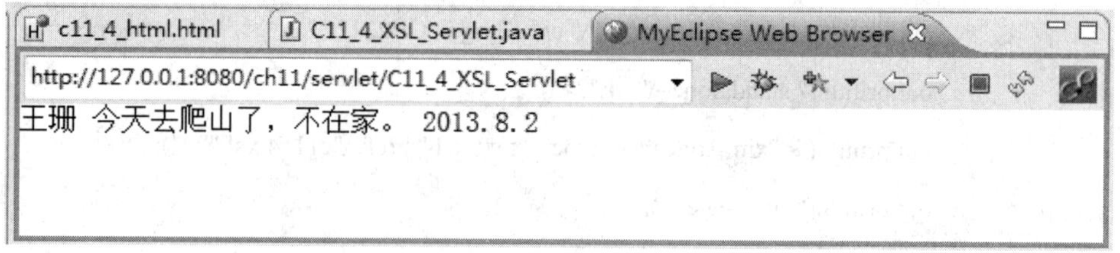

图 11.7　C11_4_XSL_Servlet 的运行结果

11.5.2　使用 DOM 解析 XML 文档

DOM(Document Object Model，文档对象模型)是提供 XML 和 HTML 文档编程接口的 W3C 规范。XML 文档将数据组织为一棵树，DOM 就是对这棵树的描述。DOM 解析 XML 文件后，就用树的形式定义了 XML 文件在内存中的逻辑结构，XML 文件中的元素便转化为 DOM 树中的节点对象。

Sun 公司推出的 JDK1.4 及以上版本中的 Java API 遵循了 DOM Level 2 Core 推荐接口的语义说明，提供了相应的 Java 语言的实现。Java 应用程序可以通过 DOM API 来访问 XML 数据。javax.xml.parsers 包中提供的 DoumentBuilder 和 DocumentBuilderFactory 组合，可以对 XML 文件进行解析，转换成 DOM 树。org.xml.dom 包中提供了 Document、Node、NodeList、Element、Text 等接口，可以创建、遍历、修改 DOM 树。javax.xml.transform.dom 和 javax.xml.transform.stream 包中提供了 DOMSource 类和 StreamSource 类，可以将更新后的 DOM 文档生成 XML 文件。

为了解析 XML 文件，DOM 规定了各种类型节点之间形成的子孙关系，如图 11.8 所示。

Document 节点代表了整个 XML 或 HTML 文档，提供了对文档元素和数据的访问。所有其它的节点都以一定的顺序包含在 Document 中，排成一个树型结构。它提供许多方法来获取该节点及节点的相关信息。

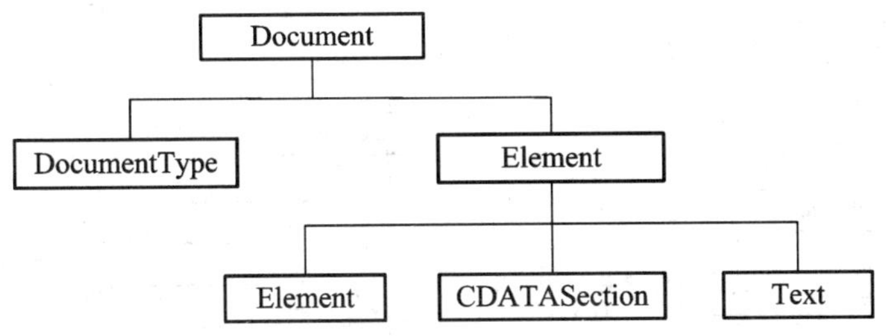

图 11.8　DOM 树中节点间的子孙关系

Element 元素表示一个 XML 或 HTML 元素。文档的数据包含在它的元素中。元素也可具有提供附加内容信息的属性。它提供许多方法来获取该节点及节点的相关信息。

Text 节点表示的是元素或属性值的文本内容，对应着 XML 中的数据内容。

CDATASection 节点解决 XML 文档中的特殊字符的实体引用问题。

DocumentType 节点对应着 XML 文档所关联的 DTD 文件。

下面通过示例来说明如何使用 DOM 解析 XML 文档。

【示例文档 c11_5.xml】　一个简单的 XML 文档。

```
<?xml version="1.0" encoding="UTF-8"?>
<!--xml文档程序名为c11_5.xml-->
<目录>
  <书>
    <书名>面向对象程序设计——Java </书名>
    <作者>张白一，崔尚森</作者>
    <出版社>西安电子科技大学出版社</出版社>
    <价格>33.00</价格>
    <出版日期>2012年1月</出版日期>
  </书>
  <书>
    <书名>JSP实用案例教程 </书名>
    <作者>冯燕奎，赵德奎 等</作者>
    <出版社>清华大学出版社</出版社>
    <价格>35.00</价格>
    <出版日期>2004年5月</出版日期>
```

```
    </书>
</目录>
```

如果用 DOM 来图形化地表示 c11_5.xml 文档，则如图 11.9 所示。

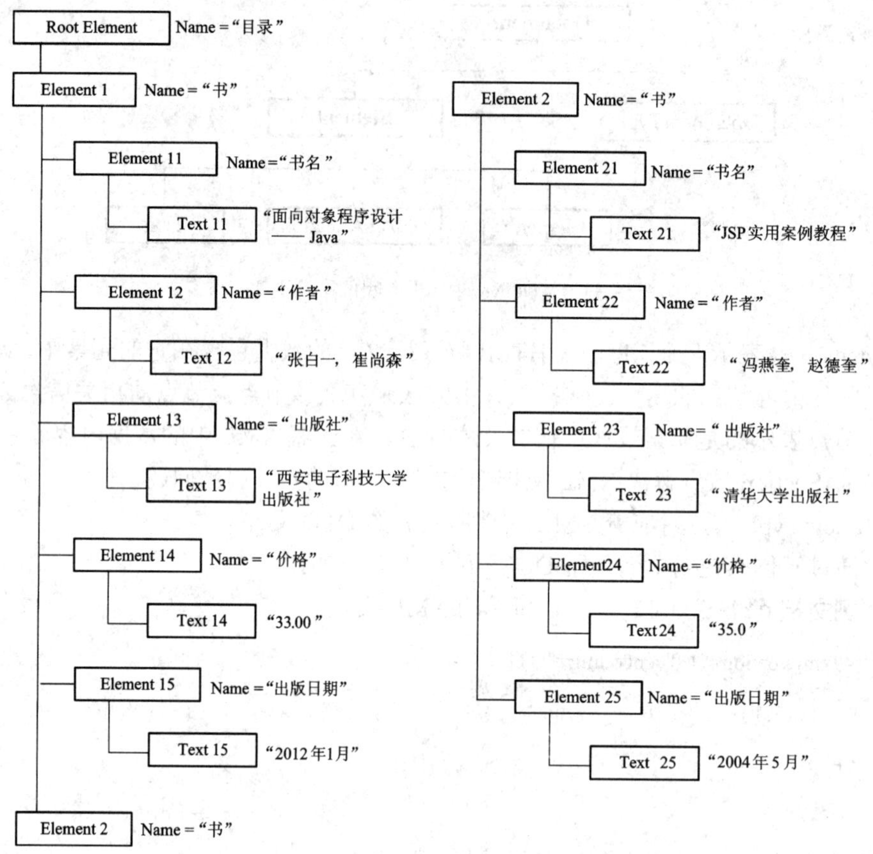

图 11.9　c11_5 xml 的运行结果

【示例程序 c11_5.java】　用 DOM 解析 c11_5.xml 文档的 Java 程序。

```
import org.w3c.dom.*;              //XML 的 DOM 实现
import java.io.*;
import javax.xml.parsers.*;          //XML解析器接口
public class C11_5{
  public static void main(String args[])
   {
    try
     {
      //获得一个XML文档的解析器
      DocumentBuilderFactory factory = DocumentBuilderFactory.newInstance();
```

```
        //解析XML文档生成DOM文档的接口类，以便访问DOM
        DocumentBuilder builder = factory.newDocumentBuilder();
        //Document接口描述了对应于XML文档的文档树
        Document document = builder.parse(new File("C11_5.xml"));
        //去掉XML文档中作为格式化内容的空白,
        //而映射在DOM树中的不必要的Text Node对象
        document.normalize();
        Element root=document.getDocumentElement();    //获得根元素
        String rootName=root.getNodeName();             //得到根元素名
        System.out.print("XML文件根节点的名字:"+rootName);
        //获得根元素的子节点列表
        NodeList nodelist=root.getChildNodes();
        GetElement(nodelist);                           //用递归方法实现DOM文档的遍历
      }
      catch(Exception e){ System.out.println(e);}
    }
  public static void GetElement(NodeList nodelist)
   {   int size=nodelist.getLength();                  //得到子节点列表的个数
       for(int i=0;i<size;i++)
       { Node cnode = nodelist.item(i);                //获得子节点列表中的第 i 个节点
         //判断该节点是否是文本节点
         if(cnode.getNodeType() == Node.TEXT_NODE)
         {
         Text textNode=(Text)cnode;
         String content=textNode.getWholeText();  //获得文本内容
         System.out.print(content);
         }
         //判断该节点是否是元素节点
         if( cnode.getNodeType() == Node.ELEMENT_NODE)
          {
         Element elementNode=(Element)cnode;
         String name=elementNode.getNodeName();  //获得元素名字
         System.out.print(name+": ");
```

```
                //获得根元素的子节点列表
                NodeList nodelist1=elementNode.getChildNodes();
                GetElement(nodelist1);                    //用递归方法实现DOM文档的遍历
            }
        }
    }
}
```

图 11.10 是上面两个文件在 MyEclipse 平台中的存放位置(左窗口)和运行结果(右下窗口)。

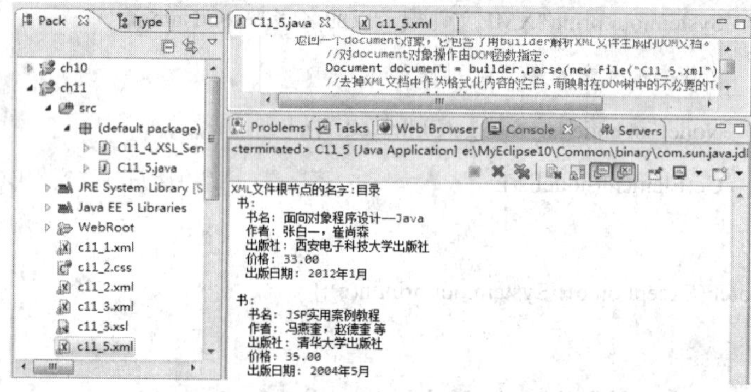

图 11.10　c11_5.java 的运行结果

11.5.3　使用 JSP+Dom4j 解释 XML 文档

Dom4j 从 2001 年 7 月发布第一版以来，已陆续推出多个版本，它是 sourceforge.net 上的一个开源项目，专门针对 Java 开发，是一个优秀的 Java XML API，具有性能优异、功能强大和容易使用的特点。它采用了 Java 集合框架，并完全支持 DOM，SAX 和 JAXP。DOM4J 使用起来也非常简单，只要了解基本的 XML-DOM 模型，就能使用。

在 MyEclipse 平台中使用 DOM4J，首先要下载 Dom4j 的 JAR 包，并将它加载到相应的工程中，加载方法与加载 MySQL 的驱动程序 JAR 包类似。我们下载的是 dom4j-1.6.1.jar，读者也可以到 http://sourceforge.net/projects/dom4j 下载 Dom4j 的最新版本。

下面给出用 DOM4j 解释 XML 文档的示例程序，它由 3 个文件组成：第一个是待解析的 XML 文档——c11_6.xml，第二个是使用 DOM4j 的 Java 类——D4jRead.Java 程序，第三个则是创建 D4jRead 类的对象并解析 XML 文档的 JSP 程序——c11_6.jsp。这三个文件的具体内容分别描述如下：

【示例文档 c11_6.xml】　待解析的 xml 文档。

```
<?xml version="1.0" encoding="UTF-8"?>
<!--xml文档程序名为c11_6.xml-->
<contents>
```

```
    <book>
        <title>面向对象程序设计——Java </title>
        <author>张白一，崔尚森</author>
        <press>西安电子科技大学出版社</press>
        <price>33.00</price>
        <date>2012年1月</date>
    </book>
    <book>
        <title>JSP实用案例教程 </title>
        <author>冯燕奎，赵德奎 等</author>
        <press>清华大学出版社</press>
        <price>35.00</price>
        <date>2004年5月</date>
    </book>
</contents>
```

【示例文档 D4jRead.Java】 利用 dom4j 进行 XML 解释程序。

```
package read;
import java.io.File;
import java.util.HashMap;
import java.util.Iterator;
import org.dom4j.Document;
import org.dom4j.DocumentException;
import org.dom4j.Element;
import org.dom4j.io.SAXReader;
// 利用dom4j进行XML编程
public class D4jRead
{  //hm,HashMap 存放遍历结果，格式：<nodename,nodevalue>
public void iterateWholeXML(String filename,HashMap<String,String> hm)
{
   SAXReader saxReader=new SAXReader();   //解析器
   try
    {
     Document document=saxReader.read(new File(filename));   //读取并解析文件
     Element root=document.getRootElement();   //根节点
     int num=-1;   //用于记录目录编号的变量
```

```
        for(Iterator iter=root.elementIterator(); iter.hasNext(); )
        {
         //遍历book结点
         Element element=(Element) iter.next();
        num++;
       //遍历book结点的所有孩子结点（即书名，作者，出版社，价格，出版日期）
        for(Iterator iterInner=element.elementIterator();
             iterInner.hasNext();)
        { Element elementInner=(Element) iterInner.next();
           hm.put(elementInner.getName()+num, elementInner.getText());
        }//for
      }//for
    }//try
    catch (DocumentException e){e.printStackTrace();}
   }
  }
```

程序中的 HashMap<String,String>是 Map 接口常用的通用类，Map 作为一个映射集合，每一个元素包含 key-value 对（键值对）。Map 中的值对象可以重复，key 不能重复。HashMap 类采用 hashCode 算法（散列函数）对元素进行排序，不能保证元素的插入顺序，是为快速查找而设计的 Map。本程序中用到的 HashMap 类的方法有：

- put(K key, V value)：将指定的值与此映射中的指定键关联。
- get(Object key)：返回指定键 key 所映射的值；如果此映射不包含该键的映射关系，则返回 null。

程序中的 Iterator（迭代器）是 Collection 接口扩展了 Iterator 接口，collection 接口中的 iterator()方法返回一个 Iterator 对象，通过这个对象可以逐一访问 Collection 集合中的每一个元素。

```
Iterator iter=root.elementIterator();   //创建一个迭代器对象
iter.hasNext();    //判断迭代器中是否有下一个元素，若有则返回 true
iter.next()   //取下一个元素
```

【示例程序 c11_5.jsp】 JSP 程序。

```
<%@ page contentType="text/html;charset=GBK"%>
<%@ page language="java" import="java.util.*"   import="read.*"%>
<html><body>
  <h3 align="center">书目录</h3>
  <TABLE   align="center"   border="1">
  <tr><td>书名</td><td>作者</td><td>出版社</td><td>价格</td>
     <td>出版日期</td></tr>
```

```
<%
    HashMap<String,String> hashMap;
    D4jRead drb=new D4jRead();
    //遍历整个XML文件，获取解析完后的信息
    hashMap = new HashMap<String,String>();
    drb.iterateWholeXML("E:/jsp/lizi/ch11/c11_6.xml",hashMap);
    for(int i=0;i<hashMap.size();i+=5)
    {
        int j=i/5; out.print("<tr>");
        out.print("<td>"+hashMap.get("title"+j));
        out.print("<td>"+hashMap.get("author"+j)+"</td>");
        out.print("<td>"+hashMap.get("press"+j)+"</td>");
        out.print("<td>"+hashMap.get("price"+j)+"</td>");
        out.print("<td>"+hashMap.get("date"+j)+"</td>");out.print("</tr>");
    }
  %>
 </TABLE></body>
</html>
```

在 JSP 程序中，通过 D4jRead drb=new D4jRead();语句创建 D4jRead.java 类的对象 drb，然后调用该对象的 iterateWholeXML("E:/jsp/lizi/ch11/c11_6.xml",hashMap)方法传入参数并进行解析。图 11.11 左窗口是上述文件在 MyEclipse 平台中的存放位置，右上窗口是解析结果。

图 11.11　c11_5.jsp 的运行结果

习　题　11

11.1　XML是一种什么语言？

11.2　XML与HTML语言有何不同？

11.3　XML元素的语法格式是什么？

11.4　XML声明中包含哪些属性？

11.5　XSL样式表结构由哪几部分组成？

11.6　XSL的根模板结构是什么？

11.7　设计并编写一个数据内容有特殊字符的XML文档，显示内容用XSL文档。

11.8　设计并编写一个用Servlet动态生成的XML文档，显示内容用XSL文档。

11.9　设计并编写一个用JSP动态生成的XML文档，显示内容用XSL文档。

11.10　设计并编写一个使用DOM解释XML文档的程序。

11.11　用DOM来图形化地表示习题11.10的XML文档。

第 12 章

综合应用案例

本章以创建一个简单的在线网上书店系统为例，讲述如何使用 JSP 技术构建电子商务网站。为了便于读者学习和理解，在设计上考虑由简单到复杂的原则和出现的先后次序，根据功能模块的复杂程度分别采用 JSP+JavaBean 模式或 JSP+javaBean+Servlet 模式。此外，还考虑到篇幅的限制以及与外部业务相关的复杂度，本系统在设计上进行了简化处理，尤其是略去了诸如支付、配送等实际网站的重要环节。无论如何，一个真正的电子商务网站是相当复杂的，但肯定是在类似这样小站点内容上的改进、扩充和完善。

12.1　网上书店总体设计

本节介绍网站的功能设计和系统文件组成，以便读者对本系统有一个轮廓性的了解。

12.1.1　系统功能简介

首页：提供简洁美观的主界面，是由“顶行菜单条”和“链接显示区”两部分组成的框架，也是本网站在 Internet 上的链接页面。顶行菜单条中使用<A>标记链接着本系统的各项功能，并且在系统的各个功能项中一直存在；“链接显示区”在“首页”时显示一段简单的使用说明，在用户点击了“顶行菜单条”中的某项功能时显示相应的页面。两个框架使用 HTML5 的 IFRAME 标记进行设计和实现。

图书浏览：以有线表格的形式显示本网站的某类图书及其相关内容。

最近新书：以无线表格的形式显示本网站最近一段时间(本系统暂限定为一年)内出版并在本系统上架的图书。

特价图书：以无线表格的形式显示在原书定价基础上实行打折优惠的图书。

缺书登记：用户在浏览了本网站的所有图书后，如果发现没有自己想要的图书，可以通过该功能对自己想要的图书进行登记，以便站点管理人员进行采购。

用户注册：新用户通过填写注册表单，将自己的姓名、性别、Email、地址、电话等信息输入并提交系统后，如果“注册 ID 号”不与已有用户的相同，将成为系统的嘉宾，就可以使用客户登录、订购图书、查看订单、修改订单等功能。为降低“注册 ID 号”冲突的机率，系统提供自动生成注册 ID 号的功能，如果用户对系统生成的 ID 号不喜欢，也可以修改。

客户登录：用户通过输入“用户 ID 号”(或“姓名”)和“密码”进行登录。系统首先检查用户信息表中是否存在该“用户 ID 号”(或“姓名”)的注册用户，如果存在，将进一步检查密码，正确时显示“登录成功”等信息，返回首页或进入“订购图书”页面；有误时显示“密码错误”的提示信息，返回登录页面重新输入。如果不存在，将显示“您还没有注册”的提示信息，引导用户进入“用户注册”页面。

订购图书：用户点选此菜单项时，系统首先检查用户是否已注册，如果已注册，将显示一个图书列表，并在列表之下给出选书输入文本框和“放入购物车” 的按钮，供用户选择订购。当用户在文本框中输入内容并点击“放入购物车”按钮后，系统检查用户提供的数据，全部正确时输出当日订购的所有图书清单，再给出去向的超级链接。如果用户的输入有错误，将给出对应的提示信息并引导用户进入处理对应问题的页面。如果发现用户没有注册，则显示“您还没有注册”的提示信息，引导用户进入“用户注册”页面。

查看订单：查看订单需要用户填写用户 ID 和订单号两项内容，然后点击“查看订单”按钮执行查询，接收请求的 Servlet 程序进行输入数据的检查，当用户的输入正确时 Servlet 程序获得查询结果并输出一个有线表格供用户浏览；当用户的输入有错误时给出相应的提示，然后引导用户进入可处理该问题的页面。

修改订单：修改订单模块进一步细分为修改订书数量和修改个人资料两个子模块。其中，修改订书数量需要用户填写“用户 ID、登录密码、订单号、订购书号、原数量、新数量”等几项数据，在提供的表单界面输入上述几项内容后点击“确定”按钮，调用对应程序执行数据检查和查询，并根据检查结果给出相应的提示或实施修改。修改个人资料是通过提供的表单界面让用户输入“用户 ID”和“登录密码”，然后点击“确定”按钮，调用对应程序执行数据检查和查询，并根据检查结果给出相应的提示或提供修改界面让用户实施修改。

12.1.2　系统的文件组成及其关系

该系统共包括 5 个 HTML 文件、16 个 JSP 文件、5 个 java 文件、1 个数据库和该库中的 4 个数据表文件。5 个 java 文件中有 2 个是 Servlet，另外 3 个是 java 类，并且这 3 个 java 类文件是所有模块通用的，分别是 createID.java、QueryUpdate.java 和 conn.java。这 3 个 java 类文件在表 12.1 中只在首次出现的模块中列出，其余模块中从略。

表 12.1　网上书店的文件系统和文件之间的关系

<table>
<tr><th>模块名称</th><th>入口界面文件</th><th>支持或被调用文件</th><th>数据库表</th><th>通用文件</th></tr>
<tr><td>首页
(主界面)</td><td>index.html</td><td>TopMenu.jsp，
ShowInfo.html，
createID.java</td><td></td><td rowspan="7">createID.java
生成各种格式日期时间或 ID 号；

conn.java
连接数据库的；

QueryUpdate.java
执行数据库操作</td></tr>
<tr><td>图书浏览</td><td>ShowBook.jsp</td><td rowspan="3">QueryUpdate.java，
conn.java</td><td rowspan="3">book</td></tr>
<tr><td>最近新书</td><td>NewBook.jsp</td></tr>
<tr><td>特价图书</td><td>DiscountBook.jsp</td></tr>
<tr><td>缺书登记</td><td>ShortBook.jsp</td><td>WriteShortBook.jsp</td><td>shortbook</td></tr>
<tr><td>用户注册</td><td>Register.jsp</td><td>RegiCheck.jsp</td><td rowspan="2">users</td></tr>
<tr><td>客户登录</td><td>Login.jsp</td><td>LogCheck.jsp</td></tr>
</table>

续表

<table>
<tr><td colspan="2">模块名称</td><td>入口界面文件</td><td>支持或被调用文件</td><td>数据库表</td><td>通用文件</td></tr>
<tr><td colspan="2">订购图书</td><td>BuyBook.jsp</td><td>BuyBookServ.java，
OrderCart.jsp，
OrderCreat.jsp</td><td rowspan="4">users，
book，
orderDetail</td><td rowspan="4"></td></tr>
<tr><td colspan="2">查看订单</td><td>OrderLook.html</td><td>OrderShowServ.java</td></tr>
<tr><td rowspan="2">修改订单</td><td>订书数量</td><td>ModiNum.html，</td><td>ModiNumPut.jsp</td></tr>
<tr><td>个人资料</td><td>ModiPersInfo.html</td><td>ModiPersInfo.jsp，
ChangeInfo.jsp</td></tr>
<tr><td colspan="2">结账台</td><td>CheckOut.jsp</td><td colspan="3">留待以后开发的桩文件，目前只给出简单的提示</td></tr>
</table>

12.1.3　数据库表间的逻辑关系

在网上书店中，数据库用于存储各种数据和信息，在网站的设计和应用中都是非常重要的。分析 12.1.1 小节中提出的功能，我们可以为这个网上书店设计一个数据库：EBook，并在这个库中建立存放用户信息的 users 表、存储图书数据的 book 表、存放订购图书的 orderdetail 表和登记短缺图书的 shortbook 表共 4 个数据表。而这 4 个数据表间的逻辑关系可用 ER 图描述，如图 12.1 所示。

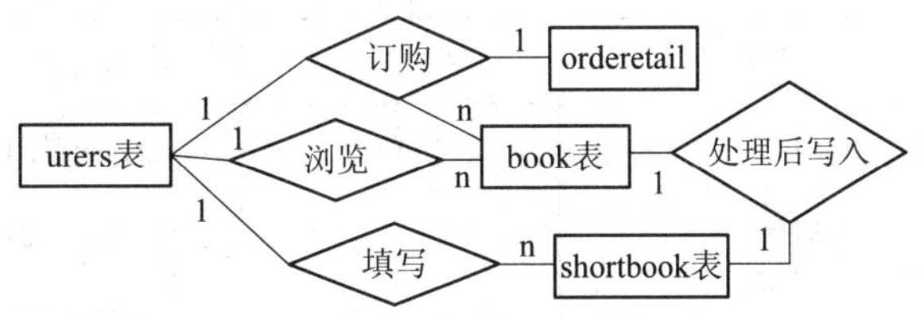

图 12.1　EBook 库中表间关系 ER 图

12.1.4　数据表的存储结构

EBook 数据库中各个表的字段名、数据类型等相关的存储结构见表 12.2～表 12.5。

表 12.2　book 表的存储结构

字段名	中文含义	类型(宽度)	允许空	其它
ISBN	图书号	varchar(13)	否	主键，主索引
book_name	书名	varchar(50)	否	—
author	作者	varchar(30)	否	—
publish_name	出版社名称	varchar(50)	否	—
Publish_date	出版时间	varchar(20)	是	—
price	定价	double(6.2)	否	—
on_sale_date	上架时间	varchar(20)	是	—
new	是否新书	varchar(2)	是	—
discount	折扣率	float(4.2)	是	—
stock	库存数量	Int(6)	是	—
content	内容简介	text	是	—

表 12.3　users 表的存储结构

字段名	中文含义	类型(宽度)	是否允许空值	其它
LogName	用户登录号	varchar(20)	否	主键，主索引
RegName	用户注册名	varchar(20)	否	—
Gendar	性别	varchar(2)	否	—
BirthDate	出生日期	varchar(15)	否	—
password	密码	varchar(16)	否	—
email	电子信箱	varchar(50)	是	—
address	送货地址	varchar(120)	是	—
phone	联系电话	varchar(11)	是	—
hobbes	兴趣爱好	varchar(255)	是	—

表 12.4　shortbook 表的存储结构

字段名	中文含义	类型(宽度)	是否允许空值	其它
ShortId	缺书登记号	varchar(15)	否	主键，主索引
BookName	书名	varchar(50)	否	—
author	作者	varchar(20)	是	—
pubName	出版社名称	varchar(50)	是	—
requestor	登记者姓名	varchar(10)	是	—
count	需求量	varchar(4)	是	—
re_time	登记时间	varchar(20)	是	—
treated	是否处理	varchar(2)	是	—

表 12.5　orderdetail 表的存储结构

字段名	中文含义	类型(宽度)	是否允许空值	其它
OrderID	订单编号	varchar(6)	否	由下单日期生成
UserID	用户登录号	varchar(20)	否	外键(LogName)
BookID	图书号	varchar(13)	否	外键(ISBN)
BookName	书名	varchar(50)	是	冗余的可省略字段
BookCount	订购数量	Int(4)	是	—
Price	图书售价	Float(6.2)	是	—
subTime	订购时间	datetime	是	—

12.1.5　数据表间的关联及综合查询

在生成订单报表时，需要从 users 表、book 表和 orderdetail 表中查出所需要的字段值，再将这些数据写在订单报表上，以尽量减少 orderdetail 表的数据冗余。这就需要设计一个综合查询，从表 users 中查出 RegName，address，phone 等字段，从 book 表中查出 book_name，author，publish_name，Publish_date，price，discount 等字段并进行必要的计算。例如：orderdetail 表中的 Price 就是由 book 表中的 price*discount 计算得到。最后将这些数据及计算出的当日订购图书的总册数、书价总计等写在订单报表上。该查询语句如下：

```
SELECT
  orderdetail.OrderID, orderdetail.UserID, orderdetail.BookID, orderdetail.Price,
  orderdetail.BookCount,   users.RegName, users.address, users.phone,
  book.book_name, book.author, book.publish_name, book.publish_date
FROM
  book INNER JOIN   orderdetail ON orderdetail.BookID = book.ISBN
  INNER JOIN   users ON users.LogName =orderdetail.UserID
GROUP BY   users.LogName;
```

实现这一查询的表间关联关系见图 12.2。当然，也可以分别从两个表中查出需要的字段后存入内存变量中，在输出报表时再引用相应的内存变量，可避免复杂的多表查询，提高程序的执行效率。具体如何做可根据具体情况而定。

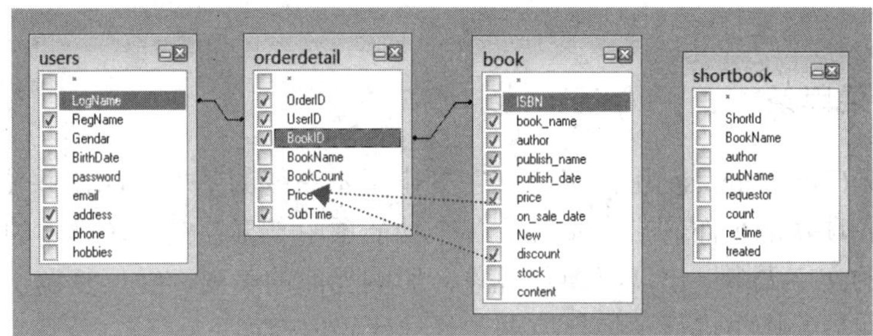

图 12.2　EBook 库中的 4 个表及其表间联结(虚线箭头表示计算关系)

12.2　首页模块设计与实现

首页模块中共包括主界面框架(index.html)，顶行菜单(TopMenu.jsp)，生成当前日期时间的 JavaBean 程序 CreateID.java，显示使用说明的 ShowInfo.html 共 4 个文件。下面分别列出这 4 个文件的内容。

12.2.1　主界面框架

主界面框架是用 iframe 设计的 HTML 文件(index.html)。使用上、下两个 iframe，上面的 iframe 用于放置顶行菜单，它在系统中运行期间基本保持不变；下部的 iframe 用于显示用户访问页面的内容，所以必须给出 name 属性的值。具体设计代码如下：

```
<html>
  <head>
    <title>界面框架(index.html)</title>
<meta http-equiv="content-type" content="text/html;
    charset=UTF-8">
  </head>
  <body>
    <div id="main">
      <div id="leftmenu">
        <iframe src="TopMenu.jsp" frameborder="0" scrolling="NO"
          height="120px" width="1000px" noresize="noresize"></iframe>
      </div>
    <div id="content">
      <iframe src="ShowInfo.html"   name="ifr2" frameborder="1"
          scrolling="auto" height="468px" width="1000px"
           noresize="noresize"></iframe>
    </div>
   </div>
  </body>
</html>
```

12.2.2　顶行菜单条

顶行菜单条(TopMenu.jsp)用简略的文字列出了本系统的基本功能，并使用<A>标记链接着本系统的各项功能页面，它在系统的各个功能项中一直存在。在具体的编码实现中，发现需要写出的文字太多，出现了换行现象，影响界面的美观。经反复调试，最终使用了有线表格，并在单元格中进行了换行控制。具体代码内容如下：

```
<%@page import="EBook.CreateID"%>
<%@ page language="java" import="java.util.*" pageEncoding="GBK"%>
<jsp:useBean id="Bean1" class="EBook.CreateID"></jsp:useBean>
<html>
  <head> <title>TopMenu.jsp顶行菜单</title> </head>
  <body><font size=3>
  <table align="center" border="1" cellpadding="3">
  <tr><td bgColor="#00ffC0"><a href="ShowInfo.html"   target="ifr2">
      首页</a></td>
<td bgColor="#00ffC0"><a href="ShowBook.jsp" target="ifr2">
  图书<BR>浏览</a></td>
<td bgColor="#00ffC0"><a href="NewBook.jsp" target="ifr2">
```

```
        最近<BR>新书</a></td>
      <td bgColor="#00ffC0"><a href="DiscountBook.jsp" target="ifr2">
        特价<BR>图书</a></td>
      <td bgColor="#00ffC0"><a href="ShortBook.jsp" target="ifr2">
        缺书<BR>登记</a></td>
      <td bgColor="#00ffC0"><a href="Register.jsp" target="ifr2">
        用户<BR>注册</a></td>
      <td bgcolor="#f0c090"><a href="Login.jsp" target="ifr2">
        用户<BR>登录</a></td>
      <td bgcolor="#f0c090"><a href="BuyBook.jsp" target="ifr2">
        订购<BR>图书</a></td>
      <td bgcolor="#f0c090"><a href="OrderLook.html" target="ifr2">
        查看<BR>订单</a></td>
      <td align="center" bgcolor="#f0c090">
        <a href="ModiNum.html" target="ifr2">修改<BR>订书数量</a></td>
      <td align="center" bgcolor="#f0c090">
        <a href="ModiPersInfo.html" target="ifr2">修改<BR>个人资料</a>
      </td></tr></table></font>
      <P align="center"> 当前日期时间：<%=Bean1.DateTime1()%></P><HR>
    </body>
  </html>
```

12.2.3 调用的 JavaBean 程序

顶行菜单中调用的 JavaBean 程序 CreateID.java，用于生成各种格式的日期时间、用户注册 ID 号、随机验证码、订单号等。程序内容如下：

```
package EBook;
import java.util.*;
import java.util.Date;
import java.text.SimpleDateFormat;

public class CreateID
{
   public String DateTime0()
   {  //生成"年-月-日 时:分"格式的日期时间
       String dt="";
       Date now=new Date();
       SimpleDateFormat dfn=new SimpleDateFormat("yyyy-MM-dd hh:mm");
       dt=dfn.format(now).toString();
```

```
        return(dt);
    }

public String DateTime1()
{   //生成“年-月-日 时:分:秒”格式的日期时间
        String dt="";
        Date now=new Date();
        SimpleDateFormat dfn=new SimpleDateFormat("yyyy-MM-dd hh:mm:ss");
        dt=dfn.format(now).toString();
        return(dt);
}

public String DateTime2()
{   //生成具有汉字的日期时间
       String asub="", bsub="",tin="";
        tin=this.DateTime1(); //利用 DateTime1()生成日期时间
        asub=tin.substring(0,4);    bsub=bsub.concat(asub);
        bsub=bsub.concat("年");
        asub=tin.substring(5,7);    bsub=bsub.concat(asub);
        bsub=bsub.concat("月");
        asub=tin.substring(8,10);    bsub=bsub.concat(asub);
        bsub=bsub.concat("日");
        asub=tin.substring(11,13); bsub=bsub.concat(asub);
        bsub=bsub.concat("时");
        asub=tin.substring(14,16); bsub=bsub.concat(asub);
        bsub=bsub.concat("分");
        asub=tin.substring(17,19); bsub=bsub.concat(asub);
        bsub=bsub.concat("秒");
        //System.out.println(bsub);
        return(bsub);
    }

    public String DateTimeToID()
    {   //将日期时间转换为 ID 号的方法
        String asub=" ", bsub=" ",tin=" "; int i=0,k=0;
    /*  最初使用的方法是按位截取，较繁琐。后来用下面的循环替代了，保留供参考。
        Date now=new Date();
```

```
    SimpleDateFormat dfn=new SimpleDateFormat("yyyy-MM-dd hh:mm:ss");
    tin=dfn.format(now).toString();
    asub=tin.substring(2,4);   bsub=bsub.concat(asub);
    asub=tin.substring(5,7);   bsub=bsub.concat(asub);
    asub=tin.substring(8,10);   bsub=bsub.concat(asub);
    asub=tin.substring(11,13); bsub=bsub.concat(asub);
    asub=tin.substring(14,16); bsub=bsub.concat(asub);
    asub=tin.substring(17,19); bsub=bsub.concat(asub);
*/
    tin=this.DateTime1(); //利用 DateTime1()生成日期时间
     for(i=2,k=4;i<19;i=i+3,k=k+3)
   {   //使用循环简化上面的载子串过程
      asub=tin.substring(i,k);   bsub=bsub.concat(asub);
   }
    return(bsub);
}

  public String DateToID()
  {   //将日期转换为订单ID号的方法
    String asub="", bsub="",tin=""; int i=0,k=0;
    tin=this.DateTime1(); //利用DateTime1()生成日期时间
    for(i=2,k=4;i<11;i=i+3,k=k+3)
    {
          asub=tin.substring(i,k);   bsub=bsub.concat(asub);
    }
    return(bsub);
}

public String CreateRand()
{ //生成随机数验证码的方法
  String sRand=" ";       String rand=" ";
  Random random=new Random();
  for(int i=0;i<5;i++)
  {
     rand=String.valueOf(random.nextInt(10));
     sRand=sRand.concat(rand);
  }
```

```
            return(sRand);
        }
    }
```

12.2.4　使用说明

使用说明是在首页页面的“链接显示区”显示的一段简单文字，故使用 HTML 进行编码，文件名是 ShowInfo.html，具体代码如下：

```
<!DOCTYPE html>
<html> <head>   <title>ShowInfo.html</title>
    <meta http-equiv="content-type" content="text/html; charset=GBK">
  </head>
  <body>
   <div align="center">当前位置--&gt;<font color="blue">首页  </font>
   <font color=#ff00ff>欢迎您访问我们的网上书店！</font><BR><BR>
   <font color="blue">请您先阅读下面的使用说明！</font>
   <HR></div>
<table align="center">
  <tr><td align="center">
  <FONT color="green">所有用户都可以使用下面各项功能</FONT></td>
   <td> </td><td align="center">
   <FONT color="blue">已注册的用户还可以使用下面各项功能</FONT></td></tr>
   <tr><td bgcolor=#00ffc0   align="center">图书浏览</td><td> </td>
   <td align="center"   bgcolor=#f0c090>用户登录</td></tr>
   <tr><td bgcolor=#00ffc0   align="center">最近新书</td><td> </td>
   <td align="center"   bgcolor=#f0c090>订购图书</td></tr>
   <tr><td bgcolor=#00ffc0   align="center">特价图书</td><td> </td>
   <td align="center"   bgcolor=#f0c090>订购图书</td></tr>
   <tr><td bgcolor=#00ffc0   align="center">查看订单</td><td> </td>
   <td align="center"   bgcolor=#f0c090 >查看订单的订书数量</td></tr>
   <tr><td bgcolor=#00ffc0   align="center">用户注册</td><td> </td>
   <td align="center"    bgcolor=#f0c090>修改个人资料</td></tr>
</table> </body> </html>
```

12.2.5　运行效果

程序编辑完成后，在浏览器地址栏输入 http://localhost:8080/ch12/index.html，其运行效果如图 12.3 所示。

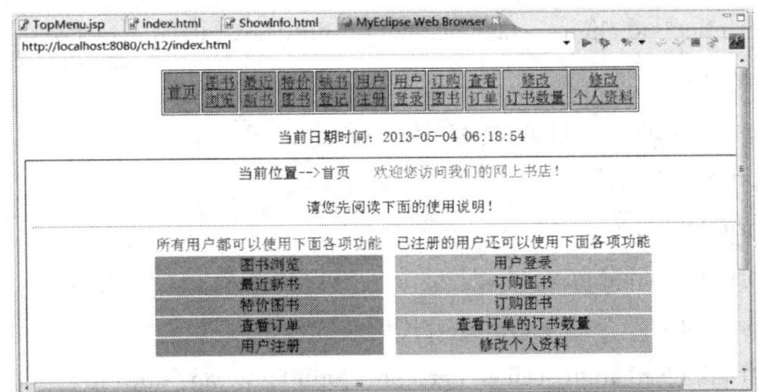

图 12.3　主界面框架 iframe1.html 及其调用的有关程序的运行结果

12.3　图书浏览模块

图书浏览模块实现以有线表格的形式显示本网站的某类图书及其相关内容。该模块共包括图书浏览界面程序 ShowBook.jsp，连接数据库的 JavaBean 程序 Conn.java，执行数据库查询的 javaBean 程序 QueryUpdate.java 共三个文件。下面分别给出这三个文件的内容。

12.3.1　图书浏览的界面程序

图书浏览模块的界面及入口程序 ShowBook.jsp，以有线表格的形式显示本网站的某类图书及其相关内容。程序代码如下：

```
<%@ page contentType="text/html; charset=UTF-8" import="java.sql.*"%>
<jsp:useBean id="MyBean" scope="page" class="EBook.QueryUpdate"/>
<html><body>
  <div align="center">当前位置--&gt;
    <font color="blue">书目浏览  </font>
    <font color=#ff00ff>欢迎您访问我们的网上书店！ </font><BR>
    如果有您需要的图书，请您点击顶行的  <font color="blue">订购图书</font>菜单项！
  <HR></div>
  <table border=1>
  <%
    //执行查询并输出
    String sql="SELECT * FROM book ORDER BY publish_date DESC"; //定义查询语句
    ResultSet rs=MyBean.executeQuery(sql);  //得到查询结果集
    while(rs.next())
    { out.println("<tr>");
      out.println("<td bgcolor=#f0f0f0 nowrap='nowrap'>ISBN号</td>");
      out.println("<td>"+rs.getString(1)+"</td>");
      out.println("<td align='center' bgcolor=#f0f0f0>书名</td>");
      out.println("<td>"+rs.getString(2)+"</td>");
```

```
            out.println("<td align='center' bgcolor=#f0f0f0 nowrap='nowrap'>
             作者</td>");
            out.println("<td>"+rs.getString(3)+"</td>");
            out.println("</tr>");
            out.println("<tr>");
            out.println("<td align='center' bgcolor=#f0f0f0>出版社</td>");
            out.println("<td>"+rs.getString(4)+"</td>");
            out.println("<td align='center' bgcolor=#f0f0f0 nowrap='nowrap'>
             出版时间</td>");
            out.println("<td>"+rs.getString(5)+"</td>");
            out.println("<td align='center' bgcolor=#f0f0f0>定价</td>");
            out.println("<td>"+rs.getDouble(6)+"</td>");
            out.println("</tr>");
            out.println("<tr>");
            out.println("<td bgcolor=#f0f0f0>内容简介</td>");
            out.println("<td colspan='5'>"+rs.getString(11)+"</td>");
            out.println("</tr>");
            out.println("<tr>");
            out.println("<td colspan='6' bgcolor=#ABFBAB> </td>");
            out.println("</tr>");
        }
        rs.close();
%>
</table></body></html>
```

12.3.2 执行数据库操作的 javaBean

被 ShowBook.jsp 调用、执行数据库操作的 javaBean 程序 QueryUpdate.java 内容如下：

```
package EBook;
import java.sql.*;
public class QueryUpdate
{
  //查询、插入、更新和删除数据库中数据的类
    Statement stmt=null;
    Connection con=null;
    public QueryUpdate()
    {
        this.con=Conn.getMySQLConnect();    //连接MySQL数据库
    }
```

```
public void executeUpdate(String sql)
{  //用于进行记录的增删改等操作的方法，入口参数为sql语句
   try{
      stmt=con.createStatement(); //建立Statement类对象
      stmt.executeUpdate(sql);   //执行SQL命令
   }
   catch(SQLException ex) { System.err.println(ex.getMessage());  }
}

public ResultSet executeQuery(String sql)
{  //执行查询操作的方法，入口参数为sql语句，返回查询结果集ResultSet的对象
  ResultSet rs1=null;
   try{
      stmt=con.createStatement();      //建立Statement类对象
      rs1=stmt.executeQuery(sql);      //执行数据库查询操作
   }
   catch(SQLException ex)
  { System.err.println("executeQuery:"+ex.getMessage());  }
   return rs1;
}

public void close()
{   //关闭各种连接的方法
   try{  stmt.close();  con.close();  }//关闭与数据库的连接
catch(SQLException ex) {  System.err.println(ex.getMessage());  }
}
}
```

12.3.3 连接数据库的 javaBean

接受 QueryUpdate.java 调用、连接数据库的 javaBean 程序 Conn.java 的内容如下：

```
package EBook;
import java.sql.*;
public class Conn
{
   public static Connection getMySQLConnect()
   {   //连接MySQL数据库的方法
     Connection con=null;
     String driverName="com.mysql.jdbc.Driver"; //MySQL驱动程序对象
     String userName="root"; //数据库用户名
```

```
      String userPasswd=""; //数据库存取密码
      String dbName="ebook"; //MySQL数据库名
      String conURL="jdbc:mysql://localhost:3306/"+dbName;//连接数据库的URL
      try
      {  Class.forName(driverName);   //加载 JDBC驱动程序
       //System.out.println("Success loading Mysql Driver!");
      }
      catch(ClassNotFoundException e)
      {  System.out.print("Error loading Mysql Driver!");      }
      try
      {  //连接数据库
         con=DriverManager.getConnection(conURL,userName,userPasswd);
       }
      catch(SQLException e){ System.err.println(e.getMessage()); }
      return con;
    }
}
```

程序编写完成后，点击顶行菜单条中的“图书浏览”就可看到如图 12.4 的运行效果。当然，也可以在浏览器地址栏输入 http://localhost:8080/ch12/ShowBook.jsp 来运行该程序，不过看到的内容中没有上部 iframe 中的菜单等内容。当然，与涉及数据库的各章一样，在运行前需要给该 Web Project 加载 MySQL 驱动程序 JAR 包。

另外需要说明的是，当某类图书较多时，可能会造成一个页面过长的情况，这时就要考虑进行分页显示。由于这里只纳入了几本图书，故暂未加入分页显示功能，如果以后需要，可以进行补充完善。

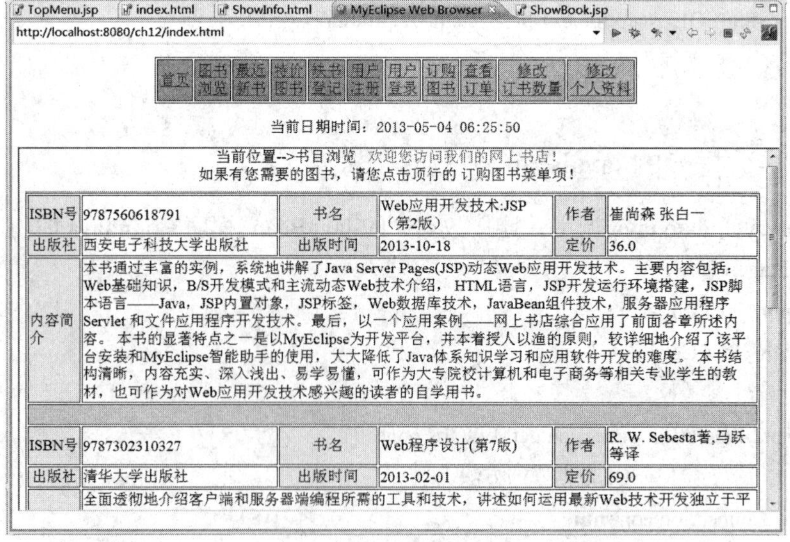

图 12.4　书目浏览 ShowBook.jsp 的运行结果

12.4　最近新书和特价图书模块

最近新书和特价图书两个模块都由 3 个文件组成，而且除了入口界面的 JSP 程序略有差异外，被调用的 2 个 JavaBean 程序：Conn.java 和 QueryUpdate.java 的作用及内容与上节所述完全相同，故此后就不再重复叙述。此外，为了使浏览器地址栏中显示所执行的程序，从本节开始的所有模块均独立调试运行，不再从顶行菜单中调用。这样做的另一个好处是屏幕截图中不再出现顶行菜单等内容，可节省截图所占篇幅。

12.4.1　最近新书模块

最近新书模块由 3 个文件组成，分别是：显示最近新书的界面程序 NewBook.jsp 和与上节所述相同的 2 个被调用的 JavaBean 程序。下面是 NewBook.jsp 的内容。

```
<%@ page contentType="text/html; charset=GBK" import="java.sql.*"%>
<jsp:useBean id="MyBean" scope="page" class="EBook.QueryUpdate"/>
<html><body>
  <div align="center">当前位置--&gt;
   <font color="blue">最近新书  </font>
  <font color=#ff00ff>欢迎您访问我们的网上书店！ </font><BR>
  <font color="blue">如果有您需要的图书，在您“登录”后就可“订购图书”了！ </font>
  <HR></div>
<table align="center" width="">
<tr><tH>ISBN号</tH><tH bgcolor=#00ffc0>书名</th><th>作者</th>
  <th bgcolor=#00ffc0>出版社</th>  <th>出版时间</th>
   <th bgcolor=#00ffc0>定价</th></tr>

  <%  //执行查询并输出
    String sql="SELECT * FROM book where New='Y'"; //定义查询语句
    ResultSet rs=MyBean.executeQuery(sql);  //得到查询结果集
    while(rs.next())
    { out.println("<tr>");
      out.println("<td>"+rs.getString(1)+"</td>");
      out.println("<td bgcolor=#00ffc0>"+rs.getString(2)+"</td>");
      out.println("<td>"+rs.getString(3)+"</td>");
      out.println("<td bgcolor=#00ffc0>"+rs.getString(4)+"</td>");
      out.println("<td>"+rs.getString(5)+"</td>");
      out.println("<td align=center bgcolor=#00ffc0>"+
        rs.getDouble(6)+"</td>");
      out.println("</tr>");
```

```
        }
        rs.close();
    %>
    </table></body></html>
```

程序编写完成后，在浏览器地址栏输入“http://localhost:8080/ch12/NewBook.jsp”，就可看到如图 12.5 所示的运行结果。

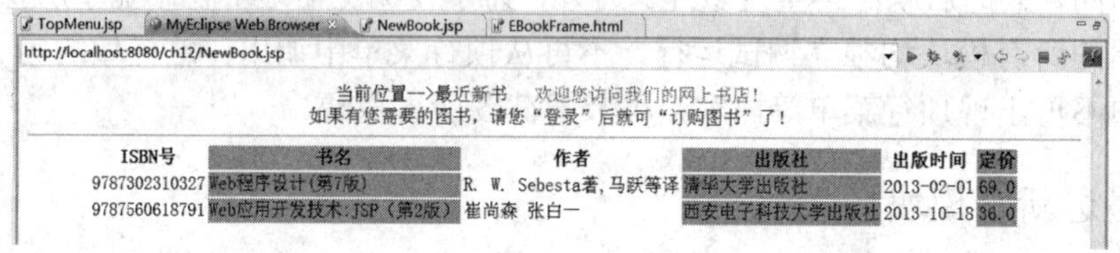

图 12.5　最近新书 NewBook.jsp 的运行结果

12.4.2　特价图书模块

特价图书模块由 3 个文件组成，分别是：显示特价图书的界面程序 DiscountBook.jsp 以及两个被调用的 JavaBean 程序 Conn.java 和 QueryUpdate.java。该模块不仅在调用的两个 JavaBean 程序上与上两节的完全相同，而且，DiscountBook.jsp 与 NewBook.jsp 程序的内容也基本相同，所不同的只是其中的查询语句、输出内容和输出格式。因此，这里只说明其中的查询语句和重要的新增语句，其余内容从略。

特价图书模块的查询语句如下：

```
String sql="SELECT * FROM book where discount<1.0"; //特价图书的查询语句
```

特价图书模块还需要输出优惠价格，故按下式计算并进行转换后输出：

```
Double yhj=rs.getDouble(6)* rs.getDouble(9);    //计算折扣价格
Double yhj2=Math.nextUp(yhj1);                  //保证有足够的位数
String yhj=yhj2.toString();                     //转换为字符串
yhj=yhj.substring(0,6);                         //截取必要的长度
```

程序运行结果见图 12.6。

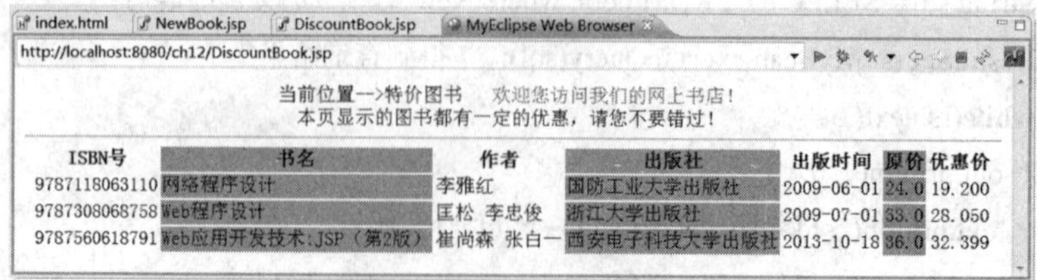

图 12.6　特价图书 DiscountBook.jsp 的运行结果

12.5　缺书登记模块

用户的需求包罗万象，而任何一个书店都不可能把天下所有的图书纳入自己的书店。缺书登记模块就是为了让书店管理人员从用户那里获取需求，改善服务而设计的。

缺书登记模块由供用户输入的界面程序 ShortBook.jsp 和接收输入并写入数据库的程序 WriteShortBook.jsp 组成。当然，在 WriteShortBook.jsp 中还调用了 Conn.java 和 QueryUpdate.java 这两个 JavaBean。下面给出 ShortBook.jsp 和 WriteShortBook.jsp 两个程序的内容。

12.5.1　缺书登记界面

缺书登记的界面程序 ShortBook.jsp 的内容如下：

```
<%@ page contentType="text/html; charset=GBK" import="EBook.*"%>
<jsp:useBean id="ComBean" scope="session"
class="EBook.CreateID"></jsp:useBean>
<HTML><body>
  <div align="center">当前位置--&gt;<font color="blue">
    缺书登记  </font>
  <font size=4 color=#ff00ff>我们为缺少您所需要的图书深表歉意！</font><BR>
  <font color="blue">请您认真填写下面的表格，我们将尽快为您订购该书！</font>
  <HR></div>
  <form action="WriteShortBook.jsp" method="post">
  <table align="center">
  <tr><td align="right">缺书登记ID号</td><td  align="center">
  <input type="text" name="shortid" value="<%=ComBean.DateTimeToID()%>"
    readonly="readonly"></td></tr>
  <tr><td align="right">请输入书名</td>
  <td align="left"><input type="text" name="bookname"></td></tr>
  <tr><td align="right">请输入作者姓名</td>
  <td align="left"><input type="text" name="authorname"></td></tr>
  <tr><td align="right">请输入出版社名称</td>
  <td align="left"><input type="text" name="publishname"></td></tr>
  <tr><td align="right">请输入您的姓名</td>
  <td align="left"><input type="text" name="requetorname"></td></tr>
  <tr><td align="right">请输入您需要的数量</td>
  <td align="left"><input type="number" name="counter"></td></tr>
  <tr><td align="right">缺书登记时间</td><td align="left">
  <input type="text" name="dti" value="<%=ComBean.DateTime0()%>"
     readonly="readonly"></td></tr>
  <tr><td bgcolor=#f0f0f0 colspan=2> </td></tr>

  <tr><td align="center"><input type="submit" name="subm" value="填好了"></td>
  <td align="center"><input type="reset" name="subm" value="重填"></td></tr>
```

```
    </table></form>
</body></html>
```

图 12.7 是该程序执行后显示的输入界面在用户输入了内容时的情况。

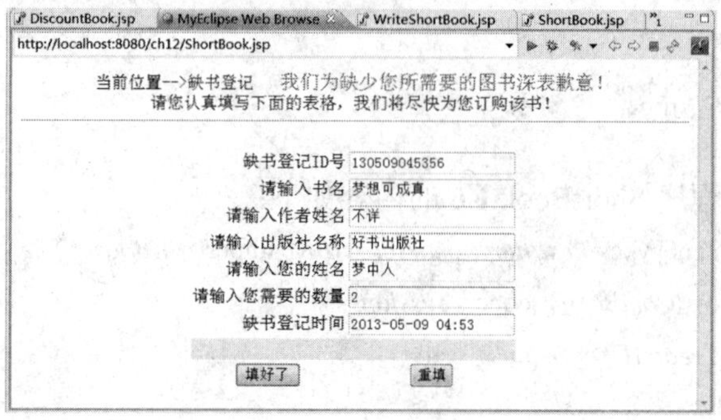

图 12.7　缺书登记界面程序 ShortBook.jsp 的运行界面

12.5.2　缺书写入数据库

缺书写入数据库及查询输出的 WriteShortBook.jsp 程序内容如下：

```
<%@ page contentType="text/html; charset=GBK" import="java.sql.*"%>
<%request.setCharacterEncoding("GBK"); %>
<html><body>
<jsp:useBean id="MyBean" scope="session" class="EBook.QueryUpdate"/>
<%
    //从表单上获取数据并存入对应的变量
    String a0=request.getParameter("shortid");
    String a1=request.getParameter("bookname");
    String a2=request.getParameter("authorname");
    String a3=request.getParameter("publishname");
    String a4=request.getParameter("requetorname");
    String a5=request.getParameter("counter");
    String a6=request.getParameter("dti");
    String a7="N";
/* //调试程序时使用的，测试获取的数据是否正确，正确后再写数据库。
    out.println(a0+"<BR>");     out.println(a1+"<BR>");
    out.println(a2+"<BR>");     out.println(a3+"<BR>");
    out.println(a4+"<BR>");     out.println(a5+"<BR>");
    out.println(a6+"<BR>");     out.println(a7+"<BR>");
*/     //将上述数据插入数据库
    String s="'"+a0+"','"+a1+"','"+a2+"','"+a3+"','"+a4+"','"
      +a5+"','"+a6+"','"+a7+"'";
    String sql1="insert into shortbook values("+s+")";
```

```
    MyBean.executeUpdate(sql1);
%>
<BR><div align="center"><font color="red">
您登记的图书已写入数据库中，我们将尽快处理。谢谢您的合作！</font></div><BR><BR>
<!-- 写入数据库后执行查询并输出，如果不需要输出，下面这段可删除 -->
<table align="center">
<tr><tH>缺书登记号</tH><tH bgcolor=#00ffc0>书名</th><th>作者</th>
  <th bgcolor=#00ffc0>出版社</th><th>登记者</th><th bgcolor=#00ffc0>
      需求数量</th>
  <th>登记时间</th><th bgcolor=#00ffc0>处理否</th></tr>
<%  //写入后执行查询并输出，如果不需要输出，下面这段可删除
  String sql="SELECT * FROM shortbook order by re_time desc"; //查询语句
  ResultSet rs=MyBean.executeQuery(sql);  //得到查询结果集
  while(rs.next())//循环输出到表格
  { out.println("<tr>");
    out.println("<td>"+rs.getString("ShortID")+"</td>");
    out.println("<td bgcolor=#00ffc0>"+rs.getString("BookName")+"</td>");
    out.println("<td>"+rs.getString("author")+"</td>");
    out.println("<td bgcolor=#00ffc0>"+rs.getString("pubName")+"</td>");
    out.println("<td>"+rs.getString("requestor")+"</td>");
    out.println("<td align=center bgcolor=#00ffc0>"
        +rs.getString("count")+"</td>");
    out.println("<td >"+rs.getString("re_time")+"</td>");
    out.println("<td bgcolor=#00ffc0 align='center'>"
        +rs.getString("treated")+"</td>");
    out.println("</tr>");
  }
  rs.close();//输出结束后关闭查询结果集对象
%>
</table></body></html>
```

程序的执行结果见图 12.8。

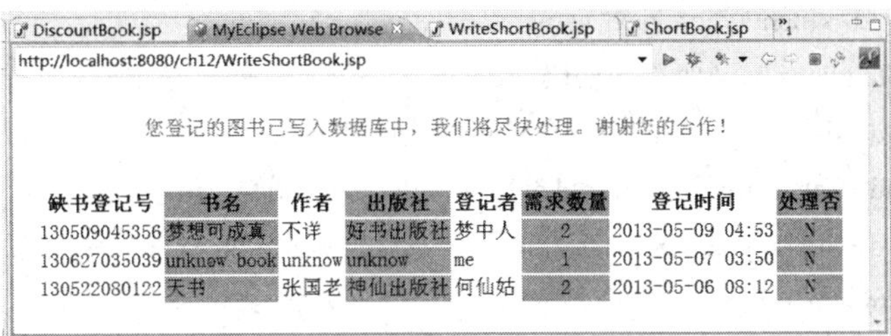

图 12.8　缺书写入数据库及查询输出程序 WriteShortBook.jsp 的运行结果

12.6　用户注册模块

用户注册模块由供用户输入的注册界面程序 Register.jsp 注册验证的 RegiCheck.jsp 和被调用的 QueryUpdate.java、Conn.java 两个 JavaBean 共四个程序文件组成。

12.6.1　用户注册的界面

用户注册的界面程序 Register.jsp 的内容如下：

```
<%@ page language="java" import="java.util.*" pageEncoding="GBK"%>
<jsp:useBean id="Bean1" class="EBook.CreateID"></jsp:useBean>
<html><body>
  <div align="center">当前位置--&gt;<font color="blue">
      用户注册  </font>
  <font size=4 color=#ff00ff>您注册后，就成为我们的嘉宾，
      可以享受更多优惠！</font><BR><HR><BR>
  <FONT color="green">为了让我们更好地为您服务，请您认真填写下面的表单，
      以下各项均不能为空</FONT>
  </div>

   <FORM action="RegiCheck.jsp" Method="post">
   <table align="center">
   <tr><td align="right">登录ID号</td>
        <td><input type="number" name="count"
             value=<%=Bean1.DateTimeToID() %>></td>
        <td>  </td><td align="right">真实姓名</td>
        <td><input type="text" name="realName"></td></tr>
   <tr><td align="right">性  别  </td>
        <td><input type="radio" name="gender" value="男" checked>男
           <input type="radio" name="gender" value="女">女</td>
        <td>  </td><td align="right">出生日期</td>
        <td><input type="text" name="birthdate"></td></tr>
  <tr><td align="right">登录密码</td>
      <td><input type="password" name="pass1"></td>
      <td>  </td><td align="right">密码确认</td>
      <td><input type="password" name="pass2"></td></tr>
  <tr><td align="right">电子信箱</td>
        <td><input type="text" name="email"></td>
        <td>  </td><td align="right">联系电话</td>
```

```
        <td><input type="text" name="phone"></td></tr>
    <tr><td align="right">送货住址</td>
        <td colspan="4"><input type="text" name="addr"
          size="60" maxlength="60"></td></tr>
    <tr><td align="right">兴趣爱好</td>
      <td colspan="4">
      <input type="checkbox" name="Interest" checked value="读书">读书
      <input type="checkbox" name="Interest" value="上网">上网
      <input type="checkbox" name="Interest" value="财经">财经
      <input type="checkbox" name="Interest" value="房产">房产
      <input type="checkbox" name="Interest" value="旅游">旅游
      <input type="checkbox" name="Interest" value="打球">打球
      <input type="checkbox" name="Interest" value="户外">户外</td></tr>
    </table>
    <P align="center"><input type="submit" value="填好了">
        <input type="reset" value="重 填"></p>
    </FORM><br>
  </body></html>
```

该程序执行的效果见图 12.9。在图 12.9 所示的界面上输入数据后点击“填好了”按钮，就会调用进行注册验证的 RegiCheck.jsp 程序。

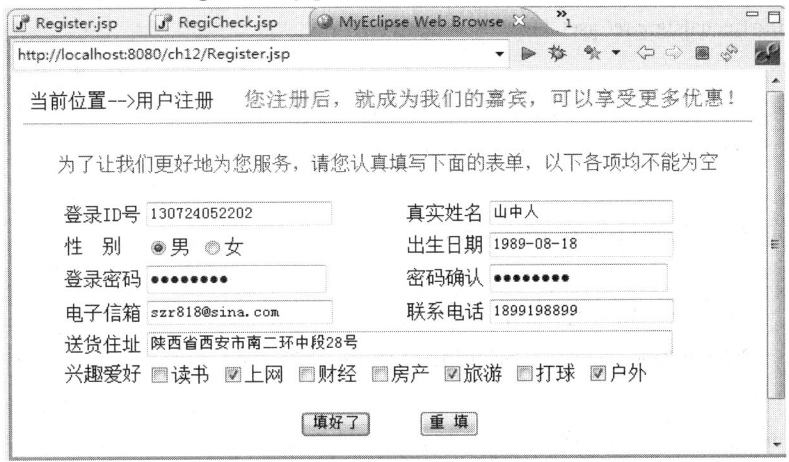

图 12.9　用户注册的界面 Register.jsp 程序的运行结果及输入的数据

12.6.2　用户注册验证程序

注册验证的 RegiCheck.jsp 程序内容如下：

```
<%@ page contentType="text/html; charset=GBK" import="java.sql.*"%>
<%@ page import="javax.swing.*"%>
<%request.setCharacterEncoding("GBK"); %>
```

```
<html><body>
<jsp:useBean id="MyBean" scope="session" class="EBook.QueryUpdate"/>
<%
   //从表单上获取数据并存入对应的变量
   String a0=request.getParameter("userID");
   String a1=request.getParameter("realName");
   String a2=request.getParameter("gender");
   String a3=request.getParameter("birthdate");
   String a4=request.getParameter("pass1");
   String a42=request.getParameter("pass2");
   String a5=request.getParameter("email");
   String a6=request.getParameter("addr");
   String a7=request.getParameter("phone");
   String a8="";
   String ab8[]=request.getParameterValues("Interest");
   for(int k=0;k<ab8.length;k++)
   { a8=a8.concat(ab8[k]); if(k<ab8.length-1)a8=a8.concat(","); }

   String Message=""; int k=0; int type=JOptionPane.WARNING_MESSAGE;
   JFrame f=new JFrame("OptionPane");
   if(a1.equalsIgnoreCase(""))
   {
      Message="您的姓名没填写\n";k++;
      JOptionPane.showMessageDialog(f,Message,"警示",type);
   }
   if(a3.equalsIgnoreCase("1930-01-01"))
   {
      Message="您的出生日期有问题\n";k++;
      JOptionPane.showMessageDialog(f,Message,"警示",type);
   }
   if(a4.equalsIgnoreCase(""))
   {
      Message="您没有填写密码\n";k++;
      JOptionPane.showMessageDialog(f,Message,"警示",type);
   }
   else if(!a4.equalsIgnoreCase(a42))
   {  k++;
      JOptionPane.showMessageDialog(f,"两次输入的密码不一致","警示",type);
   }
```

```
if(a6.equalsIgnoreCase(""))
 {
    Message="您没有填写送货地址\n";k++;
    JOptionPane.showMessageDialog(f,Message,"警示",type);
}

if(a7.equalsIgnoreCase(""))
{
    Message="您没有填写联系电话\n";k++;
    JOptionPane.showMessageDialog(f,Message,"警示",type);
}

if(k>0)response.sendRedirect("Register.jsp");
else
{
String s1="'"+a0+"'";
String sql0="SELECT LogName FROM users where LogName="+s1;
ResultSet rs0=MyBean.executeQuery(sql0);   //得到查询结果集
rs0.next();
if(rs0.isLast())
{   Message="ID号:"+a0+"，已经有人占用!\n请点击' 确定 '按钮，重新注册\n";
    JOptionPane.showMessageDialog(f,Message,"通知",1);
    rs0.close();
    response.sendRedirect("Register.jsp");
}
else
{   //将上述数据插入数据库
String s="'"+a0+"','"+a1+"','"+a2+"','"+a3+"','"+a4+"','"
   +a5+"','"+a6+"','"+a7+"','"+a8+"'";
String sql1="insert into users values("+s+")";
MyBean.executeUpdate(sql1);
%>
  <div align="center">当前位置--&gt;<font color="blue">用户注册</font><BR>
  <font color="red">恭喜您注册成功，数据已写入数据库中，
       谢谢您经常惠顾我们的网上书店！</font></div><BR><BR>
<!-- 写入数据库后执行查询并输出，如果不需要输出，下面这段可删除 -->
<table align="center">
<tr><tH>登记号</tH><tH bgcolor=#00ffc0>姓名</th><th>性别</th>
```

```
        <th bgcolor=#00ffc0>出生日期</th><th>电子信箱</th>
        <th bgcolor=#00ffc0>送货地址</th><th>联系电话</th>
        <th bgcolor=#00ffc0>兴趣爱好</th></tr>
    <%  //写入后执行查询并输出，如果不需要输出，下面这段可删除
        String sql="SELECT * FROM users ORDER BY LogName DESC"; //查询语句
        ResultSet rs=MyBean.executeQuery(sql);   //得到查询结果集
        while(rs.next())//循环输出到表格
        { out.println("<tr>");
          out.println("<td>"+rs.getString(1)+"</td>");
          out.println("<td bgcolor=#00ffc0>"+rs.getString(2)+"</td>");
          out.println("<td>"+rs.getString(3)+"</td>");
          out.println("<td bgcolor=#00ffc0>"+rs.getString(4)+"</td>");
          out.println("<td>"+rs.getString(6)+"</td>");
          out.println("<td bgcolor=#00ffc0>"+rs.getString(7)+"</td>");
          out.println("<td >"+rs.getString(8)+"</td>");
          out.println("<td bgcolor=#00ffc0>"+rs.getString(9)+"</td>");
          out.println("</tr>");
        }
        rs.close();//输出结束后关闭查询结果集对象
      //下面是替代查询输出的页面重定向语句，将用户引导至订购图书页面
      //response.sendRedirect(BuyBook.jsp);
    }
    }
    %>
    </table></body></html>
```

点击图 12.9 界面上的“填好了”按钮，即可调用 RegiCheck.jsp 程序进行注册验证，如果各项输入均符合要求，并且与已有用户的 ID 号不冲突，就会给出注册成功后的查询结果，如图 12.10 所示；如果输入中某项有误，则会弹出图 12.11 所示对话框；如果与已有用户的 ID 号冲突，则会弹出图 12.12 所示对话框，并引导用户重新注册。

登记号	姓名	性别	出生日期	电子信箱	送货地址	联系电话	兴趣爱好
firstman001	叶问天	男	1987-05-25	zsf689@sohu.com	南京市森林路26号	12345678901	旅游,户外
130724052202	山中人	男	1989-08-18	szr818@sina.com	陕西省西安市南二环中段28号	1899198899	上网,旅游,户外
130628085226	陈胜广	男	1990-08-16	chengshen@qin.com	蒙地一小山村	556677	读书,上网
130528034522	申智奴	女	1991-12-21	shengzl@163.com	山东洞湖水泊60号	55665566	读书,上网,旅游
130527032435	Mark Petter	男	1989-06-12	petter3306@city.com	some city 0036	33445566778	读书

图 12.10　注册验证 RegiCheck.jsp 成功执行后的查询输出

图 12.11　注册验证 RegiCheck.jsp 发现输入有误时给出的提示信息

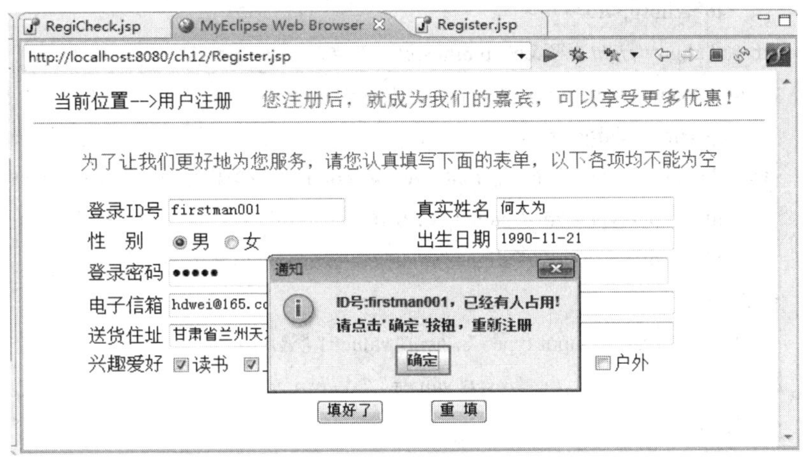

图 12.12　注册验证 RegiCheck.jsp 发现登录 ID 冲突时给出的提示信息

12.7　用户登录模块

用户登录模块由登录界面程序 Login.jsp、登录验证的 LogCheck.jsp 和被调用的 QueryUpdate.java、Conn.java 两个 JavaBean 共四个文件组成。

12.7.1　用户登录的界面

用户登录的界面程序 Login.jsp 的内容如下：

```
<%@ page language="java" import="java.util.*" pageEncoding="GBK"%>
<jsp:useBean id="Bean1" class="EBook.CreateID"></jsp:useBean>
<% String yzm=Bean1.CreateRand(); session.setAttribute("Code", yzm); %>
<html><body>
  <div align="center">当前位置--&gt;<font color="blue">用户登录
  </font>
  <font size=4 color=#ff00ff>只有注册用户，才可以登录，享受更多优惠！
    </font><BR><HR><BR>
  <FONT color="green">以下各项中，登录ID号、姓名两项中可选填一项，
 其余各项均不能为空</FONT>   </div>

    <FORM action="LogCheck.jsp" Method="post">
    <table align="center">
```

```
    <tr><td align="right">登录ID号</td>
        <td><input type="text" name="userID"></td>
        <td> </td></tr>
    <tr><td align="right">姓  名</td>
        <td><input type="text" name="realName"></td>
        <td> </td></tr>
    <tr><td align="right">密  码</td>
       <td><input type="password" name="pass"></td>
       <td> </td></tr>
    <tr><td align="right">后面的<font size="4" color="red">验证码</font>是</td>
        <td><input type="text" name="CheckCode"></td>
        <td bgColor="#ff0000" align="left"><%=yzm%></td></tr>
    </table>
    <P align="center"><input type="submit" value="登 录">
      <input type="reset" value="重 填"></p>
    </FORM>
  </body></html>
```

该程序运行的效果见图 12.13，在登录界面(见图 12.13(a))输入的各项数据均正确时，出现“登录成功”对话框(见图 12.13(b))。在图 12.13 所示的界面上输入数据后点击“登录”按钮，就会调用实施登录验证的 LogCheck.jsp 程序。

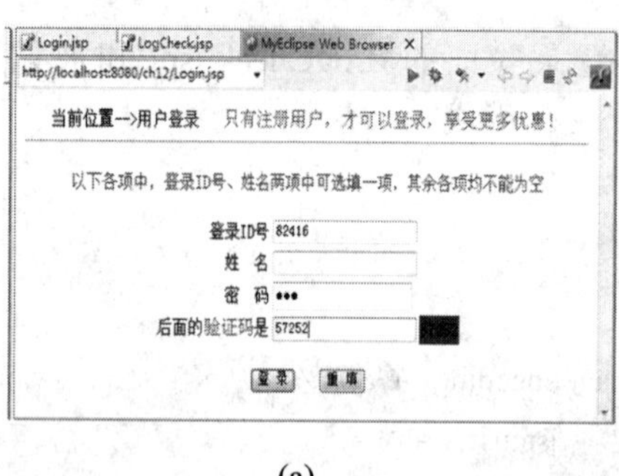

(a)

(b)

图 12.13　界面程序 Login.jsp 的运行效果

12.7.2　登录验证程序

登录验证的 LogCheck.jsp 程序内容如下：

```
<%@ page contentType="text/html; charset=GBK" import="java.sql.*"%>
<%@ page import="javax.swing.*"%>
<%request.setCharacterEncoding("GBK"); %>
<html><body>
<jsp:useBean id="MyBean" scope="session" class="EBook.QueryUpdate"/>
```

```
<%
   //从表单上获取数据并存入对应的变量
   String a1=request.getParameter("userID");
   String a2=request.getParameter("realName");
   String a3=request.getParameter("pass");
   String a4=request.getParameter("CheckCode");
   String a40=session.getAttribute("Code").toString();
/*
 //调试程序时使用的，测试获取的数据是否正确，正确后再写数据库，保留供参考。
   out.println(a1+"<BR>");    out.println(a2+"<BR>");
   out.println(a3+"<BR>");    out.println(a4+"<BR>");
   out.println(a40+"<BR>");
*/
   String sql=""; int type=JOptionPane.WARNING_MESSAGE;
   String Mess=""; int k=0;
   JFrame Jf=new JFrame("OptionPane");
   if(a1.equalsIgnoreCase("")&&a2.equalsIgnoreCase(""))
   {
      Mess="登录ID号和姓名中必填写一项\n"; k++;
      JOptionPane.showMessageDialog(Jf,Mess,"警示",type);
   }
   if(a3.equalsIgnoreCase(""))
   {
      Mess="您没有填写密码\n";k++;
      JOptionPane.showMessageDialog(Jf,Mess,"警示",type);
   }
   if(!a4.equalsIgnoreCase(a40))
   {
      Mess="验证码不正确\n";k++;
      JOptionPane.showMessageDialog(Jf,Mess,"警示",type);
   }
   if(k>0) response.sendRedirect("Login.jsp");
   else
   {  String s1=""; int lr=0;
      if(!a1.equalsIgnoreCase(""))
      {  s1="LogName="+"'"+a1+"'";lr=1;  }
      else{  s1="RegName="+"'"+a2+"'";lr=2;  }
      sql="SELECT RegName,password FROM users where "+s1;
      ResultSet rs=MyBean.executeQuery(sql);  //得到查询结果集
```

```
            rs.next();
            if(rs.isLast())
            {   if(rs.getString("password").equalsIgnoreCase(a3))
                {   if(lr==1)   Mess="ID号是:"+a1+"，   登录成功!\n";
                    else Mess="姓名是:"+a2+"，   登录成功!\n";
                    Mess=Mess.concat("点击'确定'按钮，进入'订购图书' 页面\n");
                    int type1=JOptionPane.PLAIN_MESSAGE;
                    JOptionPane.showMessageDialog(Jf,Mess,"成功",type1);
                    response.sendRedirect("BuyBook.jsp");
                }
                else
                {    if(lr==1)
                         Mess=a1.concat("，密码错误!\n点击 '确定 '按钮，重新登录\n");
                         else Mess=a2.concat("，密码错误!\n点击 '确定 '按钮，重新登录\n");
                    int type1=JOptionPane.ERROR_MESSAGE;
                    JOptionPane.showMessageDialog(Jf,Mess,"有错误",type1);
                    response.sendRedirect("Login.jsp");
                }
            }
            else
            {   if(lr==1)Mess="ID号是:"+a1+" 的用户还没有注册!\n";
                else Mess="姓名是:"+a2+" 的用户还没有注册!\n";
                Mess=Mess.concat("点击 '确定 '按钮，进入 '用户注册' 页面");
                JOptionPane.showMessageDialog(Jf,Mess,"警示",type);
                response.sendRedirect("Register.jsp");
            }
            rs.close();//关闭查询结果集对象
        }
    %>
    </body></html>
```

点击图 12.13 界面上的“登录”按钮，就调用 RegiCheck.jsp 程序进行注册验证，如果各项输入均符合要求，就会给出图 12.13(b)所示的登录成功的提示信息；如果输入中某项有误，就会弹出图 12.14、图 12.15 所示对话框，并转入提示指出的页面。

图 12.14　在登录界面上未输入任何数据直接点击“登录”时连续出现的提示信息对话框

图 12.15　在登录界面上输入的数据有误时出现的提示信息对话框

12.8　订购图书模块设计

由于前面各节采用的是 JSP+JavaBean 模式，而且逐步加大了输入验证的力度。本节的订购图书无疑是网上书店的核心功能，而且由于订购图书模块涉及的问题相对较复杂，这里将采用 JSP+javaBean+Servlet 模式进行设计与编程。这样做的目的是为了使读者更好地理解 Servlet 的设计，同时也使其更符合 MVC 设计模式的要求。

如 12.1.1 节所述，用户点选此菜单项时，系统首先检查用户是否已注册，如果已注册，将显示一个图书列表，并在列表之下给出选书输入文本框和“放入购物车”的按钮，供用户选择订购。当用户在文本框中输入内容并点击“放入购物车”按钮后，系统检查用户提供的数据，全部正确时输出当日订购的所有图书清单，再给出去向的超级链接。如果用户的输入有错误，将给出对应的提示信息并引导用户进入处理对应问题的页面。例如：如果发现用户没有注册，则显示“您还没有注册”的提示信息，引导用户进入“用户注册”页面。需要说明的是，在该模块的实际实现中，一开始只要求用户提供“用户 ID”，而将登录密码的验证事务放在了“查看订单”和“修改订单”的功能中。

该模块共包括界面程序 BuyBook.jsp，调用 JavaBean 进行输入数据的检查和验证的 Servlet 程序 BuyBookServ.java，放进购物车(写入数据库)的 OrderCart.jsp 程序和生成订单报表的 OrderCreat.jsp 程序等 6 个程序文件，下面将分别阐述。

12.8.1　订购图书界面程序

订购图书的界面程序 BuyBook.jsp 提供一个显示同类书籍的列表，在列表下方给出了具有“订购号”、“订购数量”和“用户 ID”3 项内容的表单，供用户填写所选图书及订购数量。程序内容如下：

```
<%@ page contentType="text/html; charset=UTF-8" import="java.sql.*"%>
<jsp:useBean id="MyBean" scope="page" class="EBook.QueryUpdate"/>
<html><body>
  <div align="center">当前位置--&gt;<font color="blue">订购图书</font><BR>
  <font color=#ff00ff>如果有您需要的图书，请在</font>“订购数量”
  <font color=#ff00ff>文本框中输入订购册数，然后点击</font>“放入购物车”  <BR>
  <HR></div>
  <table border=1>
  <%
```

```
//执行查询并输出
String buyKey="";
String sql="SELECT * FROM book ORDER BY publish_date DESC"; //定义查询语句
ResultSet rs=MyBean.executeQuery(sql);   //得到查询结果集
while(rs.next())
{
   buyKey=rs.getString(1).substring(8, 13);
  Double yhj1=rs.getDouble(6)*rs.getFloat(9); //计算折扣价格
  Double yhj2=Math.nextUp(yhj1);//保证有足够的位数
  String yhj=yhj2.toString(); //转换为字符串
  yhj=yhj.substring(0,6);       //截取必要的长度
  out.println("<tr>");
  out.println("<td bgcolor=#f0f0f0 nowrap='nowrap'>ISBN号</td>");
  out.println("<td>"+rs.getString(1)+"</td>");
  out.println("<td align='center' bgcolor=#f0f0f0>书名</td>");
  out.println("<td>"+rs.getString(2)+"</td>");
  out.println("<td align='center' bgcolor=#f0f0f0>定价</td>");
  out.println("<td>"+rs.getDouble(6)+"</td>");
  out.println("</tr>");
  out.println("<tr>");
  out.println("<td align='center' bgcolor=#f0f0f0 nowrap='nowrap'>
   作者</td>");
  out.println("<td>"+rs.getString(3)+"</td>");
  out.println("<td align='center' bgcolor=#f0f0f0>出版社</td>");
  out.println("<td>"+rs.getString(4)+"</td>");
  out.println("<td align='center' bgcolor=#f0f0f0 nowrap='nowrap'>
    出版时间</td>");
  out.println("<td colspan=2>"+rs.getString(5)+"</td>");
  out.println("</tr>");
  out.println("<tr>");
  out.println("<td align='center' bgcolor=#00ffc0 nowrap='nowrap'>
   订购号</td> ");
  out.println("<td><input size='5' maxlength='5' type='text'
   NAME='buyID' value="+buyKey+"></td>");
  out.println("<td colspan=2>
   <FONT COLOR=#0000ff>如果需要该书，请将此订购号填入下面的表单</td>");
  out.println("<td align='center' bgcolor=#00ffc0>优惠价</td>");
  out.println("<td>"+yhj+"</td>");
  out.println("</tr>");
```

```
                out.println("<tr>");
                out.println("<td colspan=7 bgcolor=#CACACA> </td>");
                out.println("</tr>");
            }
            rs.close();
%>
</table>
<form action="servlet/BuyBookServ" method="post">
<DIV align="center" style=background:#00ffc0>
订购号<input size="5" maxlength="5" type="text" NAME="buyID" value="">
 订购数量<input size="4" maxlength="4" type="number" NAME="number"
    value=""> 
用户ID<input type='text' NAME='UserName' value=""> 
<input type="submit" NAME="cart" value="放入购物车">
</DIV></form>
</body></html>
```

该程序的执行效果见图 12.16。用户在界面上填写订购号、订购数量和用户 ID 后点击“放入购物车”按钮，则执行订购图书的 Servlet 程序 BuyBookServ.java。

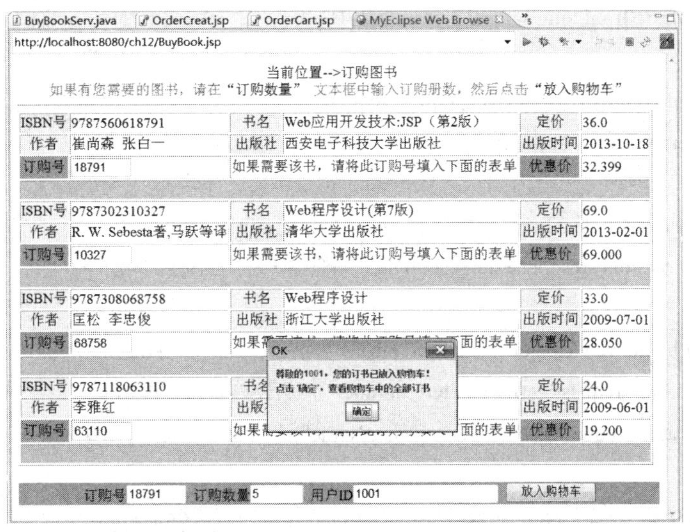

图 12.16　用户选书界面程序 BuyBook.jsp 执行效果及用户的输入无错时的提示信息

12.8.2　订购图书的 Servlet

订购图书的 Servlet 程序 BuyBookServ.java 进行输入数据的检查和验证，根据验证情况给出相应的提示信息或调用相应的模型进行处理。此外还必须注意：由于向这个 Servlet 提交请求的 JSP 页面使用的是：method="post"，所以在这个 Servlet 中必须覆盖 doPost 方法以适应请求，对请求做出响应。程序内容如下：

```
//BuyBookServ.java
package EBook;
import java.io.IOException;
import java.io.PrintWriter;
import javax.swing.*;
import java.sql.ResultSet;
import EBook.CreateID;
import EBook.QueryUpdate;

import javax.servlet.RequestDispatcher;
import javax.servlet.ServletException;
import javax.servlet.http.HttpServlet;
import javax.servlet.http.HttpServletRequest;
import javax.servlet.http.HttpServletResponse;
import javax.servlet.http.HttpSession;

public class BuyBookServ extends HttpServlet
{
  private static final long serialVersionUID=1L;

  public void doPost(HttpServletRequest request,
    HttpServletResponse response)throws ServletException, IOException
  {
    response.setContentType("text/html;charset=UTF-8");
    PrintWriter out=response.getWriter();//获得向客户发送数据的输出流

    String buyid=request.getParameter("buyID");//从表单获得订购号
    String coun=request.getParameter("number");//从表单获得订购数量
    String usna=request.getParameter("UserName");//从表单获得用户ID

     HttpSession sess=request.getSession(true); //获得向客户会话对象
     sess.setAttribute("rs1", usna);//封装用户ID
     sess.setAttribute("rs2", buyid); //封装图书订购号

    int type=JOptionPane.WARNING_MESSAGE;
    int type2=JOptionPane.PLAIN_MESSAGE;
    String Mess=""; JFrame Jf=new JFrame("OptionPane");
    if(Integer.parseInt(coun)<=0)
    {
```

```
Mess="订购数量<=0错误\n";
 Mess=Mess.concat("点击 '确定 '按钮，去 '订购图书'页面重新输入");
 JOptionPane.showMessageDialog(Jf,Mess,"错误提示",type);
  response.sendRedirect("../BuyBook.jsp");
}
else
{
    String bookNa="";  //书名，查询book表后得到
    Double pr=0.00;     //图书打折后的价格，同上
    String flag1="",flag2=""; //两个查询成功与否的标志
    CreateID cid=new CreateID();
    String subTime=cid.DateTime1();//生成提交时间字段

    QueryUpdate myServ=new QueryUpdate();//创建操作数据库的对象myServ
 String sql1="select * from users where LogName='"+usna+"'";
 try
 {  //查询用户ID是否已注册
     ResultSet rs1=myServ.executeQuery(sql1);
     if(rs1.next()==false)
     {
         Mess="尊敬的"+usna+"，您还没有注册呢!\n";
        Mess=Mess.concat("点击 '确定' 按钮，去 '用户注册'页面进行注册");
        JOptionPane.showMessageDialog(Jf,Mess,"警示",type);
         response.sendRedirect("../Register.jsp");
     }
     else{    flag1="OK";   rs1.close();   }
 }
 catch(Exception e){ out.println("SQL出现异常！ ");   }

    String sql2="select * from book";//查询语句
 try
 {  //查询图书订购号是否正确，正确时再获取其它字段的值
     ResultSet rs2=myServ.executeQuery(sql2);
     while(rs2.next())
     {
       if((rs2.getString(1).substring(8,13)).equalsIgnoreCase(buyid))
       {
        sess.setAttribute("rs3", rs2.getString(1));
        //buyid=rs2.getString(1);真正的书店要用ISBN，这里为便于记而不转换
```

```
            bookNa=rs2.getString(2);
            pr=rs2.getDouble(6)*rs2.getFloat(9);
            flag2="OK";
            rs2.close(); break;
        }
        else continue;
    }
    if(!flag2.equalsIgnoreCase("OK"))
    {
        Mess="订购号"+buyid+"，不是我们给出的订购号!\n";
        Mess=Mess.concat("点击 '确定' 按钮，回到'订购图书'页面");
        JOptionPane.showMessageDialog(Jf,Mess,"警示",type);
        response.sendRedirect("../BuyBook.jsp");
    }
}
catch(Exception e){ out.println("SQL出现异常！ "); }

    if(flag1.equalsIgnoreCase("OK")&&flag2.equalsIgnoreCase("OK"))
    {    //两个查询标志均为成功时，将数据处理成所需格式后写入数据库
    String ordID=cid.DateToID();//生成订单ID号
    sess.setAttribute("rs4", ordID);

    int count=Integer.parseInt(coun,10);//将从表单接收的字符串转换成整数
    String s="'"+ordID+"','"+usna+"','"+buyid+"','"+bookNa+"','"+
     count+"','"+pr+"','"+subTime+"'";
    String sql3="insert into orderdetail values("+s+")";
    try
    {
       myServ.executeUpdate(sql3);//将获得的数据写入数据库

            Mess="尊敬的"+usna+"，您的订书已放入购物车！\n";
            Mess=Mess.concat("点击 '确定'，查看购物车中的全部订书");
            JOptionPane.showMessageDialog(Jf,Mess,"OK",type2);
            //重定向到显示购物车中图书的页面
            RequestDispatcher reqDisp=
           request.getRequestDispatcher("../OrderCart.jsp");
           reqDisp.forward(request,response);
     }
     catch(Exception e){ out.println("出现不能写入异常！ "); }
```

```
                }
            }
        }
    }
```

订购图书的 Servlet 程序 BuyBookServ.java 检查用户输入的"订购号"、"订购数量"和"用户 ID"3 项内容，如果用户的输入都符合要求，将执行 JavaBean 将订书写入数据库的 orderdetail 表。然后，封装用户输入的数据，创建 RequestDispatcher 的对象 reqDisp，将控制权 forward 到 OrderCart.jsp 页面，并输出一个"已放入购物车"的提示信息对话框(见图 12.16)。用户点击这个对话框的"确定"按钮后，执行显示购物车内容的 OrderCart.jsp 程序，输出当日订购图书的列表。如果用户的输入有误，则给出警示信息对话框，如图 12.17 所示。

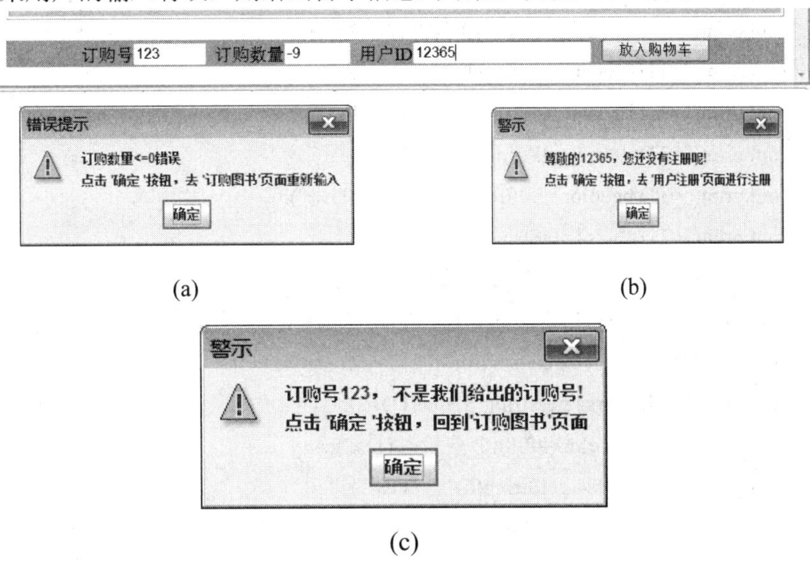

(a)　(b)

(c)

图 12.17　BuyBookServ.java 执行过程中发现错误时出现的三种提示信息对话框

12.8.3　购书存入购物车程序

放进购物车的 OrderCart.jsp 程序负责将注册用户的订购请求写入 ebook 数据库的 orderdetail 表，并显示当日购物车中的全部图书。程序内容如下：

```
<%@ page contentType="text/html; charset=UTF-8" import="java.sql.*"%>
<jsp:useBean id="MyBean" scope="page" class="EBook.QueryUpdate"/>
<html>  <head> <title>OrderCart.jsp</title></head>
<body>
<DIV align="center" style=background:#00f0f0>您的购物车中现有图书如下</DIV>
<%
    String s1=session.getAttribute("rs1").toString();//LogName
    String s2=session.getAttribute("rs2").toString();//BuyID
    String s3=session.getAttribute("rs3").toString();//ISBN
    String s4=session.getAttribute("rs4").toString();//OrderID
```

```
try
{  //查询输出
     out.println("<table border=1>");
     String str="'"+s1+"'&&OrderID='"+s4+"'";
     String sql4="SELECT * FROM orderdetail where UserId="+str; //定义查询语句
     ResultSet rs4=MyBean.executeQuery(sql4);
     while(rs4.next())
     {
     float xiaoj=Integer.parseInt(rs4.getString(5))*
        Float.parseFloat(rs4.getString(6));
     out.print("<TR><TD bgcolor=#f0f0f0>订单号</TD>");
     out.print("<TD>"+rs4.getString(1)+"</TD>");
     out.print("<TD bgcolor=#f0f0f0>用户ID</TD>");
     out.print("<TD>"+rs4.getString(2)+"</TD>");
     out.print("<TD bgcolor=#f0f0f0>订购书号</TD>");
     out.print("<TD>"+rs4.getString(3)+"</TD>");
     out.print("<TD bgcolor=#f0f0f0>书名</TD>");
     out.print("<TD>"+rs4.getString(4)+"</TD></TR>");
     out.print("<TR><TD bgcolor=#f0f0f0>订购数量</TD>");
     out.print("<TD>"+rs4.getString(5)+"</TD>");
     out.print("<TD bgcolor=#f0f0f0>售价</TD>");
     out.print("<TD>"+rs4.getString(6)+"</TD>");
     out.print("<TD bgcolor=#f0f0f0>书价小计</TD>");
     out.print("<TD>"+xiaoj+"</TD>");
     out.print("<TD bgcolor=#f0f0f0>下单时间</TD>");
     out.print("<TD>"+rs4.getString(7)+"</TD></TR>");
     out.print("<td colspan=8 bgcolor=#CACACA> </td>");
   }
   out.println("</table>");
}
catch(Exception e){ out.println("查询失败！"); }
%>
<BR><DIV align='center' style=background:#f0f0f0>
<A href="../BuyBook.jsp">继续订购</A>  
<A href="../ModiNum.html">修改订书数量</A>  
<A href="../OrderCreat.jsp">生成订单报表</A></DIV>
</body></html>
```

放入购物车的 OrderCart.jsp 程序的执行效果如图 12.18 所示。

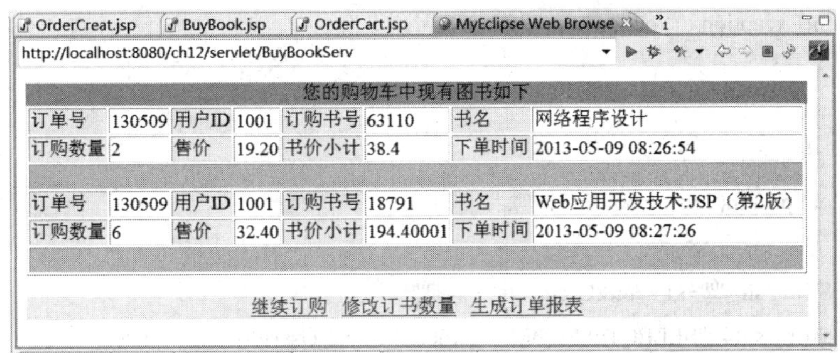

图 12.18　放进购物车的 OrderCart.jsp 程序的执行效果

需要说明的是：真正运营的网上书店在将图书售出后，应该在库存数量字段(stock)上减去相应数量，以便当库存量接近某个设定的下限时提醒网站管理人员及时补充图书。

在图 12.18 所示界面上，如果用户点击“生成订单报表”超链接，则执行生成订单报表的 OrderCreat.jsp 程序。

12.8.4　生成订单报表

生成订单报表的 OrderCreat.jsp 程序从 session 中获取所需信息后，从 users 表中查出 session 给出的用户，将需要写入报表的信息存入相应变量；再从 orderdetail 表中查出该用户的当日订书，进行相应计算后生成订单报表。程序的内容如下：

```
<%@ page contentType="text/html; charset=UTF-8" import="java.sql.*"%>
<jsp:useBean id="MyBean" scope="page" class="EBook.QueryUpdate"/>
<html> <head><title>OrderCreat.jsp</title>
<body>
<%
   String s1=session.getAttribute("rs1").toString();//LogName
   String s2=session.getAttribute("rs2").toString();//BuyID
   String s3=session.getAttribute("rs3").toString();//ISBN
   String s4=session.getAttribute("rs4").toString();//OrderID
   String reName="", addr="", phon="";//要写入订单的姓名，地址和电话
try
{
   String sql="SELECT * FROM users where LogName='"+s1+"'";
   ResultSet rs1=MyBean.executeQuery(sql);   //得到查询结果集
   if(rs1.next()!=false)
   {  //将查询结果集赋给对应变量
     reName=rs1.getString(2); addr=rs1.getString(7);
     phon=rs1.getString(8);
   }
   rs1.close();//输出结束后关闭查询结果集对象
```

```
}catch(Exception e){ out.println("SQL出现异常！ "); }

try
{  //查询输出
     out.println("<table border=1>");

     String str="'"+s1+"'&&OrderID='"+s4+"'";
     String sql4="SELECT * FROM orderdetail where UserId="+str;//查询语句
    float zhonj=0.0f; int bookNum=0;
    ResultSet rs4=MyBean.executeQuery(sql4);
     while(rs4.next())
     {
      float xiaoj=Integer.parseInt(rs4.getString(5))*
        Float.parseFloat(rs4.getString(6));
     out.print("<TR><TD bgcolor=#f0f0f0>订单号</TD>");
     out.print("<TD>"+rs4.getString(1)+"</TD>");
     out.print("<TD bgcolor=#f0f0f0>用户ID</TD>");
     out.print("<TD>"+rs4.getString(2)+"</TD>");
     out.print("<TD bgcolor=#f0f0f0>订购书号</TD>");
     out.print("<TD>"+rs4.getString(3)+"</TD>");
    out.print("<TD bgcolor=#f0f0f0>书名</TD>");
    out.print("<TD>"+rs4.getString(4)+"</TD></TR>");
    out.print("<TR><TD bgcolor=#f0f0f0>订购数量</TD>");
    out.print("<TD>"+rs4.getString(5)+"</TD>");
    out.print("<TD bgcolor=#f0f0f0>单价</TD>");
    out.print("<TD>"+rs4.getString(6)+"</TD>");
    out.print("<TD bgcolor=#f0f0f0>小计价格</TD>");
    out.print("<TD>"+xiaoj+"</TD>");
    out.print("<TD bgcolor=#f0f0f0>下单时间</TD>");
    out.print("<TD>"+rs4.getString(7)+"</TD></TR>");
    zhonj=zhonj+xiaoj;
    bookNum=bookNum+Integer.parseInt(rs4.getString(5));
     out.print("<td colspan=8 bgcolor=#CACACA> </td>");
   }
  out.print("<TR><TD colspan=3 align='right' bgcolor=#00ffc0>
     本单共购书</TD>");
  out.print("<TD align='left'bgcolor=#00ffc0>"+bookNum+"册</TD>");
  out.print("<TD colspan=2 align='right' bgcolor=#00ffc0>本单总计价格</TD>");
  out.print("<TD colspan=2 align='left'bgcolor=#00ffc0>"
```

```
        +zhonj+"</TD></TR>");
    out.print("<TR><TD bgcolor=#00ffc0>订购人</TD>");
    out.print("<TD>"+reName+"</TD>");
    out.print("<TD bgcolor=#00ffc0>联系电话</TD>");
    out.print("<TD>"+phon+"</TD>");
    out.print("<TD bgcolor=#00ffc0 >送货地址</TD>");
    out.print("<TD colspan=3>"+addr+"</TD></TR></table>");
}
catch(Exception e){ out.println("查询失败！ "); }
%>
<BR><DIV align='center' style=background:#f0f0f0>
<A href="BuyBook.jsp">继续订购</A>  
<A href="ModiNum.html">修改订书数量</A>  
<A href="ModiPersInfo.html">修改个人资料</A>  
<A href="CheckOut.jsp">去结账台</A></DIV>
</body></html>
```

生成订单报表的 OrderCreat.jsp 程序的执行效果见图 12.19。

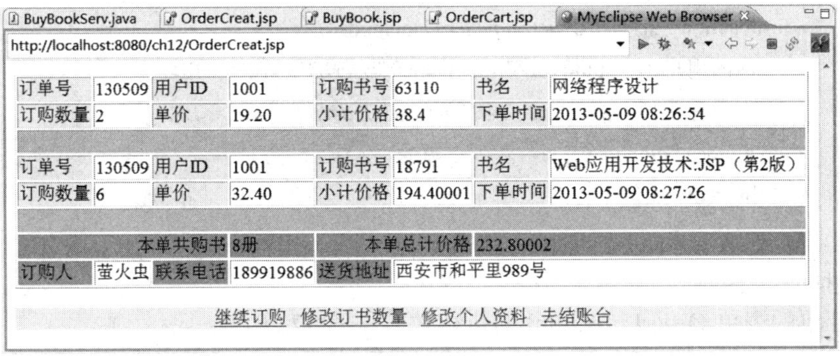

BuyBookServ.java　OrderCreat.jsp　BuyBook.jsp　OrderCart.jsp　MyEclipse Web Browser

http://localhost:8080/ch12/OrderCreat.jsp

订单号	130509	用户ID	1001	订购书号	63110	书名	网络程序设计
订购数量	2	单价	19.20	小计价格	38.4	下单时间	2013-05-09 08:26:54
订单号	130509	用户ID	1001	订购书号	18791	书名	Web应用开发技术:JSP（第2版）
订购数量	6	单价	32.40	小计价格	194.40001	下单时间	2013-05-09 08:27:26
	本单共购书	8册			本单总计价格	232.80002	
订购人	萤火虫	联系电话	189919886	送货地址	西安市和平里989号		

继续订购　修改订书数量　修改个人资料　去结账台

图 12.19　生成订单报表的 OrderCreat.jsp 程序的执行效果

12.9　查看订单和修改订单

查看订单模块和修改订单模块都是针对填写并提交过订单的用户而设计。修改订单模块又可分为修改订书数量和修改个人资料两个子模块。严格地说，只有当日填写并提交过订单的用户才可以使用修改订单中数据的功能，但本案例中并无当日这一特别限制，而是通过用户提供的用户名、密码、订单号等内容来进行检查。下面分别进行阐述。

12.9.1　查看订单

查看订单需要用户填写用户 ID 和订单号两项内容，然后点击“查看订单”按钮执行查询，接收请求的 Servlet 程序进行输入数据的检查，当用户的输入正确时 Servlet 程序获得查询结果并输出一个有线表格供用户浏览；当用户的输入有错误时给出相应的提示并引导用户进入可处理该问题的页面。

查看订单模块由表单界面 OrderLook.html 文件和 Servlet 程序 OrderShowServ.java 两个文件组成。当然，与上节相同，这个 Servlet 也要调用查询数据库的两个 java 类。下面分别叙述。

1. 查看订单的表单

查看订单的表单 OrderLook.html 文件的内容如下：

```
<html>
  <head><title>OrderLook.html</title>
    <meta http-equiv="content-type" content="text/html; charset=UTF-8">
  </head>
  <body>
    <div align="center">当前位置--&gt;<font color="blue">查看订单</font><HR>
    <font color=#ff00ff>查看订单需要您填写下面两项内容，然后点击“查看订单”按钮
</font><BR><BR>

    <form action="servlet/OrderShowServ" method="get">
        您的用户ID<input type="text" name="UserID"><BR><BR>
        您的订单号<input type="text" name="OrderID"><BR><BR>
    <input type="submit" value="查看订单">
    </form></div>
  </body>
</html>
```

查看订单的表单 OrderLook.html 的执行效果见图 12.20。

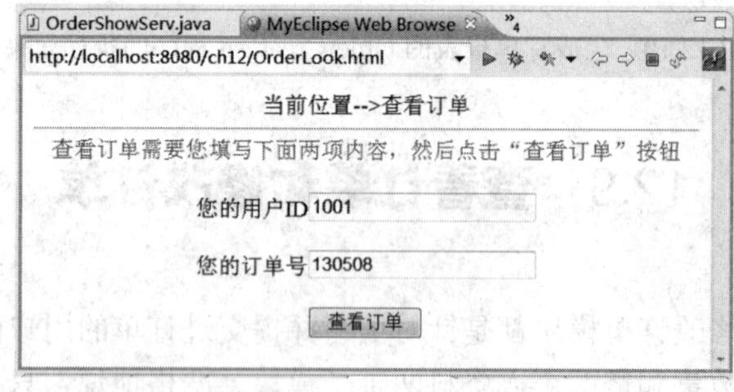

图 12.20　查看订单的表单 OrderLook.html 执行过程中用户输入的情况

2. 查看订单的 Servlet 程序

查看订单的 Servlet 程序是 OrderShowServ.java。必须注意，由于向这个 Servlet 提交请求的 HTML 页面使用的是：method="get"，所以在这个 Servlet 中必须覆盖 doGet 方法。同时也可以使读者更深入地理解 post 和 get 两个方法的差异。该程序的内容如下：

```
package EBook;
import java.io.IOException;
import java.io.PrintWriter;
import java.sql.ResultSet;
import EBook.QueryUpdate;

import javax.servlet.ServletException;
import javax.servlet.http.HttpServlet;
import javax.servlet.http.HttpServletRequest;
import javax.servlet.http.HttpServletResponse;
import javax.swing.JFrame;
import javax.swing.JOptionPane;

public class OrderShowServ extends HttpServlet
{
  private static final long serialVersionUID=1L;

  public void doGet(HttpServletRequest request, HttpServletResponse response)
       throws ServletException, IOException
  {
    response.setContentType("text/html;charset=UTF-8");
    PrintWriter out = response.getWriter();
    String ordID=request.getParameter("OrderID");//从表单获得订购号
    String usna=request.getParameter("UserID");//从表单获得用户ID

    int type=JOptionPane.WARNING_MESSAGE;
    int type2=JOptionPane.PLAIN_MESSAGE;
    String Mess=""; JFrame Jf=new JFrame("OptionPane");
    String reName="", addr="", phon="";//要写入订单的姓名，地址和电话
         String flag1=""; //查询成功与否的标志

    QueryUpdate myServ=new QueryUpdate();//创建操作数据库的对象myServ
    String sql1="select * from users where LogName='"+usna+"'";
    try
    {  //查询用户ID是否已注册
       ResultSet rs1=myServ.executeQuery(sql1);
           if(rs1.next()!=false)
         {
         reName=rs1.getString(2); addr=rs1.getString(7);
```

```
            phon=rs1.getString(8);     flag1="OK";   rs1.close();
          }
          else
          {
         Mess="尊敬的"+usna+"，您还没有注册呢!\n";
             Mess=Mess.concat("点击 '确定 '按钮，去 '用户注册'页面进行注册");
             JOptionPane.showMessageDialog(Jf,Mess,"警示",type);
               response.sendRedirect("../Register.jsp");
            }
    }
    catch(Exception e){ out.println("SQL出现异常！ ");  }

    if(flag1.equalsIgnoreCase("OK"))
    try
    {  //查询输出
          String str="'"+usna+"'&&OrderID='"+ordID+"'";
          String sql4="SELECT * FROM orderdetail where UserId="+str;
          float zhonj=0.0f; int bookNum=0;
       ResultSet rs4=myServ.executeQuery(sql4);

       if(rs4.next()==false)
            {
        Mess="尊敬的"+reName+"嘉宾，您输入的订单号不正确或者您没有订单!\n";
             Mess=Mess.concat("点击 '确定 '按钮，去 '查看订单'页面重新输入");
             JOptionPane.showMessageDialog(Jf,Mess,"提示",type2);
               response.sendRedirect("../OrderLook.html");
            }

       out.println("<HTML>");
       out.println("    <HEAD><TITLE>A Servlet</TITLE></HEAD>");
       out.println("    <BODY>");
       out.println("<table border=1>");

       while(rs4.next())
       {
         float xiaoj=Integer.parseInt(rs4.getString(5))
                  *Float.parseFloat(rs4.getString(6));
        out.print("<TR><TD bgcolor=#f0f0f0>订单号</TD>");
        out.print("<TD>"+rs4.getString(1)+"</TD>");
```

```
 out.print("<TD bgcolor=#f0f0f0>用户ID</TD>");
 out.print("<TD>"+rs4.getString(2)+"</TD>");
 out.print("<TD bgcolor=#f0f0f0>订购书号</TD>");
 out.print("<TD>"+rs4.getString(3)+"</TD>");
 out.print("<TD bgcolor=#f0f0f0>书名</TD>");
 out.print("<TD>"+rs4.getString(4)+"</TD></TR>");
 out.print("<TR><TD bgcolor=#f0f0f0>订购数量</TD>");
 out.print("<TD>"+rs4.getString(5)+"</TD>");
 out.print("<TD bgcolor=#f0f0f0>单价</TD>");
 out.print("<TD>"+rs4.getString(6)+"</TD>");
 out.print("<TD bgcolor=#f0f0f0>下单时间</TD>");
 out.print("<TD>"+rs4.getString(7)+"</TD>");
 out.print("<TD bgcolor=#f0f0f0>小计价格</TD>");
 out.print("<TD>"+xiaoj+"</TD></TR>");
 zhonj=zhonj+xiaoj;
 bookNum=bookNum+Integer.parseInt(rs4.getString(5));
  out.print("<td colspan=8 bgcolor=#CACACA> </td>");
}
out.print("<TR><TD colspan=3 align='right' bgcolor=#00ffc0>
     本单共购书</TD>");
out.print("<TD align='left'bgcolor=#00ffc0>"+bookNum+"册</TD>");
out.print("<TD colspan=2 align='right' bgcolor=#00ffc0>
     本单总计价格</TD>");
out.print("<TD colspan=2 align='left'bgcolor=#00ffc0>"
     +zhonj+"</TD></TR>");

out.print("<TR><TD bgcolor=#00ffc0>姓名</TD>");
out.print("<TD>"+reName+"</TD>");
out.print("<TD bgcolor=#00ffc0>联系电话</TD>");
out.print("<TD>"+phon+"</TD>");
out.print("<TD bgcolor=#00ffc0 >送货地址</TD>");
out.print("<TD colspan=3>"+addr+"</TD></TR>");

out.print("</table>");
out.print("<BR><DIV align='center' style=background:#f0f0f0>");
out.print("<A href='../BuyBook.jsp'>订购图书</A>  ");
out.print("<A href='../ModiNum.html'>修改订书数量
        </A>  ");
out.print("<A href='../ModiPersInfo.html'>修改个人资料
```

```
                </A>  ");
            out.print("<A href='../CheckOut.jsp'>去结账台</A></DIV>");
        }catch(Exception e){ out.println("查询失败！");   }
        out.println("    </BODY>");
        out.println("</HTML>");
        out.flush();
        out.close();
    }
}
```

这个 Servlet 程序(OrderShowServ.java)的执行情况见图 12.21 和图 12.22。在图 12.21 的地址栏中可看到请求的属性名及其值，这是使用 doGet 方法与 doPost 方法的显著差异。同时也暴露了 doGet 方法的缺陷，那就是有可能泄密(如用户的密码)。所以，在存在保密数据的页面设计时，通常都使用 doPost 方法。

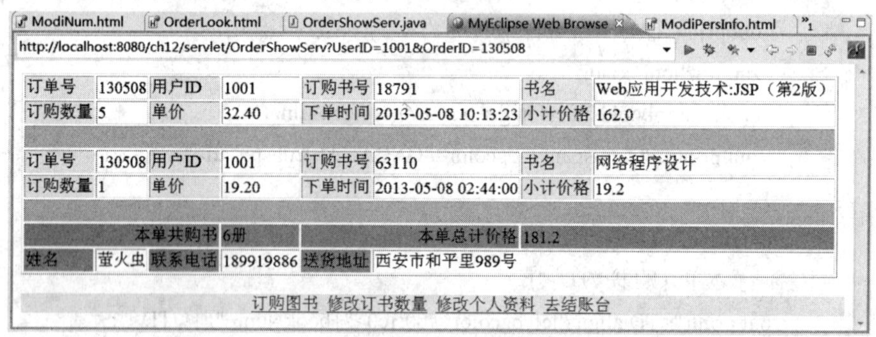

图 12.21　查看订单的 OrderShowServ.java 在用户输入无误时的执行效果

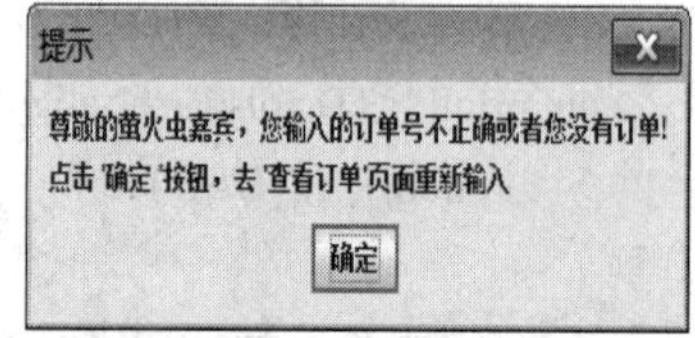

图 12.22　查看订单的 OrderShowServ.java 执行过程中发现错误时出现的提示信息对话框

12.9.2　修改订书数量

修改订单中的订书数量需要用户填写“用户 ID、登录密码、订单号、订购书号、原数量、新数量”等数据，在提供的表单界面输入上述内容后点击“确定”按钮，调用对应程序执行查询和修改。

修改订书数量模块由提供给用户的输入界面 ModiNum.html 文件和执行数据检查并实施修改的 ModiNumPut.jsp 程序两个文件组成。下面分别阐述。

1. 提供给用户的输入界面 ModiNum.html 文件

提供给用户的输入界面ModiNum.html文件内容如下：

```
<html>
  <head><title>ModiNum.html</title>
```

```
    <meta http-equiv="content-type" content="text/html; charset=UTF-8">
  </head>
  <body>
  <div align="center">当前位置--&gt;<font color="blue">修改订单的订书数量
</font><HR>
    <font color=#ff00ff>请您填写下面几项内容，然后点击“确定”按钮</font><BR><BR>
    <form action="ModiNumPut.jsp" method="post">
    <table align="center">
      <tr><td>用户ID</td><td><input type="text" name="UserID"></td>
          <TD> </TD><td>密  码</td>
      <td><input type="password" name="PassWo"></td></tr>
      <tr><td>订单号</td><td><input type="text" name="OrderID"></td>
    <TD> </TD><td>订购书号</td>
    <td><input type="text" name="buyID"></td></tr>
  <tr><td>原数量</td><td><input type="text" name="OldNum"></td>
    <TD> </TD><td>新数量</td>
    <td><input type="text" name="NewNum"></TD></tr>
  <tr><td colspan=5 align="center">
     <input type="submit" value="确   定"></td></tr>
    </table></form></div>
 </body>
</html>
```

这个 HTML 文件的运行效果见图 12.23。

图 12.23　用户输入数据的界面 ModiNum.html 的执行效果

2. 输入检验和实施修改的 ModiNumPut.jsp 程序

输入检验和实施修改的ModiNumPut.jsp程序内容如下：

```
<%@ page contentType="text/html; charset=UTF-8" import="java.sql.*"%>
<%@ page import="javax.swing.*"%>
<jsp:useBean id="MyBean" scope="page" class="EBook.QueryUpdate"/>
<html>
```

```
    <head> <title>ModiNumPut.jsp</title></head>
    <body>
   <%
      String ab[]={"","","","","","",""};
      ab[0]=request.getParameter("UserID");//用户ID
      ab[1]=request.getParameter("PassWo");//password
      ab[2]=request.getParameter("OrderID");//订单号
      ab[3]=request.getParameter("buyID");//订购号
      ab[4]=request.getParameter("OldNum");//原数量
      ab[5]=request.getParameter("NewNum");//新数量

      String flag1=""; String flag2="";    String Mess="";
      int type=JOptionPane.ERROR_MESSAGE;
      int type1=JOptionPane.PLAIN_MESSAGE;
      JFrame Jf=new JFrame("OptionPane");

   if(Integer.parseInt(ab[5])<=0)
   {
        Mess="新数量<=0错误\n";
       Mess=Mess.concat("点击 '确定 '按钮，返回前一页面重新输入");
       JOptionPane.showMessageDialog(Jf,Mess,"错误提示",type);
       response.sendRedirect("ModiNum.html");
   }
   else
   {
      String str1=ab[0]+"' &&password='"+ab[1]+"'";//查询语句中的后半部分
      String sql1="SELECT * FROM users where LogName='"+str1;
try
{
      ResultSet rs1=MyBean.executeQuery(sql1);
      if(rs1.next()!=false){   flag1="OK";     }
      else
      {
         Mess="用户名 或 密码 错误!\n点击 '确定' 按钮，返回前一页面重新输入\n";
         JOptionPane.showMessageDialog(Jf,Mess,"错误",type);
         response.sendRedirect("ModiNum.html");

      }
}catch(Exception e){ out.println("查询失败！ ");}
```

```
if(flag1.equalsIgnoreCase("OK"))
{
        String str2="'"+ab[0]+"'&&OrderID='"+ab[2]+"'";
        String sql2="SELECT * FROM orderdetail where UserId="+str2;//查询语句
        try
        {
            ResultSet rs2=MyBean.executeQuery(sql2);
            if(rs2.next()!=false){    flag2="OK";        }
            else
            {
             Mess="您没有订单或订单号不正确!\n点击 '确定' 按钮，返回前一页面重新输入\n";
             JOptionPane.showMessageDialog(Jf,Mess,"错误",type);
             response.sendRedirect("ModiNum.html");
            }
        }
        catch(Exception e){ out.println("查询失败！ ");}
}

     if(flag1.equalsIgnoreCase("OK")&&flag2.equalsIgnoreCase("OK"))
     {
        String str3="'"+ab[3]+"'&&BookCount='"+ab[4]+"'";
        String sql3="SELECT * FROM orderdetail where BookId="+str3;//查询语句
        try
        {
            ResultSet rs3=MyBean.executeQuery(sql3);
            if(rs3.next()!=false)
            {
               String s1="UPDATE orderdetail set BookCount='"+ab[5]+"'";
               String s2=" WHERE BookId='"+ab[3]+"' AND BookCount='"+ab[4]+"'";
               String sql4=s1.concat(s2);
//            out.print(sql4+"<BR>");
               MyBean.executeUpdate(sql4);//实施修改
               Mess="已修改成功!\n点击 '确定' 按钮，返回 '订购图书' 页面\n";
               JOptionPane.showMessageDialog(Jf,Mess,"成功",type1);
               response.sendRedirect("BuyBook.jsp");//返回购书页面
            }
            else
            {
```

```
                Mess="订购号或原数量不正确!\n点击 '确定' 按钮，返回前一页面重新输入\n";
                JOptionPane.showMessageDialog(Jf,Mess,"错误",type);
                response.sendRedirect("ModiNum.html");
            }
        }
        catch(Exception e){ out.println("查询失败！ "); }
    }
  }
  %>
  </body></html>
```

该程序在运行过程中如果发现用户的输入有错误，会显示图 12.24 所示的错误提示信息。如果没有错误，则修改数据库中相应的记录后显示图 12.25 所示的成功对话框。

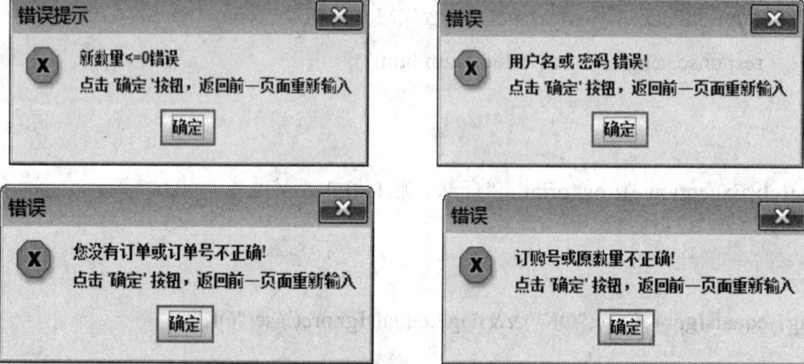

图 12.24　输入检验和实施修改的 ModiNumPut.jsp 执行过程中出现的 4 种提示信息对话框

图 12.25　ModiNumPut.jsp 执行过程未发现错误时的提示信息对话框

12.9.3　修改个人资料

修改订单中的个人资料通过提供的表单界面让用户输入“用户 ID”和“登录密码”后，点击“确定”按钮，调用对应程序执行查询和修改。

修改个人资料模块由提交请求的表单 ModiPersInfo.html、检查请求并提供修改界面的 ModiPersInfo.jsp 程序和实施修改的 ChangeInfo.jsp 程序等三个文件组成。

1. 提交请求的表单 ModiPersInfo.html 文件

提交请求的表单 ModiPersInfo.html 文件内容如下：

```
<html>
  <head>  <title>ModiPersInfo.html</title>
    <meta http-equiv="content-type" content="text/html; charset=UTF-8">
```

```
  </head>
  <body>
    <div align="center">当前位置--&gt;<font color="blue">修改个人资料
</font><HR>
    <font color=#ff00ff>请您填写原来的用户ID和密码，然后点击“提交”按钮
</font><BR><BR>
    <form action="ModiPersInfo.jsp" method="post">
         用户ID<input type="text" name="UserID"><BR><BR>
         密  码<input type="password" name="Passw"><BR><BR>
      <input type="submit" value="提交">
    </form></div>
  </body>
</html>
```

这个HTML文件的运行效果见图12.26。

图 12.26　ModiPersInfo.html 运行过程中用户输入时的截图

2. 检查请求的 ModiPersInfo.jsp 程序

检查请求的 ModiPersInfo.jsp 程序内容如下：

```
<%@ page contentType="text/html; charset=UTF-8" import="java.sql.*"%>
<%@ page import="javax.swing.*"%>
<jsp:useBean id="MyBean" scope="page" class="EBook.QueryUpdate"/>
<html>
  <head><title>ModiPersInfo.jsp</title>   </head>
    <body>
<%
    //从表单上获取数据并存入对应的变量
    request.setCharacterEncoding("UTF-8");

    String s1=request.getParameter("UserID");//LogName
    String s2=request.getParameter("Passw");//password
```

```
    session.setAttribute("rs1", s1);
    String s3=s1+"' &&password='"+s2+"'";//
    String sql="SELECT * FROM users where LogName='"+s3;

    String ab[]={"","","","","","",""};
    String flag="";     String Mess="";
    int type1=JOptionPane.ERROR_MESSAGE;
    JFrame Jf=new JFrame("OptionPane");

try
{
    ResultSet rs=MyBean.executeQuery(sql);   //得到查询结果集
    if(rs.next()!=false)
    {  //将查询结果集赋给字符数组
        ab[0]=rs.getString(1);ab[1]=rs.getString(2);
        ab[2]=rs.getString(4);
        ab[3]=rs.getString(5);ab[4]=rs.getString(6);
        ab[5]=rs.getString(7);ab[6]=rs.getString(8);
        flag="OK";
    }
    else
    {
        Mess="用户名 或 密码 错误!\n点击 '确定' 按钮，返回前一页面重新输入\n";
        JOptionPane.showMessageDialog(Jf,Mess,"错误",type1);
        response.sendRedirect("ModiPersInfo.html");
    }
    rs.close();//输出结束后关闭查询结果集对象
  }catch(Exception e){ out.println("SQL出现异常！ "); }
  if(flag.equalsIgnoreCase("OK"))
  {
%>
  <DIV ALIGN="center"><font color=#ff00ff>
    下表是您上次的注册信息, 请将需要项修改的项重新填写</font></DIV>
  <FORM action="ChangeInfo.jsp" Method="post">
    <table align="center">
    <tr><td align="right" bgcolor=#00ffc0>登录ID号</td>
         <td><input type="text" name="logName" value="<%=ab[0]%>"></td>
         <td>  </td>
         <td align="right" bgcolor=#00ffc0>真实姓名</td>
```

```
        <td><input type="text" name="realName" value="<%=ab[1]%>"></td></tr>
    <tr><td align="right" bgcolor=#00ffc0>登录密码</td>
        <td><input type="password" name="pass" value="<%=ab[3]%>"></td>
        <td>  </td> <td align="right" bgcolor=#00ffc0>出生日期</td>
        <td><input type="text" name="birth" value="<%=ab[2]%>"></td></tr>
    <tr><td align="right" bgcolor=#00ffc0>电子信箱</td>
        <td><input type="text" name="email" value="<%=ab[4]%>">
        </td>
        <td>  </td>
        <td align="right" bgcolor=#00ffc0>联系电话</td>
        <td><input type="text" name="phone" value="<%=ab[6]%>"></td></tr>
     <tr><td align="right" bgcolor=#00ffc0>送货住址</td>
        <td colspan="4">
        <input type="text" name="addr" value="<%=ab[5]%>"
       size="56" maxlength="56"></td>
    </tr></table>

    <P align="center"><input type="submit" value="改好了">
        <input type="reset" value="重 改"></p>
    </FORM>
  <%} %>
</body></html>
```

该程序的运行效果见图 12.27。

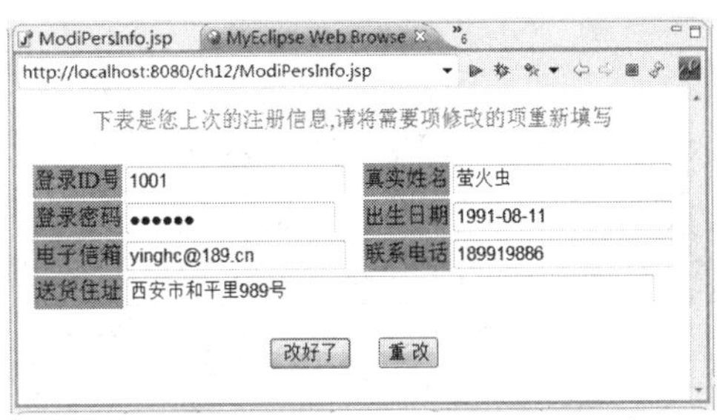

图 12.27　ModiPersInfo.jsp 程序在用户输入后给出的提示信息/修改个人信息的界面

3．实施写入的 ChangeInfo.jsp 程序

```
<%@ page contentType="text/html; charset=UTF-8" import="java.sql.*"%>
<jsp:useBean id="MyBean" scope="page" class="EBook.QueryUpdate"/>
<html>
  <head> <title>ChangeInfo.jsp</title>   </head>
  <body>
<%
```

```
    //从表单上获取数据并存入对应的变量
    request.setCharacterEncoding("UTF-8");
    String s0=session.getAttribute("rs1").toString();
    String a0=request.getParameter("logName");
    String a1=request.getParameter("realName");
    String a2=request.getParameter("birth");
    String a3=request.getParameter("pass");
    String a4=request.getParameter("email");
    String a5=request.getParameter("phone");
    String a6=request.getParameter("addr");

    String s1="UPDATE users set LogName='"+a0+"', RegName='"
+a1+"', BirthDate='"+a2+"'";
    String s2=",password='"+a3+"', email='"+a4+"', phone='"
+a5+"', address='"+a6+"'";
    String s3=" WHERE LogName='"+s0+"'";
    String sql=s1.concat(s2); sql=sql.concat(s3);
    MyBean.executeUpdate(sql); //实施修改
    response.sendRedirect("BuyBook.jsp");//返回购书页面
%></body></html>
```